干热岩资源勘查与开发利用

许天福 冯 波 文冬光 陈 作 宋先知 汪健生 著

科学出版社

北 京

内 容 简 介

本书解析了干热岩能量获取及利用的关键科学问题，归纳总结了国内外干热岩勘查与开发利用的研究现状，介绍了干热岩地热资源勘查与靶区优选、干热岩能量获取方法与测井技术、压裂监测与人工储层裂隙网络评价、热储内多场耦合流动传热机理与取热性能优化、干热岩发电及综合利用技术方案与经济性评价等内容，并对干热岩地热能开发技术瓶颈与未来发展进行了展望。

本书既可作为从事干热岩及深部地热能开发技术人员的参考书，也可作为新能源科学与工程专业学生的教学参考书。

图书在版编目(CIP)数据

干热岩资源勘查与开发利用/许天福等著. -- 北京：科学出版社，2025.6
ISBN 978-7-03-075608-4

Ⅰ.①干… Ⅱ.①许… Ⅲ.①干热岩体–矿产勘探 ②干热岩体–矿产资源开发 ③干热岩体–资源利用 Ⅳ.①P314

中国国家版本馆 CIP 数据核字(2023)第 092847 号

责任编辑：刘翠娜　崔元春 / 责任校对：王萌萌
责任印制：师艳茹 / 封面设计：无极书装

科 学 出 版 社 出版
北京东黄城根北街 16 号
邮政编码：100717
http://www.sciencep.com

涿州市殷润文化传播有限公司印刷
科学出版社发行　各地新华书店经销
*
2025 年 6 月第 一 版　　开本：787×1092 1/16
2025 年 6 月第一次印刷　　印张：18 1/4
字数：430 000
定价：150.00 元
(如有印装质量问题，我社负责调换)

前　言

地热能由于清洁、运行稳定和空间分布广泛，已成为世界各国重点研究开发的新能源。干热岩指赋存于地下 3~10km 具有经济开发价值的高温岩体，保守估计地壳中干热岩所蕴含的能量相当于全球所有石油、天然气和煤炭所蕴藏能量的 30 倍。中国地质调查局最新数据显示，我国大陆干热岩资源总量相当于 8.56×10^6 亿 t 标准煤，若能开采出 2%，就相当于 2017 年全国一次性能耗总量的 3800 倍。可以预见，随着科学技术的进步，干热岩地热资源开发将对我国节能减排和新一轮能源结构调整做出重大贡献。开发干热岩地热资源的主要方法是增强型地热系统（enhanced geothermal system, EGS），即通过水力压裂手段，将地下深部低孔低渗的高温岩体建造成具有较高渗透性和较大热交换面积的人工地热储层，并从中长期经济地采出相当数量的热能以供利用。

干热岩地热资源是极具开发前景的战略性接替能源，目前世界上和我国的干热岩地热开发均处于技术研究和现场试验阶段。国际上经过近 50 年的研究与开发，随着干热岩地热资源商业开发前景进一步明朗，越来越多的国家加入了全球干热岩勘查开发的研究行列，多个国家先后启动了增强型地热系统技术研发与工程建设，如美国芬顿山（Fenton Hill）和"地热能前沿观测研究计划"（FORGE）、法国苏茨（Soultz）、中国共和盆地等，部分 EGS 已进入试验性运行发电阶段。据统计，截至 2024 年，全球在建与投入运行发电的 EGS 工程达到 30 多个，实现运行发电的 EGS 工程有 16 个，其中还有 5 个正在运行发电，还有更多的 EGS 工程尚在前期论证中。

虽然国际上已成功建立了多个 EGS 开发示范工程，但受限于 EGS 产业化开发的关键技术，目前还未形成可复制、具有商业推广潜力的干热岩地热工程开发模式。为更好地推动我国干热岩地热能开发取得新突破，建设形成一批干热岩开发示范区域，支撑国家能源结构调整和"双碳"目标实现，根据国内外干热岩勘查、开发利用研究现状，结合国家"十三五"重点研发计划项目"干热岩能量获取及利用关键科学问题研究"的科研成果，本书以在建的青海共和盆地干热岩勘查与试验性开发示范基地为依托，总结了干热岩地热资源勘查与靶区优选、干热岩能量获取方法与测井技术、压裂监测与人工储层裂隙网络评价、热储内多场耦合流动传热机理与取热性能优化、干热岩发电及综合利用技术方案与经济性评价等干热岩能量获取及利用方面的关键技术，并对干热岩地热能开发技术瓶颈与未来发展进行了展望。

本书共分为 7 章，第 1 章由许天福、冯波共同完成；第 2 章由文冬光、孔彦龙、雷国斌等共同完成；第 3 章由陈作、冯波、朱进守、张保平等共同完成；第 4 章由许天福、姜振蛟、周健、金显鹏、孙锋等共同完成；第 5 章由宋先知、李嘉伟、曹文炅等共同完成；第 6 章由汪健生、吕心力、李太禄、王令宝等共同完成；第 7 章由袁益龙、冯波等完成。全书由许天福主编，冯波完成审稿。此外，本书引用了国内外许多学者和专家的著作中的观点与图表，在此表示衷心的感谢。

本书的出版得到了国家重点研发计划项目"干热岩能量获取及利用关键科学问题研究"的特别资助，在撰写过程中，吉林大学、中国地质调查局、中国石油化工股份有限公司、中国石油大学(北京)、天津大学、清华大学、中国科学院广州能源研究所、青海省地质调查局、中国科学院地质与地球物理研究所、中国地质科学院水文地质环境地质研究所、国网青海省电力公司、河北工业大学等单位给予了支持与帮助，特在此表示衷心的感谢。

由于作者水平有限，书中难免存在疏漏和不妥之处，敬请广大读者批评指正。

许天福
2024 年 12 月于长春

目　录

前言
第1章　概述 ·· 1
1.1　干热岩地热资源基本概念 ·· 1
1.2　国内外研究现状 ·· 2
1.2.1　美国典型 EGS 工程 ··· 3
1.2.2　法国典型 EGS 工程 ··· 6
1.2.3　澳大利亚典型 EGS 工程 ·· 7
1.2.4　德国典型 EGS 工程 ··· 8
1.2.5　日本典型 EGS 工程 ··· 10
1.2.6　瑞士典型 EGS 工程 ··· 11
1.2.7　中国干热岩研究现状 ··· 12
1.3　干热岩开发面临的挑战 ·· 13
参考文献 ··· 14
第2章　干热岩地热资源勘查与靶区优选 ·· 15
2.1　干热岩地热成因机制 ·· 15
2.1.1　国外干热岩地质特征及热源机制 ·· 15
2.1.2　共和盆地干热岩成因控制因素分析 ··· 19
2.1.3　国内潜在干热岩开发有利区地质特征及热源机制 ································· 25
2.2　干热岩勘查方法 ·· 25
2.2.1　干热岩地热地质调查 ··· 26
2.2.2　综合地球物理 ··· 29
2.2.3　水文地球化学方法 ·· 32
2.3　干热岩开发靶区优选 ·· 39
2.3.1　EGS 工程选址的基本原则 ·· 40
2.3.2　干热岩资源勘查开发目标靶区选区评价指标体系 ································· 40
2.4　干热岩地热资源评价 ·· 46
2.4.1　干热岩资源分级分类 ··· 47
2.4.2　体积法评价天然资源量 ·· 48
2.4.3　数值模拟方法评价可开采资源量 ·· 52
2.4.4　方法适用性分析 ··· 55
2.5　干热岩钻探与完井 ··· 59
2.5.1　干热岩井的类型 ··· 59
2.5.2　井身结构 ··· 59
2.5.3　钻探设备与附属设备 ··· 60

  2.5.4 钻进工艺 ·· 62
  2.5.5 钻井液体系与护壁堵漏技术 ·· 67
  2.5.6 录井 ··· 68
  2.5.7 测井与测温 ··· 69
  2.5.8 固井与完井设计 ·· 70
 参考文献 ·· 71

第3章 干热岩能量获取方法与测井技术 ·· 75
3.1 区域地质特征与工程地质特性 ·· 75
  3.1.1 区域构造特征 ··· 75
  3.1.2 干热岩天然节理裂隙特征 ··· 76
  3.1.3 干热岩热储改造工程地质特性 ·· 77
3.2 花岗岩压裂裂缝扩展与导流特性 ·· 83
  3.2.1 花岗岩压裂裂缝扩展物理模拟方法 ··· 84
  3.2.2 花岗岩压裂裂缝起裂与扩展特性 ··· 84
  3.2.3 压裂裂缝导流特性研究 ·· 89
3.3 热储体积压裂工艺技术与方法 ·· 93
  3.3.1 压裂工艺参数优化设计方法 ··· 93
  3.3.2 化学刺激机理方法 ·· 95
3.4 干热岩测井资料采集与解释评价方法 ·· 102
  3.4.1 测井资料采集方法 ·· 103
  3.4.2 测井解释评价方法 ·· 103
 参考文献 ·· 110

第4章 压裂监测与人工储层裂隙网络评价 ··· 111
4.1 压裂诱发微地震监测与分析 ·· 111
  4.1.1 岩体破裂力学准则 ·· 113
  4.1.2 岩石破裂与微地震响应机理 ··· 113
  4.1.3 速度模型与校正 ··· 122
  4.1.4 微地震事件拾取 ··· 125
  4.1.5 微地震事件定位 ··· 130
  4.1.6 基于微地震数据的裂隙网络成像 ··· 132
4.2 示踪反演与裂隙表征 ·· 141
4.3 工程案例分析 ··· 145
  4.3.1 仿真案例验证 ··· 145
  4.3.2 澳大利亚 Cooper-EGS 人工储层裂隙渗透率表征 ····································· 148
  4.3.3 共和干热岩场地压裂监测与人工裂隙表征 ··· 155
 参考文献 ·· 164

第5章 热储内多场耦合流动传热机理与取热性能优化 ······································· 166
5.1 注采条件下裂缝变形与渗流传热特性演变规律 ··· 166
  5.1.1 人工裂缝导流实验 ·· 166
  5.1.2 热-流-固耦合模型建立 ··· 170

5.1.3 热-流-固耦合模型验证·175
5.2 高温高压裂缝中"热-流-化学反应"耦合对流换热机理·176
  5.2.1 对流换热过程·177
  5.2.2 工质与干热岩的化学反应过程·186
  5.2.3 "热-流-化学反应"耦合对流换热模型·190
5.3 热储尺度多场耦合模型研究及系统仿真·191
  5.3.1 EGS热储尺度热-流耦合模型·191
  5.3.2 热储尺度热-流-应力耦合建模·194
  5.3.3 热储尺度热-流-化学反应耦合建模·198
5.4 地热系统取热性能优化方法研究·199
  5.4.1 地热循环注采多目标优化流程·199
  5.4.2 双层分支井循环取热模型·199
  5.4.3 地热注采系统优化表征·204
  5.4.4 优化问题求解·205
  5.4.5 共和取热性能多目标优化·208
参考文献·215

第6章 干热岩发电及综合利用技术方案与经济性评价·217
6.1 载热流体井口多相流测试及评价方法·217
  6.1.1 湿蒸汽型载热流体井口测试特性研究·217
  6.1.2 热水型载热流体井口测试特性研究·222
  6.1.3 干蒸汽型载热流体井口测试特性研究·225
  6.1.4 汽-液分离式中高温载热流体实验测试方案·228
  6.1.5 旁通型汽-液分离式井口产能现场测试方案·229
  6.1.6 干热岩载热流体流动和汽-液分离特性研究·231
6.2 新型发电热力循环构建·232
  6.2.1 多压有机兰金循环(MPORC)发电循环构建与研究·232
  6.2.2 新型地热发电循环·238
  6.2.3 新型发电循环与常规有机兰金循环发电性能比较·241
6.3 干热岩发电及综合利用系统耦合技术方案·242
  6.3.1 多压ORC系统耦合研究·242
  6.3.2 布置方式和热源温度对双压ORC系统的影响·255
6.4 干热岩发电及综合利用系统经济性评价·263
  6.4.1 干热岩发电及综合利用系统分析及经济评价模型·264
  6.4.2 干热岩发电系统性能分析·270
参考文献·275

第7章 干热岩地热能开发技术瓶颈与未来发展展望·277
7.1 技术瓶颈·277
  7.1.1 底层技术·277
  7.1.2 关键核心技术·278
  7.1.3 前沿和颠覆性技术·279

7.2 技术发展展望……………………………………………………………………280
7.3 发展战略与政策展望……………………………………………………………281
7.4 其他相关建议……………………………………………………………………283

第1章 概　　述

随着现代科技的不断发展，人们对于能源的需求量越来越大，寻找可替代传统化石燃料的新型能源的任务越来越迫切，地热资源(geothermal resources)作为一种可持续利用的清洁能源进入了人们的视野。

1.1　干热岩地热资源基本概念

根据国家能源局 2018 年 10 月发布的《地热能术语》，地热能(geothermal energy)是指赋存于地球内部岩土体、流体和岩浆体中，能够为人类开发和利用的热能[1]。地热资源是指地热能、地热流体及其有用组分。根据地热能的埋藏深度、热量储存特征和产出方式等可将地热资源划分为浅层地热资源、水热型地热资源和干热型地热资源[2]。

浅层地热资源是指从地表至地下 200m 深度范围内，储存于水体、土体、岩石中的，温度低于 25℃，采用热泵技术可提取用于建筑物供热或制冷等的地热能。

水热型地热资源是赋存于天然地下水及其蒸汽中的地热资源。水热型地热资源可分为高温、中低温型。

干热型地热资源即干热岩(hot dry rock, HDR)，是不含或仅含少量流体，温度高于 180℃，其热能在当前技术经济条件下可以利用的岩体。干热岩为致密高温岩体，其开发通常需要借助工程手段，在高温岩体内建造一定规模的裂隙网络储层，为载热工质的运移和热交换提供空间，形成增强型地热系统(enhanced geothermal system, EGS)[3]。将水通过井注入人工产生的、张开的连通裂隙带中，水与岩体接触被加热后通过生产井返回地面，形成一个闭式回路以提取热能。

干热岩的形成离不开地球的内部结构与传热。地球地核是由铁和镍等金属在 7000 多摄氏度下形成的炽热熔浆，地核蕴含的热量由内而外传导，穿过地幔接近地壳，而地壳不含流体或流体极少的岩石层就会获得高温能量，从而形成干热岩。任何地区达到一定深度都会有干热岩存在，但受目前开发利用水平的影响，国家能源局把温度高于 180℃，埋深数千米，其热能在当前技术经济条件下可以利用的岩体定义为干热岩。

干热岩分布广泛，其开发利用对环境影响小，几乎能做到零排放，且资源储存量大，具有巨大的开发潜力。据康玲等[4]和许天福等[5]的研究估计，地球上可供人类开发利用的干热岩提供的资源量是地球上所有石油、天然气和煤炭资源量的 30 倍，且相较化石燃料的排放污染和不可再生，干热岩具有清洁、可持续开发的优点。基于国家高技术研究发展计划(简称 863 计划)项目和中国地质调查局调查项目，以及中国地质科学院 2012 年的调查表明，中国大陆 3~10km 深处干热岩资源量总计 $2.52×10^{25}$J，是我国目前年度能源消耗总量的 $2.6×10^5$ 倍；其中，仅 3.5~7.5km 深处，温度介于 150~250℃的干热岩资源

总量为 $6.3×10^6$EJ，即使仅将其中 2%的干热岩储量进行开发，获得的热能就相当于 2010 年我国能源消费总量的 1320 倍[6,7]。

1.2 国内外研究现状

干热岩地热资源开发在世界上已有近 50 年的研究历史，但以往主要局限在美国、英国、法国、德国、瑞士、日本、澳大利亚等少数国家[5]。截至 2020 年底，国外累计建设 EGS 示范工程 40 余项，干热岩资源的优越性和开发可行性逐渐得到国际认可。目前，EGS 产业化面临的最大技术挑战是如何实现经济可持续开发，这主要受限于现有的储层改造和维护技术难以成功建立大规模、经济可持续的地下热交换系统。国际上针对这些技术难题，开展了一系列前沿研究计划。

2006 年，受美国能源部(U.S. DOE)资助，由麻省理工学院(MIT)组建的独立专家评估委员会对 EGS 进行了综合分析研究，以全面评估地热能作为美国未来主要能源的潜力。评估结果显示，实现干热岩地热资源的产业化开发将革新全球能源结构。2015 年，美国能源部启动"地热能前沿观测研究计划"(FORGE)，累计投入超过 2 亿美元，旨在促进和鼓励全球地热研究团体对 EGS 的革命性研究，最终为地热行业提供一系列可复制的 EGS 技术解决方案及产业化路径。2016 年，美国能源部启动了为期 3 年的 EGS 合作实验室项目(EGS Collab)，投入 900 万美元，利用可进入的浅部地下实验室提高对岩体压裂响应规律的认识，提供中等规模(10m 尺度)的实验平台来验证和发展热-水-力-化(THMC)模拟方法，并开发新型压裂监测工具。另外，为了降低干热岩开发成本，美国提出基于现有水热型地热系统的边缘和深部进行储层建造，可快速实现经济效益，并不断发展和积累地热储层建造技术。为此，美国能源部近几年资助了几个相关的 EGS 示范项目[如沙漠峰(Desert Peak)EGS 工程、盖瑟斯(Geysers)EGS 工程、拉夫特河(Raft River) EGS 工程等]，这种方式可快速增加现有水热田的地热发电能力。美国 FORGE 的实施，旨在填补 EGS 现今面临的重要科学认识空白，突破限制 EGS 产业化开发的挑战性技术，最终形成可复制、具有商业推广潜力的干热岩地热工程开发模式。该计划已完成包括高温钻井工具、新型储层刺激改造和完井技术、裂缝网络的监测和管理、诱发地震的预测、应力管理和数值模拟等关键技术的前期研发工作。目前，工程现场已完成大斜度水平井钻井，并准备开展水平井分段压裂技术现场测试，有望取得较好的干热岩储层裂隙缝网建造效果。

2013 年，欧盟委员会启动了"地平线 2020"(Horizon 2020)计划。该计划资助的地热相关项目共 11 项，总预算达 1.34 亿欧元，皆在推动欧洲更为全面地开发利用地热资源。2018 年，欧洲深部地热技术与创新平台(ETIP-DG)发布了欧洲深部地热能实施计划，投入 9.36 亿欧元用于支持深部地热资源开发所需的相关前沿技术和装备研发，皆在推动地热资源开发利用以满足欧洲大部分的热力和电力需求。

下面对 1973 年以来各国 EGS 研究情况进行详细介绍。

1.2.1 美国典型 EGS 工程

1. Fenton Hill EGS 工程

始于 1973 年的美国新墨西哥州芬顿山(Fenton Hill)干热岩开发试验项目是最早的 EGS 示范工程项目[8]。Fenton Hill 干热岩开发试验首次尝试从低孔隙低渗透性的岩石中开采地热。Fenton Hill 地热田具有较高的地温梯度和大量的均一、低渗透性结晶基底岩石。尽管该工程并不是具商业规模的干热岩地热开发工程，但其证实了人工建造水热储层所需地质工程和钻探技术的可行性。

从 Fenton Hill 干热岩试验项目中发现节理系统的特性具有高度不确定性：第一阶段中储层节理扩张压力只是第二阶段中储层节理扩张压力的一半。这一压力受相互连接的节理构造控制，但无法通过井孔观测或地表进行辨别。只有通过微地震观测才能确定诱发地震的部分，这与可作为流动通道的节理地张开相关。但是在大多数情况下，水力激发不仅会产生新裂隙，也会通过剪切作用使与局部应力场主方向一致的自然节理(总体上被矿物沉积所封闭)重新张开。

2. Geysers EGS 工程

Geysers EGS 工程在美国西北部实施，钻探部分项目的第一阶段(前刺激)于 2011 年 8 月完成。从圣罗莎 Geysers 补给管道(Santa Rosa Geysers recharge pipeline, SRGRP)到 P-32 提供高度处理过的城市废水的管线作为一阶段的一部分也已完成。EGS 示范项目二期(刺激或储层改造)于 2011 年 10 月开始，向 P-32 井注入 SRGRP 水，在地表以下 1.5~4km 井附近发生了一系列微地震活动。此前工作均在注入井附近，此后工作会横向拓展。P-32 井附近井口压力变化和微地震活动性可协助确定流体流动的途径。地震事件的发生频率在特定的注入速率下随着时间降低。刺激阶段早期监测还表明，在本领域一部分储层压力在注入开始大幅增加。2011 年 10 月~2012 年 1 月，P-32 井注入产生一个静态的井口压力，与 PS-31 井处相比从 2.3 MPa 增加为 3.3MPa。P-32 井的刺激也造成了不凝性气体(NCG)的浓度降低，NCG 的总浓度从 3.9wt%①下降至约 0.3wt%。PS-31 井蒸汽腐蚀的氯离子浓度没有与 NCG 浓度同步减少。PS-31 井从 2012 年 12 月 5 日开始生产一直到 2013 年 2 月 13 日因为近表面腐蚀产生泄漏必须把井关闭，直到安装上高合金或钛合金材料，以防止未来的腐蚀。

3. Desert Peak EGS 工程

作为美国奥巴马政府全方位能源战略的一部分，美国能源部于 2013 年 4 月 12 日宣布 Desert Peak 项目作为美国第一个成功的商业化 EGS 工程可向电网提供电力。Desert Peak EGS 示范项目位于内华达州里诺(Reno)市东北部。

为了增加目标井周围区域的渗透率和建立该井与已有水热田生产部分间的连通性，奥玛特(Ormat)公司设计了由 4 个独立阶段组成的储层改造激发方案。2010 年 8 月，在

---

① wt%表示质量分数。

Desert Peak 场地开始了改造激发作业，流体被注入深度在 914~1005m 的流纹岩地层的底部。经过 8 个月的多级改造(激发)，井的注入能力增加了几个数量级，流量增加了几百加仑/分。这表明井附近区域的渗透性得到了显著改善。

4. Milford FORGE EGS 工程

2015 年起，美国能源部启动 FORGE。目标是创建一个地下实验室以开展 EGS 领域前沿理论和钻完井技术等方面的研究，形成能够促进干热岩产业发展的严谨的、可复制的方法技术体系。除现场作业之外，FORGE 同样致力于数据收集、前沿设备研发并且即时共享相关研究数据，在开展 EGS 领域前沿研究的同时，也努力构建创新合作平台与管理体系。

截至 2024 年，FORGE 已完成前三阶段的主要工作：①2015 年 4 月 27 日，美国能源部公告投资 200 万美元进行干热岩地热场地初选，工作任务包括：地质模拟，数据公布，知识产权、环境、健康和安全信息等项目整体规划；②2016 年 8 月 31 日，在干热岩场地评估的基础上，优选内华达州的法伦(Fallon)场地和犹他州的 Milford 场地进行第二阶段任务，主要包括：环境影响评估，地面微地震监测网部署，基于地质结构、钻井测孔、地球物理信息的储层建模，诱发地震风险评估预测等；③2018 年 6 月 4 日，美国能源部宣布米尔福德(Milford)场地作为 FORGE 第三阶段的研究场地，专注于增强型地热系统、人工建造储层等领域前沿技术理论的研究，广泛吸引了来自工业界、学术界及不同国家实验室的合作者。

自 FORGE 项目执行以来，对 Milford 区域进行了大量的钻探测井工作，已有大量地热测井资料表明 FORGE 干热岩场地具有极高的地热潜力：在地下 2km 处钻获 175℃干热岩体，计算平均地温梯度可达 50~65℃/km。除此之外，区域重力、大地电磁等地球物理数据解释结果表明，4km 深度以浅、温度 175℃以上的干热岩体分布面积大于 100km^2，体积超过 100km^3，是理想的干热岩开发利用研究场地。作为 FORGE 项目计划的一部分，Milford 场地已经完成钻进多口地热深井的钻探工作，目前场地的监测井有：58-32 井、68-32 井、78B-32 井、56-32 井、78-32 井等(图 1.2.1)，其中 58-32 井最初为一口地热示范井，用于收集垂直井开发干热岩所涉及的遥感、地热地质、地球物理、地球化学数据，并探索高温坚硬岩石垂直井钻进、水力压裂等技术的工程可行性，现主要用于微震事件监测工作。

2021 年初完成钻进的 16A(78)-32 井是 FORGE 场地钻的第一口大角度近水平斜井，与 56-32 井位于同一地热目标层，作为干热岩开发的注入井。16A(78)-32 水平井全井长度为 3289.55m，其中水平井根部造斜点位于地下 1809.91m 处，初始造斜梯度为 5°/100ft[①]，当井身倾斜角达到 65°时停止造斜，随后以 65°的井身倾斜角继续钻进。该井趾部垂向深度为 2584.3m，垂向落差 774m，近水平段长度为 1260m。2022 年 4 月，成功完成了对 16(A)78-32 井的多阶段水力刺激改造作业，对三个层段进行测试：第 1 层段(Stage 1)针对的是井趾处的裸眼段(滑溜水最大泵入流速为 13.25×10^{2}m^3/s)；第 2 层段(Stage 2)和第

---

① 1ft=3.048×10^{-1}m。

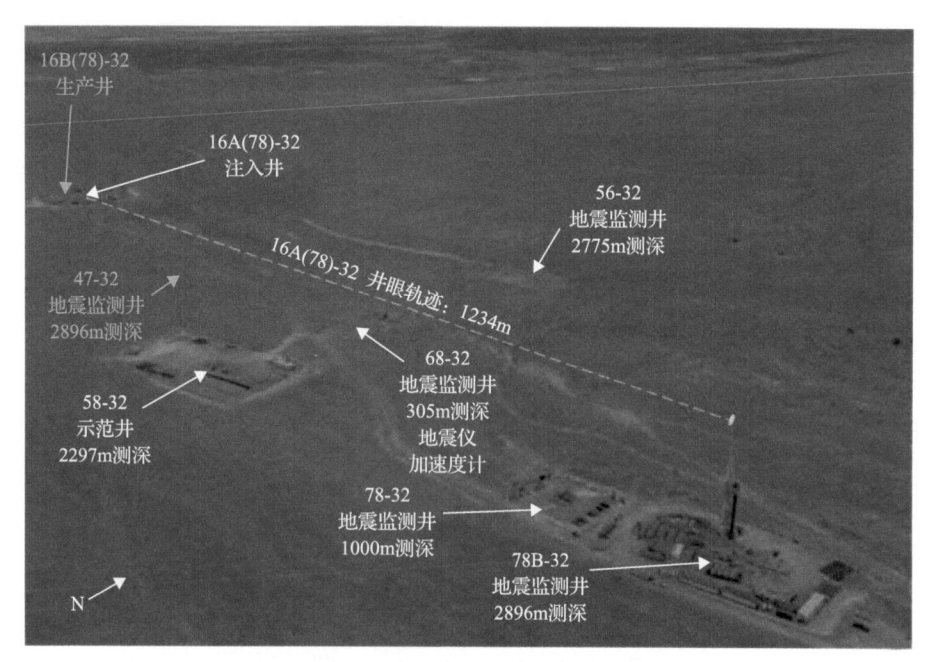

图 1.2.1 犹他 FORGE 项目钻井分布图

3 层段（Stage 3）针对的是较浅部的套管段（最大泵入流速均为 $9\times10^2 m^3/s$，其中第 2 层段泵入的为滑溜水，第 3 层段泵入的为羧甲基羟丙基胍胶和低浓度微支撑剂），每个层段加压注入约 330～510 m^3 流体。在每个层段，刺激改造以低至适中的注入速率开始，并小幅增加以确保作业顺利进行，在达到峰值压力和注入速率后，两者都保持不变然后小幅逐步降低以了解近井筒摩擦效应。生产井 16(B)78-32 于 2023 年钻探完成，井身倾斜角 65°，与 16(A)78-32 井相距约为 90m。2024 年 4 月开始对两井进行商业规模水力刺激增产：在两周内对 16(A)78-32 井进行八个阶段的水力刺激，将 2022 年压裂产生的三个刺激区进一步破碎，并新产生了七个刺激区；随后对 16B(78)-32 井进行了四个阶段的注入刺激，总注入流体体积约为 $1.88\times10^4 m^3$。2024 年 8 月，成功进行了商业规模的循环测试，在近一个月的循环试验中，稳定生产温度为 188℃，注采流体回收率约 90%。

2024 年 10 月，美国能源部宣布出资 8000 万美元对 FORGE 进行第四阶段资助（2024～2028 年），预计在 Milford 场地钻进一口深度更大、温度更高的地热井（井底温度约 260℃），开展更长时间的井间循环试验，并借此进行高温环境钻进设备的基础研究。

5. Project Red EGS 工程

Project Red EGS 项目地点毗邻美国内华达州北部的蓝山（Blue Mountain）地热发电厂，地热系统与位移转移带有关，深部环流主要由 N 到 NE 走向的正断层与 WN 走向的右旋正断层系统相交控制。费尔沃能源（Fervo Energy）公司自 2022 年起在该区域开展 EGS 钻探和储层建造工作，完成了三口地热井的钻探工作，包括垂直监测井 73-22 井、水平注入井 34A-22 井和水平生产井 34-22 井。注入井和生产井构成了首创的商业化 EGS 水平双井系统，水平延伸约 990m，最高测量温度为 190℃，目标储层深度约 2347m。在

Project Red EGS 建造中，Fervo Energy 公司整合多项先进技术，包括水平钻井、桥塞射孔联作多阶段增产处理、分布式光纤全流程监测等，共开展 16 阶段的水力刺激，泵注速率 100bpm①，最大微震等级＜1.8。2023 年 4 月，场地开展为期 30 天的循环测试，循环速率＞60L/s，回收率＞80%，最大生产温度 169℃，验证了 EGS 项目的商业可行性。

6. Cape Station EGS 工程

2023 年 6 月，Fervo Energy 公司在美国犹他州西南部的比弗县(Beaver County)启动了 Cape Station EGS 钻探项目(图 1.2.2)，该项目是目前世界上最大的增强型地热系统开发项目。该研究场地位于 Milford 东北约 12mile②处，紧邻 FORGE EGS 场地，靠近布伦德尔地热电厂，前期的研究可为该项目实施提供大量关于储层信息的可靠数据。相比于 Project Red EGS 工程，Cape Station EGS 工程在钻井时间与成本管控方面具有明显优势：①单井钻井时间缩短约 70%(20～35d)，平均机械钻速为 21m/h，钻井成本从 940 万美元下降至 480 万美元；②利用多级桥塞-射孔技术对 3 口丛式水平井(1 口注入井和 2 口生产井)成功进行储层改造，平均改造水平段长度从约 900m 增加至约 1400m。截至目前，Fervo Energy 公司在 Cape Station 已完成超过 20 口地热井的钻探工作，预期 2026 年开展首项 90MW 发电计划。2025 年 4 月 15 日，Fervo Energy 公司与美国壳牌能源(Shell Energy)公司签署合作协议，预计 2028 年实现发电装机量 500MW。

图 1.2.2　Cape Station EGS 现场图

1.2.2　法国典型 EGS 工程

在法国苏茨(Soultz)建立的欧洲示范性 EGS 电厂，为世界上第一个最为成功的将 EGS 用于发电的项目[9]，是欧洲联盟资助的示范地热电厂。Soultz 工程项目于 20 世纪 80 年代末开始。法国存在几个具有较高大地热流量的地区，其中就包括 Soultz，该区是由

---

① bpm 表示 bbl/min，1bbl=1.58987×10²dm³。
② 1mile=1.609344km。

北欧的一个裂谷系发展形成的。Soultz EGS 工程位于上莱茵地堑,在废旧油井浅部测得较高热流动。在花岗岩热交换器处发现大量天然水,该 EGS 工程需要大量的激发(水力激发和化学激发)以改善 3 口深井间的水力联系。

为了增加储层的渗透率,2000~2007 年通过水力压裂、化学刺激和示踪试验改造了原地层的低渗环境,产生了裂隙网络,使其成为增强型地热系统,2007~2009 年设计并建造了循环发电站,总装机容量为 2.2MW。

在 Soultz EGS 的实际运行过程中研发的大规模发电设备也许会改变能源格局,因为来自 EGS 的地热能是清洁、可持续的。使用地热能可保存化石燃料和限制温室气体排放,并提供每年 8000h 的连续电力生产。

1.2.3 澳大利亚典型 EGS 工程

2002 年开始,澳大利亚 EGS 的研究重点转向了库珀(Cooper)盆地的花岗岩基底,通过石油和天然气钻探发现这里 4km 深处的温度接近 250℃。Cooper 盆地项目位于南澳大利亚阿德莱德以北昆士兰州的边界附近。该项目的目标是要证明在大规模高温、均质花岗岩基底地区建设 EGS 系统的可行性,并发展成能够利用先进的双循环发电技术产生千兆瓦级电力的项目。

Cooper 盆地含有大量的石油和天然气储量。该区域和大部分澳大利亚地区一样受逆冲推覆应力控制。盆地最深的部分存在大范围的低重力区,不能完全由盆地自身来解释,这表明存在至少有 $1000km^2$ 的花岗岩基底。在该地区的石油勘探遇到高的地温梯度,且多口井与放射性元素含量高的花岗岩基底相交。

Cooper 盆地的第一口井(注入井 Habanero-1)于 2003 年 10 月完成深度 4421m、靠近钻入花岗岩基底的石油勘探井 McLeod-1。Habanero-1 井在 3668m 处与花岗岩相遇,该井为 6in①的无套管钻孔。从石油和天然气井以及 Habanero-1 井收集的数据来看,花岗岩遭受近水平方向的应力剪切而破碎。有些与 Habanero-1 井相交的裂隙被发现具有超过静水压力 35MPa 以上的超压。为了控制超压,需要对钻井液加压。然而,遇到的裂隙比预期的更具有渗透性,它们也可能已经破碎和滑动,其渗透性进一步提高,因而导致钻井液渗入而损失流体。井底温度为 250℃。

Habanero-1 井完成后,于 2003 年 11 月和 12 月对该井进行激发。用高达 70MPa 的压力将 $2\times10^4m^3$ 的水泵入裂隙中,流速从 13.5kg/s 逐渐增加到最高 26kg/s。通过声发射(AE)数据估计第一次激发形成的破碎体为 $0.7km^3$。激发过程中也尝试通过在 4136m 和 3994m 深度之间穿孔的 7in 套管进行注入,但只在 4136m 处吸收了足够的流体并在新区域中产生微地震活动。经过一系列的激发,破碎体已扩大到面积约 $3km^2$ 的水平薄饼形区域。裂隙体形成的近椭球体长轴沿东北方向延伸。Habenero-1 井的目标是在 4310m 深度与裂隙储层相交,它最终在 4325m 遇到了裂隙。在钻进过程中,观察到 Habanero-1 井内部压力的变化与 Habanero-2 井的井口压力变化相对应。

在钻进过程中遇到的一些问题需要实施侧向钻,并于 2004 年 12 月完成到达 4358m

---

① 1in=2.54cm。

的侧向钻。在 2005 年中期,在 5000psi①自流压力的基础上,对来自 Habanero-2 井的流体进行了试验。探测到高达 25kg/s 的流量,获得的地表面水温度为 210℃。然而,由于丢失的井下设备逐渐阻塞了 Habanero-2 井的流量,对两口井之间的循环系统的试验被推迟。

在 2005 年 9 月,通过注入 $2\times10^4m^3$ 的水对 Habanero-1 井进行再次激发,根据声发射数据,老储层扩展了 50%,覆盖面积达到 $4km^2$。

2006 年 4～6 月,尝试使用带压作业装置进行第二条侧向钻。这次钻探使用了水而不是泥浆系统,遇到的问题包括起下钻时间缓慢、孔壁连续崩落和井下设备故障。因此减少了这次钻探的工作量,试图用常规钻机在 2006 年底重新建立生产井与 Habanero-1 井 EGS 储层之间的连通。

1.2.4 德国典型 EGS 工程

1. Bad Urach EGS 工程

1977～1980 年,在施瓦本(Swabia)阿尔卑斯山的乌拉赫(Urach)地区(斯图加特以南约 50km)附近的地热异常区内开展了大规模的调查。试验的目的除了研究异常区的规模和性质,还包括评估利用热储层进行加热的可能性,以及针对未来通过干热岩提取地热能源的目标对基底岩石进行检验。

早期的工作主要包括对该区域开展广泛的地球物理和地质调查。包括在 1970 年和 1974 年钻了两个 800m 深的地热勘探钻孔(Urach Ⅰ 和 Ⅱ),钻孔进入了中三叠统壳灰岩组(Muschelkalk)地层。1977 年 10 月开始钻探深部勘探钻孔,即 Urach Ⅲ。经过 231 天的钻探,到达 3334m 的目标深度,进入渗透结晶基底约 1700m 厚。获得超过约 7%以上的结晶部分的岩心。1983 年,Urach Ⅲ 的无套管部分延长至 3488m。随后的试验包括井下电视测井和在 3350m 深度单独进行水力压裂应力测量。

在 1979 年 5～8 月开展了一系列小规模的激发和后续的流体循环。在这些试验过程中,对结晶基底中的云母正长岩部分分别在 4 个深度区间进行了 7 次激发:一个在裸眼井段,其他三个通过有孔套管进行。在通过有孔套管对三个区域进行的激发使用了黏性凝胶和支撑剂。有孔套管部分的垂直间距只有 70m。裸眼激发部分(深度 3320～3334m)和套管孔激发部分(深度 3293～3298m)之间建立了循环回路。总共尝试进行了 12 次循环试验,最成功的两次历时 6h 和 12h。

干热岩激发和循环试验深度范围内(在 3250～3334m 的云母正长岩)的裂隙密度约为 0.7 目/m。这些开放裂隙具有方解石和黄铁矿结壳,而封闭节理主要由石英填充。进一步研究表明裂隙的倾角范围为 40°～70°。

通过钻孔崩落法、单独的水力压裂应力测量(HFSM)、裂隙膨胀压力、钻进诱发裂隙的方向获得了有限的现场应力数据。在 3334～3488m 深度范围内识别的崩落表现出一致的走向,约为 82°,说明最大水平应力方向为 172°。这个结果与在 Urach Ⅲ 中观察到

---

① 1psi=6.89476×10^3Pa。

的由钻井诱发的延长裂隙的走向一致。

派生自单独 HFSM(3350m)的最小水平应力值介于 42~45MPa。派生的最大水平应力值约为 88MPa，非常接近在 3350m 处超载应力的可能值。

2. Horstberg EGS 工程

德国北部盆地的沉积地层透射率低，因此以前没有考虑在这些地方提取地热能源。为了克服这些限制，在汉诺威市中心(Geozentrum)启动了本项目。项目的目的是考察利用广泛分布的低渗透率沉积物开采地热能源的方法，并最终为汉诺威 Geozentrum 地区的各类建筑物提供热量。在结晶岩中成功创建的干热岩系统的水力压裂技术将用于在沉积物中建立以平方千米为单位的大规模的裂隙覆盖区，以提高钻井生产效率，达到所需的流速。由于 Geozentrum 地区的热能供给需求约为 2×10^6W，仅需要相对较低的流体产出率，而这用单井法就可以实现。这种一口井同时用于生产和再注入的方法，即使像几兆瓦那样相对低的功率输出也可以进行经济性开发。这种生产方法适合为大型建筑物或具有区域供热系统的地区提供热量。

为了试验这种方法，在废弃的 Horstberg Z1 号油气勘探井上进行了一系列的原地试验。德国联邦地球科学和自然资源研究所(BGR)将这口属于汉诺威 Geozentrum 市的探井作为现场实验室。试验开始于 2003 年 9 月。最初设想的方法是通过创建大型裂隙，将该井与含水节理、裂隙区或钻孔无法到达的多孔层相连。从这些构造中产生的热水在冷却后通过相同井孔的环室被注入较浅深度的可渗透岩层。

通过以高达 50kg/s 的流速注入超过 20000m³ 的淡水，对深度约 3800m 的斑砂岩组(Buntsandstone)的砂岩层进行大规模水力压裂试验，井口压力约为 33MPa。压裂后排放试验表明，所创建的裂隙具有高储水能力，覆盖面积达几十万平方米，这说明裂隙不仅在砂岩层中传播，也使相邻的黏土岩层破碎。试验还显示出裂隙或者部分裂隙在压力释放过程中保持开放，从而使排放的流速在流体压力低于压裂扩展压力时仍为约 8.3kg/s。然而，对长期排放流速的外推计算表明，不能长时间维持预计的 6.9kg/s 的流速，因为生产和再注入的位置并不相通，且裂隙覆盖该地层获得的总产量太低。

包括冷水注入期、预热期和排放期在内的循环试验的结果非常有前景。在这些试验中获得的流体体积和生产温度显示，这可能是一个从紧密沉积岩中提取热量的替代方法。

为了监测激发引起的微地震，安装了地震监测网络。该网络由 8 个台站组成，围绕着钻井形成两个半径为 800m 和 1600m 的圆，在深部和地表布置了 60 个地震检波器组成阵列。为每个台站打了一口 100m 深的井，将地震检波器永久地安装在这些井的底部。在现场对有关微地震发生的数据进行分析。与在结晶岩中用灵敏度监测网络检测到几千次或几万次微地震事件的水力压裂试验相比，这里只检测到几次微地震事件。无法通过这些事件推断可靠的震源位置。

然而，通过该项目获得的经验，能在德国北部盆地的石油和天然气行业中发挥作用，因为其对激发操作中的地震监测有较大意义。

这个项目显示了在沉积环境(具有大容量储水系数并已经存在渗透性)中进行激发产生的效果。

使用单孔法并不现实，因为注入区和生产区之间没有连通，生产区不能再注入，因而不能维持长期的生产。

1.2.5 日本典型 EGS 工程

1. Ogachi EGS 工程

雄胜(Ogachi)地区位于日本东北部，火山分布密集，千米深处的地层温度可以达到 200℃。工作人员在地热场通过水力压裂的手段进行了人工热储建立。1991 年将 100t 水注入井下 990～1000m，注入时间为 11 天。1991 年将 100t 水注入井下 717～719m，注入时间为 9 天。储层改造选用的注入水为地热场附近的河水。储层改造期间，在井底 30～50m 安装检波器对水力压裂进行检测。经检测发现，水力压裂导致了微地震事件，注水井处的地震发生较为密集，且大都集中于该井的北侧，而生产井处地震相对较少。

在 1993～1994 年对生产井和注入井进行了抽水—注水试验。在 1993 年的试验中开始阶段水的回收率极小，但是经过储层刺激(水力压裂)后在 1994 年水的回收率可增加至 10%。对 OCG1 和 OCG2 进行储层刺激后，生产井水的回收率可增加至 30%。

在 1994～1995 年对热储层进行了示踪试验。结果表明，对储层进行刺激后，裂隙体积增加了一半，裂隙通道的渗透率增加，生产井示踪剂浓度的峰值出现时间缩短，且浓度下降速度加快。由此可见其间进行的储层刺激对热储层的增产效果较好。

2. Hijiori EGS 工程

肘折(Hijiori)研究区位于日本本州岛的山形县。该项目地点选在 Hijiori 火山口的南缘，是更新世大型火山侧面的一个小火山口，最后一次喷发约在 1 万年以前。之所以选择这个位置，是想利用最近的火山活动在该地区形成的较高的地温梯度。该地区已完成大范围填图，并进行了一些地温梯度钻探。虽然区域构造为沿本州岛中轴线，具有挤压性质，但是火山口边缘附近的应力状态非常复杂。伴随环形裂隙的主断层与火山口塌陷造成的短距离水平和垂向应力变化有关。

浅储层钻探开始于 1989 年。在 1989～1991 年完成了 1 个注入井(SKG-2 井)和 3 个生产井(HDR-1 井、HDR-2 井和 HDR-3 井)的钻探。除了 HDR-1 井之外，所有井的深度约为 1800m。HDR-1 井完井深度在 2151m。天然裂隙与所有井的相交深度在 1550～1800m。该井在 1500m 处的温度超过 225℃。1800m 处深部裂隙的最高温度接近 250℃。井间距保持在相当小的距离：在 1800m 深度，SKG-2 井到 HDR-1 井的距离约为 40m，到 HDR-2 井的距离约为 50m，到 HDR-3 井的距离约为 55m。

在 1991～1995 年，通过将 HDR-2 井(加深后更名为 HDR-2a 井)和 HDR-3 井加深到约 2200m 处进入深部储层(2150m 以下)。HDR-1 井被用作深部储层的注入井。天然裂隙在 2200m 深度与所有井孔相交。HDR-1 井到 HDR-2A 井的距离约为 80m，到 HDR-3 井的距离约为 130m。

水力压裂试验开始于 1988 年，向 SKG-2 井注入了 2000m^3 的水。分别以 1m^3/s、2m^3/s、4m^3/s 和 6m^3/s 四个速率作为四个阶段进行激发。激发后在 1989 年进行了 30 天的循环试验。以 1~2m³/s(17~34kg/s)的速度将生产水和地表水混合注入 SKG-2 井,从 HDR-2 井和 HDR-3 井产出蒸汽和热水。在试验过程中,共注入 4.45 万 m³ 的水,而产出 1.3 万 m³ 的水。试验显示出注入井和两口生产井之间的渗透连通性良好,但 70%以上的注入水在储层中损失。但是,该项试验时间短暂,储层在整个循环周期内持续增长。

HDR-1 井在 1991 年将加深到 2205m,后在 1992 年对井眼进行了水力压裂以激发深部裂隙。然后,三个阶段分别以 1m³/s、2m³/s 和 4m³/s 的速率注入 2115 m³ 的水。激发后,将 HDR-2a 井和 HDR-3 井加深到 2302m,并在 1995 年进行了 25 天的循环试验。注入 HDR-1 井的速率为 1~2m³/s,并从 HDR-2 井和 HDR-3 井产出蒸汽和热水。共注入 5.15 万 m³ 的水,产出 2.6 万 m³ 的水,回收率约为 50%。

Hijiori EGS 项目在激发之前的应力状态通过对岩心的压缩试验数据、差应变曲线分析和声发射数据分析获得。发现最大主应力和中级主应力方向夹角为 45°,倾向为 EN-WS,而最小主应力接近水平,方向为 SN 向。裂隙的开口通过 HDR-3 井的岩心进行测定。井下声波电视被用来确定裂隙相对于 HDR-2a 井和 HDR-3 井的倾角和方向。

在 1996 年,为准备长期试验而实施了进一步的激发和短期试验。为了在深部储层中改善 HDR-3 井与注入井 HDR-1 井之间的连通性并减少流体损失,将 HDR-1 井作为注入井同时把 HDR-3 井作为产生井而 HDR-2a 井提供背压。虽然连通性没有得到显著改善,但是该试验为改变储层压力以影响激发效果带来了希望。这是一个需要开展更多工作的领域。

在 1996 年完成了附加的循环试验后,2000 年启动对深部和浅部储层的长期试验,试验持续到了 2002 年。在为期一年的深部储层循环试验中,以 15~20kg/s 的速度将 36℃ 的水注入 HDR-1 井中。在试验的第二阶段,为了同时试验深部和浅部储层对 SKG-2 井进行注水。HDR-2a 井中产生蒸汽和水的速度为 5kg/s,温度约 163℃,HDR-3 井中产生蒸汽和水的速度为 4kg/s,温度为 172℃。产生地热能量总额约 8MW。在试验结束时,这些流体被用来驱动 130kW 容量的双循环发电机。试验分析表明深部和浅部储层都有产热量。在试验过程中,由于钻孔的大小问题,需要对生产井进行清理。一个有趣的试验结果是,当输入流速稳定在约 16kg/s 时,试验过程中注入流体所需的压力从 84Pa 降低至 70Pa。从 HDR-2a 井和 HDR-3 井获得的总产量为 8.7kg/s,损失率为 45%。

HDR-2a 井在长期流体试验中的温度从初始温度 163℃ 急剧冷却到大约 100℃。试验由于温度的下降而终止。实测温度变化的幅度超过数值模拟的预测值。

该项目表明,首先钻一口井然后进行激发并绘制声发射结果然后钻进至声发射云图中,要比同时打两个或多个井眼并试图将它们与激发生成的裂隙相连通的效果更好。

1.2.6 瑞士典型 EGS 工程

瑞士在巴塞尔(Basel)建立了用于发电和产热的深部采热工程。在邻近德国和法国边界的莱茵地堑东南端的 Basel,钻进一口 2.7km 深的勘探井,研究和安装了地震设备。Basel 工程的独特之处在于钻探位于市区范围内,且该系统产出的热能具热电联产潜力(直接用于当地区域的供热和发电)。

该工程于 1996 年开始,由瑞士联邦能源办公室和公共与私人部门部分资助。该电厂建在 Basel 的工业区，市政水纯化厂的垃圾焚烧可提供另外的热源。该工程的核心是位于 5000m 深处的热花岗岩基底上的三向井。位于基底岩石顶部的另外两口辅助监测井安装了多地震接收器阵列，以记录裂隙诱发的地震信号来绘制被激发储层的地震活跃区。储层温度预计为 200℃。1 口注入井和 2 口生产井间的设计水循环流速为 100kg/s，设计井口热发电量为 30MW。通过该热源和额外的燃气轮机，一个联合热电厂年发电量可高达 108GW，而向供热管线提供的热能为 39GW。N—NW 向压缩和 W—WN 向扩张可产生一个地震活跃区，而电厂即位于该区域。因此，在所诱发地震激发深部储层前，尽可能准确地记录和了解自然地震活动是重要的。

2001 年，在花岗岩基底中首次钻了一口深达 2650m 的勘探井。计划钻进的第二口井的目标储层深度为 5000m。2006 年 12 月 8 日发生的 3.4 级诱发地震造成了 700 万瑞士法郎的财产损失。但这有助于激发增产作业。在这样一个地震活跃区，也应考虑地热储层对大地震出现的可能影响，类似于 1356 年引起城市破坏的那次大地震。由于 2006 年的 EGS 诱发地震，Basel 示范工程于 2009 年完全停产。在许多报纸上可找到对该事件的报道。

1.2.7 中国干热岩研究现状

我国干热岩资源储量巨大，中国地质调查局对中国大陆高温热岩的资源潜力评估表明，中国大陆 3～10km 深处干热岩资源总计为 2.52×10^7EJ，高于美国本土(不包括黄石公园)干热岩地热资源量(1.4×10^7EJ)，合 8.56×10^6 亿 t 标准煤，若按 2%的可开采资源量计算，相当于中国大陆 2010 年能源消耗总量的 5200 倍左右(2010 年中国能源消费总量 32.5 亿 t 标准煤)。而中国科学院的资源量评估结果略低于中国地质调查局的估算量，为 2.09×10^7EJ，并指出有利靶区包括藏南、云南西部(腾冲)、东南沿海(浙闽粤)、东北(松辽盆地)、华北(渤海湾盆地)、鄂尔多斯盆地东南缘的汾渭地堑等地区。下面将对我国的勘查工作进展进行介绍。

1. 青海共和盆地

共和盆地位于青海省中东部，总面积 21168km^2，是一个自中生代以来形成的断陷盆地。青海共和盆地热流值较高，热异常明显，平均地温梯度达 6.7～6.8℃/100m，近年来在共和盆地恰卜恰地区已钻探了 10 余口地热深井及干热岩井，2014 年，DR3 井在井深 2927.00m 首次钻获 181℃的干热岩，拉开了青海共和盆地干热岩勘查开发的序幕[10]，2017 年 8 月在共和盆地 GR1 井 3705m 井底深度钻获 236℃的高温干热岩体，是我国首次钻获埋藏最浅、温度最高的干热岩体，显示了青海共和盆地干热岩地热资源的潜力[11,12]。

2013～2018 年，在青海省自然资源厅及中国地质调查局的大力支持下，青海省环境地质勘查局先后在贵德县热水泉地区热光断裂东西两侧的上下盘实施了 ZR1 号和 ZR2 号干热岩勘探孔。ZR1 号孔孔深 3050.68m，实测孔底温度为 151.34℃；ZR2 号孔孔深 4703.00m，实测 4600m 处温度为 205℃，为典型的高温水热系统翼部所伴生的干热型地热系统。与此相对应，测温数据 1200m 以上温压变化小，增温趋势相对稳定，温度维持在 120℃左右，反映出地热流体在裂隙系统内循环对流条件良好；1200～1500m 段温度明显增加，与钻探过程钻遇相对完整的岩心且水量贫乏相对应；1500m 以下地温梯度相对稳定，温度缓慢增加[13]。

2. 河北马头营区

唐山市马头营位于河北省唐山市乐亭县，马头营凸起位于黄骅拗陷北部，是太古界潜山背斜之上发育的新近系披覆构造。马头营地区干热岩热储层为太古界单塔子群白庙组，主要由变粒岩及浅粒岩组成，顶界埋深在 1200～1900m，埋深 3500m 范围内厚度为1500～2500m；该套地层具有低孔隙、低渗透、无流体的特征，符合干热岩地热资源开发利用的基本条件。热流值高，地温梯度大部分在 3～5℃/100m，最高地温梯度在 7℃/100m左右，大地热流值大于 75mW/m^2，高于全球平均热流值(61.5mW/m^2)，大地热流值异常明显，具有良好的热源条件[14]。唐山市马头营凸起区干热岩科学探测孔在 3965m 深处钻获了温度为 150℃的干热岩[15]。这是目前京津冀地区钻获埋藏最浅的干热岩资源，实现了我国中东部地区干热岩勘查的重大突破。

1.3 干热岩开发面临的挑战

可以预见，随着科学技术的进步，干热岩资源开发将对我国节能减排和新一轮能源结构调整做出重大贡献。但是受限于目前的技术与成本，我国干热岩开发还面临不少挑战。

首先，前期的干热岩勘查方法与靶区优选方面仍面临难关，干热岩资源因为埋藏较深且分布不均匀具有勘测难的特点，我国目前尚未形成成熟可靠的资源评价技术与方法。这一部分包括：以分辨率、信噪比和保真度等为依据，优选适于干热岩勘探的综合地球物理方法；分析干热岩岩石物理参数与地球物理参数之间的内在联系，研究重磁电震联合反演的数据融合和综合解释方法，并在此基础上进行重磁电震联合反演软件研发需求分析、框架设计和软件编程；基于地球物理勘查实测数据，检验和测试重磁电震联合反演软件系统的功能效果；落实并圈定干热岩体的构造特征、厚度展布、延伸方向、叠置关系以及尖灭边界等，确定干热岩开发靶区位置、地质层位和规模尺度，并为开发井网部署、钻探轨迹设计以及资源量预测和评价提供技术支撑。

其次，储层建造过程中压裂监测与人工储层裂隙网络评价目前也面临挑战，包括：研究干热岩压裂-微地震响应过程，揭示微地震信号响应机理，揭示干热岩体裂缝起裂与扩展机理，构建干热岩井中-地面地球物理联合监测系统，融合微地震、测斜以及示踪试验数据信息，建立复杂裂隙网络表征方法，通过试采试验验证，形成压裂监测与人工储层裂隙网络评价技术体系；通过场地天然裂隙分布、微地震预测、地震风险评估及浅部含水层地下水污染风险评价研究了干热岩资源的开发对地下水环境的影响。

最后，EGS 运行期间干热岩的可持续开发利用仍有许多需要关注的方面，包括：热储内多场耦合流动传热机理与取热性能优化研究；研究化学反应作用下工作流体与裂缝之间的传热规律；对工程中容易产生的堵塞问题，以及工程长期运行管理问题进行研究，揭示动态开采条件下干热裂隙储层堵塞机理，研发化学防垢剂，提出储层解堵方案与裂隙储层维护方法，保证EGS系统长期稳定运行，为干热岩地热能开发示范场地建设提供理论和技术支撑。

参 考 文 献

[1] 国家能源局. 地热能术语: NB/T 10097—2018[S]. 北京: 中国石化出版社.

[2] 王贵玲, 蔺文静. 我国主要水热型地热系统形成机制与成因模式[J]. 地质学报, 2020, 94(7): 1923-1937.

[3] 王文, 吴纪修, 施山山, 等. 探秘"能源新星"——干热岩[J]. 探矿工程(岩土钻掘工程), 2020, 47(3): 88-93.

[4] 康玲, 王时龙, 李川. 增强地热系统EGS的人工热储技术[J]. 机械设计与制造, 2008(9): 141-143.

[5] 许天福, 胡子旭, 李胜涛, 等. 增强型地热系统: 国际研究进展与我国研究现状[J]. 地质学报, 2018, 92(9): 1936-1947.

[6] 蔺文静, 刘志明, 王婉丽, 等. 中国地热资源及其潜力评估[J]. 中国地质, 2013, 40(1): 312-321.

[7] 蔺文静, 刘志明, 马峰, 等. 我国陆区干热岩资源潜力估算[J]. 地球学报, 2012, 33(5): 807-811.

[8] Kelkar S, Woldegabriel G, Rehfeldt K. Lessons learned from the pioneering hot dry rock project at Fenton Hill[J]. Geothermics, 2016, 63: 5-14.

[9] Gaucher E, Schoenball M, Heidbach O, et al. Induced seismicity in geothermal reservoirs: a review of forecasting approaches[J]. Renewable and Sustainable Energy Reviews, 2015, 52: 1473-1490.

[10] 谢文苹, 路睿, 张盛生, 等. 青海共和盆地干热岩勘查进展及开发技术探讨[J]. 石油钻探技术, 2020, 48(3): 77-84.

[11] 王虎. 青海共和盆地恰卜恰地区DR9地热井施工技术[J]. 西部探矿工程, 2021, 33(6): 62-64.

[12] 负晓瑞, 陈希节, 蔡志慧, 等. 青海共和盆地东北部干热岩岩浆侵位结晶条件及深部结构初探[J]. 岩石学报, 2020, 36(10): 3171-3191.

[13] 张森琦, 吴海东, 张杨, 等. 青海省贵德县热水泉干热岩体地质—地热地质特征[J]. 地质学报, 2020, 94(5): 1591-1605.

[14] 齐晓飞, 上官拴通, 张国斌, 等. 河北省乐亭县马头营区干热岩资源孔位选址及开发前景分析[J]. 地学前缘, 2020, 27(1): 94-102.

[15] 赵宇辉, 冯波, 张国斌, 等. 花岗岩型干热岩体与不同注入水体相互作用研究[J]. 地质学报, 2020, 94(7): 2115-2123.

第2章 干热岩地热资源勘查与靶区优选

本章从干热岩成因机制分析入手，对比分析了国内外干热岩地质特征与成因模式，以青海共和盆地干热岩勘查与试验性开发示范基地为依托，基于共和盆地干热岩资源前期勘查结果，进一步明确干热岩热能赋存特征，揭示干热岩成因机制，探索干热岩勘查选区地球物理勘查技术方法，总结适合我国国情的干热岩资源选址评价与勘查技术方法体系，筛选干热岩开发示范靶区，评价可开发资源量，优选开发靶区与目的层，介绍干热岩钻探与完井工艺，为干热岩可持续开发提供资源保障。

2.1 干热岩地热成因机制

目前，干热岩的成因机制仍是困扰我国干热岩资源调查评价的关键问题之一。干热岩的形成与高地温异常紧密相关，主要控制因素可分为深部和浅部两方面。深部因素控制着区域地热异常，如俯冲带、碰撞带、伸展裂谷、地幔柱等；浅部因素主要影响着局部热异常，如高放射性岩体、地质体横向热物性差异、局部断裂构造等。

2.1.1 国外干热岩地质特征及热源机制

1. 美国 Fenton Hill 干热岩热源机制

Fenton Hill 干热岩体位于新墨西哥州中北部赫米斯(Hermes)山脉，干热岩体中的片麻岩变质年龄为 1.62Ga，花岗岩的主体侵位时代为 1.50Ga，后期花岗岩脉形成时代为 1.44Ga(以上年龄均为全岩 Rb-Sr 年龄)[1]，属古老的花岗岩。

赫米斯山脉的演变与格兰德河裂谷的发展紧密相关，而格兰德河裂谷是扩张构造运动的产物。该裂谷开始形成于 29~24Ma[2]。裂谷内部为拉斑玄武岩喷发，两侧为碱性玄武岩喷发[3]。火山活动于 1.4~1.1Ma(早更新世)达到最高潮[4]，并形成托蒂多和瓦勒斯火山口(图 2.1.1)。

瓦勒斯破火山口之下发育一个年轻的热源[5]。Rybach 和 Muffle[6]也报道过与两个破火山口同时形成的酸性火山岩体具有非常年轻的 K-Ar 年龄，最年轻的破火山口的火山活动是在 0.043Ma 前发生的。该地区大量的热泉、喷气孔和非常年轻的岩石蚀变的存在，也表明浅部有一个尚在活动的火山岩浆热源。

为了进一步评价瓦勒斯破火山口之下的热源，在其周围施工了一些浅—中等深度的地温梯度孔。测得的热流数据表明，巴勒斯破火山口之下可能存在火山岩浆囊，所产生的热异常随着与破火山口环形断裂径向距离的增加而迅速减小。径向距离 6.4km 处的热流密度 92mW/m² 代表了区域背景值，并与 Reiter 等[7]报道的格兰德河裂谷平均热流密度值接近。

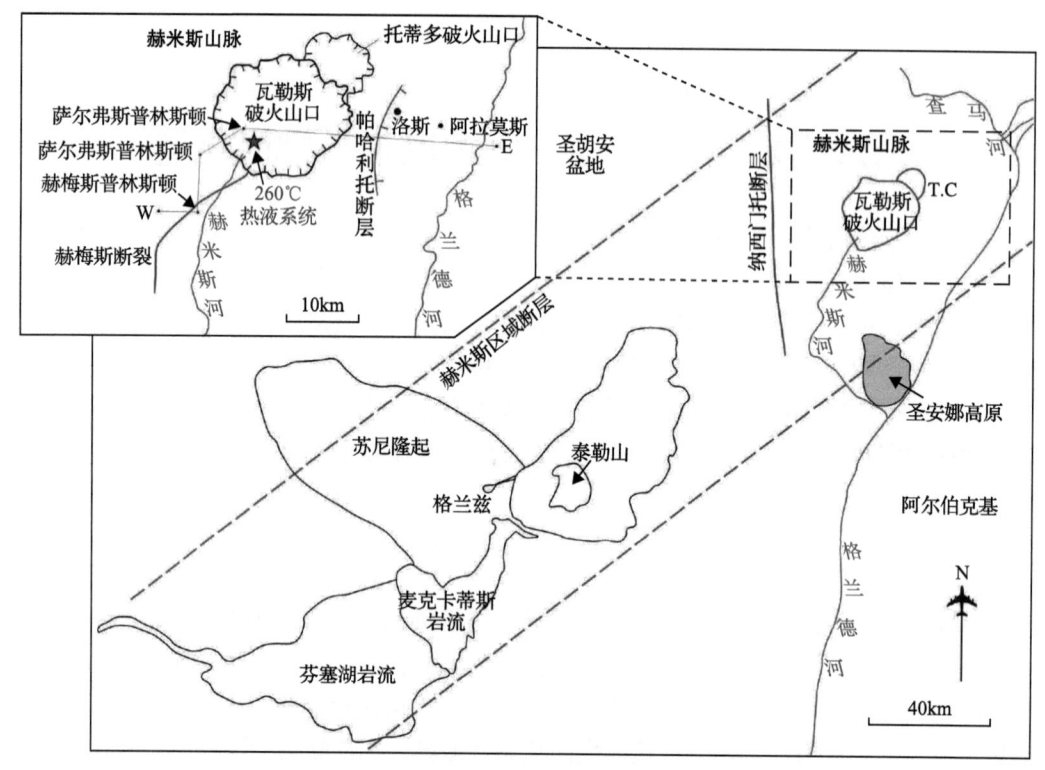

图 2.1.1　Fenton Hill 地区陆地卫星影像解译图

在深度为 720m 以上的沉积岩地层中,Fenton Hill 干热岩试验场地一带地温梯度高达 100℃/km,以下的花岗岩层温度梯度为 50~70℃/km,对应的热流密度为 160mW/m²,是世界平均热流密度的 2.5 倍。基底岩层包括前寒武纪片麻岩、片岩、角闪岩、伟晶岩和花岗岩类。热年代学数据显示,该地区温度的升高与新生代火山岩浆活动有密切关系,浅部的热异常可能还与流体扰动有关[8]。EGS 场地选址邻近火山,其温度和岩体特性满足干热岩开采的基本条件,且具备火成岩、构造地质学、地球物理学和热流测量、包裹体温度等基础数据[9-11]。

大概在 10Ma 以前,赫米斯山脉现在的位置上就开始了火山活动。从那时起一直到现在,由玄武岩质到酸性岩质的岩浆活动几乎是连续不断的。大约在 1Ma 以前,当浅埋岩浆囊或岩浆囊群喷出并形成两层班德利尔凝灰岩时,火山活动达到了巅峰状态;火山活动期后便开始沿赫米斯区域构造线进行活动。长期火山活动的结果是在与格兰德河裂谷相伴随的大范围区域性高热流带之上叠加了局部性火成热源。Kolstad 和 McGetchin[12]提出岩浆囊的延伸范围超过了巴勒斯破火山口目前的环形断裂系统。Smith 等[5]提出,Fenton Hill 和雷东多峰下面的岩浆囊埋深分别为 4km 和 3km。据此推测,Fenton Hill 干热岩体的热源机制为火山岩浆囊型热源。

2. 美国 Milford 干热岩热源机制

Milford EGS 场地位于犹他州中南部,北距盐湖城 350km,南西距比弗县 Milford 镇

16km，地处北美科迪勒拉山系中央轴带的盆岭省盆山交接区，著名的罗斯福高温水热型地热田位于其东侧。

美国西部盆岭区一般被看作是一组走向相互平行的大陆裂谷带组成的宽阔的复合裂谷带[13]。距今 17~16Ma 开始，黄石地幔柱开始出现并不断增大，被限定在最大拉伸减薄区之下，盆岭省就位于黄石地幔柱正上方。距今约 15Ma 达到伸展—隆升峰期。与邻区相比，盆岭省岩石圈减薄的规模最大，活动性最强。距今 5Ma 左右，俯冲作用停止，黄石地幔柱的影响占据主导地位，盆岭省进一步伸展变形，岩浆活动继续进行，除玄武岩外，还有流纹质火山岩喷发。Milford 地区的 3 个高温水热型地热田和大面积的地热异常区都与年轻的伸展构造、第四纪岩浆活动等大地构造背景条件密切相关。

Milford 谷地的基底由新生代花岗岩和前寒武纪片麻岩组成。片麻岩的变质年龄为 1720Ma，更年轻的侵入事件发生于 18Ma 和 11~8Ma[14]，从而形成一个向西延伸的岩基，并被第四纪流纹岩与冲湖积层覆盖。

早期地球物理勘探结果表明，Milford 谷地下伏发育面积超过 100km^2、"反常的低速、高衰减地质体"，向上延伸至地表以下约 5km，其成因被解释为部分熔融体[15]，罗斯福地热田热液中的异常 ^{3}He/^{4}He 值及相关证据也支持了这一解释[16]。因此，Milford 干热岩体的深部热源应为部分熔融体。

结合对罗斯福高温地热田与地热—水文地质条件的研究，Milford 干热岩勘查开发场地与美国早期报道的"干热岩地热系统发育于高温水热型地热田旁侧的干热岩热能聚集模式"（图 2.1.2）[17]，以及基于极高的地温梯度通常出现在水热型地热田的边缘内容相一致，该区域在较浅的深度（<4km）就具有较高的温度（>200℃），并具备地热发电和电力输送等基础设施，故而被视作干热岩开发的最初靶区[10]。同样地，位于美国西部爱达华州与犹他州交界地区的 Raft River EGS 场地亦是如此，进一步证明了在现有水热型地热田的边缘或下部发展 EGS 储层是可行的，且这种方式可以在短期内获得回报[18]。

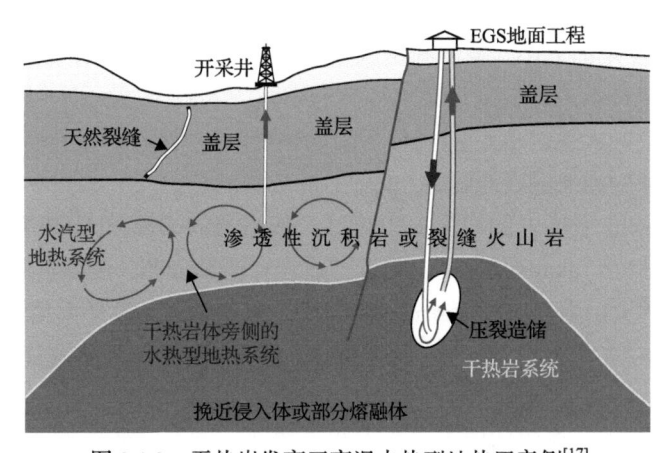

图 2.1.2 干热岩发育于高温水热型地热田旁侧[17]

3. 法国 Soultz 干热岩热源机制

Soultz EGS 项目位于上莱茵地堑，南距法国的阿尔萨斯（Alsace）斯特拉斯堡

（Strasbourg）约 70km。该地堑南北长约 300km，宽约 36km，两侧主断层相互平行。地堑中央还发育众多的小型正断层，形成由侏罗系组成的小型地垒[19]。

上莱茵地堑上游是欧洲新生代裂谷系的一部分，从地中海到北海横切欧洲大陆中部。该地堑在 45Ma 开始活动，至今仍然活跃[20]。自始新世以来形成了巨厚的堆积。渐新世海侵可能来自南方，晚渐新世海水自北方入侵。晚始新世—渐新世是成岩期。中新世时，断层活动增强，伴有火山活动，有大量玄武岩流溢于上莱茵地堑系，福格尔斯山玄武岩流是其代表。玄武岩喷溢向北进入黑森林拗陷，向西北穿过阿登地块，进入下莱茵拗陷。上新世为河流相和粗三角洲相沉积物。第四纪以来，边界地块上升，断裂活动不断，直至今日仍有微弱的地震活动，同时还伴随岩浆活动和热穹隆抬升。

该地区莫霍面埋深约为 25km。长期的石油勘探工作使该地区的地质结构比较清楚。Soultz 干热岩开发目标层为古生代花岗岩岩基（约 331Ma），埋深约 1400m，其上被三叠纪和古近纪—新近纪沉积盖层覆盖。热源可能来自更深部的花岗岩岩基，浅部等温线受上莱茵地堑构造结构影响[21]。

Soultz 干热岩项目所在地是中欧地表热流最大异常中心，上莱茵地堑热流背景值为 80mW/m^2，Soultz 地区的热流值在 140mW/m^2 以上，与上莱茵地堑地壳最薄、地幔氦（^{24}He）同位素浓度最大有关。Illies 和谢宇平[22]将莱茵地堑解释为地幔成因塌陷穹隆的结果。这种穹隆可能是阿尔卑斯碰撞的结果，可能是由山链的山前地带地幔底辟引起的，晚中新世和渐新世莱茵地堑拉张构造可能平行于地堑轴。因此，推断 Soultz 干热岩体的热源可能为地幔热。

4. Hijiori 和 Ogachi 干热岩热源机制

日本的大地构造在北部受太平洋板块沿千岛海沟和日本海沟的俯冲控制；南部和西部则受菲律宾海板块的俯冲所控制。日本列岛是环太平洋火山带的一部分，全国有 245 座火山，其中 65 座是活火山，境内新生代喷出岩广泛分布，断裂构造发育，大体可分为两大构造带：东北日本主要为新近纪以后的造山带，大致呈 SN 向；西南日本主要为新近纪以前的造山带，大致呈 EW 向。日本的地热资源非常丰富，地热带的分布和火山活动有着密切的关系，温泉遍及全国。

Hijiori 和 Ogachi 干热岩体均为火山热源。秋田县的 Ogachi 干热岩体位于秋之宫温泉乡边缘，位于高松（Takamatsu）火山附近，地表有温泉分布，测井资料显示在花岗岩基底上方存在巨厚的火山岩层，温度超过 200℃[22]。该地区的高温地温场特征得益于近期的火山活动[23,24]。1982 年开始钻第一眼井，在 300m 火山岩覆盖下的是花岗闪长岩，在 1000m 深度的地温为 230℃。

山形县的 Hijiori 干热岩体位于日本本州岛北部。该地区的地形以直径 1.5～2km 的火山口为主，干热岩试验项目位于 1 万年前年轻、大型的迦山（Gassan）火山旁边的 Hijiori 小破火山口南缘，下伏花岗岩干热岩体的年龄为 97Ma（角闪石 K-Ar 年龄），1991 年钻至 2205m 深度，温度高于 250℃。研究区内有四个钻孔（HDR-1、HDR-2、HDR-3 和 SKG-2），深度范围在 1800～2300m，这些钻孔都穿过地质基底岩层。Hijiori 干热岩储层为花岗闪长岩，埋深在 300m 以下[25]。

基于上述研究，推测日本 Hijiori 和 Ogachi 干热岩体热源为火山岩浆囊。

5. 韩国浦项干热岩热源机制

朝鲜半岛位于欧亚板块边界，由古近纪—新近纪大陆性岩浆弧组成。古近纪早期到中期(30 万～1500 万年前)，东海(或日本海)逐渐扩张形成弧后盆地，同期还形成了诸多小型盆地，如浦项盆地。同时在韩国东南部和邻近近海区域也引发了 NNE 向走滑断层和 NNE 向正常断层，其中的一些断层在现代的挤压状态下又重新激活为走滑断层和逆冲断层，震源机制确定的挤压轴表明朝鲜半岛从浅部发育 NNE 贯穿的断层[26]。

韩国浦项干热岩体位于韩国南部兴海(Heunghae)盆地内。该盆地由中新世非海相沉积到深海相沉积地层组成，从上到下包括：第四纪冲积层(<10m)，古近纪—新近纪半固结泥岩(200～400m)，白垩纪到古近纪下层的沉积和火成岩(1000m)，以及二叠纪花岗闪长岩。Heunghae 盆地是中新世早期在韩国东海的弧后扩张期间形成的几个沉积盆地之一。盆地西侧为 NNE 走向的边界断裂，南侧为 NNW 走向的蔚山断裂。中新世晚期，受构造活动影响，形成了大范围 NEE 向的挤压。在韩国东南部，大部分的第四纪断层都发生在与梁山、蔚山断层相关的次生断层上。与梁山断层相关的是 N、NNE 向的近垂直右旋走滑断层，而与蔚山相关的是 NNE 到 NNW 向的逆断层。场地 700m 深度为走滑型应力场，最大水平应力方向为 77°±23°。场地有一眼垂直注入井(4382m 深，PX2)和另一眼生产斜井(4348m 深，PX1)钻入侵位到二叠纪的花岗岩中，并发育辉长岩岩脉[27,28]。

钻探资料显示在浦项地区存在地热异常，最高热流值为 83mW/m²[29]。EGS 项目开始于 2010 年，目标储层深度为 4.5～5km，预测温度为 180℃[30]。实钻资料显示，古生代(268Ma±4Ma)花岗岩/花岗闪长岩基底位于 2200m 深度以下，上覆巨厚的白垩纪砂、泥岩沉积，并伴有侵入岩和火山岩。之上为古近纪海相沉积夹火山凝灰岩，以及第四纪湖相沉积[31]。研究认为，古近纪—新近纪海相沉积物低热导率盖层是该地区保持高地温梯度的主要因素之一，地温梯度为 40℃/km[32]。地球物理勘探资料显示，可能存在断裂将深部的热传递到浅部。

由于弧后盆地成熟阶段陆缘持续扩张，地壳已明显减薄，热流值高(3.5～11HFU①)；火山活动强烈；岩石圈底层受构造热侵蚀；盆地规模继续增大；局部出现软流圈贯入、地幔底辟或局部对流。衰老阶段扩张减弱，热流值仍较高，但有下降趋势；火山活动不明显；地壳厚度薄，因冷却开始加厚；盆地规模达到极限，并开始反转。据此分析，韩国浦项干热岩热源机制为地幔热和火山岩浆余热。

2.1.2 共和盆地干热岩成因控制因素分析

1. 岩浆余热

岩浆余热为短期瞬时热场，持续时间依据侵入规模、被侵入地层特性以及是否有持续热供给不同而不同。毛小平等[33]指出高温岩浆囊的衰减和冷却过程与岩体的侵位深度

---

① 1HFU=41.87mW/m²。

相关，岩体侵位深度越大，冷却越慢，则其对温度场的影响时间越长。在没有持续热源的情况下，岩浆余热仅在数万年至数十万年时间尺度内就损失耗尽。段文涛等[34]、张菊明和熊亮萍[35]指出第四纪以前发的岩浆活动由于冷却时间较长，岩浆余热基本消失殆尽，对现今地温场的影响较小。共和盆地基底侵入岩体已有 200~270Ma 的历史，曾长时间暴露至地表，钻井揭示了数十米厚度不等的风化壳，另外共和盆地及周缘未发现新生代岩浆活动，因此该热源现已被摒弃。

2. 放射性生热

放射性生热为地热的本质能量来源之一，放射性生热量与放射源体积和放射性生热强度相关，为两者的乘积。放射性生热元素在岩石圈中的丰度和分布对于岩石圈的温度场分布具有重要的影响[36]。壳幔中存在许多放射性元素，然而只有具有足够丰度、衰变能产生足够热量且半衰期与地球年龄相当的放射性元素才能成为影响岩石圈温度场的主要热源，满足这三个条件的放射性元素包括 ^{238}U、^{235}U、^{232}Th 和 ^{40}K，放射性生热率（RHP，$\mu W/m^2$）的计算公式为[37]

$$\mathrm{RHP} = 10^{-5}\rho(9.52C_U + 2.56C_{Th} + 3.48C_K) \qquad (2.1.1)$$

其中，ρ 为岩石密度，kg/m^3；C_U、C_{Th} 和 C_K 分别为岩石中 U、Th 和 K 的含量，单位分别为 μg/g、μg/g 和 wt%。

U、Th 和 K 为大离子亲石元素，在地球长期的演化下主要集中在地壳之中，且普遍认为随着深度的增大，放射性元素的丰度呈降低趋势。然而，由 5km 以浅的许多研究尤其是深部钻井资料发现，在地壳浅部，地壳放射性生热率随深部的变化可能比较复杂[38-40]。

下面以共和盆地为例，讨论深部侵入岩体放射性生热对共和盆地温度场的影响。

由 1:50000 重力资料推算给出恰卜恰侵入岩体厚度在 10~12km，花岗岩体积巨大。二维地震剖面也未显示明显的岩体底界面，暗示侵入岩体有较大的厚度（>10km）。GH-01 井测井数据显示，恰卜恰干热岩体放射性强度在垂向上并没有显示出随深度降低的趋势，并发现有高铀花岗岩存在。我们取放射性生热率均值（$3.2\mu W/m^2$）、花岗岩体厚度下限（10km）进行数值计算。

数值模拟结果显示，巨厚花岗岩体的存在对地表热流贡献约在 $38mW/m^2$，占比可达到 37%。通过实验模拟发现放射性生热对岩层的增温速度是较快的，尤其是在有沉积盖层保温的情况下，增温速度在 5Ma 时间内达到了增温量的 75%左右。当采用指数衰减模型时，放射性生热率在花岗岩底部衰减值是其顶部的 $1/e$（$\sim 1.177mW/m^2$），一般认为该值是放射性生热率模型的下限，在这种情况下，巨厚层的花岗岩体的存在也可能导致在 4km 深度温度升高 20℃左右。据此可知，厚层花岗岩体的存在能导致地层温度快速有效升高。

3. 地幔热

局部性地热异常往往受控于浅部因素影响，而深部控制因素往往是区域性地温场与热流异常的主要原因。从共和盆地现今东西差异明显的温度场特征来看，地幔热并不是控制其干热岩资源分布规律的主要热源。

依据地热理论，采用数值模拟方法对共和盆地热结构进行了建模计算，在地表观察到的大地热流由两部分组成：一部分来自地壳的放射性元素衰变，称地壳热流(Q_c)；另一部分则来自地壳以下部分向上传导的热通量，称地幔热流(Q_m)[41]。一个地区壳/幔热流的配分比，以及各岩层的热导率和生热率决定了该地区的岩石圈热结构特征[42]。为此，选取共和地区具有代表性的干热岩勘探井资料来计算该地区的岩石圈热结构特征。

恰卜恰地区已有的地热勘探井测量计算显示该地区的平均地表热流值为102.2 mW/m²[43]。钻井岩心资料显示，在1300~1400m进入花岗岩段，其上为新生代沉积盖层。重磁资料显示花岗岩底界埋深普遍在12~14km，取其均值以13km计。周民都等利用人工地震测深资料与天然地震反演结果得出，该地区地壳厚度61~66km，平均63.5km。其中，上地壳厚度约30km，中地壳厚度约15km，下地壳厚度约18km。

地表共和组和临夏组沉积盖层放射性生热率实测值变化较大，取均值 1.04μW/m²。测井资料显示在花岗岩层放射性生热率值并没有随深度增加呈现出指数降低的趋势。实际上，许多钻井数据均没有显示这种变化趋势，因此对指数衰减模式提出了质疑。本次计算选择均匀模型，放射性生热率取钻井岩心实测生热率均值。在稳态没有额外热源的假设情况下构建热结构模型，将其从上至下划分为沉积盖层、花岗岩体、上地壳、中地壳和下地壳五层。模型中，将热导率设定为常数，并做了相应的温度校正。热结构模型计算采用的热物性参数见表2.1.1。

表 2.1.1　共和恰卜恰地区岩石热物性参数

地壳结构	放射性生热率/(μW/m²)	热导率/[W/(m·K)]	厚度/km
沉积盖层	1.04	1.6	1.35
花岗岩体	3.2	2.5	11.65
上地壳	1.10	2.56	14.5
中地壳	0.78	2.56	15.2
下地壳	0.21	2.00	20

计算获得的恰卜恰地区岩石圈热结构特征如图2.1.3所示。可以看出，在该地区地幔热流所占的比例较低，推算共和地区深部地幔热流值在23mW/m²左右，仅占总体热量的22%左右。即使采用世界花岗岩放射性生热率均值[44]，甚至是放射性生热率随深度衰减的模式依旧如此，地幔热流值接近或略高于世界均值。据此分析该地区的高地表热流值是地壳供给造成的。

氦元素因具有化学惰性、物理稳定性和高流动性而被广泛用作流体源示踪剂，氦主要是由铀(U)和钍(Th)系列元素的放射性衰变而产生，α粒子衰变直接产生 ^{4}He。而 ^{3}He的产生却依靠核反应 Li(n, α)^{3}H⟶^{3}He。一般认为，^{3}H 源于地幔深处，因此高浓度的 ^{3}H 往往指示幔源流体的存在，^{4}He 主要由富集在地壳的铀和钍衰变而成，地下热水中

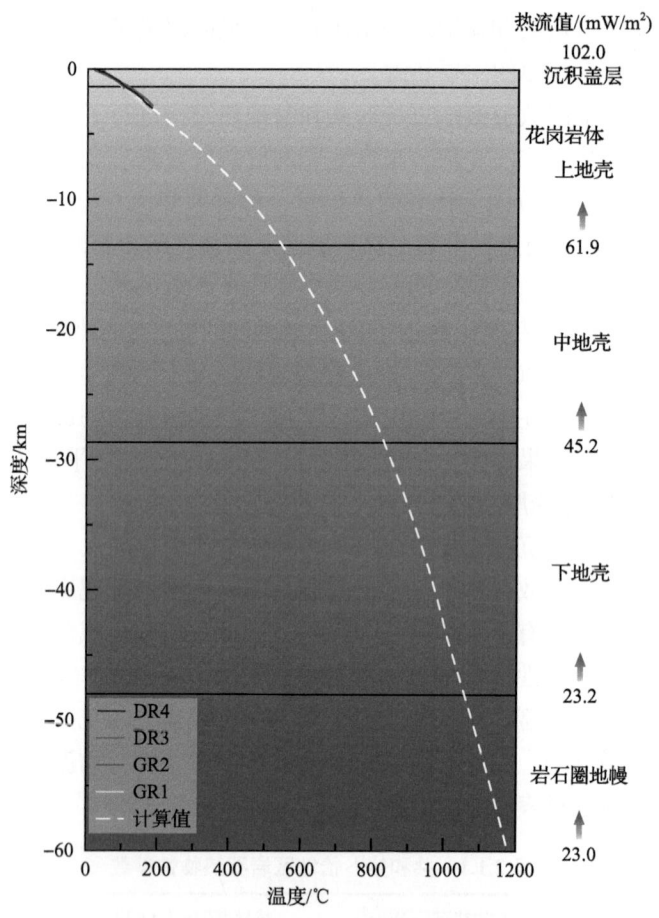

图 2.1.3 恰卜恰地区岩石圈热结构特征

虚线为计算值，实线为实测值

高浓度的 ^{4}He 证明热量主要来源于地壳。

由共和盆地 He 同位素比值表可知，从整体上来看，盆地不同区域的采样点 He 同位素 R/Ra 均小于 1，显示壳源热的特征；盆地内地下水 He 同位素比值一般小于 0.1，说明盆地内部大部分热量由地壳提供，幔源热所占比例较小，通过 He 同位素的经验公式计算壳源热流与幔源热流比值范围为 93%～184%，多数大于 150%，即盆地地热由壳源热占据主导地位，其贡献率一般大于 90%，与理论地热计算值相近。

4. 部分熔融

共和盆地普遍存在低速-高导层(LV-HCZ)，这些低速-高导层被许多研究者认为是地壳软弱带，其形成可能与以下因素有关：一系列各向同性晶体中云母的近水平定向排列、地幔熔体的出现、含水流体、地壳剪切带或带内熔体的出现。基于深熔熔体、数值模拟、大地电磁和地震的证据，认为共和盆地上地壳尺度这些低速-高导层为地壳内的部分熔融层。深部部分熔融层的存在可能为共和干热岩的形成与持续提供源源不断的热量。

5. 韧性剪切

韧性变形过程中产生的剪切生热能对周围温度场产生重要的影响，尤其是在中地壳尺度的脆韧性转换带附近，剪切生热依赖于在变形过程中的应力和速率大小，在巨大的剪切压力和应变速率下，韧性剪切可以产生可观的热量[45]。剪切热能可以产生100倍于放射性生热所产生的热量。一些经典的变质和岩浆活动归因于深部的剪切生热作用[46-49]。事实上，难以定量测算在地质历史时期剪切热在构造活动中的表现，数值计算为估算剪切生热提供了有力的证据。

Platt[50]通过计算，在高剪切应力和应变速率情况下，5Ma时间内，窄的韧性剪切带能导致中心温度升高80~120℃，传导宽度达20km(单边)；在中地壳尺度，宽约10km的韧性剪切带，在5Ma可升温几十摄氏度，难以造成部分熔融。模拟计算采用的应变速率(50mm/a)远高于共和盆地，因此实际情况下，对于共和盆地，由韧性剪切造成的温度升高可能有限。通过计算，在一般情况下，韧性剪切生热在5Ma内，难以造成超过80℃的温升，在中地壳尺度剪切应力更低的情况下，这种生热可能更低。韧性剪切可以导致黏度降低到软流圈甚至更低的程度，通过韧性剪切在大部分情况下难以实现岩石的部分熔融[51]。

6. 抬升剥蚀

构造隆升是将深部热快速带至地表的一种有效方式，许多古温标和实验模拟研究均显示，构造隆升能迅速提高地壳前部温度场特征[52-54]。

在8~10Ma，青藏高原东北缘区域受印度板块向欧亚板块俯冲作用影响，整体发生了一次准稳态的构造活动过程，表现为山脉快速隆升和相对应盆地加速沉积。位于青藏高原东北缘的共和盆地，新近纪以来发生了明显的隆升，许多断裂在更新世仍有明显的活动迹象。

目前，中晚三叠世的花岗岩体已于盆地北部和中东部广泛出露至地表，钻井岩心资料显示花岗岩顶界面发育数十米的风化壳，这表明共和地区自中生代以来至少有千米量级的上覆盖层被剥露去顶，或者说地貌特征变化与山脉隆升幅度有着相当的规模。

古地磁和磷灰石裂变径迹年龄数据显示在渐新世共和盆地周缘山脉曾经历快速的隆升事件[55]，与此同时盆地开始接受河湖相沉积，平均沉积速率达50~70m/Ma。此外，盆地内还发育有三级湖相阶地和十余级黄河阶地，综合河流阶地电子自旋共振(ESR)测年显示，更新世以来经历了震荡式的抬升剥蚀过程，平均抬升速率在0.26mm/a[56]，抬升幅度可达500~700m，形成了共和盆地现有的隆凹格局。同时还表明在该时期，深部物质快速向地表抬升，并发生了巨量剥蚀。

经多期构造叠加，共和盆地现今东、西两侧基底埋深差异较大，西部共参1井5026m未钻穿新近纪地层，而东部油1井627m即钻遇了中晚三叠世花岗岩基底，当家寺地区花岗岩基底出露至地表，同样表明盆地可能经历了较大的横向差异性隆升剥蚀。

这种剧烈的横向差异特征与区域温度场特征一致，因此推测构造差异隆升剥蚀可能是导致共和恰卜恰地区高温地热资源形成的本质因素。正常情况下，地温线并不与地壳固相线相交，这也是岩浆活动只在特定环境下发育的原因，导致部分熔融产生机制主要有三种：挥发分加入、升温、降压。区域地质研究表明在 1～5Ma 短时间内恰卜恰东部的瓦里贡山快速隆升了近 3～4km，近绝热减压过程将导致部分熔融的产生。因此，探测到的部分熔融层可能为隆升导致的附加效应，而非作为热源存在。

7. 沉积盖层

共和盆地沉积盖层以新生代为主，岩性为泥岩、粉砂质泥岩、砂岩等，热导率低，为良好的保温层[平均热导率在 1.6W/(m·K)]。实钻和综合地球物理资料显示共和盆地由西向东沉积层厚度逐渐降低，由盆地中西部大于 5000m，到中东部恰卜恰地区约 1300m，至东部新街—瓦里关山一带基岩出露到地表。我们对盖层不同热导率对温度场的影响进行了计算，下限为库珀盆地干热岩体上覆煤层热导率[约 0.6W/(m·K)][57]，上限为上地壳平均热导率值，厚度取中部达连海—恰卜恰地区平均沉积盖层厚度 2km。

模拟结果显示，良好的保温层对于干热岩的形成具有重要作用，在 4km 深度，不同热导率的沉积盖层造成的温度差异可达上百摄氏度。低热导率的沉积盖层也被认为是澳大利亚库珀盆地发育干热岩系统的重要因素之一[58]，也是恰卜恰地区西部钻井温度高于东部的原因之一。

8. 断裂导热

新街、扎仓寺在 NNW 向压性断裂及近 EW 向张性断裂与花岗岩体交汇处有热矿泉水泄出，水温达 63～93℃。表明区内 NNW 向断裂已断开地壳。

青藏高原进入由南向北渐进式隆升以来，受由南向北挤压作用的影响，贵德盆地新构造运动强烈，表现为盆地周边山区及盆地内基底老断裂复活，如拉脊山南麓深大断裂、寒武系与新近系逆迭断层接触；德欠寺—阿什贡断裂、三叠系冲覆于新近系之上。另外，在盆地周边发现不少新断裂，如多隆沟断裂在黄河南北两岸均发现花岗岩逆冲于新近系上新统之上，曲乃亥断裂发现花岗岩或三叠系泥灰岩冲覆于新近系上新统砂岩之上。表明盆地内最近水热活动进一步加剧，造就了贵德盆地具备地热资源形成的区域地质构造背景，使之成为中低温地热资源的远景区。

9. 地质体横向差异影响

在漫长的地质演化过程中，由于多期次构造活动叠加，往往形成一系列正向构造(如隆起、凸起)和负向构造(如地陷、凹陷)，基底在空间上发生明显的起伏变化，导致岩石热物性在三维空间上产生明显差异。利用数学模拟的方法研究了隆起区与凹陷区热流和温度场的差异，热流会优先沿着高热导率的岩层传热，在稳态状态下，隆起区具有较高热流和温度场特征。通过数值模拟指出基底起伏形态与地温梯度曲线呈现正相关关系。

2.1.3 国内潜在干热岩开发有利区地质特征及热源机制

共和盆地是我国正在开展的唯一国家级干热岩开发示范基地,但是从大地热流背景、热源汇聚条件、地热储层特征等地热地质条件综合判断,国内有多处潜在的干热岩开发有利区域。汪集暘等依据大地热流背景和深部温度估算,指出我国大陆地区有利的干热岩开发区是藏南、云南西部(腾冲)、东南沿海(浙闽粤)、华北(渤海湾盆地)、鄂尔多斯盆地东南缘的汾渭地堑、东北(松辽盆地)等地区[59]。Kong 等[60]对全球 35 个增强型地热系统的热源进行了归纳分析,发现其热流值均在 50mW/m² 以上,83%的工程选址热流值在 100mW/m² 以上。基于这一结果对上述有利区域进行复核分析,可以发现结论基本一致。

值得一提的是,在上述有利区域内,我国科技工作者已经做了有益的实践尝试,对其中部分工作简要介绍如下。

1) 渤海湾盆地

渤海湾盆地以近些年马头营凸起的探索工作最为典型。马头营凸起位于渤海湾盆地黄骅拗陷东北部,东南部与渤中拗陷相邻,北部为燕山褶皱带。渤海湾盆地所处的莫霍面相对较浅,整体热背景值相对较高,孕育了大量的优势地热田。黄骅拗陷是在中生代盆地的基础上发育的新生代沉积凹陷,区域内断裂发育,空间差异强。马头营凸起盖层为新生界砂岩,储层为太古宇花岗岩。已有的钻孔资料显示,在新生界馆陶组的底界埋深 1300m 处,温度即可达到 130℃,形成了显著高于周边地区的地温梯度。其热源机制正在进一步研究中,初步结果显示是华北克拉通减薄、断层内深部物质上涌和凹凸相间的构造格局共同所致[61,62]。

2) 藏南地区

藏南地区包括青藏高原东南部喜马拉雅板块和部分冈底斯板块,地质构造十分复杂。藏南地区地处地中海—喜马拉雅高温地热带,具有异常高的热流背景,水热活动和地表热显示十分强烈。其高温地热系统的成因可以归纳为以下几种类型:与地壳浅层正在冷却的岩浆囊有关的高温地热系统;陆—陆碰撞带局部重熔产生的 S 型花岗岩为热源的高温地热系统;出现在构造运动活跃、高热流背景区的深循环高温地热系统[63]。受复杂地形影响,藏南地区的干热岩勘探工作并不多,但随着深部水热型储层不断开发,深部高温储层不断被发现,具备显著有利的干热岩资源条件。

3) 松辽盆地

松辽盆地是一个大中型中新生代陆相沉积的菱形盆地,盆地基地有古生代浅变质岩系/花岗岩和前寒武纪中深变质岩系与片麻状花岗岩。就其热背景而言,莫霍面和居里面均较浅,加上基底花岗岩内富含放射性元素,衰变产生热量,在盆地内新生界形成较高的地温梯度和大地热流值。

2.2 干热岩勘查方法

干热岩资源勘查方法主要包括航空物探、地质调查、地球化学、综合地球物理、地热钻探、产能测试、动态监测等综合技术手段。实际工作中，应根据测区的以往勘探程度、现今勘查阶段以及地热地质复杂程度等因素综合考虑，选取经济有效的勘查手段及方法组合，合理地设计施工技术方案，满足相应工作阶段所需的各项技术要求。

2.2.1 干热岩地热地质调查

全球性的地热异常带主要包括环太平洋地热带、地中海—喜马拉雅地热带、红海—亚丁湾—东非裂谷地热带和大西洋中脊地热带。从目前国际上干热岩开发试验区的勘查及研究进展看，汇聚、离散板块边缘及陆内裂谷是重要的产出区域构造位置，而断裂、高放射性基岩、低热导率盖层、壳内深部的局部熔融、高地温梯度是干热岩成藏的主要控制因素。国际上目前已实施的具代表性的干热岩项目主要围绕以上地热异常带开展试验勘探。

大多数 EGS 试验场地都位于沉积岩盖层下伏的结晶岩、变质岩或者火成岩中，且火成岩占主导（以花岗岩为主），低热导率 $[<2W/(m·K)]$，且厚度约 1km 盖层保热增温是干热岩产出的必要条件，壳内异常热源供热是干热岩形成的有利条件。

从目前国际上干热岩试验区试采经验来看，干热岩地热地质条件认识不足是高效开发 EGS 面临的主要障碍之一。干热岩地热地质调查的内容主要包括干热岩体赋存的基础地质条件、岩体特征、温度场、地应力场、天然裂隙发育特征等，掌握这些内容有利于建立干热岩系统概念模型，进而圈定干热岩资源有利目标区（靶区），并进行干热岩地热资源分级评价。干热岩地热地质调查应尽可能收集勘查区及周边的地质调查资料，重点研究温泉、地温场、地层、构造、岩浆岩、变质岩、围岩蚀变、地应力场、天然裂隙发育等，对干热岩外围有关地区应进行必要的地质调查和地球物理、地球化学工作，摸清干热岩"家底"，探索干热岩成藏机理。

1. 地热地质特征调查

调查内容主要包括断裂构造、地质体结构及温泉、泉华、地表热蚀变显示。

1）断裂构造调查

开展构造模式、地貌、活动断裂、地震、新生代层序地层、温泉分布、构造应力场等研究，结合断裂活动性、构造地貌类型、历史地震强度、构造应力场类型及大小、现代地表变形速率、抬升剥蚀过程、新生代地层岩性及厚度等技术方法，采用空间关联分析、构造分析、数值模拟、统计评价等方法，分析活断层与新构造运动对区域地温场的影响，刻画构造三维展布特征，分析控热构造与深部动力学背景的相互关系；在不同地质构造背景区开展大比例尺地质剖面测量和区域地层层序分析，结合地震剖面平衡恢复、不同地质单元年代学和热物性参数研究，研究源、通、储、盖的耦合机制，构建深层高温地热的热聚集模式。

2）地质体结构调查

地质体结构调查为综合采用地质、地球物理手段探明干热岩储层岩体和沉积盖层空间分布。对于干热岩储层侵入岩体，明确多期侵入岩的成因关系及岩浆来源，确定其侵位时代，初步推算源区温度及深度。

3) 地表地热地质调查

地表地热地质调查主要是查明高温温泉、火山喷气孔，此外还有硅酸岩沉淀和高岭石含有铁离子等水热蚀变现象。干热岩勘查经验表明，浅部水热和深部高温干热岩往往存在共生关系，密集出露的高温温泉往往暗示深部高温地热资源丰富。在调查前期，主要通过最新航卫片图像解译工作区及其相邻地区地面泉点、泉群、地热溢出带及地表热显示的位置，以及地表的水热蚀变带分布范围，为开展地面地质调查提供依据和工作方向。

选择代表性地热流体样品做化学全分析和同位素测试；对于地面泉华和钻井岩心的水热蚀变，采集代表性岩样实施岩石化学全分析和等离子体光谱及质谱分析或光谱半定量分析。对于采样密度，随勘查阶段的深入应加密和增加检测项目。

2. 地温场调查

1) 测温数据获取

地温场特征是干热岩地热地质调查的核心内容，获得盆地地温场主要是借助各种钻孔测温数据。常见的地温数据可分为钻孔系统连续测温、地层试油温度(DST)、孔底温度(BHT)、地层随压测试温度(MDT)等。上述各类温度数据中，系统连续测温数据、DST以及 MDT 数据比较可靠，它们构成了盆地地温场研究的主要数据，是构建盆地现今地温场的理想基础数据，也是深部地热储层开发评价的必要条件。其他测温数据(如 BHT 等)由于静井时间不够，一般低于地层真实温度，需要校正后才能使用。

2) 现今温度场数值模拟

在有限的钻井资料情况下，为了获取区域尺度的温度场结构，较为可靠的方法为数值模拟方法。在精细获得盆地地层结构的基础上，采用实测热物性参数对盆地进行温度场反演拟合计算。模拟过程中，通过不断迭代底部热流以拟合地表热流值，最终获得三维空间温度场分布。

在三维空间上，稳态传导方程为

$$\rho C_p\left(\frac{\partial T}{\partial t}+v_x\frac{\partial T}{\partial x}+v_y\frac{\partial T}{\partial y}+v_x\frac{\partial T}{\partial y}\right)=\frac{\partial}{\partial x}\left(K\frac{\partial T}{\partial x}\right)+\frac{\partial}{\partial y}\left(K\frac{\partial T}{\partial y}\right)+\frac{\partial}{\partial z}\left(K\frac{\partial T}{\partial z}\right)+H \quad (2.2.1)$$

其中，v 为导热率；ρ 为岩石密度；C_p 为岩石比热容；K 为热导率，W/(m·K)；T 为温度，℃；H 为热源，$\mu W/m^2$；x、y 为横向距离，km；z 为垂向深度，km。

3) 热演化历史恢复

热演化历史恢复是探究干热岩成藏机理的重要内容之一，同时，盆地的热演化作为岩石圈深部动力学过程在浅部的响应，对于研究盆地形成以来的大地构造背景演变及其对应的深部动力学机制具有一定的指示意义。盆地的形成一般经历了多期沉积沉降、抬升剥蚀等地质演变过程，温度场变化复杂，热历史恢复的困难较大。目前，针对沉积盆地热历史恢复的方法主要分为两大部分：盆地尺度上基于地质温度计的古温标法和岩石圈尺度上基于盆地成因机制、地质-地球物理模型的数值模拟方法。

古温标法是究区域构造-热演化历史的有效手段，包含有机质古温标和矿物古温标（低温热年代学古温标）。低温热年代学已被广泛应用于研究盆地的冷却轨迹、构造热事件期次和隆升剥露作用时空格局。其中裂变径迹和(U-Th)/He方法在确定中低温阶段盆地热历史重建和地貌隆升剥蚀作用格局中是一种行之有效的研究技术[59,60]。裂变径迹和(U-Th)/He包括磷灰石(U-Th)/He、锆石(U-Th)/He、磷灰石裂变径迹(AFT)和锆石裂变径迹(ZFT)等，封闭温度分别在70℃左右、110℃左右、180℃左右、232~342℃[61-64]。低温热年代学古温标方法研究盆地热历史，不仅给出了相应的温度，而且给出了达到该温度的时间，不同温标记录的温度范围也不同，多种温标的耦合可以较为全面、系统地恢复盆地中沉积层所经历的热历史。然而对于常规温标并不是所用地层都会存在，如沉积层中常见的碳酸盐地层等；另外，古温标反演并不能恢复最高古地温之前的盆地热演化历史。这两点很大程度上限制了用此方法重建沉积盆地尤其是经历了复杂演变过程的叠合盆地的地热史。

数值模拟方法又可分为运动学（几何学）模型和动力学模型：模拟基于拟合盆地构造沉降史得到盆地温度场演化历史，实现对盆地热史恢复的方法被称为构造-热演化法（运动学模型）。其作为研究沉积盆地构造-热演化历史的重要手段之一，具有古温标反演不可替代的优势，能很好地反演得到整个盆地形成以来的热演化历史，而不局限于最高古地温之后的热历史。然而基于热-力学耦合的动力学模型在模拟岩石圈伸展中并不能精确地反演出某一具体盆地的构造-热演化历史，但能在大尺度上约束盆地形成过程中岩石圈的整体热状态、应变速率等特征，尤其是针对地层信息缺乏的地区具有独特的优势。

3. 地应力场分析

地应力的测量结果是水力压裂和井组布置模式的重要依据，对人工储层的发展、评价及管理影响深远。例如，澳大利亚Cooper盆地的均质花岗岩基底处于高压应力状态（面积大于1000km^2，井底温度高于250℃），使得花岗岩在近水平方向受剪应力破坏严重，从而导致了水力压裂过程中的压裂剪切和滑移，使渗透率比预期值更高且出现流体漏失。

由于EGS埋深大，勘探区域周围的岩体应力非常高。其中，垂向应力通常来自储层之上至地表范围内的岩石和土壤自身的质量，而水平应力通常只是垂向应力的一小部分。主应力作用于3个正交平面，即零剪应力平面。由于地质演化历史和长期构造作用，最大地应力方向可能发生旋转而不再是垂直方向。此外，这种构造运动有时也会导致地应力由挤压作用转变为拉张作用，如法国Soultz实验场地的沉积岩盖层厚1.4km，其下伏的花岗岩基底处于拉张应力状态。该场地2~3km深度处岩体在两组主节理和原生裂缝的作用下发生了高度蚀变。此外，该场地最大水平主应力与垂向主应力非常接近，而最小水平主应力非常小且接近于静水压力。

地应力测量方法主要有水压致裂法、岩心滞弹性恢复法和岩心直径变形分析法

(DCDA)等。

2.2.2 综合地球物理

干热岩勘查的地球物理方法可分为直接方法和间接方法两类：直接方法是指获取的地球物理参数受岩浆热液活动影响；间接方法是指获取的地球物理参数受地质体或地质参数影响。直接方法包括测温法、电阻率方法、自然电位法；间接方法包括重力法、磁法、被动源和主动源地震、放射性方法。

干热岩热储资源勘查评价的重点是明确热储温度、岩性、空间分布特征、流体性质、孔隙度、渗透率、盖层岩性和厚度变化等以及深部热源的空间分布、构造的空间分布信息。上述一些参数虽然通过地面地球物理方法无法直接获取，但通过地球物理方法获取的一些重要参数与上述参数有着一定关联，并且可给出与地热系统相关的重要信息。这些地球物理参数包括温度、电阻率、密度、磁场强度、地震波速度、地震事件、自然电位。干热岩型地热田一般表现为高热流值、低电阻率、低地震波速度、重力异常、磁异常、多地震事件和自然电位异常的地球物理特征。

地球物理方法中电法、地震、重力、磁法、放射性五大类方法均可用于干热岩勘查工作。高温岩体与盖层、围岩间明显的电性差异，使得电法成为干热岩地球物理勘查工作的主要方法。人工地震勘探可以准确测定断裂位置、产状和地层结构。随着勘探成本的相对下降，其越来越多应用于干热岩勘查工作中。被动源地震噪声成像技术、重力测量以及高精度航磁测量方法用于划分山脉、盆地等构造单元特征，确定基底起伏形态和深大断裂构造展布，圈定隐伏岩浆岩体、蚀变带位置等，凭借施工简便、高效的优势被广泛用于干热岩地球物理勘查工作。放射性测量可用于岩性分类，测量花岗岩中的放射性矿物含量，多用于放射性产热型干热岩地球物理勘查工作中。在众多的技术方法中选择适宜的方法或方法组合以刻画干热岩热储的形态(岩体形状、发育规模、岩性特征、地层结构、断层位置、断层发育深度、断层宽度、断层倾向、断层倾角)和属性特征(温度和富水性问题)来达到支撑干热岩钻探井布置的目的，是干热岩地球物理勘查的重要环节。

1. 地球物理方法选择原则

1)适宜性原则

干热岩资源类型、工作区场地条件、电磁干扰程度、勘查目标规模及埋深等因素，控制着运用地球物理方法勘查干热岩热储的适宜性。

2)经济性原则

在适宜性原则指导下选择有效的地球物理手段，但同时应考虑工作费用和工作周期，以达到勘查目的为原则，减少相似方法的重复性使用。技术方法选择时应尽量采用设备轻便、施工高效的方法。

3)方法组合原则

应充分考虑方法的技术特点和对干热岩热储的分辨能力，尽量选择不同种类的方法组合，以达到获取更全面物性信息的目的。

2. 方法选择

干热岩地球物理勘查中，主要依据所处勘查阶段、目的任务、资源类型，选择适宜的地球物理方法。例如，电磁测深类方法，包括大地电磁测深（MT）法、音频大地电磁测深（AMT）法、可控源音频大地电磁测深（CSAMT）法、时频电磁（TFEM）法、广域电磁（WFEM）法等，是干热岩地球物理勘查中应用最为普遍的地球物理方法，在干热岩勘查各个阶段均可广泛应用。在近代火山型、构造活动带型干热岩热储地区，宜采用重力法、磁法及电磁测深类方法等，地震类方法作为可选方法。在沉积盆地型干热岩热储地区，宜采用电磁测深类方法、重力法、人工地震法等，磁法作为可选方法。居民集中区、工业集中区的干热岩地球物理勘查，宜采用时频电磁法、广域电磁法、可控源音频大地电磁法等人工场源的电磁测深类方法，人工场源的常规电法、重力法、放射性法作为可选方法。不同阶段、不同干热岩类型地球物理勘查方法选择建议表见表 2.2.1。

表 2.2.1 不同阶段、不同干热岩类型地球物理勘查方法选择建议表

阶段	干热岩类型	重力法	磁法	电磁测深法	天然源地震法	主动源地震	放射性法	井地电法/电磁法监测	微地震监测	测井
普查	近代火山型	✓	✓	✓	▽	—	▽	—	—	—
	沉积盆地型	✓	✓	✓	▽	—	-	—	—	—
	构造活动带型	✓	✓	✓	▽	—	—	—	—	—
	放射性产热型	✓	✓	✓	▽	—	✓	—	—	—
详查	近代火山型	✓	▽	✓	✓	▽	▽	—	—	▽
	沉积盆地型	✓	▽	✓	✓	✓	—	—	—	▽
	构造活动带型	✓	▽	✓	✓	▽	▽	—	—	—
	放射性产热型	✓	▽	✓	✓	—	✓	—	—	—
开采	近代火山型	▽	—	✓	—	✓	—	▽	✓	✓
	沉积盆地型	▽	—	✓	—	✓	—	▽	✓	✓
	构造活动带型	▽	—	✓	—	✓	—	▽	✓	✓
	放射性产热型	▽	—	✓	—	✓	—	▽	✓	✓

备注：✓表示基本；▽表示可选；—表示不选。

3. 干热岩地球物理勘查工作流程

干热岩地球物理方法选择时应尽量使信息量最大化，以保障在先验信息（地质、地球物理）控制下，减少地球物理成果和地质成果解释的多解性。一般工作流程见图2.2.1。

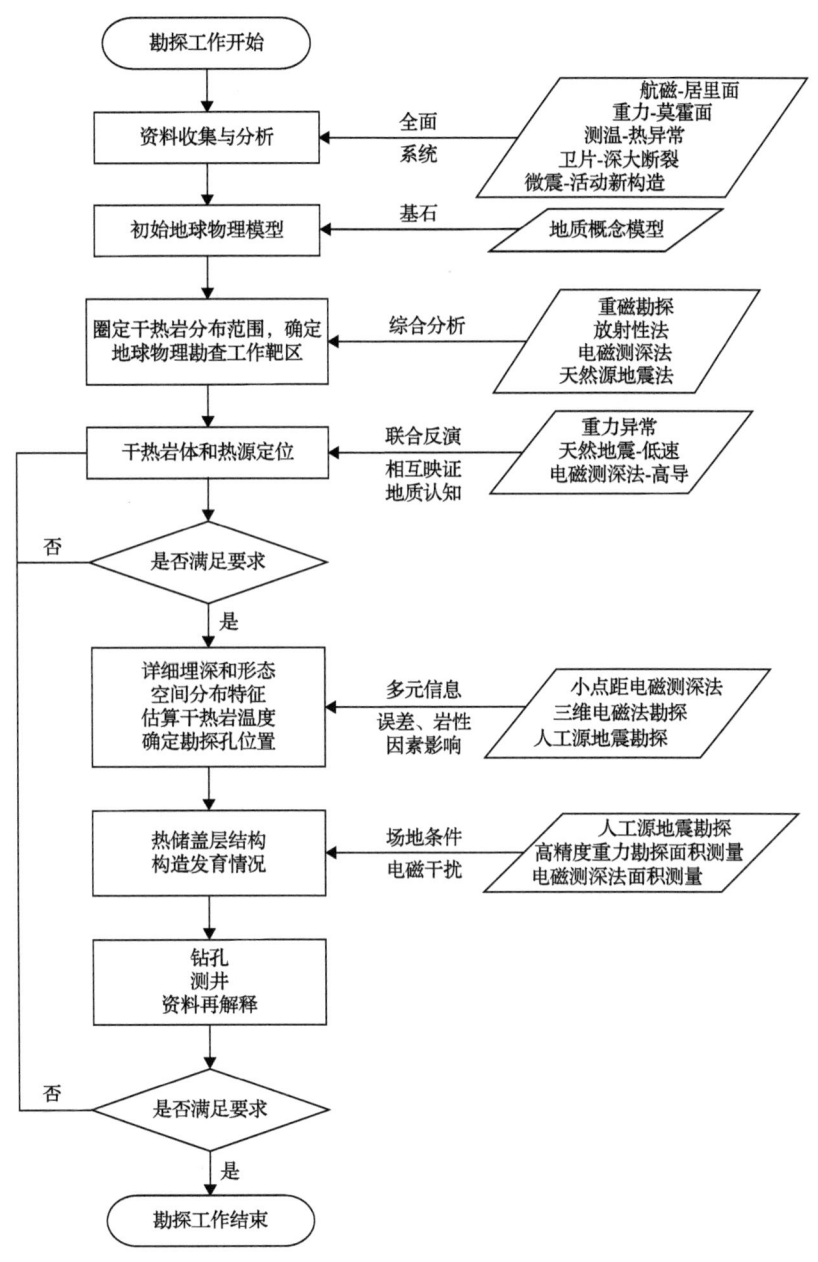

图 2.2.1　干热岩地球物理勘查一般工作流程

1）资料收集与分析

注意吸收、消化前人工作成果，分析工作地区地质与物化探资料。可利用航磁资料计算居里面；利用重力资料估算莫霍面、分析异常分布范围；利用航片、卫片了解深大断裂分布；利用大地热流值圈定热异常区；根据微地震活动规律确定活动新构造分布；收集与分析水文长期观测孔测温资料，以发现异常孔位。

2）形成干热岩地热田地球物理模型

在干热岩地热田概化地质模型的基础上，分析地热田岩石的物理性质，形成地热田概念地球物理模型，为选择合理的地球物理方法和合理的工作布置做好准备。

3）圈定干热岩热储的分布范围，确定地球物理勘查工作靶区

结合收集的资料、视工作区研究程度可开展电磁测深法、放射性法、重力法和磁法勘查工作，圈定干热岩热储大致分布范围，确定下一步地球物理工作方案。

4）刻画深部热储和热源的空间展布

可主要采用电磁测深法、天然地震监测刻画热储的空间分布。资料处理、解释时，可利用重力资料约束或与地震数据进行三维反演，获得研究区三维速度结构；开展电磁数据的二维或三维反演，圈定低阻异常带，推测热储和热源空间分布；必要时可补充重力法和磁法勘查工作，进行重、磁联合反演；对多参数进行综合分析，划分地层结构、构造、分析热源和热储的分布。

5）补充工作，详细刻细深部干热岩热储

在前期工作认知的基础上，为精细刻画热源空间展布、深部热储的热属性特征等，可于重点区开展小点距电磁测深法、三维电磁法勘探或人工源地震勘探工作，提高勘探精度；结合高温高压试验结果预估热储温度。

6）调查盖层地层结构和构造发育情况

在勘探成果综合分析的基础上，初步确定宜井位置。针对预设井位，开展场地级地球物理勘查工作。可采用高精度重力勘探面积测量、电磁测深法面积测量或（和）二维/三维人工源地震勘探相结合，了解浅部地层结构和构造发育特征。

7）综合分析、钻孔佐证、资料再解释、再补充勘查

对获取的多源信息进行综合分析，确定勘探孔位置，开展测井工作；根据钻探结果，修正对地热田的认识，对资料进行再处理和解释；必要条件下，对认识模糊区开展补充勘查工作，解答疑惑。

2.2.3 水文地球化学方法

干热岩地热资源勘查中，常用的勘探手段为地质、地球物理方法。实际上，构造活动强烈的地区往往发育多处温泉、喷气孔，干热岩基底之上的沉积层内也常发育地热水。地热流体（包含地热水及地热气体）在循环运移过程中，往往会携带深部的热源信息，因此水文地球化学勘探能够为干热岩地热资源的勘探和开发提供帮助。干热岩地热资源勘查中的水文地球化学勘探主要针对地热流体的采集和测试分析，着重分析深部热储流体的特征，探讨地热流体的成因，估算热储温度等，为后续的开发利用提供基础依据。本

节将从样品采集、数据分析与解译两个方面来介绍干热岩地热资勘查中水文地球化学勘探常用的方法。

1. 样品采集方法

地热流体包括地热水和地热气体,两者的采样方法有着很大的区别,下面将简单介绍两者的采样方法。

1) 地热水采样方法

地热水按其出露形式可分为两种,即天然出露的温泉水以及人工钻孔获取的热水。对于这两种形式的地热水,其采样方法略有不同,具体方法如下所述。

采样前,需要使用水质多参数分析仪(如 Hach、HQ40d)对地热水中的溶解总固体、电导率、pH、氧化还原电位等进行测定,同时利用水银温度计对地热水的温度进行现场测定。现场还需要利用全球定位系统(GPS)标定经纬度位置,同时记录好采样点位置、出露岩性、周围的环境以及是否有泉华或者其他蚀变现象等信息。对于地热水的碱度(HCO_3^-/CO_3^{2-})需要在采样现场利用数字滴定器测定,使用酚酞以及甲基橙作酸碱指示剂,依据酸碱中和法完成。采样前,先用待取水样将样品瓶清洗 3 次并贴好标签。用于测试阳离子及微量的水样按照如下顺序进行:首先在野外现场利用 0.25μm 的滤膜进行过滤;其次加入重蒸馏 HNO_3 溶液,使水样 pH<2;最后装入聚乙烯瓶中,用封口膜密封。用于测试阴离子、锂同位素、硼同位素的水样同样需要利用 0.25μm 的滤膜进行过滤,过滤完成后直接装入采样瓶中,用封口膜封好。用于测试氢氧同位素、碳同位素的样品不过滤直接装入采样瓶,同时避免与空气接触。用于测试 SiO_2 的样品,若是 SiO_2 含量低于 100μg/g,则无须过滤,直接装至采样瓶,若是 SiO_2 含量高于 100μg/g 则需要稀释,再装至采样瓶。

对于地热水样品,为了探讨或解决不同的问题,需要分析测试的项目也不同。一般情况下,可参考表 2.2.2 中的分析测试项目进行分析,用来探讨其地球化学特征和其他方面的应用。

表 2.2.2 常用的地热水组分和同位素测试项目

序号	分析项目	研究内容
1	pH、Na^+、K^+、Ca^{2+}、Mg^{2+}、F^-、Cl^-、NO_3^-、SO_4^{2-}、HCO_3^-/CO_3^{2-}、H_2S、电导率、TDS	水化学类型,流体形成过程分析
2	SiO_2、B、Al、Fe、Sr、Li	热储温度估算和流体成因分析
3	其他微量元素,如 Br、Rb、Cs、As、Cr、Mn 等	危害组分及特殊组分分析
4	$\delta^{18}O_{H_2O}$、$\delta^2H_{H_2O}$、$\delta^{13}C_{DIC}$、$\delta^{34}S_{SO_4}$、$\delta^{18}O_{SO_4}$、$\delta^{11}B$、δ^7Li、$^{87}Sr/^{86}Sr$	分析流体来源和成因
5	^3H、^{14}C、^{81}Kr、^{36}Cl、^{85}Kr、^{39}Ar	分析地热水年龄
6	总α、总β、总γ、^{222}Rn、^{230}Ra	分析地热水放射性背景值

注:TDS 表示总溶解性固体。

2)地热气体采样方法

对冒气泡的温泉的取样方法主要有两种：排水集气法和铜管法。排水集气法比较简便，适用于对地热气体的初步勘探，其方法原理如图 2.2.2 所示。先在耐高温漏斗的尖嘴端连接硅胶管，硅胶管再连接玻璃管，确保各连接处不漏气。收集温泉气泡前，需要先用地热水从漏斗一侧匀速灌入，排出其中气泡。待漏斗中的地热水处于满溢状态时，用塑料膜迅速蒙住整个液面，然后迅速倒转漏斗并直接覆盖温泉出气孔，继而缓慢撤出塑料膜。待温泉中冒出的气体将漏斗、硅胶管、玻璃管中的地热水排出后，浸于盆内的玻璃管会有气泡冒出。冒泡持续 3~5min 后，即可用排水法将气体存于 50mL 的盐水玻璃瓶中。排水集气的整个过程中，需要保持玻璃瓶口始终保持浸没在地热水中，并且直至瓶中仅留有少量地热水时用胶塞封闭玻璃瓶。收集气体完成后，将玻璃瓶从地热水中取出，用铝盖压紧瓶口并倒置于盛满地热水的 500mL 的塑料瓶中。确保塑料瓶中未残留任何气泡后，旋紧瓶盖，以密封胶带密封塑料瓶盖。

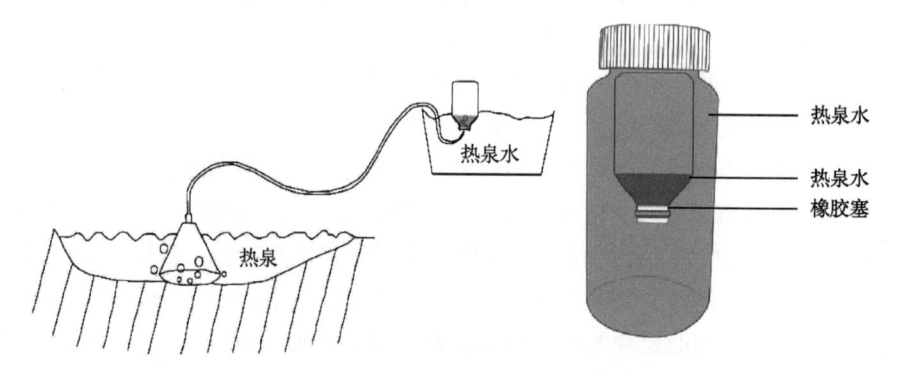

图 2.2.2 排水集气法采样示意图

相较于排水集气法，铜管法(图 2.2.3)采集到的气体样品质量更高，更不容易受到空气污染，是目前国际主流的地热气体采样方法，其具体采样步骤如下：先牵拉注射器吸出水中冒出的气体，然后通过调节三通球阀 V1，推压注射器赶走管线内的空气，管线的另外一端水封槽内用饱和食盐水进行密封，防止空气的反流污染，如此反复冲洗 3~5次，将管线及取样器内的空气排干净。然后关闭阀门 V3，将水中的气体用注射器注入阀

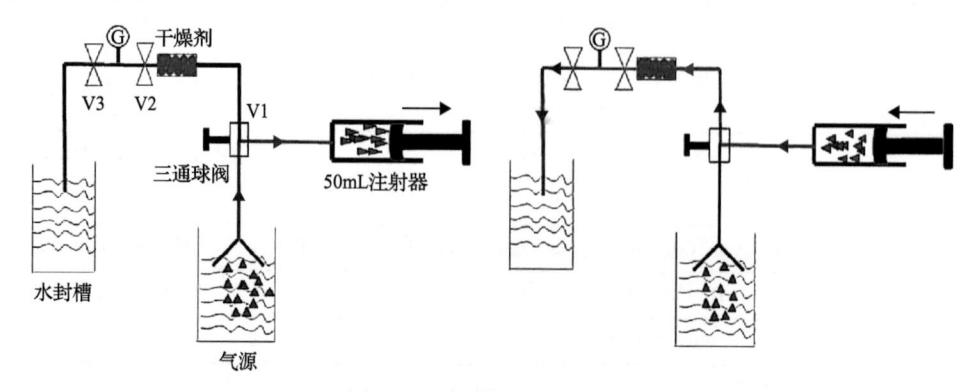

图 2.2.3 铜管法采样示意图

门 V2 和阀门 V3 之间的取样器内，关闭阀门 V2，将取样器取下，保存待测，取样体积为 50mL 标准温度与压力(STP)。样品取样完成后，要保持取样容器接口清洁，不能被有机物污染。将接口用海绵包裹，防止接口出现划痕，与样品预处理系统不能真空连接[65]。地热气体的主要测试项目包括气体组分以及同位素组成。

2. 数据分析与解译

本小节将以共和盆地地热流体的数据解译为例，简单介绍水文地球化学勘探中常用的数据解译方法。

为了研究地热流体的演化过程，通常会根据地热水的一些基础性质将其分类，如温度、pH、出露位置等。共和盆地的地热水按照出露位置可分为六大区域，其中恰卜恰区域、曲乃亥区域以及扎仓寺区域地热水位于盆地内部，可归类为盆地内部地热水，直亥区域、兰采区域以及兴海区域地热水出露于山区，可归类为山区地热水。

基于地热水中的主要离子含量，可以分析地热水的水化学类型及其可能经历的地球化学演化过程，一般用派珀(Piper)图进行呈现，如图 2.2.4 所示。利用 Piper 图可以直观呈现出不同水体之间的离子浓度差异，类似地还有 Cl^--SO_4^{2-}-HCO_3^- 图等。根据 Piper 图可以看出共和盆地地热水化学性质在区域上呈现差异，盆地内部的地热水大多富集 Cl^-，而山区地热水贫 Cl^-。此外，从 Piper 图中可以发现，少部分盆地内部地热水落于冷水附近，显示出受到冷水混合的趋势。

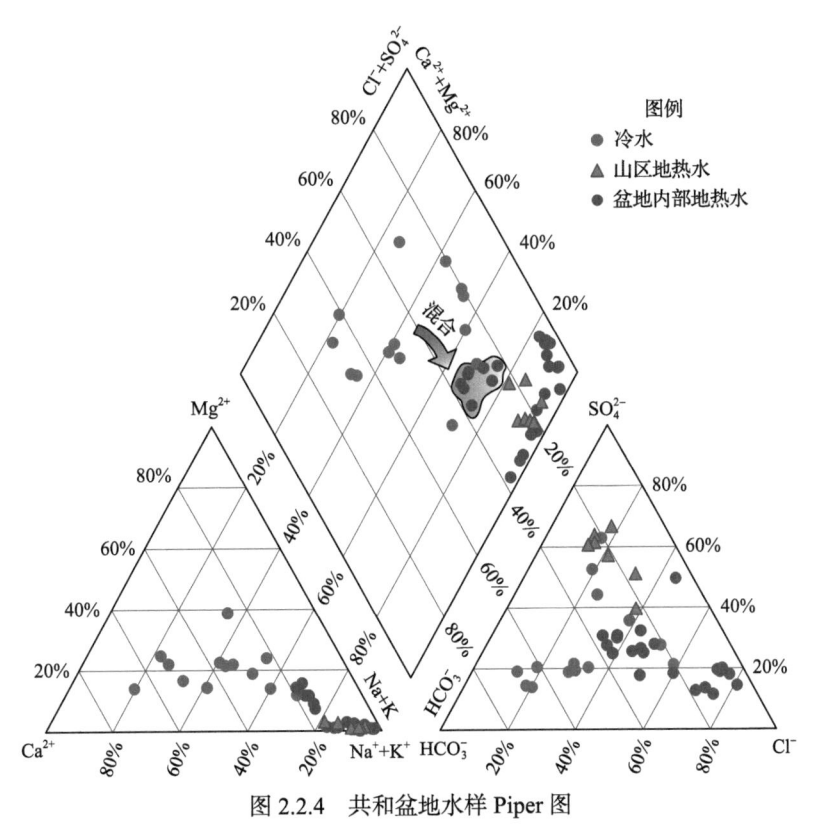

图 2.2.4 共和盆地水样 Piper 图

此外，还可以根据地热水的 Na^+-K^+-Mg^{2+} 三角图判定地热水是否达到平衡，是否存在混合过程（图 2.2.5）。由图 2.2.5 可知，共和盆地的地热水均未达到平衡状态，Piper 图中指示的受到冷水混合的少部分盆地内部地热水在 Na^+-K^+-Mg^{2+} 三角图中位于右下角，同样指示出其受到冷水混合作用。共和盆地地热水均未达到平衡，因此在计算热储温度时，需要对比多种温度计的结果，选择合适的温度计。

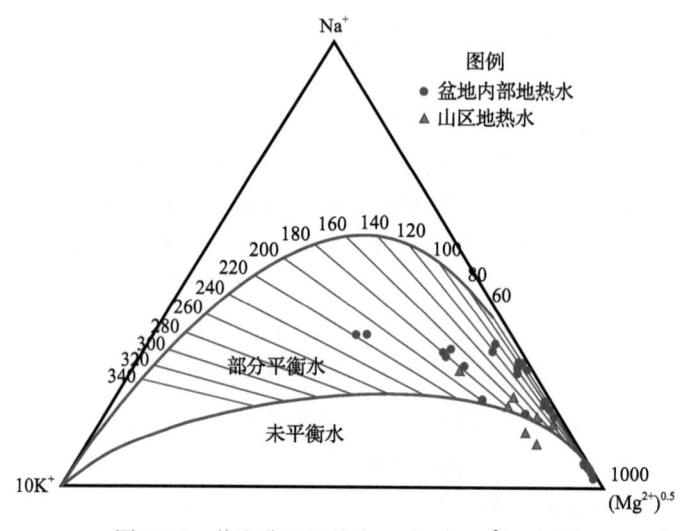

图 2.2.5 共和盆地地热水 Na^+-K^+-Mg^{2+} 三角图

如前所述，共和盆地不同地热区地热水中的 Cl^- 组分浓度有着显著区别。Cl^- 组分在主量元素中是一个相对独立的变量，能够用来示踪地热水的来源，以及估算冷水的混合比例[66]。地热水中的 Cl^- 组分通常来源于深部物质，并且高温地热系统中，地热水中的 Cl^- 组分若是显著增高，一般是与深部岩浆流体的混合所导致的[4-8]。此外，由于 Cl^- 在水岩反应中作为保守组分很难达到溶解平衡状态，并且 Cl^- 多数以离子态溶解于水中[67]。共和盆地地热水中 K^+、Ca^{2+} 浓度极低，并不符合卤水特征。因此，共和盆地地热水中的 Cl^- 组分并非受到卤水以及海水（古海水）的影响。也就是说，共和盆地地热水很有可能受到了岩浆流体的影响而导致其富集 Cl^- 组分，通常岩浆热源型高温地热系统往往会形成高温的母地热流体，也就是初始地热流体。所谓母地热流体即埋藏最深、与周围岩石达到完全平衡的地热流体。在世界范围内典型的岩浆热源型高温地热系统都存在着高温母地热流体，如黄石公园、云南腾冲等。识别母地热流体的主要方法是 Cl^--焓模型。Cl^--焓模型自提出以来，已经被广泛应用于识别母地热流体及其演化过程，在世界范围内的许多高温地热系统都得到了验证[68,69]。

图 2.2.6 显示出共和盆地的确存在母地热流体，并且根据国际蒸汽表换算，母地热流体的温度为 310℃，Cl^- 浓度为 600mg/L。共和盆地存在如此高温的母地热流体，若是没有岩浆热源作为附加热贡献的话，势必不可能达到如此高的温度。同时也指示出，盆地内部地热水都是母地热流体通过冷却或者混合过程形成的。而山区地热水并不是由母地热流体形成，与盆地内部地热水完全不同，属于两类地热水，可能由其他来源的水体形

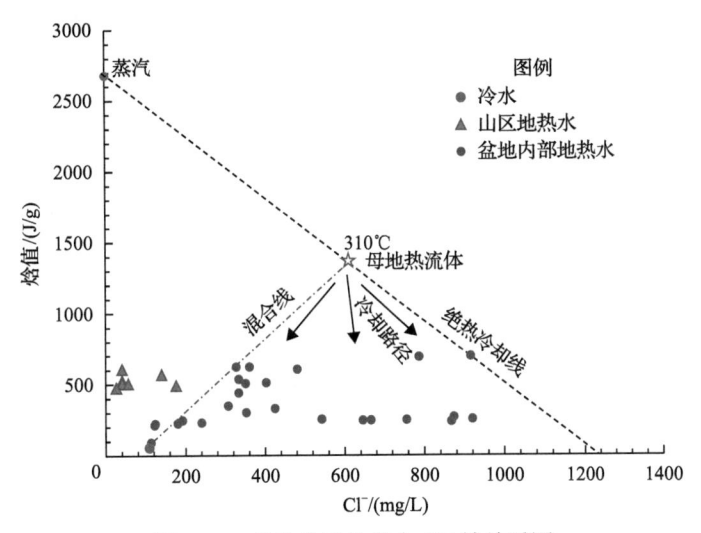

成,需要进一步应用其他手段进行分析。

图 2.2.6 共和盆地地热水 Cl⁻-焓关系图

除了 Cl⁻-焓模型外,Cl⁻-D 模型也能够刻画地热流体所经历的地球化学演化过程。Cl⁻-D 模型由 Truesdell 等[70]提出,被广泛应用于刻画地热流体所经历的混合、冷却等过程。同时 D 同位素相比于 ^{18}O 不受水-岩反应的影响,因此 Cl⁻-D 模型能够真实反映出地下流体所经历的过程。

共和盆地母地热流体的同位素值:δD 为–97.0‰,δ^{18}O 为–12.0‰。基于此,进一步利用 Cl⁻-D 关系来刻画母地热流体的演化过程。图 2.2.7 描绘了共和盆地各水体的 Cl⁻-δD 关系,从图中可以发现,通过 Cl⁻-焓关系所识别的不由母地热流体演化得到的山区地热水,在 Cl⁻-D 关系中呈现相同的特征,这表明依据前面通过 Cl⁻-焓关系的推断是正确的。此外,在 2019 年、2020 年两次野外踏勘时发现,即使在夏季高温时期,共和盆地周缘山区雪线明显,普遍覆盖雪层,同时前人对山区的地热水进行了补给高程的计算,结果表明其补给高程在 4000~4500m,与共和盆地周围山区海拔一致[71],因此山区的地热水有可能来源于山区融雪水补给。收集青藏高原东北缘的融雪水同位素数据[72]与共和盆地的地热水数据进行对比,指示出山区地热水确实是由融雪水补给形成的,同时母地热流体也接受一部分融雪水的补给。母地热流体经过与浅层冷水的混合或者经历绝热冷却、传导冷却等过程形成了一系列地热水。这与前面通过 Cl⁻-焓关系所得到的推断是一致的。

除了应用 Cl⁻-焓、Cl⁻-D 模型以外,氢氧同位素在示踪降水、地表水以及地下水来源、演化过程中同样发挥了重要作用[73]。位于汇聚板块边缘的高温地热系统,热源主要为岩浆型热源,地热水容易受到岩浆水的混合,其氢氧同位素将会富集[74]。笔者将计算得到的母地热流体同位素值、收集的融雪水同位素值以及共和盆地的地下水同位素值进行对比,如图 2.2.8 所示。氢氧同位素图指示出母地热流体落在融雪水以及岩浆流体的混合区域,指示出其是由融雪水以及岩浆流体混合形成的。从 δ^{18}O-δD 图中可以发现融雪水直接参与形成了母地热流体以及不由母地热流体形成的山区地热水,这也直接解释了山区地热水有着贫 δD、δ^{18}O 同位素的特征。母地热流体进一步经过冷却或混合特征形成了盆地内部的地热水,这便完美解释了共和盆地地热水偏离地区大气降水线(LMWL)的特征。$\delta^{18}O$-δD 图所指示出的信息与前面通过 Cl^--焓、Cl^--D 以及各种水化学图解得到的结论是一致的,也就是说共和盆地的确存在高温母地热流体,并且母地热流体受到岩浆流体的直接补给。综上所述,推测共和盆地深部存在着岩浆热源,受融雪水及岩浆流体的补给形成了高温母地热流体(310℃),母地热流体进一步形成了盆地内部地热水,而山区地热水由融雪水直接形成。

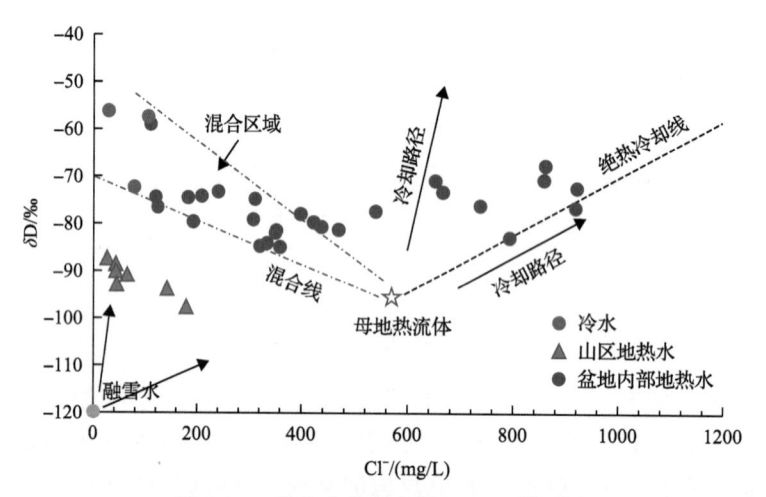

图 2.2.7　共和盆地各水体 Cl^--δD 关系图

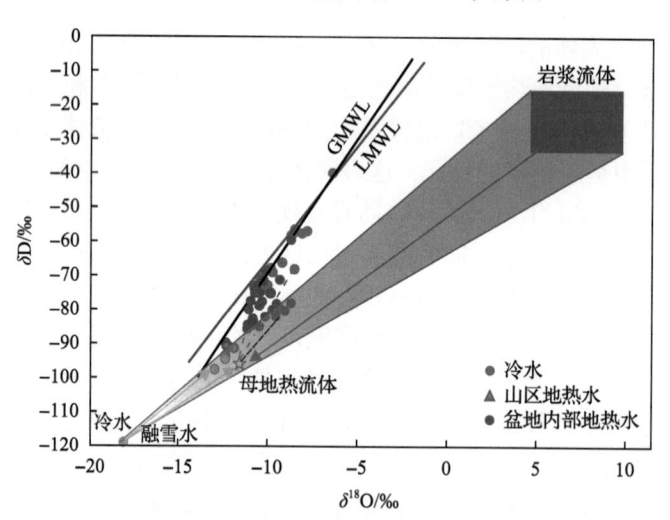

图 2.2.8　共和盆地各水体综合分析图
GMWL-全球大气降水线

通过对地热水水化学以及同位素的分析,推断出共和盆地深部存在岩浆热源,然而主要热源源于地壳还是地幔仍然需要进一步判别。地热气体是地球内部物质和能量改变的信息载体,是地热研究的重要组成[75]。一般来说,地热气体中的保守组分用来鉴别物质和能量来源,而活性组分则用以描述储层性质[76]。对于干热岩地热资源的勘探开发,地热气体同位素能够为探讨区域构造活动性及热源构成提供依据[77,78]。

地热气体中的 He、Ne 同位素组成能够帮助判别热源，^{3}He 主要通过地幔脱气产生，^{4}He 主要是地壳中的 U、Th 等放射性元素衰变时生成。因此通过 He 同位素比值 R(^{3}He/^{4}He)，可以判断热量主要是来源于地壳还是地幔，并且已经在多个高温地热田得到了验证与应用[79-82]。^{20}Ne 的含量通常被用来判断气体样品中的其他组分是否有大气源混入。已有研究表明，大气中的 ^{20}Ne/^{22}Ne、^{21}Ne/^{22}Ne 分别为 9.80 和 0.0290，而 ^{4}He/^{20}Ne 约为 0.318，即若某样品的 ^{4}He/^{20}Ne 接近 0.318，说明其中的氦主要为大气来源[27,28]。

利用 ^{4}He/^{20}Ne 与 R/Ra 的关系分析共和盆地地热气体中壳源组分与幔源组分的比例，如图 2.2.9 所示。共和盆地的样品 R/Ra 均小于 0.2，普遍小于 0.1，指示出共和盆地以壳源氦占主导，即热量主要来自地壳。前面推断出共和盆地存在高温母地热流体，深部存在岩浆热源，从地热气体同位素证据可以得出，岩浆热源并不是地幔热上涌导致的，而很有可能为地壳原地部分熔融或是壳内岩浆房为其提供热源。这与位于板块碰撞边界的藏南高温地热系统的附加热源类似，地壳部分熔融作为主要热源。

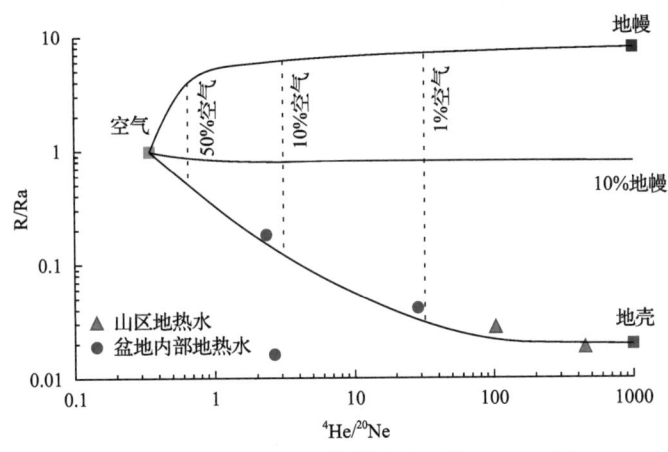

图 2.2.9 共和盆地气体样品 ^{4}He/^{20}Ne-R/Ra 图

除了上述提到的分析方法以外，对地热水中的微量元素以及地热气体的其他稀有气体同位素组成等进行研究同样可以刻画地热流体的地球化学演化过程，针对不同的研究区，需要因地制宜地应用合理的分析方法。需要指出的是，水文地球化学判据在判别热源方面仍然存在一定的局限性，因此在干热岩地热资源勘探开发中，为厘清热源属性，构建合理的地热资源成因模式，还需要结合地质以及地球物理证据做出综合分析。

2.3　干热岩开发靶区优选

干热岩开发靶区优选是干热岩勘查中的一个关键环节，同时也是干热岩资源预测与评价中的一项重要内容。它既是干热岩资源预测评价成果的直接体现形式，同时又是联系干热岩资源预测评价与勘查工作部署的桥梁。干热岩开发靶区优选直接关系到后续勘查工作的布局与成败，影响不同勘查阶段的衔接和过渡。从某种程度上说，靶区优选的难度要大于寻找干热岩有利地段圈定的难度，因为干热岩有利靶区的圈定主要是考虑各类找矿信息及其组合的空间分布特征与共性,而靶区优选除此之外还必须考虑各个找矿远景区或靶区内这些信息的属性特征及个性,对各种找矿信息进行逐一查证、排除多解性,考虑经济、技术、环境等综合因素。由此可见,干热岩开发靶区优选是一项综合性研究工作,它可以有效降低预测结果的不确定性和提高预测结果的实用性。

2.3.1 EGS 工程选址的基本原则

始于 20 世纪 70 年代的美国洛斯阿拉莫斯(Los Alamos)干热岩体开发工业试验,以及其之后的 Soultz 等 EGS 项目高昂的代价证实,EGS 工程选址要求干热岩地热系统至少需要满足以下条件。

(1) 良好的岩性条件。干热岩的热能赋存于各种变质岩或结晶岩类的岩体内,常见的岩石类型有片麻岩、花岗岩及花岗闪长岩等,尤以花岗岩类为主,此类岩体致密,渗透性极低,可供借鉴的工程实例相对较多,EGS 工程开发技术成熟度相对较高。

(2) 中等品级以上的干热岩资源。根据地热增温率可将干热岩资源的品级划分为:高级(80℃/km)、中级(50℃/km)、低级(30℃/km)[19]。

(3) 干热岩体具有一定的分布面积,使用寿命长。一般来说,EGS 地热电厂宜分散布置,装机容量在 20 万 kW 左右时,其所需的干热岩体面积为 150~200km^2。在地面各方面条件允许的前提下,地热电厂应尽量布置在所控制的干热岩体中部。一个电厂至少应由两对循环系统供给过热水。循环系统间距的选择应至少保证 30 年开采不互相影响。在保证电厂正常运行的情况下,循环系统宜间歇性轮休,以保证干热岩体热量的传输与恢复。

(4) 合理的井深。欧美等发达国家 EGS 工程实践表明,人工储层建造于温度高于 350℃的干热岩体中是经济的。而在现有钻井技术条件下,地热增温率在 6.0℃/100m 以上时,干热岩体开发成本才可与化石能源相竞争。地热增温率为 6.0℃/100m 时,合理的井深为 6000m;地热增温率为 8.0℃/100m 时,合理的井深为 4500m。

(5) 清楚的现代地应力条件。人工储层建造是干热岩体开发最关键的步骤,且直接关系到 EGS 工程的成本和经济性。多年来国际界多采用巨型水力压裂法建造人工储层。在原生裂隙极不发育、相对均质和各向同性的高温花岗岩体中,水力压裂产生的裂缝严格受地应力场控制,裂缝的扩展方向一般都垂直于最小主应力方向。因此,确切掌握干热岩体的天然地应力状态是建造人工储层的重要环节。

(6) 良好的场地外部环境。主要包括:地面发电设施与电力传送装置的接近程度、水源条件、距离居民区的距离,以及诱发微地震与地面变形等安全性问题。

2.3.2 干热岩资源勘查开发目标靶区选区评价指标体系

1. 区域级/地区级干热岩资源勘查开发目标靶区选区评价指标体系

工程上可钻及的干热岩体物性特征决定了其在地球物理上具有"三高"(高电导率、高大地热流值、高放射性异常)、"一低"(低波速)、"两异常"(磁力异常、重力异常)等特点,而在一个区域内上述因素则主要取决于内动力地质作用、壳幔热结构,特别是居里面埋深与起伏状况。因此，建立区域级/地区级干热岩资源勘查开发目标靶区选区评价指标体系时，首先考虑易于获取的地球物理资料。

尽管多数孤立的温泉与深部干热岩是否存在联系尚不得而知，但在一个较大范围内出露有众多的温泉，形成水热区或水热对流系统时，则一定程度上映射出其下部或附近旁侧深部可能发育有高温热源，与深部干热岩构成一定的镜像关系。因此，地表地热显示的群居性与密集性有助于对深部温度状况和干热岩体的推断。

干热岩地热系统的地质属性与有利的控热地质构造研究目前仍十分薄弱。但对新近火山活动区、区域性走滑断裂带、变质核杂岩构造、高放射性花岗岩区、大规模的壳下部分熔融层等区域地热地质条件进行研究，以及区域级/地区级干热岩资源勘查开发目标靶区选区评价指标体系制定时是必不可少的[83]。

干热岩的品质状况影响着 EGS 系统的经济性与使用寿命，而采用体积法评价推断的干热岩地热资源时，需要岩石密度、岩石比热容、岩体体积、特定深度上的岩石温度和地表温度等参数。因此，建立区域级/地区级干热岩资源勘查开发目标靶区选区评价指标体系时，首先考虑与干热岩勘查开发有关的地热学参数。

综上所述，为在某一盆地或造山带局部圈定出干热岩资源有利勘查区，建立了地球物理特征、干热岩地表地热显示、干热岩地热地质条件、干热岩地热资源、地质安全性 5 个指标层、23 个指标的评价指标体系（表 2.3.1）。

表 2.3.1 区域级/地区级干热岩资源勘查目标靶区选区指标体系

指标层	指标	适宜	较适宜	一般适宜	较不适宜	不适宜
地球物理特征	大地热流值/(mW/m²)	>100	90～100	70～90	60～70	<60
	壳内低速高导层埋深/km	<10	10～20	20～30	>30km	无
	居里面埋深/km	<20	20～25	25～30	30～40	>40
	重力异常	显著	明显	相对	微弱	极弱
	磁力异常	显著	明显	相对	微弱	极弱
干热岩地表地热显示	热红外遥感影像特征	明显高于背景温度	高于背景温度	背景温度	低于背景温度	明显低于背景温度
	地表地热显示区面积/m²	1000	500～1000	50～500	0～50	无
	地表流体温度/℃	>80	60～80	40～60	20～40	<20
	地热增温率/(℃/km)	>80	50～80	50	30～50	<30
	水热蚀变	硅化+明矾石化矿物组合	高岭石化+绢云母化矿物组合	伊/蒙间层(I/S)黏土矿物组合	泥化矿物组合	无
	SiO₂ 温标/℃	>150	130～150	100～130	80～100	<80
干热岩地热地质条件	沉积盆地基底凸起构造与沉积盖层厚度	基底凸起构造	斜坡带和高凸起	凸起	低凸起	深断凹
	沉积盖层厚度/m	<1500	1500～2000	2000～3000	3000～4000	>4000

续表

指标层	指标	适宜	较适宜	一般适宜	较不适宜	不适宜
干热岩地热地质条件	干热岩热储岩性	均质各向同性良好的中酸性花岗岩类	均质各向同性较好的花岗岩、变质岩类	均质各向同性一般的岩类	均质各向同性差的岩类	非均质各向异性的岩类
	放射性元素生热率/($\mu W/m^2$)	>5	4~5	3~4	2~3	<2
	盆地或造山带形成时间	古近纪以来	白垩纪	侏罗纪	三叠纪	前三叠纪
	火山岩浆活动时间	全新世以来	全新世—晚更新世	晚更新世—中新世	中新世—古新世	前古新世
	断裂规模	岩石圈断裂或地壳断裂		基底断裂		盖层断裂
	热源埋深/km	<7	7~14	14~22	22~30	>30
	盖层累计厚度/m	>500	100~500	50~100	10~50	<10
干热岩地热资源	资源丰度/(EJ/km²)	>6	4.5~6	2.5~4.5	1~2.5	<1
地质安全性	地震震级（里氏）	小震相对频繁，无6级以上大震	小震相对频繁，偶有大震	小震不频繁，偶有大震	大震频繁	破坏性大震频繁
	地震烈度/度	≤5	5~6	6~7	7~8	>8

2. 干热岩EGS工程场地选址评价指标体系

依据系统性、科学性、延续性、可比性、可操作性以及可量化性原则，建立干热岩EGS工程场地选址评价指标体系(表2.3.2)。

表2.3.2 干热岩EGS工程场地选址评价指标体系

指标层	指标	评价等级		
		好	中	差
安全性指标	地震基本烈度/度	≤6	6~8	>8
	地震动峰值加速度/g	<0.05	0.10~0.15	>0.2
	与居民点的距离/km	>2.5	0.8~2.5	<0.8
资源性指标	干热岩体埋深/km	<3	3~4	>4
	干热岩体压裂段温度/℃	>200	150~200	<150
	地热增温率/(℃/km)	>80	45~80	<45
	热储岩性	均质各向同性良好的中酸性花岗岩类	均质各向同性较好的花岗岩、变质岩类	均质各向同性一般的花岗岩、变质岩类
	分布面积/km²	>200	75~200	75
	可开采资源量/10¹³kJ	>40	2.5~40	<2.5
	可发电量/MWe	50	10~50	<10
技术性指标	钻井深度/km	<3	3~5	>5

续表

指标层	指标	评价等级		
		好	中	差
技术性指标	地应力状况	清楚	基本清楚	不清楚
	储层压裂门限值/MPa	<15	15~30	>30
	天然裂隙发育情况	发育但无较大断层	较发育	不发育或发育较大断层
	可压裂体积/km³	>2	1~2	<1
	场地资源使用寿命/年	>100	30~100	<30
经济性指标	土地利用现状	未利用土地	牧草地、林地、耕地、园地	居民点、工矿用地、交通用地、宗教用地
	场地施工条件	施工车辆可通行、具备施工条件	需修路方可通行、施工场地需投入少量资金平整	不易通行、不具备施工条件或投资额巨大
	水源保障程度	具备	基本具备	不具备
	发电并网条件	具备	基本具备	不具备

1) 安全性指标

地质安全性指标层主要包括地震基本烈度、地震动峰值加速度和与居民点的距离 3 个指标。

(1) 地震基本烈度。该指标表示地震对地表及工程建筑物影响的强弱程度(或视为地震影响和破坏的程度)。地震活动会影响区域稳定性，对工程建筑等有一定影响。总体来说，地震基本烈度越小的区域越适宜干热岩勘查开发。据此将地震烈度评价指标划分 3 级：≤6 度，好；6~8 度，中；>8 度，差。

(2) 地震动峰值加速度。根据《中国地震动参数区划图》(GB 18306—2015)对地震动峰值加速度进行复核，指标分为 3 级：<0.05g，好；0.10g~0.15g，中；>0.2g，差。

(3) 与居民点的距离。干热岩开发场地选址尚无与居民点的距离相关的限制性规范。本书采取"就高不就低"和"以人为本"的原则，参考《危险废物填埋污染控制标准》(GB 18598—2009)选址规定"距离居民点不应小于 800m"和《核动力厂环境辐射防护规定》(GB 6249—2025)"非居住区限制范围应为 2.5km"两个标准制定该指标并将指标分为 3 级：>2.5km，好；0.8~2.5km，中；<0.8km，差。

2) 资源性指标

资源性指标层主要包括：干热岩体埋深、干热岩体压裂段温度、地热增温率、热储岩性、分布面积、可开采资源量、可发电量 7 个指标。

(1) 干热岩体埋深。为便于量化，干热岩体埋深以 150℃等温线埋深为依据，主要影响钻探成本。美国圣迭戈(San Diego)国家实验室开发的 Wellcost Lite 模型在评估 EGS 钻井成本时，将深度范围在 1.5~10km 的钻井分为 3 类：浅井(1.5~3km)、中等深度井(4~5km)和深井(6~10km)。目前，干热岩钻井以中浅深度为宜。因此，将干热岩体埋深指标划分为 3 级：<3km，好；3~4km，中；>4km，差。

(2) 干热岩体压裂段温度。压裂段温度决定了干热岩开发利用方式和经济成本。麻省理工学院在其关于 EGS 的权威展望报告中提出：EGS 的经济成储温度定为 150℃，最佳开采温度为 200℃左右。尽管随着干热岩开发技术，尤其是压裂技术的进步和成本的下降，广义的干热岩可能将不受限于温度。本书从现状经济效益出发，将目标热储温度指标分为 3 级：＞200℃，好；150～200℃，中；＜150℃，差。

(3) 地热增温率。结合前述分析，将热储温度梯度指标分为 3 级：＞80℃/km，好；45～80℃/km，中；＜45℃/km，差。

(4) 热储岩性。干热岩热储岩性评价指标 3 级划分方案为：均质各向同性良好的中酸性花岗岩类，好；均质各向同性较好的花岗岩、变质岩类，中；均质各向同性一般的花岗岩、变质岩类，差。

(5) 分布面积。干热岩分布面积是评价干热岩场地是否适合工程开发的直观指标之一。一般来说，装机容量 200MWe 左右时，其所需的干热岩体平面面积为 150～200km^2。以不小于 10MWe 级装机容量为目标，出于保守，采用 10 倍装机容量（100MWe）估算，干热岩体平面面积应在 75～100km^2。因此，将干热岩分布面积划分为 3 级：＞200km^2，好；75～200km^2，中；＜75km^2，差。

(6) 可开采资源量。通常，在估算干热岩体可开采资源量时，设定岩体的平均温度只下降 10℃，温度为 200℃、体积为 1km^3 的立方岩体中可开采的热能为 2.5×10^{13}kJ，而其四周则含有 4×10^{14}kJ 的热能。干热岩可开采资源量不应低于该岩体本身的可开采资源量，以能够采出大于周边岩体的资源量为最佳。实际计算中，应尽可能通过数值模拟方法计算。据此，将该指标分为 3 级：＞4×10^{14}kJ，好；2.5×10^{13}～4×10^{14}kJ，中；＜2.5×10^{13}kJ，差。

(7) 可发电量。利用干热岩发电是干热岩开发利用的主要目标。从现有 EGS 工程发电潜力或装机容量看，美国 Fenton Hill 1984 年建成了世界上第一座高温岩体地热发电站，装机容量 10MWe；法国 Soultz 在首次生产（发电量 1.5MWe）的基础上可开发发电量为 20～30MWe 规模的电力生产；澳大利亚 2013 年在库珀盆地夏宾奴场地新建的 EGS 示范性工程装机容量为 1MWe，具备扩展到 25MWe 的发电潜力。韩国 2010 年来启动浦项 EGS 工程开发计划，计划在 2015～2018 年建成 1MWe 级的干热岩发电站，到 2020 年发电量扩展到 20MWe。考虑到我国尚无干热岩发电工程，建立一座 2MWe 级装机容量的干热岩示范电站应是近期的主要目标，发电潜力应不低于 10MWe。因此，将发电潜力指标划分为 3 级：＞50MWe，好；10～50MWe，中；＜10MWe，差。

3）技术性指标

技术性指标层主要包括钻井深度、地应力状况、储层压裂门限值、天然裂隙发育情况、可压裂体积、场地资源使用寿命 6 个指标。

(1) 钻井深度。钻井深度以干热岩最佳开采温度 200℃等温线深度作为量化依据。钻井深度一方面影响钻探的经济性；另一方面影响钻探施工的难易程度。目前，国内外干热岩开采深度主要集中于 3～5km，如澳大利亚库珀盆地为 4.25km，法国 Soultz 场地为 3～4.75km，温度均大于 200℃。因此，将钻井深度指标划分 3 级：＜3km，好；3～5km，中；＞5km，差。

(2) 地应力状况。人工储层建造是干热岩体开发最关键的步骤，且直接关系到 EGS 工程的成本和经济性。多年来国际界多采用巨型水力压裂法建造人工储层。在原生裂隙极不发育、相对均质和各向同性的高温花岗岩体中，水力压裂产生的裂缝严格受地应力场控制，裂缝的扩展方向一般都垂直于最小主应力方向。因此，确切掌握干热岩体的天然应力状态是建造人工储层的重要环节。根据地应力条件是否清楚，将地应力条件指标划分为 3 级：清楚，好；基本清楚，中；不清楚，差。

(3) 储层压裂门限值。该指标也称为岩层起裂压力，是评价热储岩性是否易于水力压裂的指标，主要由开发场地的应力状态决定。尽管还没有足够的资料来确定 EGS 工程开发的最佳应力状态，但从已有示范工程来看，储层压裂门限值多在十几或几十兆帕，如美国 Fenton Hill 场地压力值为 19MPa；法国 Soultz GPK2 和 GPK3 这两个钻孔压力值分别为 15.5MPa 和 16MPa；德国兰道(Landau)场地压力值为 13MPa；澳大利亚库珀盆地 Habanero-1 钻孔压力值为 58MPa；瑞士 Basel-1 钻孔压力值为 29.6MPa；德国格罗斯-肖恩贝克(Groose-Schoenebeck)压力值为 58.6MPa。张庆研究表明，花岗岩的起裂压力为 20.4MPa。综合上述信息，将储层压裂门限值指标划分为 3 级：<15MPa，好；15~30MPa，中；>30MPa，差。

(4) 天然裂隙发育情况。天然裂隙类型主要用来预测压裂后裂隙系统的发展情况，可通过岩心、测井或露头分析获得。干热岩体天然裂隙发育情况直接关乎压裂的难易程度。但干热岩体不应发育较大断层，较大断层易形成储层短路，或导致注水损失率增大，并诱发地震等。因此，将天然裂隙发育情况指标划分为 3 级：发育但无较大断层，好；较发育，中；不发育或发育较大断层，差。

(5) 可压裂体积。可压裂的干热岩体体积即人工激发储层体积，是计算干热岩可利用资源量的直接依据。国际上普遍认为理想经济的 EGS 系统，激发储层体积应达到 $0.1km^3$，有效热交换面积应达到 100 万 m^2。目前，国际上很多 EGS 工程储层激发体积已远远超过 $0.1km^3$ 的目标，而热储有效换热面积距离商业化要求还有一定的距离，主要原因在于激发过程中对裂隙系统的控制还不够理想。美国 Fenton Hill 的经验表明，采用水力加压法可以在足够大的岩石体积中（>$1km^3$）创建开放的裂隙网络，以维持长期热能提取。现有 EGS 工程人工储层压裂体积多在 $1~2km^3$。因此，将干热岩可压裂体积指标划分为 3 级：>$2km^3$，好；$1~2km^3$，中；<$1km^3$，差。

(6) 场地资源使用寿命。该指标为综合考量场地资源、装机容量和设备选型的综合指标。世界上几个老地热项目已经运行超过 30 年，而且大多数对未来地热项目的规划都假设每个电厂至少运行 30 年。赵阳升等预测羊八井地热田、云南腾冲高温岩体和海南琼北高温岩体地热电站有效使用寿命均在 100 年以上。因此，将场地资源使用寿命指标划分为 3 个等级：>100 年，好；30~100 年，中；<30 年，差。

4) 经济性指标

主要包括土地利用现状、场地施工条件、水源保障程度和发电并网条件 4 个指标。

(1) 土地利用现状。一方面干热岩勘探开发工程施工要占用一定面积的土地，需考虑土地准入问题；另一方面工程施工易产生噪声或微地震等不利影响，不能建设在人口密集区。因此，需对土地利用状况进行评价。土地利用现状指标划分为3个等级：未利用土地，好；牧草地、林地、耕地、园地，中；居民点、工矿用地、交通用地、宗教用地，差。

(2)场地施工条件。场地施工条件主要考虑场地是否具备大型施工车辆通行条件和大型机械施工条件。其指标划分为3个等级：施工车辆可通行、具备施工条件，好；需修路方可通行、施工场地需投入少量资金平整，中；不易通行、不具备施工条件或投资额巨大，差。

(3)水源保障程度。水源保障程度是评价场地施工能否满足干热岩开发利用过程中钻探、压裂、开发的水源条件的指标。其指标划分为3个等级：具备，好；基本具备，中；不具备，差。

(4)发电并网条件。干热岩开发利用的主要方式是发电，发电能否并网是干热岩场地选址的基本条件。其指标划分为3个等级：具备，好；基本具备，中；不具备，差。

依据干热岩EGS工程场地选址评价指标体系，结合层次分析法（AHP）原理，可划分出层次结构（图2.3.1），其中第一层为目标层，第二层为准则层，第三层为方案层。

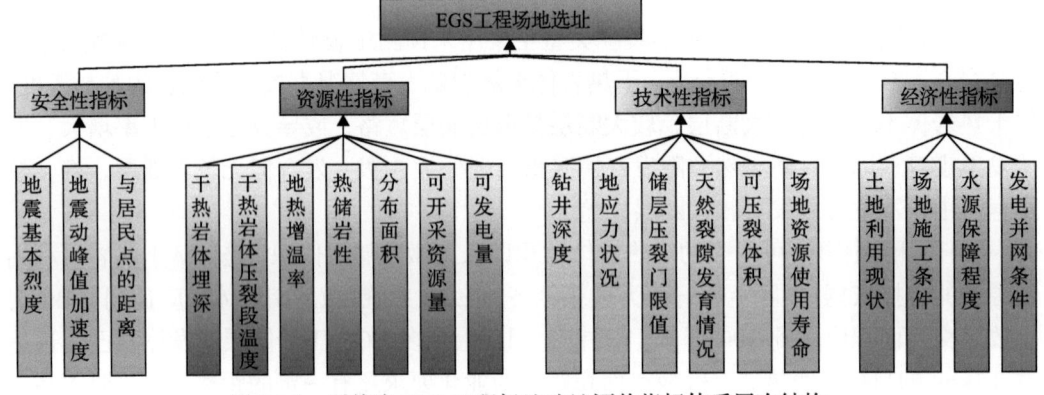

图 2.3.1　干热岩EGS工程场地选址评价指标体系层次结构

2.4　干热岩地热资源评价

干热岩作为一种特殊的地热资源，其评价方法与常规水热型地热资源评价方法有诸多相通之处。目前干热岩资源评价最常用的方法主要有体积法与数值模拟方法。体积法是干热岩体热量计算的基本方法，也是计算大范围干热岩理论资源量的常用方法之一[84]，它等于热储的体积、平均温度、空隙度和岩石的比热之积。数值模拟方法是在基本查明目标靶区地质结构、干热岩热源机制、主要控热构造、岩性、空间分布、孔渗性、封闭与埋藏等情况下，通过高温地段深部干热岩钻探工程获得了干热岩品质状况、温度与地热增温率、物性参数、地球化学特征、可压裂体积、流体发育状况等信息之后，运用数值模拟技术评价场地范围内能够开采的干热岩资源。

2.4.1 干热岩资源分级分类

干热岩资源评价的目的任务是在查明地热地质背景的前提下，确定干热岩的热源机制、储盖层组合、热源补给通道、储层热物性参数以及温度场条件，计算评价不同级别干热岩资源量，为国家能源发展规划提供基础数据，降低干热岩开发风险，并最大限度地实现干热岩资源高效利用。

张森琦等基于区域地质、矿产地质、水文地质等地质工作循序渐进的调查勘查理念、《地热资源地质勘查规范》(GB/T 11615—2010)等，将我国干热岩资源调查评价工作阶段划分为全国陆域干热岩资源调查评价(E级)、区域级干热岩资源调查评价(D级)、地区级干热岩资源调查评价(C级)、场地级干热岩资源调查评价(B级)和工程级干热岩资源调查评价(A级)五大阶段，按调查评价精度由低到高，依次对应预测级、推断级、控制级、探明级和工程验证级的干热岩资源(图2.4.1)。

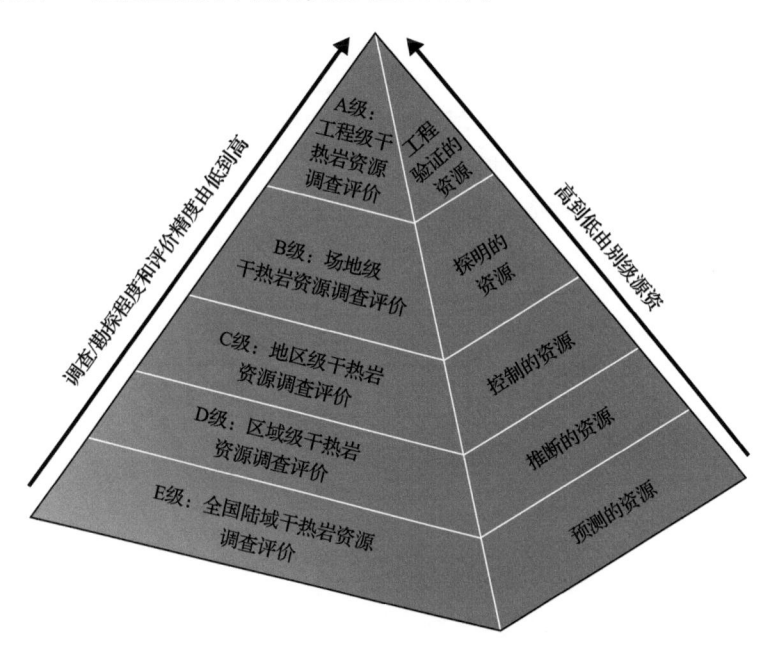

图 2.4.1 中国干热岩调查评价阶段金字塔图

我国预测级(E级)干热岩资源评价已由汪集暘等[84]和蔺文静等[85]完成。从干热岩地热资源可开采储量和温度状态看，中国大陆地区有利的干热岩资源远景区主要有藏南、云南西部(腾冲)、东南沿海(浙闽粤)、华北(渤海湾盆地)、鄂尔多斯盆地东南缘的汾渭地堑和东北(松辽盆地)等地区[84]。后续推断级、控制级、探明级和工程验证的干热岩资源应结合我国实际需要开展进一步研究工作。

在张森琦等[86]、张盛生等[87]形成的中国干热岩调查评价阶段划分成果的基础上，参照水热型地热资源与固体矿产资源分类方案，提出了针对干热岩资源调查评价的干热岩资源分级分类方案。依据评价目标与评价方法不同，可将干热岩资源分为天然资源与可采资源。天然资源量依据当前钻探技术可及深度与干热岩资源调查控制精度可进一步划分：以当前钻探技术可及深度为分界面，将干热岩稳态资源量分为基础资源量与远景资源量；依据干热岩资源调查控制精度可进一步分为推断级、控制级与探明级的干热岩资源，其中推断级干热岩资源对应干热岩资源调查阶段，控制级干热岩资源对应预可行性勘查阶段，而探明级干热岩资源对应可行性勘查阶段。可开采资源量依据是否能经济开发分为经济资源量与不经济资源量，其对应工程验证级的干热岩资源量评价(图 2.4.2)。

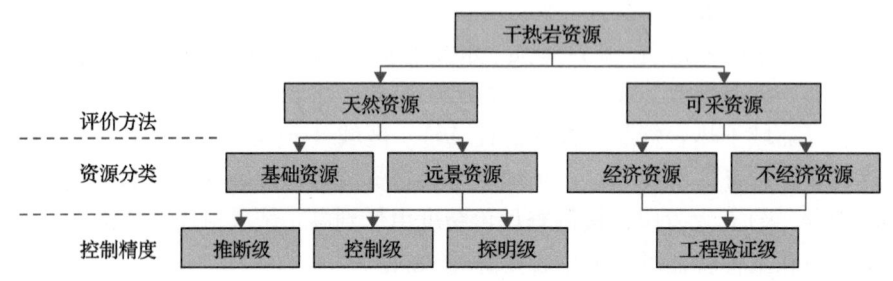

图 2.4.2 干热岩资源分级分类方案

依据地质可信程度与经济可行性，干热岩可进一步分为天然资源量、储量与可开采资源量。干热岩天然资源量为开采下限深度(暂定 10km)以浅，温度高于 180℃的高温岩体所蕴藏的地热资源量；干热岩储量为当前钻探技术可及界线以浅，调查精度为控制级、探明级与工程验证级的干热岩基础资源量；可开采资源量为在当前技术条件下能够从热储中开采出来的那部分热量。干热岩资源量、储量与可开采资源量内涵关系如图 2.4.3 所示。

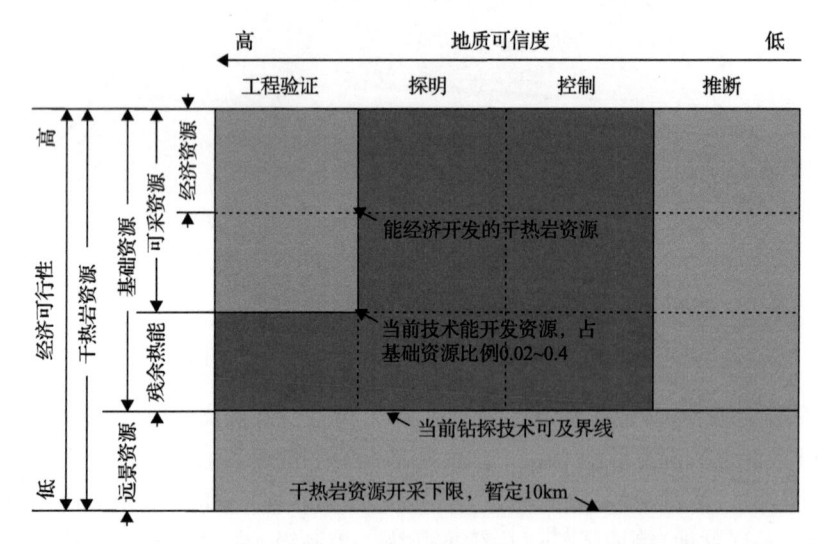

图 2.4.3 干热岩资源量(黄色)、储量(蓝色)与可开采资源量(绿色)内涵关系图(扫封底二维码见彩图)

2.4.2 体积法评价天然资源量

1. 计算方法

体积法是热量计算的基本方法，也是计算干热岩天然资源量最常用的方法。干热岩天然资源量取决于干热岩的体积、温度与干热岩岩石的热物性,是低孔渗(忽略岩石中流体的储热量)岩石介质中所赋存的热量,计算公式见式(2.4.1):

$$Q = \rho \cdot C_p \cdot V \cdot (T - T_c) \tag{2.4.1}$$

为提高计算精度,可根据数据详细程度将岩体由垂直方向划分为若干评价单元进行计算:

$$Q = \sum_{i=3}^{10} Q_i = \sum_{i=3}^{10} \rho \cdot C_p \cdot V_i \cdot \Delta T \tag{2.4.2}$$

其中,Q 为干热岩天然资源量;ρ 为岩石密度;C_p 为岩石比热容;V 为干热岩的体积;T 为特定深度岩石的温度;T_c 为特定参考温度,常取发电温度下限 90℃;Q_i 为 i 层评价单元的资源量;V_i 为 i 层评价单元的体积。

2. 实物工作量控制精度

不同级别干热岩天然资源调查评价的目标任务、工作方法以及需要获取的资料分述如下。

1) 推断级(D 级)

(1) 目标任务:推断级干热岩资源量评价主要服务于国家能源发展规划,其选取区域性热异常区开展区域尺度干热岩勘查,明确区域性热异常的构造背景及其可能的成因机制,并圈定干热岩初选靶区。

(2) 方法手段:以资料收集为主,补充开展专项地质调查、地球化学调查、地球物理勘查和分析。

(3) 需要获取资料:针对不同干热岩资源类型需要获取 1:25 万~1:5 万地质/地热地质图、重力测量资料、地震勘探资料、电磁法勘探资料、航空磁法资料、热异常区热流或地温梯度图、中-高温温泉流体取样与地球化学研究数据。

2) 控制级(C 级)

(1) 目标任务:控制级干热岩资源量评价主要服务于干热岩优选靶区的确定,在区域尺度研究的基础上,划定出与深部异常热源相对应的热异常中心并开展局部尺度勘查。

(2) 方法手段:开展专项地质调查、干热岩钻探与测井、地球化学调查、地球物理勘查和分析。

(3) 需要获取的资料:1:10 万~1:2.5 万地质/地热地质图、干热岩钻探岩心与测井资料、已有钻孔测温测井数据、地震勘探资料、电磁法勘探资料、航空磁法资料、热异常区地温梯度图、中-高温温泉流体取样与地球化学研究数据。

3) 探明级(B 级)

(1) 目标任务:探明级干热岩资源量评价主要服务于干热岩开发场地,在局部尺度研究的基础上,进行详细的三维野外地质填图,直接服务于干热岩勘探井、生产井及回灌井的布置和设计。

(2)方法手段：开展专项地质调查、露头节理裂隙统计分析、干热岩钻探与测井(岩屑录井、岩心、测井曲线、井孔成像)。

(3)需要获取的资料：1:5万～1:1万地质/地热地质图、三维地热地质模型、地应力场分布、干热岩钻探岩心与测井资料、二维/三维地震勘探资料、断层与破碎带空间展布。

干热岩资源调查评价主要工作量定额一览表见表2.4.1。

表 2.4.1 干热岩资源调查评价主要工作量定额一览表

干热岩资源级别/勘查阶段	方法手段	干热岩资源类型		
		沉积盆地型	隆起山地型	火山型
推断级(D级)/调查	地热地质调查	1:25万地热地质调查	1:10万地热地质调查	1:5万地热地质调查
	地球物理勘查	收集区域航卫片(含红外)、航磁、重力等物探资料以及地温、地震活动性等资料		
控制级(C级)/预可行性勘查	地热地质调查	1:10万地热地质调查	1:5万地热地质调查	1:2.5万地热地质调查
	地球物理勘查	1:10万重磁面积测量，1:10万电磁测深或电测深面积测量	1:5万重磁面积测量，1:5万浅层测温、1:5万电磁测深或电测深面积测量	1:2.5万重磁面积测量，1:2.5万浅层测温，1:2.5万电磁测深或电测深面积测量
	干热岩钻探	单孔控制面积10～30km²	单孔控制面积1～3km²	单孔控制面积1～3km²
探明级(B级)/可行性勘查	地热地质调查	1:5万地热地质调查	1:2.5万地热地质调查	1:1万地热地质调查
	地球物理勘查	1:5万重磁面积测量，1:5万电磁测深或电测深面积测量，微动测深及人工地震剖面测量	1:2.5万重磁面积测量，1:2.5万电磁测深或电测深面积测量，土壤汞、氡气测量，人工地震剖面测量	1:1万重磁面积测量，1:1万电磁测深或电测深面积测量，土壤汞、氡气测量，人工地震剖面测量
	干热岩钻探	单孔控制面积5～20km²	单孔控制面积0.5～2km²	单孔控制面积0.5～2km²

注：同一类型干热岩资源构造条件复杂取小值，构造条件简单取大值。

3. 参数设置

不同级别干热岩资源量调查评价精度要求不同，参数获取方法也不尽相同，对推断级/控制级/探明级(D/C/B)不同级别干热岩资源量评价参数获取方法分述如下。

1)推断级(D级)

推断级干热岩资源量评价主要服务于国家能源发展规划，并圈定干热岩初选靶区。因评价尺度较大，受勘探程度限制，岩石密度(ρ)与比热容(C_p)受地层岩性控制，常被认定为常数，可通过测试化验获得，亦可通过相关资料收集获取；干热岩体范围主要依靠1:25万～1:5万地质/地热地质图、地质/水文地质剖面图等地质资料，结合地表热显示、航空磁法、重力等方法进行圈定；深部温度不能完全进行直接测量，而只能依据钻井温度测量和岩石热物性测试结果，基于稳态热传导理论进行深部温度的计算，从而获得深部温度和干热岩资源量。

干热岩资源量评价的直接参数是深部温度,而决定不同深度(z)温度分布的参数包括地表温度(T_0)、地表热流(q_0)、岩石热导率(K)和岩石生热率(A)等。其中,地表温度可取地表多年平均气温,地表热流则来自钻井温度和岩石热导率测量;岩石热导率和生热率可参考中国科学院地质与地球物理研究所地热实验室自20世纪70年代以来长期积累的不同岩石类型测试数据。

在一维稳态热传导条件下,对于均匀层状的沉积岩分布区,其单层内热导率和生热率可近似为常数,依不同岩性取其实测平均值即可。相应的深部温度可由式(2.4.3)进行计算:

$$T(z)=T_0+q_0(z/K)-A(z^2/2K) \quad (2.4.3)$$

由于高温条件下较强的地球化学分异,放射性生热元素(U、Th、K)会向浅部富集,从而随深度呈指数衰减,见式(2.4.4):

$$A(z)=A_0\exp(-z/D) \quad (2.4.4)$$

其中,D为放射性生热元素富集层的厚度;A_0为地表生热率。对应的深部温度为式(2.4.5):

$$T(z)=T_0[(q-AD)/z]/K+AD^2[1-\exp(-z/D)]/K \quad (2.4.5)$$

2) 控制级(C级)

控制级干热岩资源量评价主要服务于干热岩优选靶区的圈定。干热岩密度(ρ)和比热容(C_p)等热物性参数可依据评价区内钻孔岩心测试数据获取;干热岩体分布范围主要依据1:5万地质/地热地质图、地质/水文地质剖面图等地质资料,结合地表热显示、干热岩钻探与测井、重磁法勘查、大地电磁测深勘查、二维地震勘查等方法圈定;温度场主要依据钻孔测温数据与电法、地震勘查相结合的方法进行确定,依据干热岩体所处地质构造特性将钻孔控制温度合理外推,最终形成控制级干热岩资源温度场。

3) 探明级(B级)

探明级干热岩资源量评价主要服务于干热岩开发场地,为提高干热岩资源量评价精度,除详查地质构造信息外,各参数的选取应更具合理性。探明级干热岩稳态资源量评价应结合1:5万~1:1万地质/地热地质图、地质/水文地质剖面图、钻探与测井资料、电磁法勘探资料、二维/三维地震勘探资料等建立三维地质结构模型,在详细的三维地质建模的基础上,精细刻画干热岩储盖层组合与断层展布特征,结合工程场地布设圈定干热岩体评价范围;干热岩密度(ρ)和比热容(C_p)等热物性参数可依据评价区内钻孔岩心测试数据获取,且应考虑地层温度与压力的影响,在变温压条件下岩石热物性测试实验的基础上,对岩石密度与比热容加以修正,恢复原位岩石密度与比热容参数数据;探明级干热岩资源温度场主要依据钻孔测井数据插值获得,在有构造控制地区,应结合断裂带导水导热性质对温度场分布加以修正。

2.4.3 数值模拟方法评价可开采资源量

1. 干热岩可开采资源量影响因素

干热岩可开采资源量评价是针对已查明地热地质条件且成功实施储层建造的干热岩开发场地,在有明确的井场布设、注采施工方案等工程设计的基础上,采用数值模拟方法进行的干热岩可开采资源量计算。

决定干热岩开发场地实际可采出资源量的控制因素大致可分为储层建造后的基础地质条件因素与工程条件因素两个方面。基础地质条件是评价干热岩可开采资源量的基础,其是在储层水压致裂后,通过钻孔、测井、物探、连通试验、测试化验等手段获取干热岩开发场地范围内的地层构造、岩石物性、裂隙展布与温度场分布等信息,为干热岩开发数值模拟计算提供地热地质模型。工程条件是决定干热岩开发场地实际可采出资源量的核心内容,包括井位、井类型、注采层段等井位布设要素与循环流量、注采模式等注采方式要素,是影响干热岩可采系数的关键要素。尽管 Sanyal 等通过数值模拟分析得出当水压致裂后热储体积大于 $0.1km^3$ 时,干热岩采收率稳定在 40%±7%,且不受布井、裂隙间距和渗透率的影响,但到目前为止大多数工程实例因"注不进、采不出"或"发生短路,形成热突破"的问题发生工程失败。

值得一提的是,在以往研究中干热岩可采系数常被人为指定(约 2%、20%或 40%)用以估算干热岩可开采资源量,但这种估算结果往往偏大,且难以令人信服。因此采用逆向思考,采用数值模拟方法计算采出资源量占干热岩稳态资源量的比例(即干热岩可采系数),将得出的干热岩可采系数用于评价示范工程,同时在地质条件类似情况下,可采用类比法推算探明级干热岩开发场地在相同工程条件下可采出的地热资源量。

2. 干热岩可开采资源量数值模拟过程

干热岩可开采资源量评价是无限接近干热岩开发场地实际可采出资源量的数值模拟过程,除基础地质条件与工程条件等因素外,地热地质模型与数值模拟模型的概化对干热岩可开采资源量评价也至关重要。干热岩可开采资源量评价流程见图 2.4.4。

建立地热地质模型:依据钻孔、测井、物探、连通试验、测试化验等手段获取干热岩开发场地基础地质信息,包括干热岩体评价范围、地层构造、岩石热物性以及温度场等,建立三维地热地质模型。

边界条件设置:依据干热岩开发影响范围合理设置模型外边界条件的隔水隔热性能,同时结合压裂后储层循环试验与微地震监测数据建立储层裂隙概念模型,在条件允许的情况下优先采用非均质裂隙概念模型。

工程条件设置:依据工程设计设置井位、注采井类型、注采层段等井位布设信息与循环流量、注采模式等注采方式信息。

数值模拟计算:调整概化的裂隙分布、宽度与粗糙度等参数,拟合工程循环速率、井口压力、温度等实测数据,在现场实测数据不足的情况下,可拟合地质条件类似场地的储层注入能力与阻抗等参数进行计算。

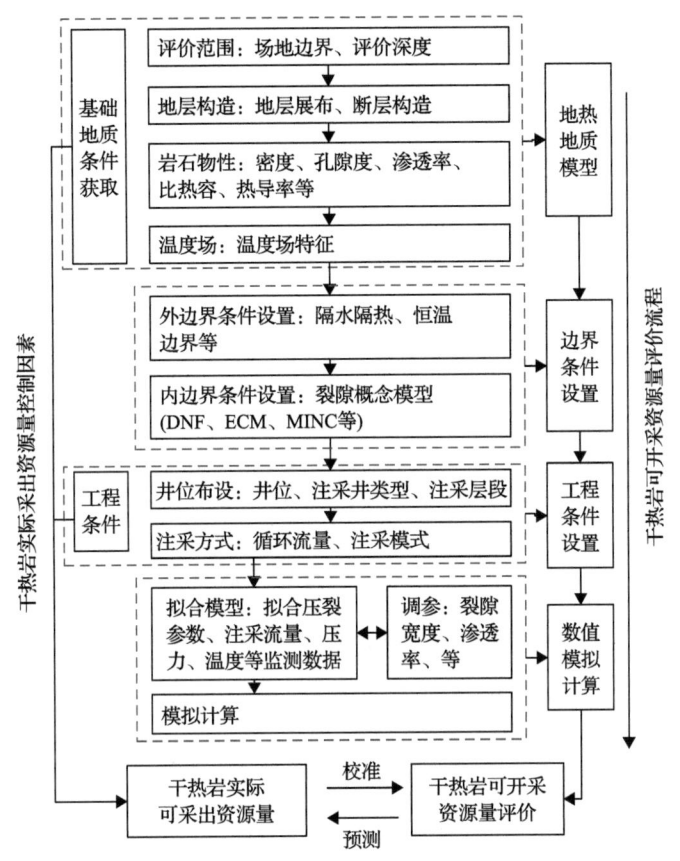

图 2.4.4 干热岩可开采资源量评价流程

DNF-离散天然裂隙；ECM-等效连续介质模型；MINC-多重相互作用连续体

需强调的是干热岩可开采资源量评价是动态评价过程，以现有参数可以预测未来干热岩可采出资源量；在干热岩开发场地积累一定数量的现场观测数据后，需对数值模拟模型进行校正，以保证数值模拟模型的有效性。

3. 热储概念模型对干热岩可开采资源量评价的影响分析

为探索水压致裂后热储概念模型对干热岩可开采资源量评价的影响，将水压致裂后的热储概化为等效孔隙介质、单一平直裂隙介质、平行裂隙介质、交叉网格裂隙介质与正弦裂隙介质，采用对井模式开采，原始岩温210℃，井间距350m，以回注温度60℃、循环流量 20kg/s、储层阻抗 0.25MPa/(kg/s)为约束条件，对比分析了孔隙介质与裂隙介质、裂缝面积、裂隙分布特征与流体运移距离对干热岩可开采资源量的影响。

由图 2.4.5 可见，单一平直裂隙介质开采井口温度降明显，最先达到热突破；在换热面积相同情况下，平行裂隙介质与交叉网络裂隙介质热突破时间近似，平行裂隙介质热突破时间稍早，正弦裂隙介质概念模型热突破时间最晚；孔隙介质模型热突破时间晚于常规裂隙介质模型。

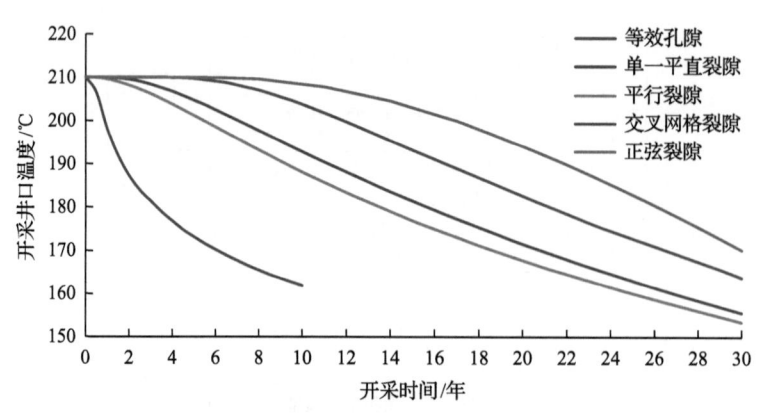

图 2.4.5 不同热储概念模型开采井口 T-t 关系曲线

由上述对比分析可知，换热面积增加可有效降低"热突破"的风险；复杂裂隙可延长循环介质的径流通道，进而增加储层寿命；在限定井场布设、注采速率、储层阻抗等工程条件下，干热岩可采系数范围为 1.22%～23.37%（表 2.4.2）。

表 2.4.2 储层概念模型寿命与出力计算表

储层概念模型	储层寿命/年	采出热能/J（出力）	折合标煤/t	可采系数/%
等效孔隙	12	4.6604×10^{15}	159054	16.31
单一平直裂隙	0.88（320d）	3.47684×10^{14}	11866	1.22
平行裂隙	5.5	2.12421×10^{15}	72497	7.43
交叉网格裂隙	7	2.71956×10^{15}	92815	9.52
正弦裂隙	17	6.67745×10^{15}	227893	23.37

4. 干热岩可开采资源量数学计算公式

在干热岩可开采资源量模拟计算过程中，裂隙概念模型对热功率、储层寿命以及累计可开采资源量的结论影响很大，过于简化的储层裂隙概念模型得出的产出温度、储层寿命等结论往往偏离实际且难以令人信服。基于此，我们在进行干热岩可开采资源量模拟计算过程中，优先选用非均质裂隙模型。

为真实模拟岩体与流体间能量传递，我们将储层视为由基质岩体与裂缝组成的双重介质模型，采用局部热非平衡理论进行计算，并做如下假设：①基质和裂缝中的渗流规律遵循达西定律；②导热遵循傅里叶定律，忽略热辐射的影响；③渗流为单相液体流动，无相变；④流体和岩石不发生化学反应；⑤忽略重力与毛细力的影响。

局部热非平衡可以真实地反映流体与岩石裂隙基质的热耦合传递过程。这是通过流体和固体之间的温差成正比的传递项，耦合固体和流体子域中的热方程来实现的。固体中的热平衡方程如式（2.4.6）所示：

$$\theta_p \rho_s C_{p,s} \frac{\partial T_s}{\partial t} + \theta_p \rho_s C_{p,s} \boldsymbol{u}_s \cdot \nabla T_s = \nabla \cdot (\theta_p K_s \nabla T_s) + q_{sf}(T_f - T_s) \quad (2.4.6)$$

流体中的热平衡方程如式(2.4.7)所示：

$$(1-\theta_{\mathrm{p}})\rho_{\mathrm{f}}C_{p,\mathrm{f}}\frac{\partial T_{\mathrm{f}}}{\partial t}+(1-\theta_{\mathrm{p}})\rho_{\mathrm{f}}C_{p,\mathrm{f}}\boldsymbol{u}_{\mathrm{f}}\cdot\nabla T_{\mathrm{f}}=\nabla\cdot((1-\theta_{\mathrm{p}})K_{\mathrm{f}}\nabla T_{\mathrm{f}})+q_{\mathrm{sf}}(T_{\mathrm{s}}-T_{\mathrm{f}}) \quad (2.4.7)$$

其中，下标"s"为固体，"f"为液体；T 为温度；ρ 为密度，θ_{p} 为固体体积分数；C_p 为恒压下的比热容；K 为热导率；q_{sf} 为间隙对流传热系数；$\boldsymbol{u}$ 为速度矢量。

2.4.4 方法适用性分析

为验证干热岩资源量评价方法的适用性，选取青海共和盆地与恰卜恰干热岩体进行稳态资源量评价，选取恰卜恰干热岩开发场地进行可开采资源量评价，结果表明干热岩稳态资源量与可开采资源量计算方法可行。计算结果分述如下。

1. 共和盆地(D级)稳态资源量计算

1)模型建立

共和盆地具有统一的地质界线，本次评价以整个共和盆地为评价对象，进行推断级别(D级)干热岩资源量评价。依据划分的干热岩资源分级分类方案，推断级别(D级)干热岩资源评价为10km以浅且温度高于180℃的花岗岩体所蕴含的热能。基于上述地热地质特征，将共和盆地进行概化，上覆细碎屑岩盖层统一概化为砂砾岩层，下伏10km以浅地层为花岗岩地层。工作组将大地电磁测深与天然地震背景噪声层析成像方法相结合进行深部探测，得出花岗岩顶面埋深具有东浅西深的斜坡带特征，这点也通过收集的钻孔信息得到了验证。

为便于计算，将共和盆地三维地质结构模型顶底面高程进行统一化处理，设定地表高程为0km，评价底面高程为–10km，花岗岩顶面埋深与地层岩性信息进行相应调整。将处理后的三维地质结构模型剖分为大小相等的立方体网格，网格长1km、宽1km、高0.1km，剖分块体总数为1514300个。

2)参数设置与计算

参数设置是决定体积法评价稳态资源量精度的基础，涉及的主要参数包括温度、体积、密度与比热容等参数。工作组在共和盆地范围内采集了代表性岩石123组，岩性包括花岗岩、花岗闪长岩、砂岩、砂砾岩、千枚岩等。密度、比热容和热导率等热物性参数由中国科学院地质与地球物理研究所进行测试，岩石生热率测试由核工业北京地质研究院完成。

密度采用真密度仪(3H-2000)进行测定，分辨率可达0.0001g/mL，其精度优于±0.04%，本次测试花岗岩密度范围为2546~2620kg/m³，本次评价取值2550kg/m³；盖层密度受岩性差异影响变化范围较大，本次评价取值2500kg/m³。比热容采用比热仪DSC204F1进行测定，测量范围–180~700℃，升降温率为0~200K/min，本次测试花岗岩比热容分布区间在709~800J/(kg·K)，本次评价取值750J/(kg·K)；泥岩比热容分布区间在805~845J/(kg·K)，本次评价取值825J/(kg·K)。

岩石生热率采用Rybach于1976年提出的公式进行计算，计算公式如式(2.4.8)所示：

$$A = 0.01\rho(9.52C_{\text{U}} + 2.56C_{\text{Th}} + 3.48C_{\text{K}}) \tag{2.4.8}$$

其中，A 为岩石放射性生热率，μW/m²；ρ 为岩石密度，g/cm³；C_{U}、C_{Th}、C_{K} 分别为岩石中铀（μg/g）、钍（μg/g）和钾（wt%）的含量。本次测试花岗岩样品生热率范围为 0.778～4.10μW/m²，本次评价取均值 2.28μW/m²。放射性元素集中层厚度一般在 10km 左右，本次评价取值 10km。

经查阅资料共和盆地多年平均气温 6.34℃，大地热流 114.7mW/m²。基于稳态热传导理论推算共和盆地 10km 以浅温度场，对比 GR1 井实测温度与 GR1 井预测温度曲线（图 2.4.6），两组温度数据拟合良好，这也证实了评价参数选取的可靠性。

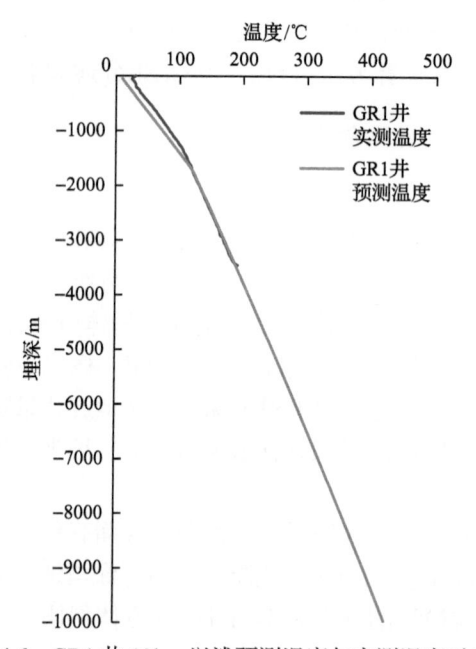

图 2.4.6 GR1 井 10km 以浅预测温度与实测温度对比图

设定干热岩发电温度下限为 90℃，经剖分块体累加计算得出共和盆地范围 10km 以浅干热岩蕴含热能。

2. 恰卜恰干热岩体（C 级）稳态资源量计算

1）模型建立

隐伏干热岩体具有磁异常特性，张森琦等依据 1∶5 万高精度航磁测量数据，采用 V2D-depth 方法对恰卜恰干热岩体进行了推断。陆续实施的 GR1、GR2、DR3 与 DR4 干热岩勘探孔也验证了恰卜恰干热岩体存在的真实性。在 1∶5 万高精度航磁测量数据反演计算圈定干热岩体的基础上，根据 GR2 干热岩勘探孔外推一半的原则，确定出恰卜恰干热岩体分布于索吉亥村南、达油日村北、塘什果西、肯德附近地区。东西向长 21.2km，南北向宽 14.3km，面积 246.90km²。

本次以恰卜恰干热岩体为评价对象进行干热岩储量计算。依据干热岩资源分级分类方案，推断级（C 级）干热岩资源评价对象为埋深 6km 以浅，温度高于 180℃ 的花岗岩体所蕴含的热能。基于上述地热地质特征，将圈定的恰卜恰干热岩体范围内的地质结构概化为两层，上覆盖层统一概化为砂砾岩层，下伏 6km 以浅储层概化为均一花岗岩地层。

花岗岩顶面埋深采用大地电磁测深、大功率时频电磁法同二维地震勘查方法相结合，并经钻探验证后确定。将恰卜恰干热岩体三维地质结构模型顶底面高程进行统一化处理，设定地表高程为 0km，评价底面高程为–6km，花岗岩顶面埋深与地层岩性信息进行相应调整。将处理后的三维地质结构模型剖分为大小相等的立方体网格，网格长 100m，宽 100m，高 10m，剖分块体总数为 450300 个。

2) 参数设置与计算

钻孔资料对控制级(C 级)干热岩储量评价至关重要。对恰卜恰干热岩体范围内主要干热岩孔进行稳态测温(图 2.4.7)，可见花岗岩段温度随深度呈近直线形变化，平均地热增温率可达 4.55℃/100m(表 2.4.3)。以各孔花岗岩段的平均地温梯度自井底向深部进行温度推算，随后采用距离幂次反比法进行插值，得出恰卜恰干热岩体范围的温度场。密度与比热容等热物性参数设置同盆地级(D 级)干热岩资源量评价。

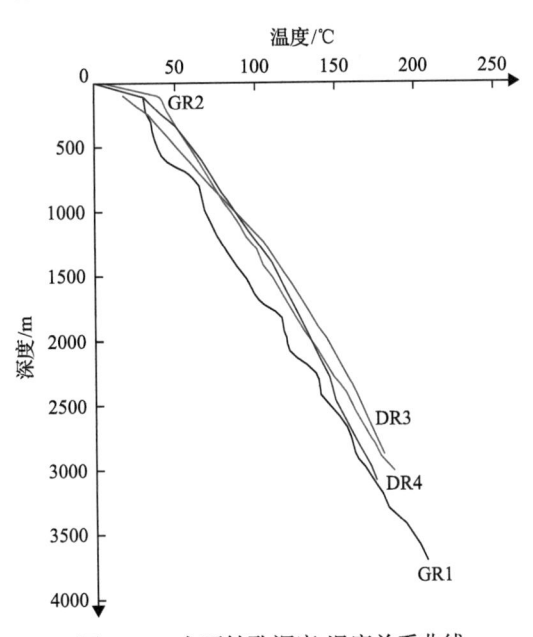

图 2.4.7 主要钻孔深度-温度关系曲线

表 2.4.3 主要钻孔中晚三叠世花岗岩段地热增温率计算表

序号	钻孔编号	花岗岩埋深与温度 深度/m	温度/℃	孔底深度与温度 深度/m	温度/℃	上下差值 深度/m	温度/℃	平均地热增温率/(℃/100m)
1	DR3	1340.25	111.20	2880.29	180.27	1540.04	69.07	4.48
2	DR4	1400.00	111.25	3080.00	182.32	1680.00	71.07	4.23
3	GR1	1350.00	104.50	3600.00	203.00	2250.00	98.50	4.38
4	GR2	940.00	82.00	3000.00	186.00	2060.00	104.00	5.05
平均		1257.56	102.24	3140.07	187.90	1882.51	85.66	4.55

设定干热岩发电温度下限为 90℃，经剖分块体累加计算得出恰卜恰干热岩体范围 6km 以浅干热岩蕴含的热能。

3. 恰卜恰干热岩开发场地可开采资源量计算

1) 离散裂隙网络模型的建立

对于相对新鲜岩体，大部分节理裂隙是由地球应力场的挤压、扭转以及拉伸等地质应力产生，这些裂隙构成了岩体节理裂隙的优势裂隙，具有很强的统计规律。由钻探与大地电磁测深数据可知，恰卜恰干热岩开发场地所处的切吉凹陷构造单元具有东浅西深的斜坡带性质，场地下伏花岗岩储层与东侧出露的党家寺花岗岩体性质最为接近，基于此我们统计了党家寺花岗岩体的优势裂隙产状，以推测恰卜恰干热岩开发场地深部花岗岩储层的优势裂隙。

裂隙密度对干热岩可开采资源量影响很大。大型压裂物理模拟实验显示完整花岗岩破裂压力可高达 90MPa 以上，且在水压致裂过程中花岗岩会优先沿天然裂隙启裂。基于此，我们以 GR1 井花岗岩段裂隙破碎带线密度来表征恰卜恰干热岩开发场地花岗岩储层的裂隙密度。GR1 井测井结果显示，在 1500~3350m 花岗岩段共发育 8 段裂隙破碎带，破碎带总长度 72.7m，储层裂隙线密度为 4.32 条/km。

以 GR1 井为中心，生成 1000m×1000m×500m 的花岗岩段裂隙分布模型，模型呈正东西向展布，长、宽均为 1000m，埋深 3500~4000m。设定裂缝平均半径 300m，参照党家寺花岗岩体的裂隙产状与 GR1 井的线裂隙密度，生成随机裂隙 36 条，其中与 GR1 井相交裂隙 3 条，裂缝总面积 6.92km^2。

2) 初始条件设置与数值模拟

井的注入能力与储层阻抗是表述水压致裂后储层连通性能的关键要素。因恰卜恰干热岩开发场地尚未进行循环连通试验，本次模拟采用类比方法对压裂后储层性能进行限定。

法国 Soultz EGS 项目于 2013 年实现了商业性发电，是目前公认的世界上最成功的干热岩发电项目。Soultz EGS 工程场地位于上莱茵地堑上，该区域的沉积层厚度大约 1400m，储层岩性为二长花岗岩，其储盖层组合特征与恰卜恰干热岩开发场地较为接近。Soultz EGS 钻井深 5000m，井底温度 165℃，经压裂改造后，干热岩储层阻抗 0.23MPa/(kg/s)，注入能力 2~4L/(s·MPa)。恰卜恰干热岩压裂后储层特征主要参照法国 Soultz 干热岩开发试验场地。

本次模拟范围为以 GR1 井为中心的随机裂缝生成区域(图 2.4.8)，长宽均为 1km，厚 500m，忽略大地热流与周边岩体对干热岩开采区域传热的影响，顶底面与四周边界均设为隔水隔热边界。模型初始温度设为均一温度，原始岩温 230℃；采用一注两采的开发模式，于 GR1 井东西两侧各 300m 距离布设 K2 与 K1 井，其中 GR1 井为注入井，注入流量 20kg/s，回注温度为 60℃；K1 与 K2 井为开采井，井底压力为 30MPa；花岗岩密度设定为 2550kg/m^3，比热容为 750J/(kg·K)，孔隙度设定为 0.03，渗透率为 1×10^{-16}m^2；

花岗岩样品热导率变化范围 2.173～3.273W/(m·K),本次取均值 2.87W/(m·K)。

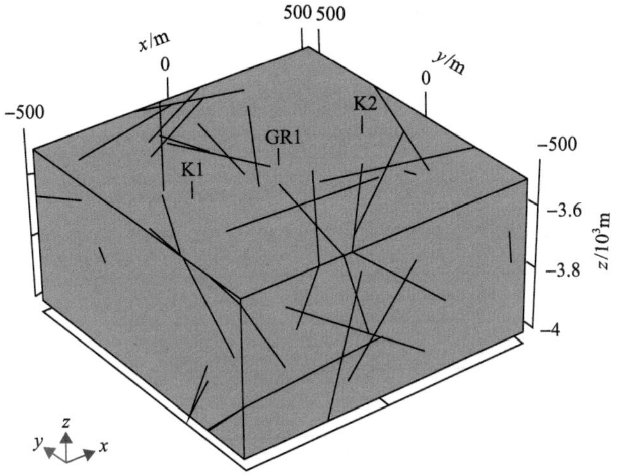

图 2.4.8　恰卜恰干热岩开发场地三维地质模型

将储层概化为由基质岩体与裂缝组成的双重介质模型,采用局部热非平衡进行模拟。设定三维裂隙缝宽 0.75mm,裂缝比表面积 $3m^{-1}$,间隙对流传热系数 $100W/(m^2·K)$,运行 30 年。在稳定状态下,GR1 井注入能力为 4.46L/(s·MPa),储层阻抗 0.224MPa/(kg/s),与法国 Soultz EGS 项目储层参数吻合度较好,这也证实了模型的可靠性。

2.5　干热岩钻探与完井

2.5.1　干热岩井的类型

干热岩井的类型包括勘探井、勘探开采井、开发井三种类型。

(1)勘探井:用于了解勘探区有关干热岩体地层剖面结构、厚度、埋藏深度、地层温度,以及断裂构造等。多用于基础地质情况不详、勘探风险较大的地区。通常采用小井眼钻进、目的层分段取心或连续取心。一般设计为直井,完钻口径一般为 96～152mm。

(2)勘探开采井:经过地球物理勘探、资料收集和综合分析,认为勘探区具有干热岩热储的形成条件,但还有某些重要资料有待查明,一般布置勘探与开采相结合的井。根据所存在的地质问题,可分段取少量岩心。设计为直井或定向井,完钻口径一般为 152～215.9mm。

(3)开发井:用于将在干热岩岩体内经过换热后的换热工质从干热岩岩体内开采至地面的井,包括注入井、采出井。设计为直井、定向井或水平井,完钻口径一般不小于 215.9mm。

2.5.2　井身结构

(1)小口径钻孔:小口径钻孔一般为连续取心的勘探井,终孔口径一般设计为 96mm

或 122mm，采用地质钻探工艺为主。勘探井一般采用直井设计，一开采用提钻取心技术取心，后续开次宜采用绳索取心技术取心，终孔口径一般为 122mm，预留 96mm 口径（表 2.5.1）。

表 2.5.1 小口径钻孔井身结构　　　　　　　　（单位：mm）

开次	钻头直径	下入套管规格
一开	172	168
二开	150	140
三开	122	114/裸眼
预留	96	89/裸眼

注：各开次深度根据地层变化情况而定。

（2）大口径钻井：大口径钻井主要是针对干热岩探采结合井及干热岩开发井、干热岩注入井等需要满足后期采出或注入功能切换的井别。注入井和采出井一般采用定向井或水平井设计，完钻口径不小于 152.4mm，根据完钻目的和地层稳定性选择裸眼或筛管完井（表 2.5.2）。

表 2.5.2 大口径钻井井身结构　　　　　　　　（单位：mm）

开次	钻头直径	下入套管规格
一开	444.5	339.7
二开	311.2	244.5
三开	215.9	177.8/139.7
四开或预留	152.4	127mm/裸眼

注：各开次深度根据地层变化情况而定。

2.5.3 钻探设备与附属设备

1. 常规钻探设备选型

1）小口径钻孔钻探设备

干热岩小口径钻孔主要采用绳索式取心地质钻探工艺，完钻口径 96mm 或 122mm，一般情况下可依据作业井深与终孔口径等选用相应作业能力的岩心钻机。

2500m 以浅的小口径勘探孔，可选择 XY-6 型～XY-9 型立轴式岩心钻机或 YDX-6 型～YDX-8 型全液压动力头钻机。

2500～4000m 的小口径勘探孔，可选择 4000m 地质岩心钻机。

4000～5000m 的小口径勘探孔，可选择 5000m 智能地质钻探钻机。

2）大口径钻井钻探设备

干热岩大口径钻井主要采用油气钻井技术与装备，一般依据作业井深与完钻井眼尺寸等选用相应作业能力的石油钻机。大斜度定向井和水平井，应选择钻深能力高一级的钻井设备，优先选用能够精准控压、控速的交流变频电驱动钻机。可参考表 2.5.3 选择。

表 2.5.3 钻井设备选择与技术参数

钻机型号	ZJ30	ZJ40	ZJ50	ZJ70
钻深能力/m（127mm 钻杆）	2500	3200	4500	6000
最大钩载/kN	1800	2250	2150	4500
游动系统绳数	10	10	12	12
钻井钢丝绳直径/mm	29	32	35	38
最大快绳拉力/kN	210	280	350	487
绞车功率/kW	600	800	1100	1470
天车	TC180	TC225	TC315	TC450
游车型号	YC180	YC225	YC315	YC450
游动系统滑轮外径/mm	1005	1120	1270	1524
转盘型号	ZP205	ZP275	ZP375	ZP375
转盘通径/mm	520.7	698.5	952.5	952.5
井架	JJ180/41-K	JJ225/43-K	JJ315/45-K	JJ450/45-K
底座	DZ180/4.5-K	DZ225/7.5-K	DZ315/9-K	DZ450/9-K
泥浆泵配备	F1300×1	F1300×2	F1600×2	F1600×2
高压管汇	Φ103mm×35MPa			

2. 顶部驱动装置

常规钻井设备采用机械转盘驱动，井底发生卡钻等复杂情况时无法准确预判，地面操作人员不能及时做出相应操作，转盘持续对钻柱施加扭矩，易对钻柱造成损伤。在深部井段、复杂地层井段、定向段和水平段钻进宜配备顶部驱动装置，顶驱直接驱动钻具旋转钻进，不使用转盘和方钻杆。

钻井实践表明，顶驱装置可节省钻井时间 20%～25%，并可预防卡钻事故发生，用于定向井、水平井等高难度复杂井时经济效益尤为显著。

3. 井控装置

干热岩注采井不同于油气井，考虑工作压力、井身结构、钻具组合以及套管层级，按照地质资料测算并参考相邻的钻井，5000m 以内的井井控设备按照最大工作压力 35MPa、通径 350mm 进行配套；地层压力异常地区井控设备按照最大工作压力 70MPa、通径 350mm 进行配套。

4. 钻井液冷却装置

干热岩地层温度较高，地层温度升高将引起循环钻井液温度升高，钻井液中有机添加剂会逐渐降解、失效，同时还引起黏土钝化，造成钻井液性能恶化。同时，还影响井下工具[螺杆钻具、随钻测量(MWD)、自动垂直钻进系统等]的正常工作和使用寿命，另外钻井液、钻井机具的耐高温性能面临更为严峻的考验。此外，过高的泥浆温度会烫伤钻井平台操作人员，存在安全隐患，钻井难度呈指数增加。

钻井液冷却技术是将钻井液与载冷剂强制对流换热，将钻井液温度控制在低温状态，降低钻井液入井温度，将井筒内钻井液温度动态稳定在适当的温度，在钻井过程中，井内钻具、钻井液、钻井设备等避免"高温服役"，降低钻井液、井底钻具耐高温技术门槛，使测井仪器具有更好的操作性，可以更好地控制钻井液的流变性并减少添加剂的用量，延长MWD和螺杆钻具等井下工具的使用寿命，是深部钻井作业安全快速进行的重要技术措施。

2.5.4 钻进工艺

1. 取心钻进

勘探井以获取地质资料为目的，取心工作量较大，宜采用绳索取心钻进工艺；探采结合井和开发井以高效成井为目的，一般要求定深取心或定点取心，取心工作量小，井径大，宜采用提钻取心钻进工艺。

2. 全面钻进

1) 常规钻进

(1) 钻头。

上部松散层、沉积层宜选用聚晶金刚石(PDC)钻头钻进；变质岩、花岗岩地层选用金属密封牙轮钻头钻进。

(2) 钻具组合。

(a) 塔式钻具组合。Φ215.9mm 钻头(BIT)×1只+430/4A10+Φ165mm 重型钻头(SDC)×18根+4A11/410+Φ165mm 震击器(DJ)×1根+411/4A10+Φ165mm 钻铤(DC)×9根+Φ127mm 加重钻杆(HWDP)×15根+Φ139.7mmDP。

(b) 钟摆钻具组合。Φ215.9mmBIT×1根+Φ165mmSDC×1根+Φ214mm 稳定器(STB)×1只+Φ165mmDC×24根+Φ127mmHWDP×15根+Φ139.7mm 钻杆(DP)。

(c) 满眼钻具组合。Φ215.9mm BIT×1只+Φ214mmSTB×1只+Φ165mm SDC(短)×1根 m+Φ214mmSTB×1只+Φ165mmDC×1根+Φ214mmSTB×1只+Φ165mm 随钻震击器(SJ)×1根+Φ165mmDC×24根+Φ127mmHWDP×15根+Φ139.7mmDP。

(3) 推荐钻进参数。

(a) Φ444.5mm 口径：钻压10~30kN，转速30~60r/min，排量45~55L/s。

(b) Φ311.2mm 口径：钻压12~24kN，转速45~75r/min，排量35~45L/s。

(c) Φ215.9mm 口径：钻压8.5~17kN，转速60~90r/min，排量28~32L/s。

2) 复合钻进

为提高钻进效率，对于坚硬的干热岩地层，宜采用井底动力钻具与转盘复合钻进工艺。

(1) 螺杆复合钻进。

(a) 钻头选择：干热岩地层坚硬、强研磨，优先选用金属密封、掌背和牙轮金刚石保径、国际钻井承包商协会编号 637 或 617 系列的高速牙轮钻头，如贝克休斯公司 VMD-DS44CDX2、史密斯集团 GF45YOD1GRD、中石化江钻石油机械有限公司 SMD637HDY、立林机械集团有限公司 LST617DHL 等（图 2.5.1）。

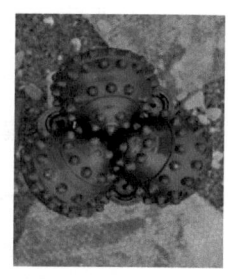

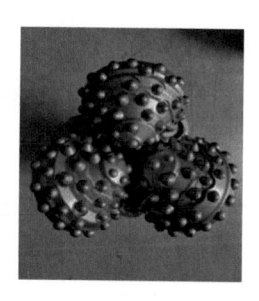

图 2.5.1　强保径牙轮钻头

(b) 螺杆钻具：直井段可选择使用直螺杆或小角度单弯螺杆，干热岩地层选择低速大扭矩、耐温 150℃以上的弯壳体螺杆钻具，主要参数见表 2.5.4。

表 2.5.4　$\varPhi$172mm 螺杆钻具技术参数

型号	5LZ172*7.0V
弯度/(°)	0、0.75 或 1
流量范围/(L/s)	14～32
钻头转速/(r/min)	81～178
马达压降/MPa	4.0
输入扭矩/(N·m)	4350～9065
输出功率/kW	116
推荐钻压/t	9.5
长度/m	7.5
质量/kg	1142

(c) 钻具组合：以 8-1/2in 井眼为例，$\varPhi$215.9mmBIT×1 只+$\varPhi$172mm 容积式马达（PDM）×1 根+$\varPhi$165mmDC×15 根+$\varPhi$127HWDP×18 根+$\varPhi$139.7mmDP。强致斜地层应增加无线随钻测量仪器、无磁钻铤和小角度（0.75°～1°）弯外壳螺杆，实现随钻测量、随钻纠斜。

(d) 钻进参数：钻压 80～120kN，转速 45～60r/min+螺杆，排量 28～32L/s。

(2) 涡轮复合钻进。

(a) 钻头选择：选用全面孕镶金刚石钻头。图 2.5.2 为江汉石油钻头股份有限公司和中国地质调查局北京探矿工程研究所生产的全面孕镶金刚石钻头。

图 2.5.2　孕镶金刚石全面钻头

(b)涡轮钻具：宜选用全金属涡轮钻具，其主要技术参数见表 2.5.5。

表 2.5.5　全金属涡轮钻具技术参数

型号	KWL178
生产厂家	中国地质调查局勘探技术研究所
流量范围/(L/s)	32～36
最大扭矩/(N·m)	4375
马达压降/MPa	15
功率/hp	420
转速/(r/min)	450～900
质量/kg	1610

注：1hp=745.700W。

(c)钻具组合：$\varPhi$215.9mm 金刚石钻头+涡轮钻具×1 根+$\varPhi$178mm 无磁钻铤×1 根+$\varPhi$214mm 螺旋扶正器+$\varPhi$178mm 钻铤×2 根+$\varPhi$139.7mm 钻杆。

(d)推荐钻进参数：钻压 20～40kN，地表转速 60r/min，排量 32～35L/s，涡轮转速 450～900r/min。

(3)液动冲击回转钻进。

利用液动锤产生的冲击功来提高碎岩效率，同时不需要增加额外设备和动力，可实现硬岩地层快速钻进效果，同时有利于井眼保直，是干热岩井钻进的较好选择。

(a)液动锤类型：依据工作原理或结构特点，分为正作用液动冲击器、反作用液动冲击器、双作用液动冲击器、射流式液动冲击器、射吸式液动冲击器、贯通式液动冲击器等。

(b)液动锤主要技术参数与口径匹配见表 2.5.6。

(c)钻头选择：可钻性 6 级及以上地层，优先选用具有滑动轴承的耐冲击牙轮钻头；可钻性 6 级及以上的脆性地层，若使用高压高能液动冲击器，应使用硬质合金球齿钻头。

(d)推荐钻进参数。①牙轮钻头全面钻进技术参数：中硬的石灰岩、变质岩等，选择

第 2 章　干热岩地热资源勘查与靶区优选 · 65 ·

表 2.5.6　液动锤主要技术参数与口径匹配

规格	冲击器外径/mm	钻孔口径/mm	冲击频率/Hz	冲击功/J	工作泵量/(L/min)	工作压降/MPa
130	130	150~165	15~25	120~250	350~550	2.0~5.0
146	146	175~216	15~25	150~300	650~1000	2.0~5.0
178	178	216~252	10~25	200~400	900~1800	2.0~5.0
203	203	252~278	10~25	250~400	1000~2000	2.0~5.0
250	250	278~311	10~25	300~450	1500~2500	2.0~5.0
273	273	311~358	10~25	350~600	2000~3000	2.0~5.0

锥球齿，单位钻压 3~6kN/cm，转速 60~100r/min；硬与坚硬的玄武岩、花岗岩、片麻岩等，选择球形齿，单位钻压 4~7kN/cm，转速 50~80r/min。②硬质合金球齿钻头钻进技术参数：中硬地层，选择锥球齿或子弹头硬质合金，单位钻压 0.7~0.8kN/cm，转速 30~60r/min；坚硬地层，选择球形齿，单位钻压 0.8~0.9kN/cm，转速 20~50r/min。

3. 空气钻进

空气钻井能大幅提高钻井机械速度，属于欠平衡钻井技术，仅受背压限制(图 2.5.3)；在钻井过程中不存在钻井液的漏失，能有效解决长段复杂地层的井漏问题，大幅度降低井漏复杂损失；有效控制井斜。如具备实施空气钻井条件，应尽可能采用空气钻井技术；在不具备空气钻井条件时，转为雾化钻井、泡沫钻井或常规钻井。

图 2.5.3　气动潜孔锤结构示意图

钻压根据地层硬度、钻头类型及规格尺寸来确定，一般按照钻头直径 0.05~0.15kN/mm 来选取。

转速根据地层条件、钻头规格尺寸来选取，一般为 20~30r/min。

供气量和供气压力应根据岩粉上返速度、潜孔锤工作压力、沿程阻力及孔内水位、涌水量大小等因素来确定。

4. 定向钻进

定向井能够准确钻至干热岩开发目标储层，大幅度提高注入井与采出井连通的成功率，干热岩生产井主要设计为定向井或水平井。

1）轨道与剖面设计

轨道与剖面设计遵从以下原则：

(1)单靶点定向井轨迹设计宜在二维垂直剖面内，选择简单的"三段制"井眼轨道，减小井眼曲率，缩短井身总长度。多靶点定向井选择"五段制"井眼轨道。

(2)宜利用地层自然增、降及方位漂移规律进行井斜角、井斜方位角、造斜率等的设计。

(3)造斜点选择相对稳定的地层，造斜点距离上层套管鞋不小于50m。

(4)在选择井眼曲率时，钻具组合的造斜能力满足钻进要求时，为保证井眼平滑性，一般要求花岗岩地层增斜率控制在(5～6)(°)/30m，降斜率控制在1.5(°)/30m。

2）测量仪器与测量方式

采用随钻测量、随钻定向的钻进方法，井眼轨迹测量仪器优选无线随钻测量仪器，有磁场干扰的必须使用陀螺式测斜仪。宜选用耐温、抗震性能良好的随钻测量仪器，耐温能力不低于175℃，在硬岩定向钻进中能保持连续、稳定工作。

为准确控制井眼轨迹，干热岩定向钻进宜全井段配备无线随钻测量仪器。中靶精度高的定向井，应在造斜前使用多点测斜仪或连续测斜仪对井斜数据进行校核，重新优化井眼轨道。

3）钻具组合与钻进参数

(1)直井段。

(a)钻具组合：Φ215.9mm 旋转取心工具(RCB)×1 只+Φ172mm×0.75°PDM×1 根+MWD+Φ172mm 非磁性钻铤(NMDC)×1 根+Φ172mmDC×12 根+Φ114mmHWDP×18 根 m+Φ127mmDP(如不带 MWD，采用常规钻进塔式钻具组合或钟摆钻具组合)。

(b)钻进参数：钻压100kN、转速60r/min、排量30L/s。

(2)造斜段。

(a)钻具组合：Φ215.9mmRCB×1 只+Φ172mm×1°PDM×1 根+MWD+Φ172mmNMDC×1 根+Φ114mmHWDP×18 根 m+Φ127mmDP。

(b)钻进参数：钻压80kN、排量30L/s。

(3)稳斜段。

(a)钻具组合：Φ215.9mmRCB×1 只+Φ172mm×0.75°PDM×1 根+MWD+Φ172mmNMDC×1 根+Φ172mmDC×3 根+Φ114mmHWDP×18 根+Φ127mmDP(如不带 MWD，采用常规钻进满眼钻具组合)。

(b)钻进参数：钻压120kN、转速45r/min、排量30L/s。

(4)操作规程。

在定向井中，当钻压过大时钻柱会出现屈曲，特别是螺旋屈曲后，会增大钻柱与井壁的摩阻力。当发生螺旋屈曲后，随着钻压增大，弯曲螺距缩短，摩阻力更大，甚至将钻柱"锁住"无法前进，钻压无法传递到钻头。所以，定向井、水平井、大位移井等，不允许钻柱发生失稳屈曲，要注意将钻压控制在合理范围内。

2.5.5 钻井液体系与护壁堵漏技术

干热岩地层温度高而常规泥浆体系易高温失效，导致井壁失稳发生坍塌掉块或缩径、岩屑上返困难等问题，因此对泥浆性能有如下要求：①循环温度-恢复温度范围内保持良好的抗温性、携带能力、沉降稳定性。②具备良好的润滑性以降低钻具磨损，防卡。③破碎带要求钻井液具有良好的封堵防塌性能。

1) 泥浆材料与处理剂

各开次主要使用的泥浆材料与处理剂见表 2.5.7。

表 2.5.7 各开次主要使用的泥浆材料与处理剂

一开	二开	三开
膨润土	膨润土	膨润土
NaOH	NaOH	NaOH
Na_2CO_3	Na_2CO_3	Na_2CO_3
钻井液用降滤失剂	大分子聚合物	钻井液用降滤失剂
增黏剂	聚合物降滤失剂	增黏剂
重晶石	小分子聚合物	重晶石
黄原胶	提切剂	黄原胶
润滑剂、封堵剂、消泡剂	润滑剂和封堵剂	润滑剂、封堵剂、消泡剂

2) 钻井液体系与性能要求

上部井段宜采用水基钻井液体系，下部高温井段应采用抗高温聚合物体系。钻井液性能要求如下。

(1) 钻井液密度：调整钻井液密度在合理的范围之内，形成有效的力学支撑，防止缩径及井壁剥落垮塌，同时密度又不能过高，以防止产生压力穿透效应。

(2) 钻井液 pH：严格要求钻井液的 pH 范围在 8~9.5，保证材料充分发挥作用。

(3) 钻井液失水：①严格控制膨润土含量高低的衡量标准(MBT)值，膨润土必须经预水化、护胶之后再加入钻井液中，并且保证固控设备处于良好的状态，井内返出的钻井液必须严格经过四级固控设备，振动筛布要求使用 120 目以上，在钻进过程中固控设备若有问题，要及时维修或更换，最大程度制钻井液中劣质固相含量，从而保证泥饼质量优良。②重点控制高温高压(HTHP)滤失量，保证其在设计范围之内。

3) 护壁堵漏

井漏发生须具备以下必要条件：井筒中工作液压力大于地层孔隙、裂缝或溶洞中孔压。地层中存在着漏失通道和足够容纳液体的空间，通道开口尺寸应大于外来工作液中固相粒径。漏失发生除地层原因外，多由于泥浆参数不合适、钻井工艺措施或操作不当。

井漏严重程度可依据漏速大小按表 2.5.8 中的分类准则进行判断。

表 2.5.8 井漏严重程度分类准则

漏失级别	1	2	3	4	5
漏速/(m³/h)	<5	5～15	15～30	30～60	>60
程度描述	微漏	小漏	中漏	大漏	严重漏失
漏失类型	渗漏		裂缝性漏失		溶洞性漏失

4）钻井液性能监测与维护

(1) 一开钻进：预水化膨润土浆，充分水化 24h，并加入适量的聚合物调节钻井液性能后开钻。同时，可根据水中 Ca^{2+}、Mg^{2+} 离子浓度加入 0.1%～0.3%的 Na_2CO_3 或结合 0.1%～0.3%NaOH 进行水质改造。

(2) 二开钻进：二开钻进过程中按循环周补充胶液，该段施工中尽量控制失水在 10mL 左右，防止失水过大造成泥饼虚厚。

(3) 三开钻进：三开井段钻井液的维护处理以防塌、抑制及流变性的控制为重点，控制低的塑性黏度、适当的屈服值，满足井眼岩屑净化和岩屑悬浮。

2.5.6 录井

1. 主要工作内容

录井作业主要有地质录井、硫化氢浓度录井、工程录井、钻井液录井等。地质录井主要包括钻时与岩屑录井；硫化氢浓度录井主要是采用硫化氢传感器来连续测量井口的硫化氢气体浓度，如遇硫化氢异常需及时报警，确保安全钻井；工程录井主要是提供对大钩高度、钻塔、悬重、转速等参数的监控，综合应用其他录井资料，可为工程施工提供井下异常情况预报、地层压力预测、设备状态监测、钻头优选、优化钻进参数等多方面的技术服务；钻井液录井是指定时或定深将井口返出的钻井液进行取样、观察和分析、化验，测量钻井液的密度、黏度、失水量、泥饼、含砂量、pH 等。

2. 录井设备与仪器

工程参数录井采用专业的综合录井仪，其主要组成及功能如下。

(1) 压力传感器：由弹性膜片及应变式敏感元件组成。在压力作用下弹性膜片产生应变，从而使敏感元件组成的电路产生电流变化，经数模转换为压力信号，采集参数如立管压力、套管压力、悬重等。

(2) 电扭矩传感器：当扭矩发生变化时，供电电缆中的供电电流也发生变化，根据霍尔效应，传感器监测电流变化而得出扭矩变化。

(3) 接近开关：振荡电路在传感器四周产生交变磁场，根据霍尔效应，当有金属物体接近时，造成磁场能量损失使振荡器停振，经检波输出为脉冲信号，用于测量泵冲和转盘转数。

(4) 绞车传感器：由齿轮盘和两个接近开关组成，间距固定的齿轮盘随绞车转动，经过接近开关时产生两组具有相位差的脉冲信号,经过处理,转换为大钩高度。

(5)液位传感器:采用超声波原理,将发送与接收的声波时差换算为传感器与液面之间的距离,并根据钻井液罐的截面积换算为泥浆池体积。

(6)流量传感器:利用流体连续性原理和伯努利方程及挡板受力分析,将挡板的角位移换算为钻井液流量。如果能够排除泥浆流动的干扰,可以采用超声波传感器进行更精确的测量。

(7)密度传感器:利用液体密度与不同深度的压差有关的原理测量钻井液密度。传感器上下有两个位置相对固定的法兰盘,放入泥浆后,在两个法兰盘上产生压差,通过压力传递装置送给信号转换器,并输出电流信号。

(8)温度传感器:传感器使用的探头是 Pt-100 或 Pt-1000 的铂电阻,安装在保护套中,铂电阻的阻值随温度变化而变化。

(9)电导率传感器:利用电磁感应原理,初级线圈产生电磁场,次级线圈中的感应电流与钻井液的导电能力成正比。

2.5.7 测井与测温

1. 测井测温内容

干热岩每开次钻进结束后应进行测井,以准确获取干热岩井已钻地层相关物性参数,并对干热岩井固井质量、井眼轨迹参数进行评价。测井的主要项目:划分地层、岩性分析;地温评价;放射性评价;裂缝评价及井壁、井旁构造解释;地应力评价;井斜、井径测量;固井质量等工程评价等见表2.5.9。

表 2.5.9 测井项目

序号	作业项目	测井目的	测井项目
1	裸眼测井	一开测井	自然伽马、自然电位、井径、补偿声波、双侧向电阻率、微球聚焦、井温、井液电阻率、井斜
2	裸眼测井	二开测井	自然伽马、自然电位、井径、补偿声波、双侧向电阻率、微球聚焦、井温、井液电阻率、井斜
3	裸眼测井	三开测井	自然伽马、自然电位、井径、补偿声波、补偿中子、岩性密度、双侧向电阻率、井温、井液电阻率、井斜、自然伽马能谱(170℃)
4	套管测井	固井质量	声波变密度、自然伽马、套管结箍

2. 测井测温仪器

常温测井项目可采用 Baker Atlas ECLIPS-5700 等油气常规测井系统进行测井作业。高温测井采用 LOG-IQ 等同类型高温超高温测井系统进行作业。

在测井解释方面使用国内外先进的测井解释软、硬件装备。软件包括 eXpress、GeoFrame、DPP、InSite、Techlog 引进测井评价软件系统;FORWARD、FORWARD.NET、CIFLOG 测井解释软件平台;WATCH、Sondex 生产测井解释软件平台;LEAD、Logview、

WLS、FTP等测井软件系统。硬件包括SUN工作站系统，微机工作站系统，400G磁盘阵列，彩色、黑白绘图系统。所选软、硬件应能够处理各种测井资料，绘制各种测井专业图件；能够进行成像测井评价、低电阻率油气层评价、砂泥岩裂缝储层评价、深层中低孔低渗储层评价、复杂岩性储层评价、火成岩和碳酸盐岩储层评价、注入剖面同位素示踪测井沾污校正、产出剖面两相及三相流解释等。

2.5.8 固井与完井设计

1. 套管串结构

使用探采结合井、开发井等满足后期采出或注入功能。管串结构需要满足后期开发需要，干热岩井生产工作产液量大时，在满足强度要求的前提下宜采用外径Φ177.8mm及以上的生产套管。干热岩生产井均需要进行压裂、酸化等作业，对套管强度影响较大，应根据井下套管受力状态选用高强度的厚壁套管。应选用连接强度高、密封性能好的特殊螺纹类型，表层和技术套管采用偏梯扣，生产套管采用长圆扣或气密扣。下井时应涂相应的螺纹密封脂。井身结构与套管程序如表2.5.10所示。

表 2.5.10　井身结构与套管程序　　　　　　　　（单位：mm）

开次	钻头尺寸	套管尺寸	钢级	壁厚
一开	444.5	339.7	J55	10.92
二开	311.2	244.5	P110	10.03
三开	215.9	177.8	P110	11.51

2. 水泥浆体系

一开采用常规固井工艺，使用高早强水泥浆体系，在水泥浆中加入早强剂，提高水泥石在低温下的早期强度，水泥浆密度控制在$1.90\text{g/cm}^3 \pm 0.03\text{g/cm}^3$。

二开采用常规固井工艺封固花岗岩上部裸眼井段及与表层套管重叠段，使用常规密度水泥浆，密度控制在$1.88\text{g/cm}^3 \pm 0.03\text{g/cm}^3$。

三开固井井底温度高超过200℃，地层温差大。宜采用单凝单密度水泥浆结构，密度控制在$1.82\text{g/cm}^3 \pm 0.03\text{g/cm}^3$。

干热岩井固井水泥浆应满足下列要求：

(1) 采用超高温防衰退水泥浆体系；

(2) 提前对水泥浆进行小样调试化验，优选出性能优良的水泥浆配方，对水泥浆进行各项性能测试，尤其是顶部强度的测试，确保满足设计要求；

(3) 水泥浆沉降稳定性应小于0.02g/cm^3，还应做好水泥浆发散实验和混浆实验。

3. 完井设计

一般应根据干热岩井地质特点、热储类型、井别、后期改造措施、经济效益等因素，综合分析优化选择完井方式。节理、裂隙发育的干热岩储层，宜采取套管固井，依据产能需求，优选裂隙发育部位选择性射孔完井；致密性干热岩储层，宜采取筛管完井，确保热储改造成功；目标层段较短，岩层稳定的井可采用裸眼完井，裸眼长度一般不超过200m。

参 考 文 献

[1] 董颖, 郑克棪, 田廷山. 干热岩发电技术理论与实践[M]. 北京: 地质出版社, 2016.

[2] Chapin C E, Seager W R. Evolution of Rio Grande rift in the Socorro and Las Cruces areas[C]. New Mexico Geological Society 26th Annual Field Conference Las Cruces Country, Guidebook, 1975: 297-322.

[3] Lipman P W. Alkalic and tholeiitic basaltic volcanism related to the Rio Grande depression[J]. Geological Society of America Bulletin, 1969, 80: 1343-1353.

[4] Doell R R, Dalrymple G B, Smith R H, et al. Paleomagnetism potassiu margon ages, and geology of rhyolites and associated rocks of Valles Caldera, New Mexico[J]. Geological Society America Memoir, 1968, 116: 211-248.

[5] Smith R L, Baily R A, Ross C S. Geologic map of the Jemez Mountains, New Mexico[J]. US Geological Survey Miscellanecles Investigations Map I, 1970: 571.

[6] Rybach L, Muffle L J P. 地热系统——原理和典型地热系统分析[M]. 北京大学地质学系地热研究室, 译. 北京: 地质出版社, 1986.

[7] Reiter M, Shaerer C, Edwards C L. Geothermal anomalies along the Rio Grande rift in New Mexico[J]. Geology, 1978, 6: 85-88.

[8] Harrison T M, Morgan P, Blackwell D D. Constraints on the age of heating at the Fenton Hill site, Valles caldera, New Mexico[J]. Journal of Geophysical Research Solid Earth, 1986, 91(B2): 1899-1908.

[9] Goff F, Decker E R. Candidate sites for future hot dry rock development in the United States.[J]. Journal of Volcanology & Geothermal Research, 1983, 15(1): 187-221.

[10] Panel M L. The future of geothermal energy. Impact of enhanced geothermal systems (EGS) on the United States in the 21st century[J]. Geothermics, 17. 5-6(2006): 881-882.

[11] Kelkar S, WoldeGabriel G, Rehfeldt K. Lessons learned from the pioneering hot dry rock project at Fenton Hill, USA[J]. Geothermics, 2016, 63: 5-14.

[12] Kolstad C D, McGetchin T R. Thermal evoluiion models for the Valles Caldera with reference to a hot-dry-rock geothermal experiment[J]. Journal of Volcanology & Geothermal Research, 1978, 3: 197-218.

[13] Hamilton W. Plate tectonics and man, U.S[J]. Geological Survey Annual Report Fiscal Year, 1976(1996): 39-53.

[14] Simmons S, Kirby S, Jones C, et al. The geology, geochemistry, and hydrology of the EGS FORGE site[C]. 41st Workshop on Geothermal Reservoir Engineering Stanford University, Stanford, 2016: 1181-1190.

[15] Robinson R, Iyer H M. Delineation of a low-velocity body under the Roosevelt Hot Springs geothermal area, Utah, using teleseismic P-wave data[J]. Geophysics, 1981, 46(10): 1456-1466.

[16] Kennedy B M, Soest m C V. Flow of mantle fluids through the ductile lower crust: helium isotope trends[J]. Science, 2007, 318(5855): 1433.

[17] Edwards C L, Reiter M, Shearer C, et al. Terrestrial heat flow and crustal radioactivity in northeastern New Mexico and southeastern Colorado[J]. Geological Society of America Bulletin; (United States), 1978, 89(9): 1341-1350.

[18] 许天福, 袁益龙, 姜振蛟, 等. 干热岩资源和增强型地热工程: 国际经验和我国展望[J]. 吉林大学学报(地球科学版), 2016, 46(4): 1139-1152.

[19] 《地球科学大辞典》编委会. 地球科学大辞典·应用学科卷[M]. 北京: 地质出版社, 2005.

[20] Aichholzer C, Duringer S, Drciani S, et al. New stratigraphic interpretation of the Soultz-sous-Forêts 30-year-old geothermal wells calibrated on the recent one from Rittershoffen (Upper Rhine Graben, France)[J]. Geothermal Energy, 2016, 4(1): 13.

[21] Haas I O, Hoffmann C R. Temperature gradient in Pechelbronn oil-bearing region, Lower Alsace: its determination and relation to oil reserves[J]. Aapg Bulletin, 1929, 13(10): 1257-1273.

[22] Illies J H, 谢宇平. 地堑形成机制[J]. 世界地质, 1982(2): 117-126.

[23] Dezayes G C. Deep-seated geology of the granite intrusions at the Soultz EGS site based on data from 5 km-deep boreholes[J]. Geothermics, 2006(35): 484-506.

[24] Hori Y, Kitano K, Kaieda H, et al. Present status of the Ogachi HDR Project, Japan, and future plans[J]. Geothermics, 1999, 28(4-5): 637-645.

[25] Kaieda H. Multiple Reservoir Creation and Evaluation in the Ogachi and Hijiori HDR Projects, Japan[C]. Proceedings World Geothermal Congress, Melbourne, 2015.

[26] Kuriyagawa M, Tenma N. Development of hot dry rock technology at the Hijiori test site[J]. Geothermics, 1999, 28(4-5): 627-636.

[27] Tenma N, et al. The Hijiori hot dry rock test site, Japan: evaluation and optimization of heat extraction from a two-layered reservoir[J]. Geothermics, 2008, 37(1): 19-52.

[28] Kim K H, Ree J H, Kim Y, et al. Assessing whether the 2017 Mw 5.4 Pohang earthquake in south Korea was an induced event[J]. Science, 2018, 360(6392): 1007-1009.

[29] Lim W R, Hamm S Y, Lee C, et al. Characteristics of deep groundwater flow and temperature in the tertiary pohang area, south Korea[J]. Applied Sciences-Basel, 2020, 10: 21.

[30] Lee Y, Park S, Kim J, et al. Geothermal resource assessment in Korea[J]. Renewable & Sustainable Energy Reviews, 2010, 14: 2392-2400.

[31] Lee T J, Song Y H. Three dimensional geological model of Pohang EGS pilot site, Korea[J]. Journal of the Geological Society of Korea, 2015, 51(3): 289-302.

[32] Song Y H, Beak S G, Kim H C, et al. Estimation of theoretical and technical potentials of geothermal power generation using enhanced geothermal system[J]. Economic and Environmental Geology, 2011, 44(6): 513-523.

[33] 毛小平, 汪新伟, 李克文, 等. 2018. 地热田热量来源及形成主控因素[J]. 地球科学, 2018, 43(11): 4256-4266.

[34] 段文涛, 黄少鹏, 唐晓音, 等. 利用 ANSYS WORKBENCH 模拟火山岩浆活动热扩散过程[J]. 岩石学报, 2017, 33(1): 267-278.

[35] 张菊明, 熊亮萍. 有限单元法在地热研究中的应用[M]. 北京: 科学出版社, 1986.

[36] Brown M, Rushmer T. Evolution and Differentiation of the Continental Crust[M]. Cambridge: Cambridge University Press, 2006.

[37] Rybach L, Buntebarth G. The variation of heat generation, density and seismic velocity with rock type in the continental lithosphere[J]. Tectonophysics, 1984, 103(1): 335-344.

[38] Brady R J, Ducea M N, Kidder S B, et al. The distribution of radiogenic heat production as a function of depth in the Sierra Nevada Batholith, California[J]. Lithos, 2006, 86(3): 229-244.

[39] He L, Hu S B, Yang W C, et al. Radiogenic heat production in the lithosphere of Sulu ultrahigh-pressure metamorphic belt[J]. Earth and Planetary Science Letters, 2009, 277(3-4): 525-538.

[40] Jiang G, et al. High-quality heat flow determination from the crystalline basement of the south-east margin of North China Craton[J]. Journal of Asian Earth Sciences, 2016, 118: 1-10.

[41] Artemieva I. The Lithosphere: An Interdisciplinary Approach[M]. Cambridge: Cambridge University Press, 2011.

[42] Jaupart C, Mareschal J C. Heat Generation and Transport in the Earth[M]. Cambridge: Cambridge University Press, 2011.

[43] 张超, 张盛生, 李胜涛, 等. 共和盆地恰卜恰地热区现今地热特征[J]. 地球物理学报, 2018, 61(11): 4545-4557.

[44] Artemieva I M, Thybo H, Jakobsen K, et al. Heat production in granitic rocks: global analysis based on a new data compilation GRANITE2017[J]. Earth-Science Reviews, 2017, 172: 1-26.

[45] Souche A, Medvedev S, Andersen T B, et al. Shear heating in extensional detachments: implications for the thermal history of the Devonian Basins of W Norway[J]. Tectonophysics, 2013, 608(6): 1073-1085.

[46] Leloup P H, Ricard Y, Battaglia J, et al. Shear heating in continental strike-slip shear zones:model and field examples[J]. Geophysical Journal of the Royal Astronomical Society, 1999, 136(1): 19-40.

[47] Burg J P, Gerya T V. The role of viscous heating in Barrovian metamorphism of collisional orogens: thermomechanical models

[48] Nabelek P I. Strain heating as a mechanism for partial melting and ultrahigh temperature metamorphism in convergent orogens: Implications of temperature-dependent thermal diffusivity and rheology[J]. Journal of Geophysical Research Solid Earth, 2010, 115(B12): 1545-1575.

and application to the Lepontine Dome in the Central Alps[J]. Journal of Metamorphic Geology, 2010, 23(2): 75-95.

[49] Devès M H, Tait S R, King G C P, et al. Strain heating in process zones; implications for metamorphism and partial melting in the lithosphere[J]. Earth & Planetary Science Letters, 2014, 394(19): 216-228.

[50] Platt J P. Influence of shear heating on microstructurally defined plate boundary shear zones[J]. Journal of Structural Geology, 2015, 79: 80-89.

[51] Fleitout L, Froidevaux C. Thermal and mechanical evolution of shear zones[J]. Journal of Structural Geology, 1980, 2(1-2): 159-164.

[52] England P C, Bruce T A. Pressure—temperature—time paths of regional metamorphism I. heat transfer during the evolution of regions of thickened continental crust[J]. Journal of Petrology, 1984(4): 4.

[53] Woodhouse J H, Birch F. Comment on 'Erosion, uplift, exponential heat source distribution, and transient heat flux' by T.-C. Lee[J]. Journal of Geophysical Research, 1980, 85(B5): 2694-2695.

[54] England P C, Richarclson S W. The influence of erosion upon the mineral fades of rocks from different metamorphic environments[J]. Journal of the Geological Society, 1977, 134(2): 201-213.

[55] Craddock W H, Kirbg E, Zhang H P, et al. Rates and style of Cenozoic deformation around the Gonghe Basin, northeastern Tibetan Plateau[J]. Geosphere, 2014, 10(6): 1255-1282.

[56] Jia L, Hu D G, Wu H H, et al. Yellow River terrace sequences of the Gonghe–Guide section in the northeastern Qinghai–Tibet: implications for plateau uplift[J]. Geomorphology, 2017(295): 323-336.

[57] Khair H A, Cooke D, Hand M. Seismic mapping and geomechanical analyses of faults within deep hot granites, a workflow for enhanced geothermal system projects[J]. Geothermics, 2015, 53(53): 46-56.

[58] Beardsmore G. The influence of basement on surface heat flow in the Cooper Basin[J]. Exploration Geophysics, 2004, 35(4): 223-235.

[59] Hasebe N, Barbarand J, Jarvis K, et al. Apatite fission-track chronometry using laser ablation ICP-MS[J]. Chemical Geology, 2004, 207(3-4): 135-145.

[60] Kong Y L, Pan S, Ren Y Q, et al. Catalog of enhanced geothermal systems based on heat sources[J]. Acta Geologica Sinica(English Edition), 2021, 95(6): 1882-1891.

[61] Gleadow A, Duddy I R, Lovering J F. Fission track analysis: a new tool for the evaluation of thermal histories and hydrocarbon potential[J]. The APPEA Journal, 1983, 23(1): 93-102.

[62] Wolf R A, Farley K A, Silver L T. Helium diffusion and low-temperature thermochronometry of apatite[J]. Geochimica et Cosmochimica Acta, 1996, 60(21): 4231-4240.

[63] Tagami T, O'Sullivan P B. Fundamentals of fission-track thermochronology[J]. Reviews in Mineralogy and Geochemistry, 2005, 58(1): 19-47.

[64] Reiners P W, Ehlers T A, Mitchell S G, et al. Coupled spatial variations in precipitation and long-term erosion rates across the Washington Cascades[J]. Nature, 2003, 426(6967): 645-647.

[65] 刘汉彬, 李军杰, 张佳, 等. 稀有气体同位素样品取样及分析方法改进[J]. 世界核地质科学, 2021, 38(1): 82-90.

[66] 潘晟. 共和盆地高温地热系统成因机制研究[D]. 北京: 中国科学院大学, 2021.

[67] Truesdell A, Haizlip J, Armannsson H, et al. Origin and transport of chloride in superheated geothermal steam[J]. Geothermics, 1989, 18(1-2): 295-304.

[68] Guo Q, Wang Y. Geochemistry of hot springs in the Tengchong hydrothermal areas, southwestern China[J]. Journal of Volcanology and Geothermal Research, 2012, 215-216: 61-73.

[69] Guo Q, Pang Z, Wang Y, et al. Fluid geochemistry and geothermometry applications of the Kangding high-temperature geothermal system in eastern Himalayas[J]. Applied Geochemistry, 2017, 81: 63-75.

[70] Truesdell A H, Nathenson M, Rye R O. The effects of subsurface boiling and dilution on the isotopic compositions of Yellowstone thermal waters[J]. Journal of Geophysical Research, 1977, 82(26): 3694-3704.

[71] Fan Y, Chen Y, Li X, et al. Characteristics of water isotopes and ice-snowmelt quantification in the Tizinafu River, north Kunlun Mountains, Central Asia[J]. Quaternary International, 2015, 380-381(4): 116-122.

[72] Pang Z, Kong Y, Li J, et al. An isotopic geoindicator in the hydrological cycle[J]. Procedia Earth and Planetary Science, 2017, 17: 534-537.

[73] Kong Y, Pang Z. A positive altitude gradient of isotopes in the precipitation over the Tianshan Mountains: effects of moisture recycling and sub-cloud evaporation[J]. Journal of Hydrology, 2016, 542: 222-230.

[74] Giggenbach W F. Isotopic shifts in waters from geothermal and volcanic systems along convergent plate boundaries and their origin[J]. Earth and Planetary Science Letters, 1992, 113(4): 495-510.

[75] 赵平, 谢鄂军, 多吉, 等. 西藏地热气体的地球化学特征及其地质意义[J]. 岩石学报, 2002(4): 539-550.

[76] 杨立铮, 卫迦. 四川康定温泉系统深源CO_2释放研究[J]. 地质学报, 1999, 73(3): 278-285.

[77] 赵平, 多吉. 西藏羊八井地热田气体地球化学特征[J]. 科学通报, 1998, 43(7): 691-696.

[78] Sano Y, Marty B. Origin of carbon in fumarolic gas from island arcs[J]. Chemical Geology, 1995, 119(1): 265-274.

[79] Polyak B G, Tolstikhin I N, Kamensky I L, et al. Helium isotopes, tectonics and heat flow in the Northern Caucasus[J]. Geochimica et Cosmochimica Acta, 2000, 64(11): 1925-1944.

[80] 汪洋. 利用地下流体氦同位素比值估算大陆壳幔热流比例[J]. 地球物理学报, 2000, 43(6): 762-770.

[81] Zhang M, Guo Z, Zhang L, et al. Geochemical constraints on origin of hydrothermal volatiles from southern Tibet and the Himalayas: understanding the degassing systems in the India-Asia continental subduction zone[J]. Chemical Geology, 2017, 469: 19-33.

[82] Tian J, Pang Z, Wang Y, et al. Fluid geochemistry of the Cuopu high temperature geothermal system in the eastern Himalayan syntaxis with implication on its genesis[J]. Applied Geochemistry, 2019, 110: 104422.

[83] 张杨. 干热岩形成机理及开发潜力研究: 以松辽盆地为例[D]. 西安: 长安大学, 2016.

[84] 汪集旸, 胡圣标, 庞忠和, 等. 中国大陆干热岩地热资源潜力评估[J]. 科技导报, 2012, 30(32): 25-31.

[85] 蔺文静, 刘志明, 马峰, 等. 我国陆区干热岩资源潜力估算[J]. 地球学报, 2012, 33(5): 807-811.

[86] 张森琦, 文冬光, 许天福, 等. 美国干热岩"地热能前沿瞭望台研究计划"与中美典型EGS场地勘查现状对比[J]. 地学前缘, 2019, 26(2): 321-334.

[87] 张盛生, 张磊, 田成成, 等. 青海共和盆地干热岩赋存地质特征及开发潜力[J]. 地质力学学报, 2019, 25(4): 501-508.

第3章 干热岩能量获取方法与测井技术

热储改造是获取干热岩热能的核心技术之一，测井评价是热储改造甜点选择和优化设计的基础。本章阐述了花岗岩高温高压力学特性、地应力场、复杂裂缝形成、裂缝导流和化学刺激机制以及热储参数的测井评价方法的室内研究结果和高温硬地层体积改造工艺技术的现场压裂实验验证结果，为干热岩能量获取方法与测井评价提供了有效技术手段。

3.1 区域地质特征与工程地质特性

3.1.1 区域构造特征

青海共和盆地为干热岩勘探突破的重要区域，地处青藏高原东北缘的祁连、西秦岭、东昆仑三个造山带的交汇部位，为一个总体呈 NW 向展布的菱形山间盆地。大地构造单元属西秦岭造山带，是秦祁昆造山系中段的组成部分，但在地质构造、岩浆作用、地貌特征上又有别于秦岭、昆仑造山带，以独特的形式表现出来。共和盆地是古近纪初形成的断陷盆地，呈 NW-SE 斜列的菱形形态，四周被断褶带隆起山地围限，并受 NW-SE 和 NNW-SSE 展布的两组断裂控制。盆地由于受到沉积物的覆盖影响，断裂迹象在地表表现不明显，但盆地周边的断裂构造较为发育，其中有三条规模比较大的断裂构造与共和盆地的形成和发展有着极为密切的关系，即宗务隆—青海南山断裂、温泉—瓦洪山断裂及尕让—人巫大断裂。

宗务隆—青海南山断裂向北西延伸至青海湖，向南段与区域上的北淮阳断裂相接，长度大于 2200km，构成秦岭构造带与祁连构造带的分界。该断裂萌发于震旦纪，海西期至印支期活动性加强。早期以伸展为主，晚期(即早印支运动)以挤压逆冲为主，兼有右行走滑作用，燕山期以右行走滑作用为主，控制了共和—贵德拉分盆地的形成。古近纪—新近纪由于受南祁连造山带向南推覆侵位，共和—贵德拉分盆地发生反转，逐步演化为以挤压为主的磨拉石前陆盆地。温泉—瓦洪山断裂在区域上沿天峻、茶卡、瓦洪山东缘、青根河、温泉一线分布，北与茶卡北和宗务隆—青海南山断裂交接，南与温泉将东昆中断裂切错，是共和盆地的西界控盆断裂。该断裂呈 NNW 向界于宗务隆—青海南山造山带与东昆仑—柴达木造山亚系之间，也是昆仑与秦岭的分界断裂，延长 200km。尕让—人巫大断裂北起尕让，东南沿经俄加台、阿什贡东，越过黄河经人巫延入南邻图幅，向南延至岗察寺院以南，全长可达 100km 以上，是共和盆地的东界控盆断裂。该断裂向北西延伸至青海湖，止于官卜改附近。萨卡拉卡东西向断裂位于贵南县南侧的萨卡拉卡地区，东端被第四系覆盖，区内长度约 27.1km，断层产状 346°~18°∠30°~60°，总体呈 EW 向展布，切割古浪堤组下段和隆务河组上段。

3.1.2 干热岩天然节理裂隙特征

岩体天然裂隙是干热岩热储改造形成复杂裂缝系统最关键的地质因素，天然裂隙的发育程度、形态、方位等特性影响压裂裂缝的起裂压力、扩展路径以及复杂程度等。描述天然裂隙的方法有露头与岩心观察、测井分析等。

天然裂隙在露头中常以节理的形式展示出来，通过野外观察，可以描述其特性。野外露头观察显示，共和盆地发育共轭"X"形节理(剪节理)和正交节理等，节理面平直、光滑，且延伸较远，同一组裂隙间距无明显变化，较均匀。发育于花岗岩体内的裂隙主要为剪节理，图 3.1.1 为共和盆地出露的花岗岩地面节理特征，可以看到 SN 向和 EW 向的正交节理。

图 3.1.1 共和盆地露头观察节理特征

依据等密度图和走向玫瑰花图分析裂隙方位。根据等密度图，得到共和盆地花岗岩中的节理裂隙倾向以 205°~220°和 70°~90°为主[图 3.1.2(a)]，倾角以 0°~45°为主，最大主应力倾角在 45°~90°。走向玫瑰花图[图 3.1.2(b)]显示，共和盆地花岗岩中裂隙优势走向为 310°~355°，最大主应力水平方向投影为 40°~85°。根据剪节理受力机制，花岗岩中节理裂隙反映的最大主应力倾向为 40°~85°，倾角在 24.25°~69.25°。

井下岩心观察也是描述天然裂隙的常用方法，通过岩心观察，可以发现是水平裂隙还是高角度裂隙，以及裂隙是否被充填等。图 3.1.3 和图 3.1.4 显示了 X1 井花岗岩段发育密集的水平裂隙和部分高角度裂隙，岩心呈饼状，岩体较为破碎，高角度裂隙被方解石及石英脉充填。

成像测井是识别井下天然裂隙的有效方法之一，利用成像测井资料可以判别裂缝发育段、裂缝条数和裂缝方位。图 3.1.5 为共和盆地 X2 井的微电阻率成像测井资料综合分析结果，3960~4518m 井段发育天然裂隙 31 条，其中存在两个裂隙集中发育段，4210~4220m 发育裂隙 6 条，4310~4320m 发育裂隙 7 条，都属于高导裂隙，其电阻率较低，裂隙中没有泥质填充，皆为有效缝。

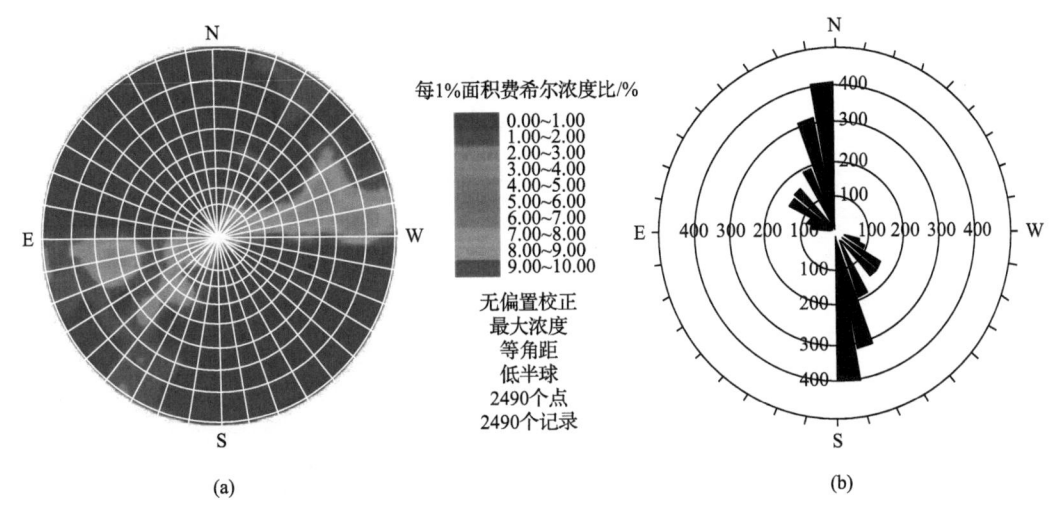

图 3.1.2 花岗岩体裂隙等密度图(a)与走向玫瑰花图(b)(扫封底二维码见彩图)

图 3.1.3 X1 井岩体中发育密集的水平裂隙

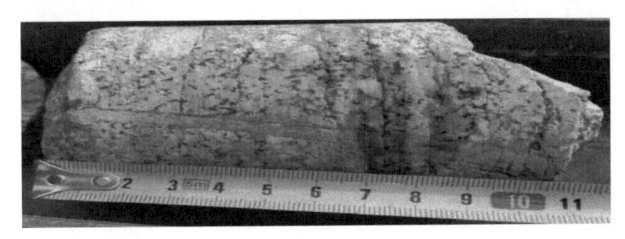

图 3.1.4 X1 井岩体中发育的高角度裂隙

利用裂隙走向和井径变化可识别现今最大主应力方向，依据上述资料获得的水平最大主应力方向主要为 NE35°，见图 3.1.6。

3.1.3 干热岩热储改造工程地质特性

干热岩岩体的岩性及矿物组分、孔渗特性、岩石力学性质、破坏特性、地应力大小及水平两向地应力差等地质与工程特性是影响压裂改造工艺和流体选择的最关键因素，利用室内测试手段和评价方法对上述特性进行了综合分析。

1. 岩石矿物成分及孔渗特性

利用 X 射线衍射和稳态法测试得到的青海共和盆地 X1 井高温岩体段岩心的矿物组分与含量、孔渗等数据见表 3.1.1 和表 3.1.2。主体岩性为灰色中粗粒二长花岗岩、黑云

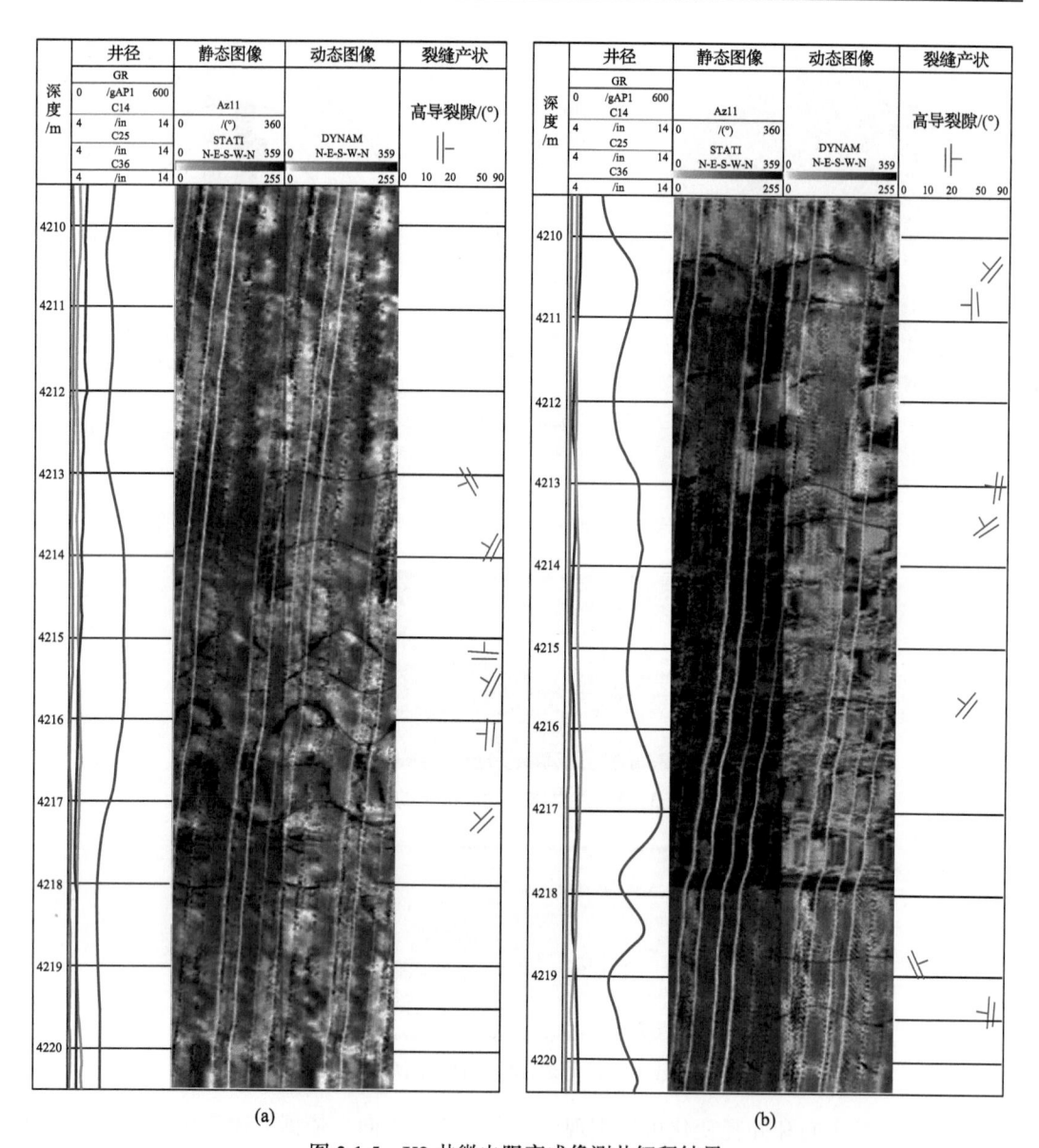

图 3.1.5　X2 井微电阻率成像测井解释结果

母二长花岗岩、中粗粒蚀变花岗岩等，岩石矿物以钾长石、斜长石和石英为主，其占总矿物的 80%以上。

基质岩体的孔隙度和渗透率极低，孔隙度小于 4%，空气渗透率小于 0.4mD[①]，属于致密层。

2. 高温力学特性与破坏特性

高温高压条件下的弹性模量、抗压强度、抗拉强度与岩石破坏特性等决定了岩石在

---

① 1D=0.986923×10^{-12}m²。

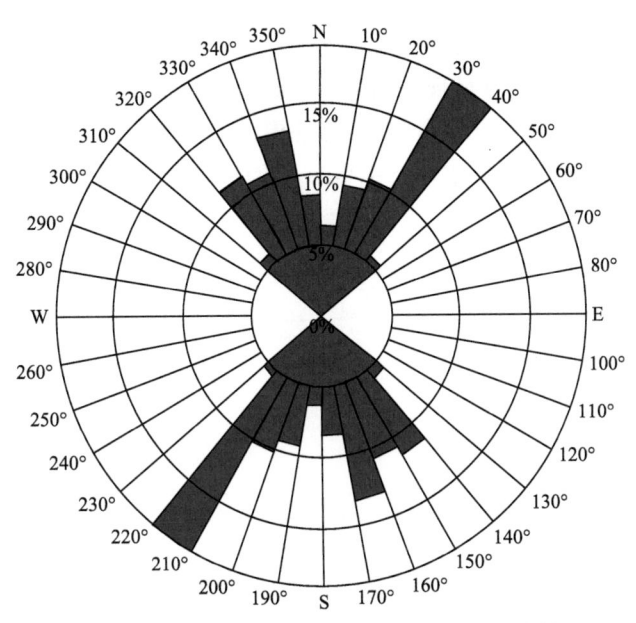

图 3.1.6　成像测井资料确定的最大主应力方位结果

表 3.1.1　矿物组分与含量分析结果表

井号	岩心编号	石英/%	钾长石/%	斜长石/%	黑云母/%	白云母/%	方解石/%	绿泥石/%
X1	1	24	40	31	2	1	—	2
X1	2	25	38	30	1	3	—	3
X1	3	22	42	28	3	2	2	1
X1	4	27	35	32	1	3	1	1

表 3.1.2　岩石孔渗测试结果表

岩心编号	直径/cm	长度/cm	孔隙度/%	渗透率/mD
1	2.46	4.94	2.49	0.27
2	2.44	4.86	2.57	0.28
3	2.44	4.94	3.43	0.29
4	2.44	4.90	3.28	0.33
5	2.44	4.95	3.58	0.27
6	2.45	4.87	3.13	0.32
7	2.44	4.90	3.77	0.35
8	2.44	4.94	2.49	0.29
9	2.45	4.85	2.82	0.28

地层条件下的脆塑性和压缩破坏方式，利用高温三轴岩石力学测试仪器，测试得到了力学特性随温度的变化特征。

1) 岩石力学特性随温度和围压的变化特性

采用真三轴岩石力学实验仪器，测试了花岗岩弹性模量随温度和围压的变化规律，得到了弹性模量在单轴和围压条件下随温度的变化曲线(图3.1.7)。从图3.1.7可以看出,随温度升高,岩石的弹性模量呈现逐渐减小的趋势,反映出温度升高对岩石的弹性模量产生了一定的弱化作用。随着围压增加,弹性模量增加幅度较大;温度在200~250℃、围压40MPa条件下,弹性模量达46~47GPa,表明高温围压条件下花岗岩非常坚硬。

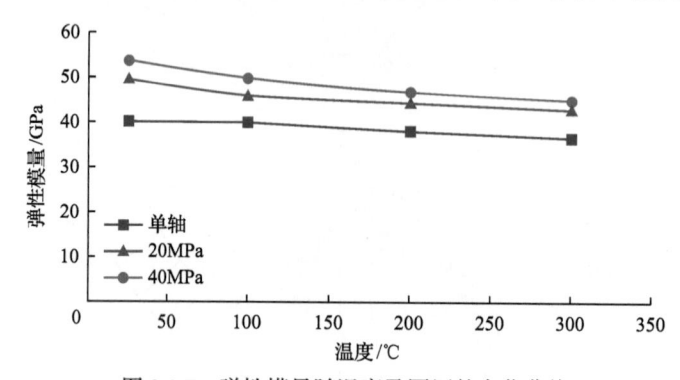

图3.1.7 弹性模量随温度及围压的变化曲线

模拟不同温度与围压条件下花岗岩岩心抗压强度的变化规律,得到了实验曲线(图3.1.8)。由图3.1.8可以看出,温度对抗压强度的影响不明显,围压显著增加了抗压强度。温度在200~250℃时,围压40MPa条件下的抗压强度达到380MPa,明显高出相同条件下的页岩和砂岩,在一定程度上也反映出花岗岩基岩裂缝起裂难度较大。

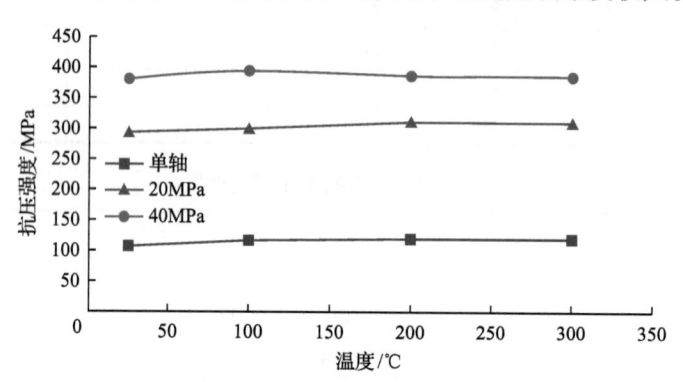

图3.1.8 抗压强度随温度及围压的变化曲线

由巴西圆盘实验方法测试获得的花岗岩室温和高温条件下的抗拉强度见表3.1.3。实验结果表明,花岗岩在200℃温度条件下的抗拉强度与室温条件下的抗拉强度没有明显变化,但其抗拉强度值较页岩高1.5~2.0倍。

表3.1.3 巴西圆盘劈裂拉伸强度实验结果

编号	直径/mm	厚度/mm	温度/℃	最大荷载/kN	抗拉强度/MPa
1	58.33	24.92	25	29.4	12.88
2	58.26	24.91		28.4	12.46
3	58.31	25.18		27.9	12.10

续表

编号	直径/mm	厚度/mm	温度/℃	最大荷载/kN	抗拉强度/MPa
4	58.27	25.15	200	28.6	12.42
5	58.25	24.96		28.0	12.26
6	58.23	24.98		24.5	10.72

上述实验研究表明，在 300℃以内，温度对弹性模量、抗压强度及抗拉强度的影响不大，而围压影响较为显著，随着围压增大各参数值明显增大。

2) 岩石单轴破坏特征

采用单轴压缩破坏后观察裂缝形态的方法得到岩心在 100～300℃和围压条件下破坏后的形态特征，见图 3.1.9。由图 3.1.9 可以看出，岩石破坏形态以近似平行于轴向的劈裂破坏为主，同时也兼有贯穿的剪切破坏模式及圆锥面剪切破坏引起的张拉破坏模式，总体上高温围压条件下花岗岩破坏机制为张剪混合破坏。

图 3.1.9　不同温度下的岩石压缩破坏形态

3. 岩石力学参数及脆性指数

1) 岩石力学参数

井下实际岩心测试得到的静态岩石力学参数实验结果表明，岩体岩石坚硬，单轴条件下弹性模量为 31423～33638MPa，泊松比为 0.203～0.225。围压条件下弹性模量和泊松比显著增加，弹性模量为 36933～54142MPa，泊松比为 0.250～0.343，见表 3.1.4。

表 3.1.4　岩心静态岩石力学参数

样品编号	测试条件		测试结果				
	围压/MPa	孔隙压力/MPa	抗压强度/MPa	弹性模量/MPa	泊松比	黏聚力/MPa	内摩擦角/(°)
X1-1-cz1	0	0	82.09	32838	0.206	16.5	48.11
X1-1-sp0	0	0	85.64	33007	0.203		
X1-1-sp45	20	0	178.56	36933	0.250		
X1-1-sp90	40	0	354.07	44910	0.338		
X1-2-cz1	0	0	103.71	33638	0.225	16.0	52.22
X1-2-sp0	0	0	90.23	31423	0.216		
X1-2-sp45	20	0	358.66	47290	0.319		
X1-2-sp90	40	0	430.38	54142	0.343		

2) 岩石脆塑性

利用应力-应力曲线和脆性指数可以定性或定量评价岩石脆塑性。利用真三轴岩石力学仪器测试得到的花岗岩在不同温度和围压下的应力-应变曲线见图 3.1.10。由图 3.1.10 可以看出，围压 40MPa 条件下，随着温度增加，应力-应变曲线出现了逐渐右移的倾向，且应力-应变曲线峰后的斜率明显减小，表现出岩石脆性减弱、塑性增强特征。对于 200~300℃的花岗岩，岩石的塑性特征较为明显。

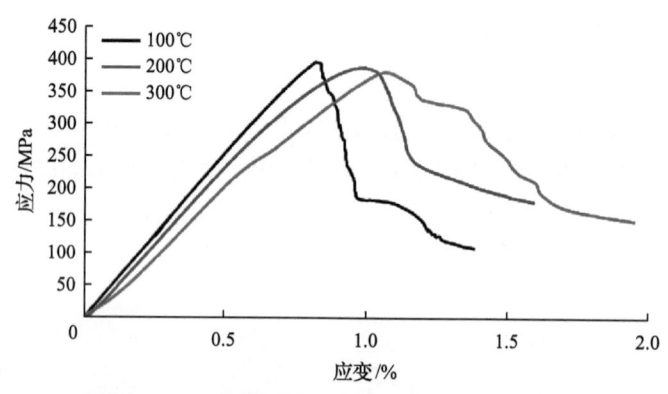

图 3.1.10　不同温度和围压下的应力-应变曲线

利用传统的岩石矿物组分法和围压下的岩石力学参数计算法，来定量评价花岗岩的脆性指数。

矿物组分法计算公式为

$$BI=(C_{石英}+C_{碳酸盐岩})/(C_{石英}+C_{碳酸盐岩}+C_{黏土})\times 100\% \qquad (3.1.1)$$

其中，BI 为脆性指数，%；$C_{石英}$为矿物中的石英含量，%；$C_{碳酸盐岩}$为矿物中的碳酸盐岩含量；$C_{黏土}$为矿物中的黏土含量。

考虑将岩石矿物中的石英和碳酸盐岩均作为脆性矿物，利用前述 X 射线衍射分析数据计算得到的花岗岩脆性指数为 24.5%。

利用围压 40MPa 下的弹性模量和泊松比归一化处理后计算得到的岩石的脆性指数为 30.7%。应力-应变曲线特征和脆性指数计算结果综合表明，地层条件下花岗岩塑性特征明显，脆性指数低，于形成复杂裂缝不利。

4. 地应力

1) 地应力梯度与两向水平应力差异

地应力大小与两向水平应力差异是影响裂缝破裂压力、延伸压力和裂缝能否转向的重要因素。利用 X1 井和 X2 井井下花岗岩岩心，依据岩心差应变和凯塞(Kaiser)原理测试分析得到了不同深度位置的地应力值(表 3.1.5)。可见，花岗岩地应力梯度较高，最小主应力梯度为 0.0212~0.0214MPa/m，水平最大主应力梯度为 0.0240~0.0241MPa/m，由此计算 4000m 井深处最小主地应力在 80MPa 以上，两向水平主应力差为 10.8MPa，差异系数为 0.126。从这两个数据判断，裂缝转向形成复杂缝的难度较大。

表 3.1.5 地应力大小测试结果

井号	深度/m	Kaiser 点对应的应力/MPa				三向主应力/MPa		
		垂直	0°	45°	90°	垂直应力	水平最大主应力	水平最小主应力
X1	2205	33.32	32.91	20.93	26.23	54.47	54.70	46.74
	3236	51.80	47.89	29.04	40.65	80.83	77.67	68.94
X2	2642	41.50	39.01	27.23	32.97	65.35	63.40	56.28

2) 地应力垂向剖面

利用 X1 井的测井数据分析得到如图 3.1.11 所示的连续地应力垂向剖面，最小主应力梯度为 0.020MPa/m，最大主应力梯度为 0.0246MPa/m，两向水平主应力差为 12.0MPa，垂向上无明显应力遮挡层。

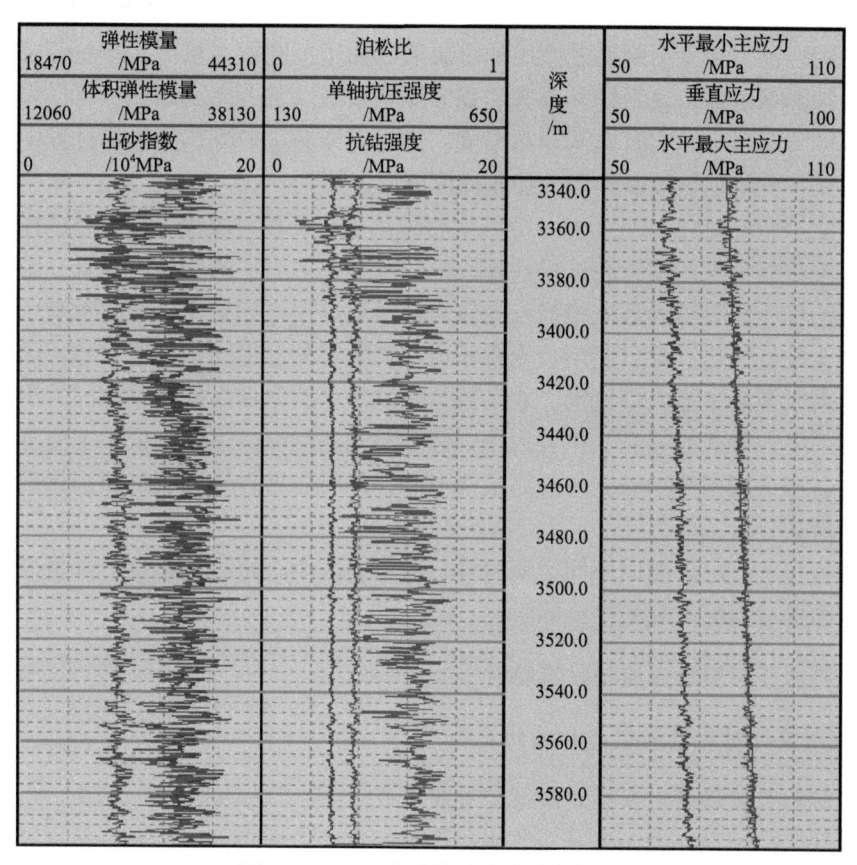

图 3.1.11 X1 井连续地应力垂向剖面

3.2 花岗岩压裂裂缝扩展与导流特性

前述研究发现，干热岩岩体基质物性致密，部分井段天然裂缝发育，岩石硬而不脆，欲在如此高温硬地层中压裂形成复杂的裂缝系统，对于其压裂裂缝扩展规律的认识非常重要。致密油气和页岩油气在国内外均得到了大规模商业开发，其裂缝扩展规律研究起步早且深入，认识相对清楚。而干热岩开发利用还处于试验与示范阶段，其换热过程对压裂裂缝系统的要求非常高，但对干热岩基础机理研究少，特别是对高温硬地层中的压裂裂缝扩展规律认识尚不清楚，加之干热岩体中存在断裂、天然裂缝等不连续介质，以及压裂液与高温干热岩相遇引起的附加热应力不但会影响破裂压力，还会涉及裂缝扩展路径和诱发微地震等情况，使得研究面临不少难题。

3.2.1 花岗岩压裂裂缝扩展物理模拟方法

要物理模拟花岗岩水力裂缝扩展特性，最为关键的是利用真三轴实验仪器配套一个高温加热系统，其方法是：①在花岗岩立方体试样的一个面的正中间位置钻孔，其中置入耐高温高压的金属管并与岩样黏结，以模拟压裂井筒。②将 300mm×300mm×300mm 花岗岩正方体试样放入真三轴水力压裂实验设备的水力压裂舱内。③地应力模拟采用上、下、左、右、前、后六个耐高温高压的金属液压加压板施加，整个实验舱部分置于温度可控的电加热系统中，该系统外部有陶瓷等隔热系统以减少高温散热，岩样表面和中心孔内有温度传感器可以实时监测样品温度。④为使样品均匀受热，加热过程中采用分级加热的方式，先将加热板以一定的加热梯度缓慢加热到 50℃，维持 12h；然后再缓慢上升到 100℃，维持 12h；以此类推，分几次将样品加热到设计温度，以岩心试样中心温度传感器监测数据为准。⑤岩心试样达到设定的温度并达到平衡后，利用真三轴水力压裂实验设备的液压伺服控制系统施加三向应力。实验过程中如果用一般的水基压裂液在高温环境下会发生汽化，而且使用荧光粉作示踪剂时容易发生固结堵塞井筒，因此实验中采用在水基压裂液中加入染色剂。⑥实验开始以恒定速率提高模拟井筒内的压力直至压力大幅度下降、裂缝能够充分扩展为止，然后与升温类似，逐渐降低系统温度至室温，取出岩石试样，观察并拍照记录裂缝最终形态，并对压后岩样的裂缝面进行扫描，从而可以进行微观分析。

物理模拟实验可以测试不同类型岩样、应力差大小、压裂液黏度、排量以及不同注入方式等因素对裂缝破裂和扩展的影响。

3.2.2 花岗岩压裂裂缝起裂与扩展特性

1. 地质条件对裂缝起裂与扩展的影响

1)岩脉和天然裂缝对裂缝起裂与扩展的影响

第一块岩样中存在两条岩脉，其中一条只存在于岩样表面，而另一条从岩样的上表面贯穿到下表面，在常温下进行模拟实验，加载两向水平主应力差 3MPa，实验排量为 30mL/min，注入黏度为 1mPa·s 的清水，从实验结果可以看到，裂缝从裸眼段基质起裂，形成双翼缝，一翼裂缝不受表层岩脉影响，沿最大主应力方向扩展，直接扩展到边界；而另一翼裂缝在延伸过程中遇到岩脉缝发生转向，并沿岩脉扩展到边界，见图 3.2.1。

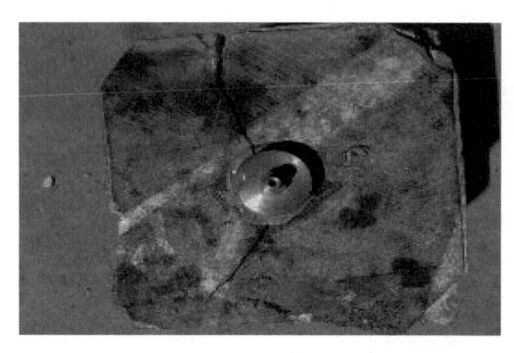

图 3.2.1 岩脉影响试样实验后的顶底面

实验结果说明，因加载的两向水平主应力差较小，裂缝不是完全沿最大主应力方向扩展，延伸过程中遇到岩脉会发生偏转。这反映出在低水平主应力差和存在弱界面条件下，最大主应力方位不是裂缝扩展的唯一方位，见图 3.2.2。

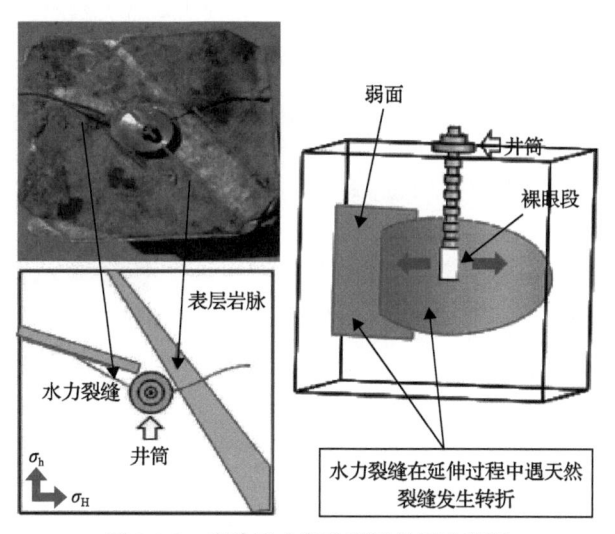

图 3.2.2 岩脉影响实验裂缝扩展示意图
σ_h-水平最小主应力；σ_H-水平最大主应力

第二块岩样底部存在一条水平方向的天然裂缝，除实验排量调整为 10mL/min 外，其他条件与第一块岩样相同。实验结果表明，裂缝从裸眼段基质起裂，形成双翼缝，其中一翼裂缝沿水平最大主应力方向直接扩展到边界，另一翼裂缝沿水平最大主应力方向扩展，并在扩展过程中发生了偏离，没有完全沿直线方向进行扩展，在扩展过程中沟通了位于岩样底部沿水平方向的天然裂缝，然后沿天然裂缝继续扩展，见图 3.2.3。

2) 地层温度对裂缝扩展的影响

实验模拟了其他参数不变，岩样温度分别加热到 120℃和 200℃条件下裂缝的扩展情况。温度 120℃条件下裂缝从裸眼段基质起裂，没有形成双翼缝，裂缝没有在水平主应力方向进行扩展，而是直接沿井筒底部的天然裂缝向下扩展，见图 3.2.4。而在 200℃条件下的另一试样裂缝从裸眼段基质起裂，形成双翼缝并扩展到边界。由于水平主应力差较小，裂缝整体上不是完全沿最大主应力方向扩展延伸，延伸过程曲曲折折，见图3.2.5。

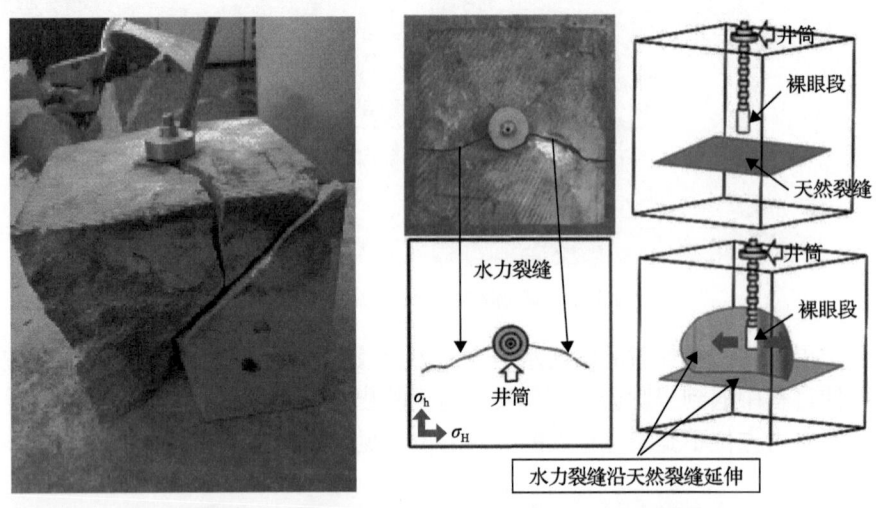

图3.2.3 裂缝影响实验后残状与裂缝扩展示意图

图3.2.4 在120℃条件下试样压裂后图片(a)和裂缝扩展示意图(b)

2. 工程条件对裂缝起裂与扩展的影响

压裂液黏度和施工排量以及注入方式等工程因素对裂缝起裂和扩展也会产生较大影响。采用花岗岩岩样，模拟了清水和高黏度压裂液以及高、低排量、循环注入方式等对起裂压裂和裂缝形态的影响，得到了复杂裂缝形成的主要工程因素。

1）压裂液黏度对裂缝起裂与扩展的影响

实验温度为200℃，水平主应力差为6MPa，排量为5mL/min，流体黏度分别采用1mPa·s和33.1mPa·s。均质岩样中裂缝的起裂和扩展情况显示：注入高黏度压裂液条件下裂缝从裸眼段基质起裂，形成双翼缝，裂缝沿水平最大主应力方向直接扩展到边界，由于水平主应力差为6MPa，应力差较大，裂缝整体上是完全沿水平最大主应力方向扩展，裂缝沿直线延伸，延伸过程中没有发生偏离(图3.2.6)。

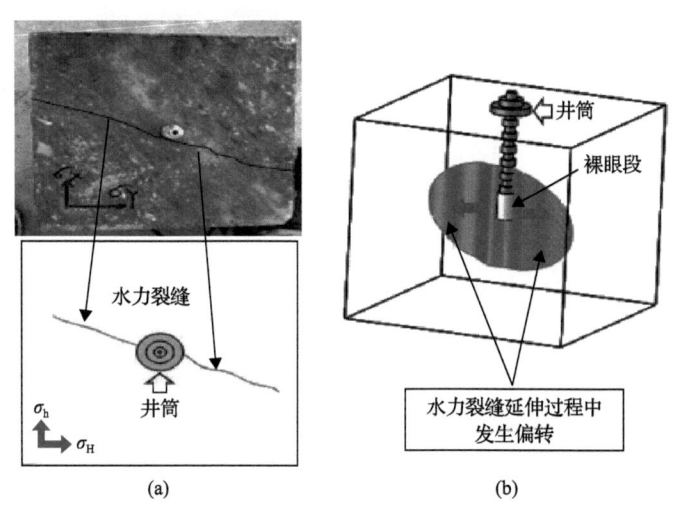

图3.2.5 在200℃条件下试样压裂后图片(a)和裂缝扩展示意图(b)

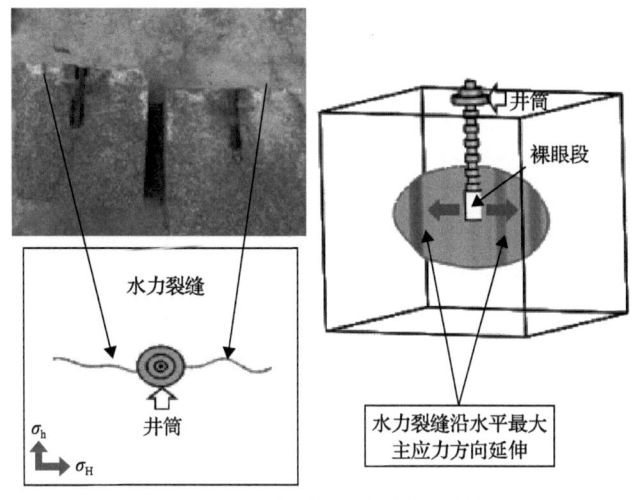

图3.2.6 高黏度压裂液注入裂缝扩展图

注入清水条件下压裂裂缝从裸眼段基质起裂，形成双翼缝，扩展情况与使用高黏流体一样，裂缝整体上是沿水平最大主应力方向呈直线延伸，延伸过程中没有发生偏离。

清水和高黏压裂液注入实验表明，在岩样中不存在天然裂缝和岩脉等弱面情况下，压裂液黏度对裂缝扩展的方位和复杂性影响没有明显差异(图3.2.7)。

2)施工排量对裂缝起裂与扩展的影响

实验温度为200℃，水平主应力差为6MPa，液体黏度为33.1mPa·s，排量分别为30mL/min和5mL/min的均质岩样裂缝起裂和扩展情况见图3.2.8。由图3.2.8可以说明，大排量时，水力裂缝在两侧起裂，但只在一侧扩展，并且扩展非常迅速，只产生了简单的单翼缝，小排量时产生了简单的双翼缝，并且水力裂缝在延伸过程中能够沟通天然裂缝。这反映出排量对裂缝的扩展影响较大。

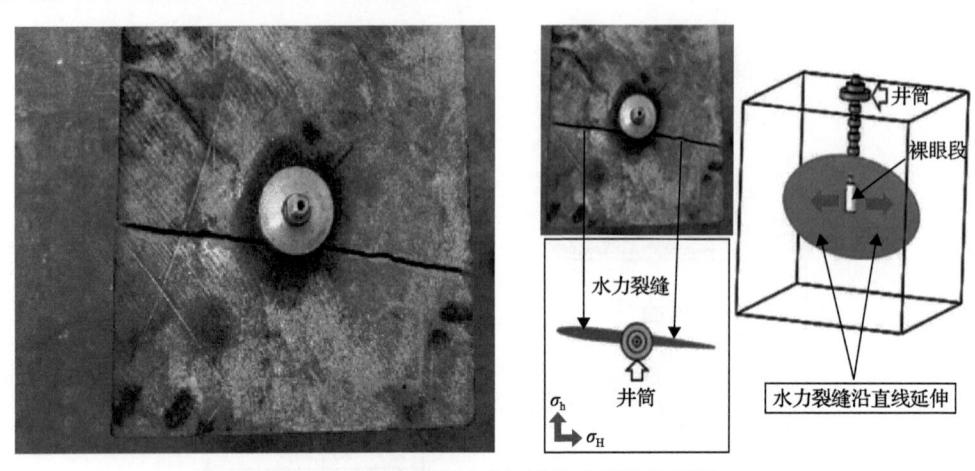

图 3.2.7　低黏压裂液(清水)注入裂缝扩展图

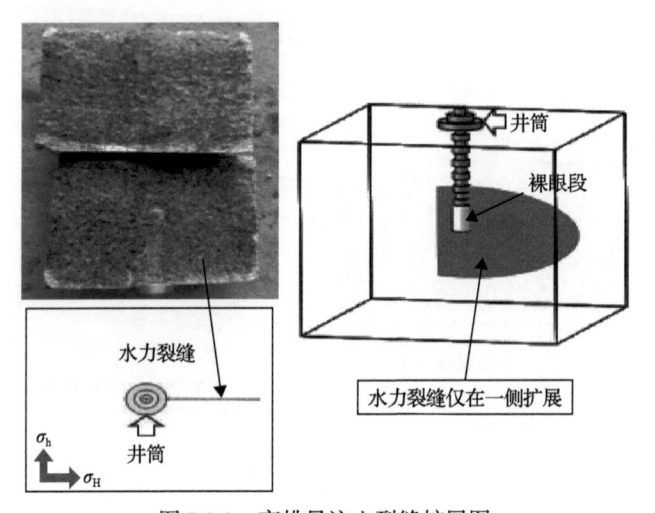

图 3.2.8　高排量注入裂缝扩展图

3) 循环注入方式对裂缝起裂与扩展的影响

试样 1 实验采用逐级循环的增压方式，压力分别为 24MPa 的 20%、40%、60%、80%，最终达到 24MPa，再保持 24MPa 循环 5 次，最终恒定排量 30mL/min 增压至破裂。其他实验条件为：水平主应力差 3MPa，排量 30mL/min，注入黏度为 1mPa·s 的清水。裂缝从裸眼段基质起裂形成双翼缝，其中一翼裂缝沿水平最大主应力方向扩展，直接扩展到边界；而另一翼裂缝在延伸过程中遇天然裂缝发生转向，然后沿天然裂缝扩展到边界，见图 3.2.9。

试样 2 的实验参数同上保持不变，而加压方式稍有不同。首先在相同压力下进行循环，循环压力为 15MPa 时，循环 5 次；其次循环压力为 20MPa，循环 5 次；再次循环压力为 25MPa，循环 5 次，然后恒定排量 30mL/min 直至破裂。从实验结果可以看到裂缝从裸眼段基质起裂，形成双翼缝，一翼裂缝沿水平最大主应力方向扩展，直接扩展到边界；另一翼裂缝首先沿水平最大主应力方向扩展，然后沟通了一条位于水平最小主应力方向上的天然裂缝，最终形成了 T 形裂缝，见图 3.2.10。

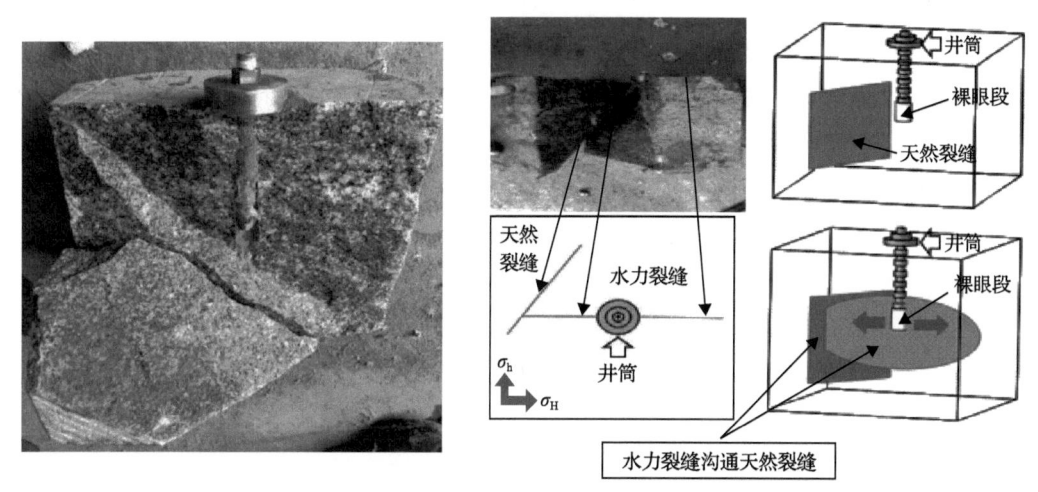

图 3.2.9 多级注入压裂试样实验后样品残状与裂缝扩展示意图

图 3.2.10 试样 2 压后残状和裂缝扩展示意图

上述实验表明，变排量逐级升压过程中压力震荡使岩样中的天然裂缝容易被激活，从而有利于复杂裂缝的形成。

花岗岩压裂裂缝起裂与扩展物理模拟研究表明，天然裂缝和岩脉等弱面是压裂形成复杂裂缝的主要地质因素，而压裂施工排量和循环注入方式则是提高裂缝复杂性的主要工程因素。

3.2.3 压裂裂缝导流特性研究

干热岩储层基质渗透率极低，热储改造不仅要形成体积巨大的复杂裂缝系统，还要提高裂缝导流能力，降低渗流阻力，使后期换热过程中采出井在低注入压力下获得足够的流量。本节主要介绍张性和剪切裂缝自支撑、支撑剂支撑条件下的导流能力特性。

1. 张、剪裂缝自支撑导流特性

前述岩石破坏特征显示,花岗岩以张剪混合破坏为主,在不加砂充填情况下,主要依靠裂缝自支撑的不整合面来提供导流能力。下面以露头岩样制作岩心板进行了张性和剪切裂缝自支撑导流能力测试分析。

1) 张性裂缝导流能力变化

花岗岩张性裂缝导流能力见图3.2.11。由图3.2.11可以得到如下认识:

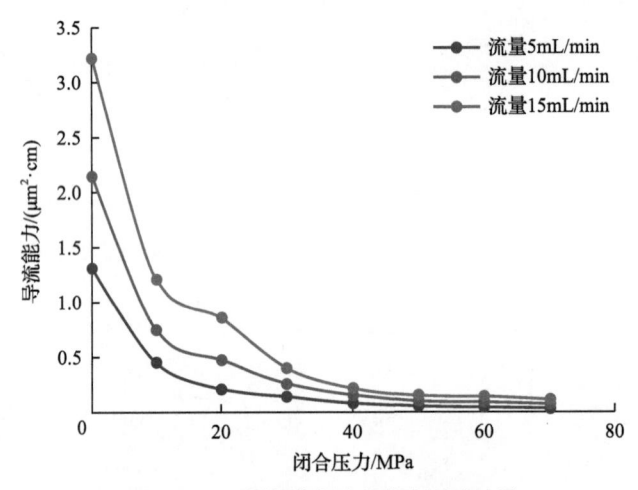

图 3.2.11 张性裂缝导流能力测试结果

(1)裂缝导流能力随闭合压力增加呈现三段式下降特征,闭合压力在0~10MPa下降幅度最大,10~40MPa下降幅度变缓,闭合压力超过40MPa导流能力基本稳定。随着裂缝闭合压力增加,裂缝面之间因没有支撑剂支撑逐渐闭合,缝宽迅速减小,裂缝导流能力下降62%。当闭合压力增加到一定程度,循环流量对闭合压力的缓冲作用显现出来,导流能力下降幅度逐步放缓。在70MPa闭合压力下裂缝导流能力约为$0.10\mu m^2 \cdot cm$。

(2)循环注入流量对保持裂缝导流起正向作用。循环注入流量越高,裂缝导流能力越大,相当于循环注入的流体对裂缝有"软支撑"作用,有利于裂缝导流能力的保持。

(3)干热岩实际换热过程中的流体流量远大于实验测试中的循环注入流量,其"软支撑"作用将会更显著,因此干热岩张性裂缝实际导流能力可能会更高。

2) 剪切裂缝导流能力变化

裂缝剪切滑移5mm的导流能力变化见图3.2.12。由图3.2.12可以得到如下认识:

(1)在相同闭合压力和循环流量下剪切裂缝导流能力高于张性裂缝,其变化趋势与张性裂缝基本相同。

(2)裂缝导流能力与滑移量相关,滑移量越大,导流能力越高,在低闭合压力下提高幅度大。

(3)裂缝导流能力随闭合压力增加也呈现三段式下降特征,闭合压力在0~10MPa下

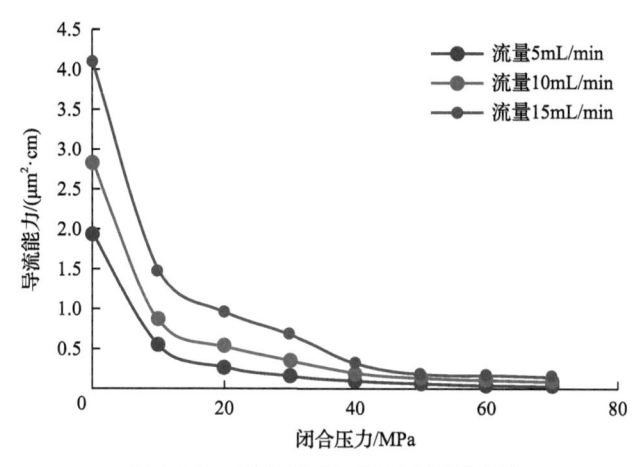

第3章 干热岩能量获取方法与测井技术

图 3.2.12 剪切裂缝导流能力测试曲线

降幅度最大，10~40MPa 下降幅度变缓，闭合压力超过 40MPa 导流能力基本稳定。当排量为 15mL/min，裂缝最大导流能力为 4.07μm²·cm，说明在低闭合压力下，由于两个不平整的裂缝面之间相互支撑，为流体提供了连通的流动通道，减小了流动阻力，从而增大了裂缝导流能力。随着裂缝闭合压力增加，裂缝面之间因没有支撑剂支撑逐渐闭合，虽然有错位，但缝宽还是迅速减小，裂缝导流能力下降 51%~63%。在 70MPa 闭合压力下裂缝导流能力约为 0.11μm²·cm。

(4) 循环注入流量同样对保持裂缝导流能力起正向作用。循环注入流量越高，裂缝导流能力越大。

2. 张、剪裂缝支撑剂支撑导流特性

为探索花岗岩裂缝中充填支撑剂后的导流能力，将 100 目支撑剂均匀铺置于裂缝面上，铺砂浓度为 0.5kg/m²，测试不同闭合压力和循环流量下的导流能力。

1) 张性裂缝铺砂后导流能力变化

张性裂缝中以浓度 0.5kg/m³ 铺置 100 目粉陶的导流能力测试曲线见图 3.2.13。由图 3.2.13 可以看出：

(1) 张性裂缝中铺砂后导流能力没有明显提升，铺砂前后提高率不超过 10%，这说明 0.5kg/m³ 的铺砂浓度不能够完全覆盖张性裂缝的支撑体，该铺置浓度对导流能力的影响有限。

(2) 铺砂后其导流能力变化趋势与铺砂前基本一致，呈现三段式下降特征。初始导流能力为 3.27μm²·cm，闭合压力增大为 10MPa 时，导流能力减小为 1.22μm²·cm，减少了 63%。裂缝闭合压力增大为 20MPa 时，导流能力减小为 0.832μm²·cm，减少了 32%。裂缝闭合压力增大为 30MPa 时，导流能力减小为 0.47μm²·cm，减少了 44%。变化趋势也反映出随闭合压力增大，下降速度并非线性的。

2) 剪切裂缝铺砂后导流能力变化

剪切裂缝中以浓度 0.5kg/m³ 铺置 100 目粉陶的导流能力测试曲线见图 3.2.14。由

图 3.2.14 可知:

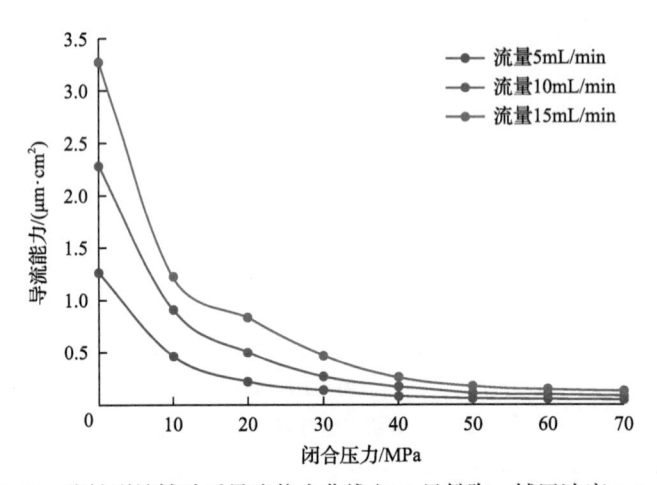

图 3.2.13 张性裂缝铺砂后导流能力曲线（100 目粉陶，铺置浓度 0.5kg/m³）

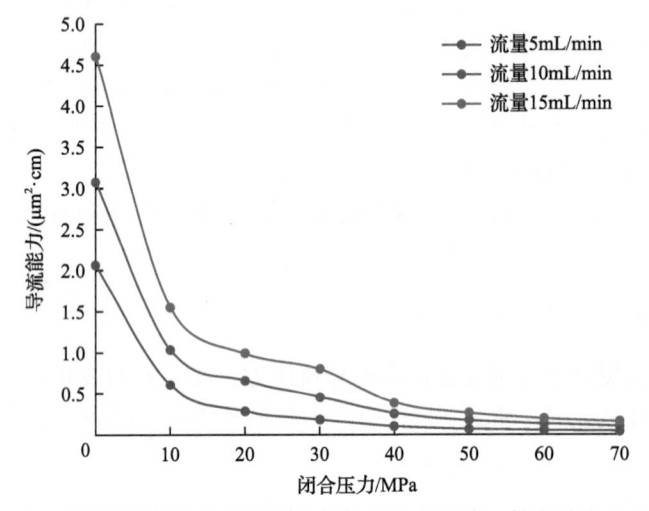

图 3.2.14 剪切裂缝铺砂后导流能力曲线（100 目粉陶，铺置浓度 0.5kg/m³）

(1) 剪切裂缝中铺砂后导流能力没有明显提升，铺砂前后提高率不超过 10%，这说明 0.5kg/m³ 的铺砂浓度不能够完全覆盖张性裂缝的支撑体，该铺置浓度对导流能力的影响有限。与相同铺砂情况的张性裂缝相比，剪切裂缝的导流能力有一定幅度的提升，提高率最大可达 30% 左右。

(2) 导流能力变化趋势呈现三段式下降特征。初始导流能力为 4.6μm²·cm 左右，裂缝闭合压力增大为 10MPa 时，导流能力减小为 1.63μm²·cm，减少了 65%。裂缝闭合压力增大为 20MPa 时，导流能力减小为 1.11μm²·cm，减少了 32%。裂缝闭合压力增大为 30MPa 时，导流能力减小为 0.60μm²·cm，减少了 46%。

(3) 循环注入流量对保持裂缝导流能力起正向作用。循环注入流量越高，裂缝导流能力越大。

由张、剪裂缝自支撑和支撑剂支撑条件下的导流能力实验结果综合分析可以得到：

(1)花岗岩压裂形成的张、剪裂缝具有自支撑能力,在闭合压力下可以保持一定的裂缝导流能力。

(2)相同测试条件下,剪切滑移裂缝的导流能力高于张性裂缝,且递减幅度小于张性裂缝。

(3)张、剪裂缝中充填100目小粒径支撑剂对提升导流能力的作用不显著,铺置浓度不合理反而会降低裂缝导流能力,花岗岩压裂要谨慎选用支撑剂。

(4)换热过程中的循环注入流体对裂缝有"软支撑"作用,将降低裂缝有效闭合压力,提升裂缝导流能力。

依据张、剪裂缝的导流能力测试结果,结合干热岩取热需要通过循环注入流体,地层中加入支撑剂后循环过程中不可避免要带出支撑剂,可能会影响发电或取暖设备,为此不推荐压裂过程中加入支撑剂。

3.3 热储体积压裂工艺技术与方法

要在高温硬地层中形成复杂缝网,提高改造体积,必须地质、工程深度融合:首先要选择热储层中裂缝发育段作为压裂井段;其次要充分利用高温差的热损伤效应产生微小裂隙,再利用注入排量和方式的变化扩展裂缝系统。为此,提出了冷流体低排量造缝+高黏液段塞扩缝+低黏液变排量循环注入扩体+暂堵剂暂堵转向的缝网压裂工艺方法,即在压裂初期,低排量注入清水或滑溜水等低黏液体或 CO_2、液氮等冷流体,形成大量微裂缝;然后恒定排量注入清水(或滑溜水)扩展天然裂缝和微裂缝;之后注入高黏液段塞扩展裂缝宽度和高度,减少因岩石塑性与缝宽窄带来的施工压力不断爬升,确保施工持续安全进行;最后变排量循环注入清水(或滑溜水),不断扩展裂缝体积,并在循环注入过程中进行多级暂堵,提升裂缝复杂性和连通性,最终形成相互连通、换热体积巨大的人工热储。

3.3.1 压裂工艺参数优化设计方法

依据前述室内实验的岩性、物性及岩石力学及地应力测试结果,利用 Mayer 软件建立了复杂裂缝模型,优化设计了注入管柱、施工排量、压裂液类型及用液规模等参数,为现场实验提供了理论依据。

(1)破裂压力及梯度计算。分析认为,花岗岩的破裂压力大小基本符合黄荣樽教授的破裂压力计算公式,由于温差效应的影响,须增加温差效应引起的附加热应力值 Δp,见式(3.3.1):

$$p_\text{f} = \left(\frac{2\nu}{1-\nu} - k\right)(\sigma_\text{v} - p_\text{p}) + p_\text{p} + S_\text{t} + \Delta p \tag{3.3.1}$$

其中,p_f 为破裂压力,MPa;ν 为泊松比;k 为构造应力系数;σ_v 为上覆地层压力,MPa;p_p 为孔隙压力,MPa;S_t 为抗拉强度,MPa;Δp 为附加热应力,MPa。

结合室内实验所得的岩石力学参数，计算不同深度和地层条件下的破裂压力值大小，如X1井4000m深度下的花岗岩基质井底破裂压力梯度为0.025MPa/m，裂缝发育段井底破裂压力梯度为0.023MPa/m。

(2)施工管柱与排量优化。施工管柱和排量优化主要考虑完井管柱的抗压强度、施工限压和形成复杂裂缝及缝高扩展等对施工排量的要求等综合因素。基质段和裂缝发育段的破裂压力不同，施工排量优化时可分别计算。

表3.3.1是按压裂井深4000m和5-1/2in套管注入考虑，在天然裂缝发育段和基质段分别采用清水和滑溜水在不同排量下的井口压力预测结果，得到在80MPa限压下基质段清水压裂最大排量可达到2.0m³/min，滑溜水施工排量可达到3.0m³/min。天然裂缝发育段清水压裂最大排量可达到3.5m³/min，滑溜水施工排量可达到4.5m³/min。

表3.3.1 不同施工排量下的井口压力预测结果

压裂段类型	破裂压力梯度/(MPa/m)	液体类型	井口施工压力/MPa							
			0.5	1.0	1.5	2.0	2.5	3.0	3.5	4.0
基质段	0.025	清水	66.43	67.49	69.10	71.21	73.79	76.82	80.29	84.18
		滑溜水	66.15	66.53	67.11	67.87	68.79	69.89	71.13	72.54
天然裂缝发育段	0.023	清水	58.43	59.49	61.10	63.21	65.79	68.82	72.29	76.18
		滑溜水	58.15	58.53	59.11	59.87	60.79	61.89	63.13	67.54

缝高扩展的影响也是排量优化需考虑的因素之一。利用复杂裂缝模型，模拟计算相同规模不同排量下的缝高延伸，可进一步确定排量。表3.3.2是排量0.5~12m³/min条件下的缝高扩展结果，可见排量达到3m³/min后再增加排量对缝高影响不大。

表3.3.2 施工排量缝高扩展的影响

用液量/m³	液体类型	排量/(m³/min)	裂缝半长/m	缝高/m	主缝缝宽/cm
1000	清水	0.5	122	84	0.079
1000	清水	1	133	98	0.085
1000	清水	1.5	137.7	110	0.088
1000	清水	2	142.4	118	0.0927
1000	清水	3	155	122	0.1009
1000	清水	4	163.3	125	0.1069
1000	清水	6	174	129	0.11608
1000	清水	8	182	132	0.123
1000	清水	10	188.7	136	0.1288
1000	清水	12	193	139	0.1337

综合考虑裂缝扩展和施工安全性，施工排量控制在3m³/min以内。

(3)压裂液类型优化。国外一般采用清水作为压裂液，未见采用其他压裂液类型。而对于干热岩压裂液类型，主要考虑经济性、缝高扩展以及是否满足井口限压的要求。前述模拟计算表明，对于 4000m 左右深度的井，在限压 80MPa 条件下，无论采用清水还是滑溜水，排量均可达到 3m³/min。因此，从经济性方面考虑，清水无疑是最佳选择。

采用清水压裂，缝高扩展是受限的，在 3～12m³/min 排量下缝高预测为 122～139m，对于上千米的高温岩体段，换热高度略显不足。表 3.3.3 比较了高黏液和清水对缝高的影响，明显表现出黏度对缝高扩展的促进作用。在相同排量和用液量条件下，注入黏度为 30mPa·s 的高黏液，缝高可提升 40%～50%。

表 3.3.3　清水和高黏液对缝高扩展的影响

用液量/m³	液体类型	排量/(m³/min)	裂缝半长/m	缝高/m	主缝缝宽/cm
1000	清水	0.5	122	84	0.079
1000	高黏液	0.5	98	126	0.133
1000	清水	1	133	98	0.085
1000	胶液	1	77	137	0.156

综合考虑缝高扩展、施工安全性、经济性等因素，干热岩压裂液体体系可首选清水或滑溜水，对于缝高的扩展，可采用注入高黏液段塞的办法。

(4) 压裂液用液规模设计。压裂液用量的优化设计主要考虑两方面因素：一是要依据注采井的井距大小，满足注采井连通时对裂缝长度的要求；二是要满足换热温度和流量的改造体积，用液量的大小可用裂缝模拟软件来进行。表 3.3.4 模拟计算的是不同数量的清水在 3m³/min 排量下裂缝模拟研究结果，数据表明，如果注采井距为 500～600m，则单井用液规模可设计为 10000～20000m³。诚然，具体到某一个试验井组，须按照实际的井距和方位来具体优化。

表 3.3.4　不同液体对裂缝几何尺寸的影响

用液量/m³	液体类型	排量/(m³/min)	裂缝半长/m	缝高/m	主缝缝宽/cm	改造体积/10⁶m³
1000	清水	3	155.0	122.0	0.1009	3.7085
10000	清水	3	278.0	128.0	0.1082	12.868
30000	清水	3	364.7	130.0	0.1091	22.625
50000	清水	3	413.5	130.3	0.1092	29.346

3.3.2　化学刺激机理方法

1. 化学刺激法概述

化学刺激法是以低于地层破裂压力的注入压力向井附近热储层裂隙注入化学刺激剂，依靠其化学溶蚀作用使热储层裂隙通道堵塞物溶解来增加井孔附近和远处地层的渗透性[1]。由于化学刺激法具有地震诱发风险性低、穿透性能好等优点，逐渐受到人们的重视。

目前应用最广泛的酸性化学刺激剂是盐酸（HCl）和土酸。盐酸可有效溶蚀碳酸盐类矿物，如方解石、白云石等；土酸是盐酸和氢氟酸（HF）的混合物，盐酸可溶蚀碳酸盐类矿物，氢氟酸可溶蚀石英、黏土矿物。盐酸和氢氟酸溶蚀岩体矿物的反应方程式如下。

方解石：

$$2HCl+CaCO_3 = CaCl_2+H_2O+CO_2 \qquad (3.3.2)$$

铁矿：

$$2HCl+FeCO_3 = FeCl_2+H_2O+CO_2 \qquad (3.3.3)$$

白云石：

$$4HCl+CaMg(CO_3)_2 = CaCl_2+MgCl_2+2H_2O+2CO_2 \qquad (3.3.4)$$

石英：

$$4HF+SiO_2 = SiF_4+2H_2O \qquad (3.3.5)$$

$$SiF_4+2HF = H_2SiF_6 \qquad (3.3.6)$$

钠长石：

$$NaAlSi_3O_8+22HF = NaF+AlF_3+3H_2SiF_6+8H_2O \qquad (3.3.7)$$

钾长石：

$$KAlSi_3O_8+22HF = KF+AlF_3+3H_2SiF_6+8H_2O \qquad (3.3.8)$$

绿泥石：

$$Mg_3[Si_4O_{10}](OH)_2 \cdot Al_3(OH)_9+31HF = 3AlF_3+3MgF_2+4SiF_4+21H_2O \qquad (3.3.9)$$

黑云母：

$$KMg_3AlSi_3O_{10}(OH)_2+22HF = AlF_3+3SiF_4+KF+3MgF_2+12H_2O \qquad (3.3.10)$$

蒙脱石：

$$Al_4Si_8O_{20}(OH)_4+44HF = 4AlF_3+8SiF_4+24H_2O \qquad (3.3.11)$$

通过高温高压岩心流动仪（反应柱）模拟地热岩体在真实地热储层的温度、压力、酸-岩接触面积等条件，将化学刺激剂注入岩心（5cm），进行酸-岩液固反应，比较化学刺激溶蚀前后岩柱渗透率的变化，分析反应不同时间段化学刺激剂的离子浓度变化和岩柱矿物组分变化，定量评价化学刺激剂在储层裂隙流动过程中的改造作用效果。

本实验运用达西定律[式（3.3.12）]计算岩体渗透率，即体积流量 Q 与上下游水头差（H_1–H_2）和垂直于水流方向的横截面积 A 成正比，而与渗流长度 L 成反比。由于花岗岩岩性致密，为了模拟真实储层中的天然裂隙，本实验对花岗岩岩柱进行劈裂造缝。在岩心流动实验过程中，将整个岩柱横截面视为过水断面，通过高温高压岩心流动仪测定岩柱进出口端的压力、化学刺激剂液体流量即可计算出岩体的等效渗透率 k_1。

达西定律：

$$Q = K \times A \times \frac{H_1 - H_2}{L} \tag{3.3.12}$$

$$\rho g H = P \tag{3.3.13}$$

式中，P 为压强。

渗透率 k 与渗透系数 K 的关系式为

$$k = K \frac{\mu}{\rho g} \tag{3.3.14}$$

$$k_1 = \frac{Q \mu L}{A_1 (P_1 - P_2)} \tag{3.3.15}$$

其中，Q 为液体通过岩柱的体积流量，m³/s；K 为渗透系数，m/d；k_1 为等效渗透率，m²；A_1 为岩柱的横截面积，m²；H 为水头，m；L 为岩柱长度，m；ρ 为液体密度，kg/m³；g 为重力加速度，m/s²；P_1 为进口高压，Pa；P_2 为进口低压，Pa；μ 为液体动力黏度系数，Pa·s。

KD-Ⅱ型岩心造缝装置可以开展坚硬岩石的劈裂、造缝等工作，对致密花岗岩岩样进行人工造缝预处理，可以模拟真实地热储层中的原生裂缝，使化学刺激液在裂缝中流动。

高温高压岩心流动仪(图 3.3.1)可以进行围压负载状态下的裂隙岩心渗透能力测试，得到岩心的渗透率等参数。由于化学刺激剂具有强烈腐蚀性，为了保证实验仪器不受损害，仪器线路及反应釜材质均为哈氏合金。高温高压岩心流动仪主要由恒压恒流泵、鼓风烘箱、中间容器、岩心夹持器、手压泵、冷凝器等组成。

超纯水与岩柱反应后，岩柱的等效渗透率变化结果见图 3.3.2。注水阶段持续 3h，岩柱等效渗透率稳定在 0.03mD，超纯水对岩柱渗透率的提升没有明显的增强作用，以超纯水实验作为对照，可以认为化学刺激剂的溶蚀效果是由化学刺激的溶蚀作用引起的，而不是水-岩相互作用。

当化学刺激剂为 2.5mol/L HCl+0.5mol/L HF 时，岩柱的等效渗透率 k_1 变化结果见图 3.3.3。注入 0.5h 超纯水测定岩柱的初始等效渗透率 k_1 为 2.5mD；持续注入化学刺激剂 2.5mol/L HCl+0.5mol/L HF 2h 后，等效渗透率逐渐升高，等效渗透率 k_1 最高可达 6.08mD，当化学刺激剂注入结束时，岩柱等效渗透率 k_1 稳定在 4.05mD；再次通入超纯水 0.5h，测定岩柱与化学刺激剂反应后的等效渗透率 k_1 为 4.05mD。对比化学刺激剂前后岩柱的等效渗透率可以看出：2.5mol/L HCl+0.5mol/L HF 使岩心等效渗透率增加了 1.43 倍，且等效渗透率呈现持续上升的状态。

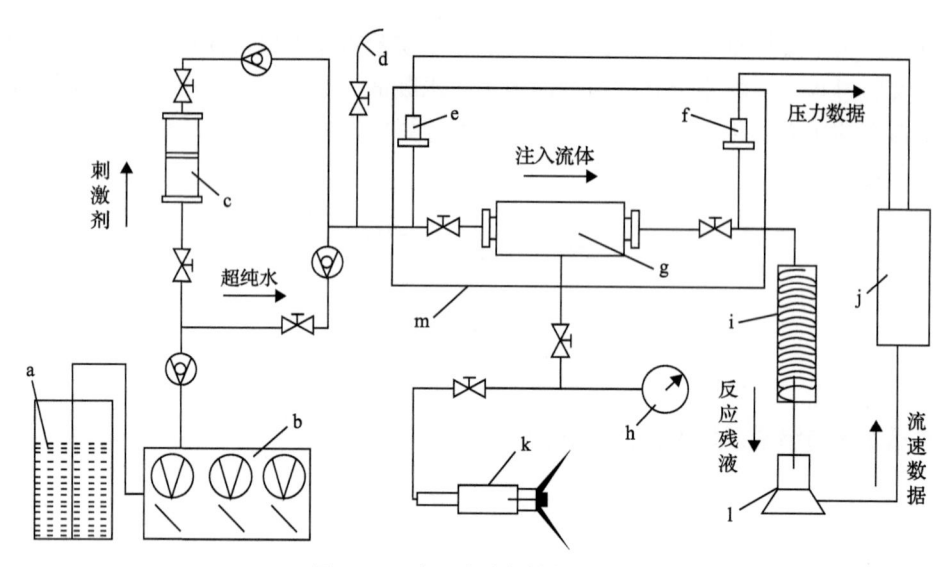

图 3.3.1 岩心流动仪结构示意图

a-超纯水；b-恒速恒压泵；c-中间容器；d-安全阀；e-进口压力；f-出口压力；g-岩心夹持器；h-环压表；i-冷凝器；j-数据采集装置；k-手摇泵；l-电子天平；m-鼓风烘箱

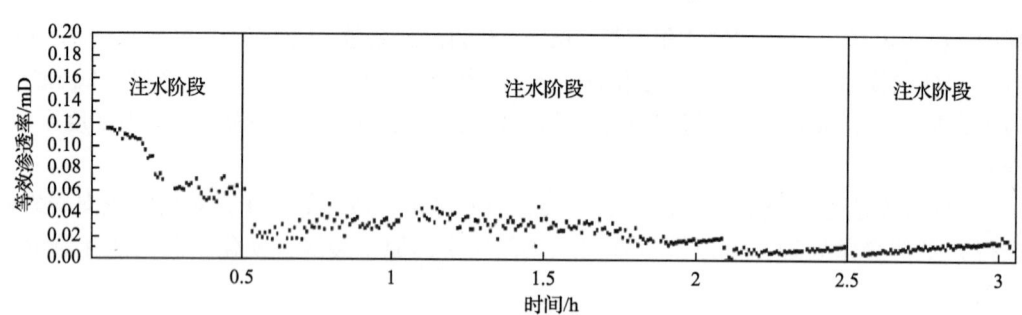

图 3.3.2 岩柱与超纯水反应不同时长的等效渗透率 k_1 变化曲线

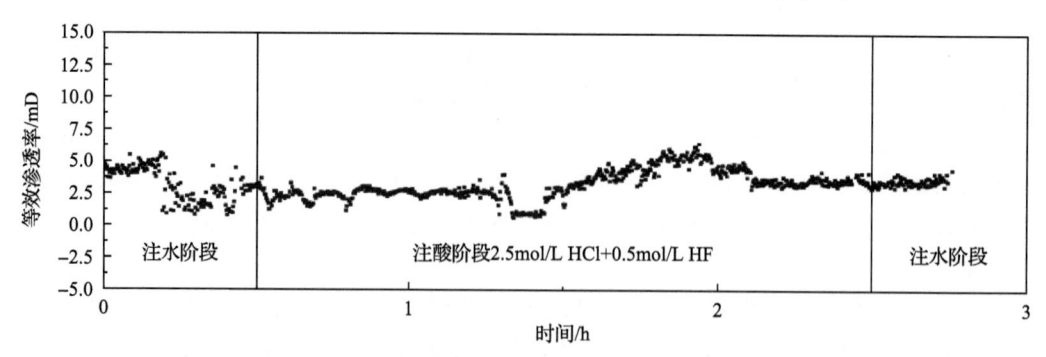

图 3.3.3 化学刺激剂 2.5mol/L HCl+0.5mol/L HF 反应不同时长的等效渗透率 k_1 变化曲线

当化学刺激剂为 2.5mol/L HCl+0.5mol/L HF+1%缓蚀剂时，岩柱的等效渗透率 k_1 变化结果见图 3.3.4。注入 0.5h 超纯水测定岩柱的初始等效渗透率 k_1 为 0.05mD；持续注入化学刺激剂 2.5mol/L HCl+0.5mol/L HF+1%缓蚀剂 2h，等效渗透率逐渐升高；再次通入超纯水 0.5h，测定岩柱与化学刺激剂反应后的等效渗透率 k_1 为 0.25mD。对比注入化学刺激剂前后岩柱的等效渗透率,可以看出:2.5mol/L HCl+0.5mol/L HF+1%缓蚀剂使岩心渗透率增加了 4 倍,岩柱渗透率在注酸阶段变化幅度较大。

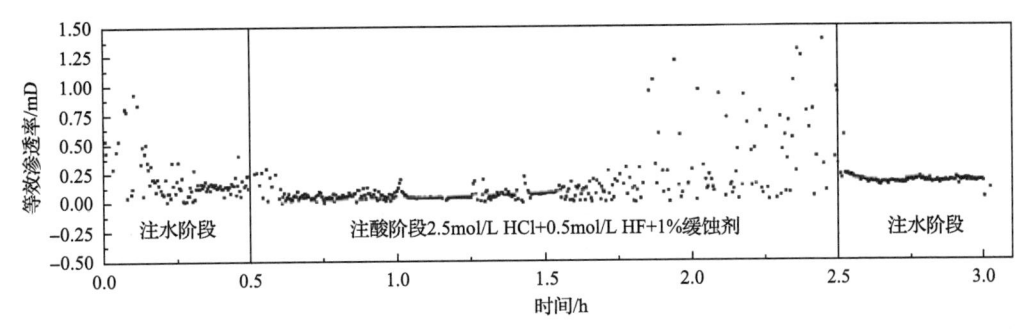

图 3.3.4　化学刺激剂 2.5mol/L HCl+0.5mol/L HF+1%缓蚀剂反应不同时长的等效渗透率 k_1 变化曲线

综上,通过优选出的 5 种化学刺激剂开展岩心流动实验,实验结果表明:2.5mol/L HCl+0.5mol/L HF 使岩心渗透率增加了 1.43 倍,且渗透率呈现持续上升的状态;2.5mol/L HCl+0.5mol/L HF+1%缓蚀剂使岩心渗透率增加了 4 倍,渗透率在注酸阶段变化幅度较大。

2. 化学刺激剂对岩样矿物含量的影响

1) 对斜长石含量的影响

由图 3.3.5 可以看出,随着反应进行,斜长石被酸性化学刺激剂溶解,体积分数逐渐下降,与 2.5mol/L HCl+0.5mol/L HF 反应 2.0h 后,斜长石体积分数由 55.0%降低至 54.4%,降低了 0.6 个百分点;与 2.5mol/L HCl+0.5mol/L HF+1%缓蚀剂反应 2.0h 后,斜长石体积分数由 55.0%降低至 54.5%,降低了 0.5 个百分点。实验结果表明:化学刺激剂 2.5mol/L HCl+0.5mol/L HF 对斜长石的溶蚀效果强于化学刺激剂 2.5mol/L HCl+0.5mol/L HF+1%缓蚀剂对斜长石的溶蚀效果,缓蚀剂可以减弱化学刺激酸液对斜长石的溶蚀作用。结合扫描电镜图片(图 3.3.6,图 3.3.7)可以看出,光滑的斜长石表面被酸液溶蚀后产生凹槽及空洞。

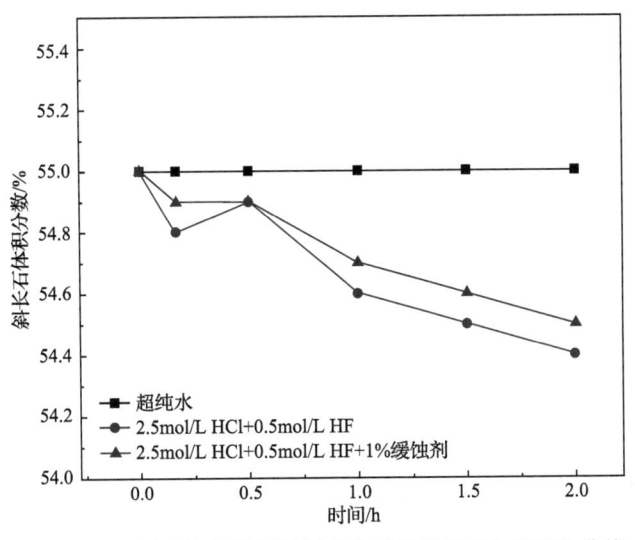

图 3.3.5　不同酸性化学刺激剂反应后的斜长石含量变化曲线

图 3.3.6　光滑的斜长石原样　　　　　　图 3.3.7　被酸液溶蚀的斜长石

2) 对钾长石含量的影响

由图 3.3.8 可以看出，随着反应进行，钾长石被酸性化学刺激剂溶解，体积分数逐渐下降，与 2.5mol/L HCl+0.5mol/L HF 反应 2.0h 后，钾长石体积分数由 22.000%降低至 21.965%，降低了 0.035 个百分点；与 2.5mol/L HCl+0.5mol/L HF+1%缓蚀剂反应 2.0h 后，钾长石体积分数由 22.00%降低至 21.98%，降低了 0.02 个百分点。实验结果表明：化学刺激剂 2.5mol/L HCl+0.5mol/L HF 对钾长石的溶蚀效果强于化学刺激剂 2.5mol/L HCl+0.5mol/L HF+1%缓蚀剂对钾长石的溶蚀效果，缓蚀剂可以减弱化学刺激酸液对钾长石的溶蚀作用。结合扫描电镜图片可以看出，光滑的钾长石表面被酸液溶蚀后产生凹槽及空洞(图 3.3.9，图 3.3.10)。与斜长石、石英含量降低程度相比可知，土酸对岩石矿物的溶解强度为：石英＞斜长石＞钾长石。

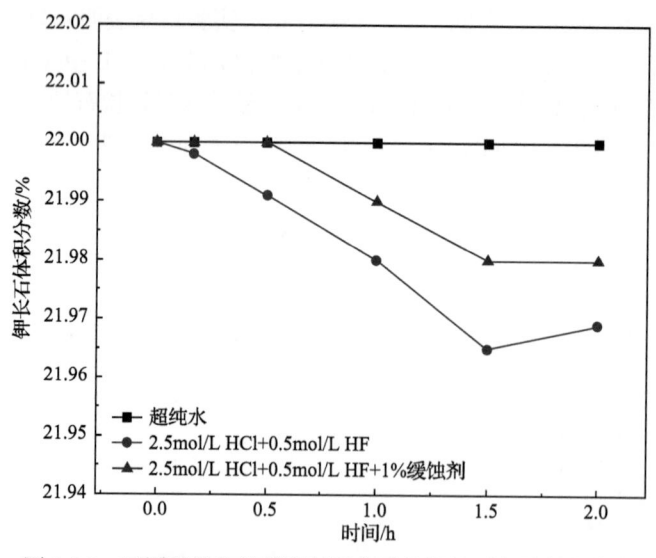

图 3.3.8　不同酸性化学刺激剂反应后的钾长石含量变化曲线

3) 对石英含量的影响

由图 3.3.11 可以看出，随着反应进行，石英被酸性化学刺激剂溶解，体积分数逐渐下降，与 2.5mol/L HCl+0.5mol/L HF 反应 2.0h 后，石英体积分数由 23%降低至 16%，降

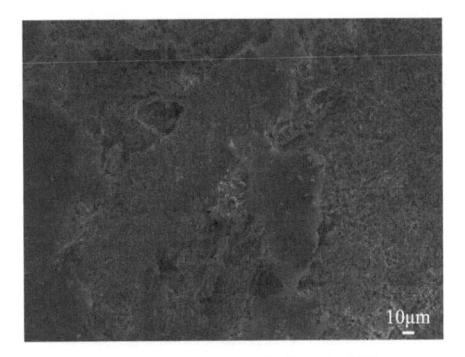

第 3 章　干热岩能量获取方法与测井技术

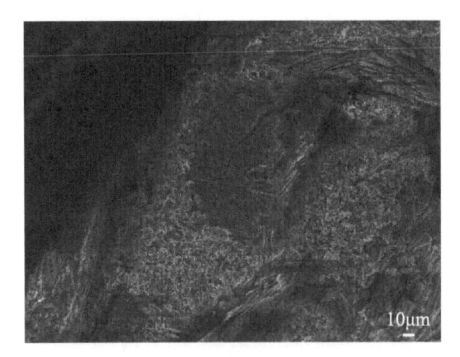

图 3.3.9　光滑的钾长石原样　　　　　图 3.3.10　被酸液溶蚀的钾长石

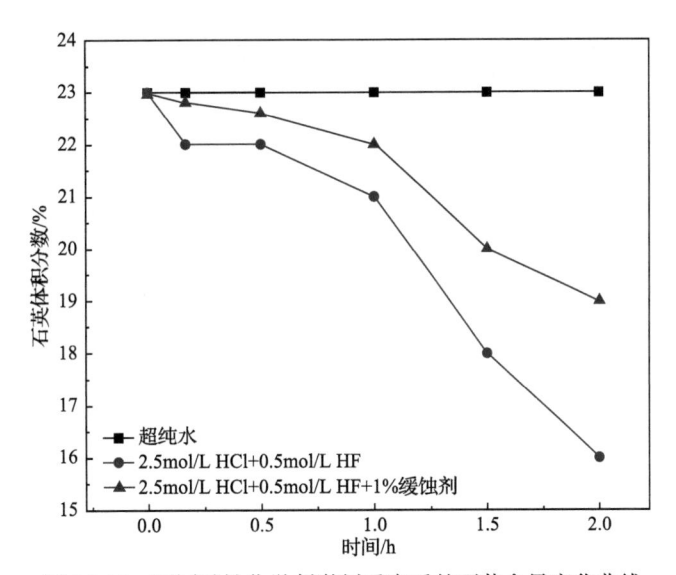

图 3.3.11　不同酸性化学刺激剂反应后的石英含量变化曲线

低了 7 个百分点；与 2.5mol/L HCl+0.5mol/L HF+1%缓蚀剂反应 2.0h 后，石英体积分数由 23%降低至 19%，降低了 4 个百分点。实验结果表明：化学刺激剂 2.5mol/L HCl+0.5mol/L HF 对石英的溶蚀效果强于化学刺激剂 2.5mol/L HCl+0.5mol/L HF+1%缓蚀剂对石英的溶蚀效果，缓蚀剂可以减弱化学刺激酸液对石英的溶蚀作用。结合扫描电镜图片可以看出，光滑的石英表面被酸液溶蚀后产生凹槽及空洞(图 3.3.12，图 3.3.13)。与斜长石含量降低程度相比可知，土酸对石英的溶解程度强于斜长石。

此外，通过 1500 倍以上的扫描电镜可以观察到，在原生矿物表面附着次生矿物绿泥石(图 3.3.14)、球状二氧化硅(图 3.3.15)、蒙脱石(图 3.3.16)。虽然酸性化学刺激剂对石英溶蚀强烈，但同样生成了次生矿物堵塞原生裂隙通道，导致岩心流动实验中酸性化学刺激剂对岩石渗透率提高程度低于碱性化学刺激剂对岩石渗透率提高程度。由于次生沉淀矿物含量较低，仅可在高倍扫描电镜下观测到具体形态，不能准确、完全开展定量分析，在此不做展开描述。

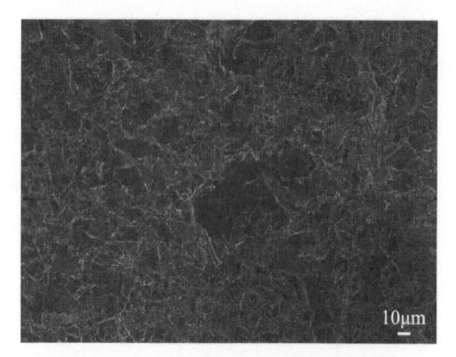

图 3.3.12　光滑的石英原样（对比）

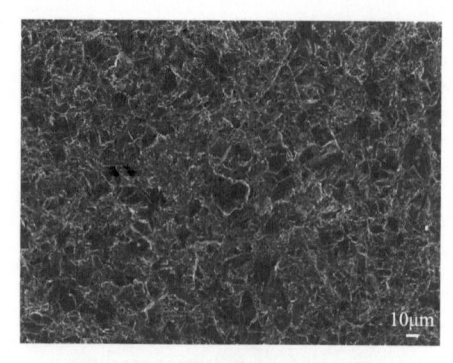

图 3.3.13　石英溶蚀样品（对比）

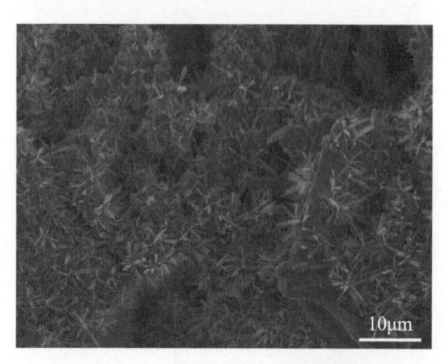

图 3.3.14　次生沉淀：簇状绿泥石

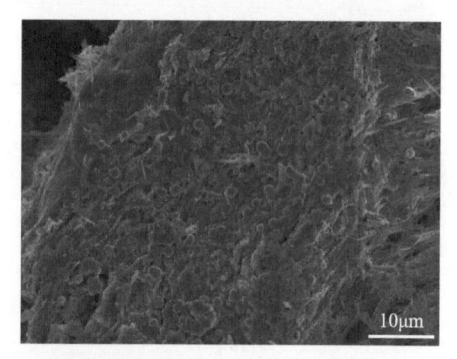

图 3.3.15　次生沉淀：二氧化硅

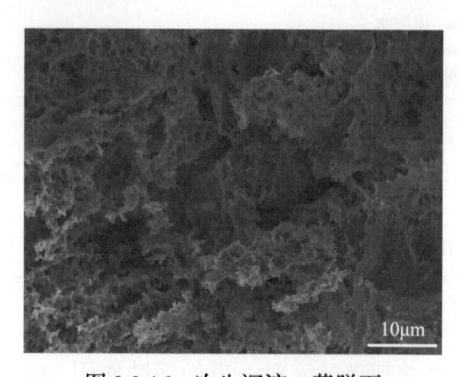

图 3.3.16　次生沉淀：蒙脱石

3.4　干热岩测井资料采集与解释评价方法

干热岩的岩性、裂缝、孔渗、导热性、地应力等热储关键参数是干热岩井压裂改造甜点选择和工艺优化的基础。在高温高压条件下，测井资料采集仪器面临耐高温和承高压等挑战，声电响应特征随温度和压力将发生较大变化，传统的测井解释模型和方法解释热储参数存在偏差，需要高温高压测井技术支持和构建新型解释模型来分析评价。以下介绍了高温干热岩井的测井资料采集方法和花岗岩热储参数测井解释评价方法。

3.4.1 测井资料采集方法

1. 测井系列

为有效识别岩性、评价裂缝及定量计算热储孔隙度、渗透率、井温、力学特性与地应力等参数,必须进行自然伽马、双井径、连续井斜方位、地层倾角、双侧向、补偿声波、井温等测井,或者选测补偿中子、补偿(岩性)密度、微电阻率成像、阵列声波、核磁共振等,以满足精细分析热储特性的要求。

2. 高温测井技术

干热岩井测井面临最大的问题就是如何保障测井仪器在高温高压环境下正常工作,获得准确的测井资料,用以解释评价热储参数。目前主要发展了以下高温和高压条件下的测井技术与施工方法。

(1)耐高温技术:为保证测井仪器在高温下正常运行,仪器外部要使用保温瓶,仪器内部放置吸热剂,同时优化仪器内外壁处理工艺,采用模块化、超低功耗集成电路降低自发热。仪器元器件采用耐高温型号,密封圈采用陶瓷材质等方式实现[1,2]。

(2)耐高压技术:为使测井仪器在井下承受高压,在仪器结构上增加承压模块,达到仪器防灌的目的;采用阶梯结构、平衡设计等,提高测井仪器的动密封耐压能力。

(3)高温测井施工方法:干热岩热储层温度一般大于180℃,除需要耐高温仪器和保温措施外,测井施工设计和准备工作非常重要。

高温条件下施工与一般测井施工有着本质区别,施工单位和施工小队需高度重视,各岗位人员需各司其职,严格按施工设计进行施工,发现测井异常,采取果断措施。要尽量缩短下井仪在井中的停留时间,提高作业时效。井温特别高时,可建议钻井队通井循环钻井液降低井筒及周围温度[2]。

3.4.2 测井解释评价方法

1. 岩性

不同造岩矿物的测井响应特征不同,常利用矿物测井响应特征来识别岩性。目前,常见的岩性识别方法有自然伽马曲线法和元素俘获测井法(ECS)。

1)自然伽马曲线法

不同的花岗岩组分在自然伽马曲线上响应不同。对于石英含量 25%～40%、由钾长石(占长石 2/3)和酸性斜长石组成、暗色矿物较少(5%～10%)的花岗岩,测井曲线上表现为自然伽马数值较高;而对于二长花岗岩,钾长石和斜长石含量相近,其中黑云母最常见,黑云母含量高时表现为异常高自然伽马特征,黑云母含量较低时自然伽马数值较低;对于斜长花岗岩,斜长石多于钾长石时,二长花岗岩过渡为斜长花岗岩,斜长石占长石总量的 90%,碱性长石很少,暗色矿物一般不超过 10%,在测井曲线上表现为自然伽马数值相对较低。

具体分析某井的岩性时，要根据区域地质特征，选取某一数值作为自然伽马曲线的界限值，把岩性分为黑云母二长花岗岩和二长花岗岩两种，并且要注意标准岩性标定、自然伽马界限值落实及与密度、中子等岩性敏感性曲线的对应性，见图3.4.1。

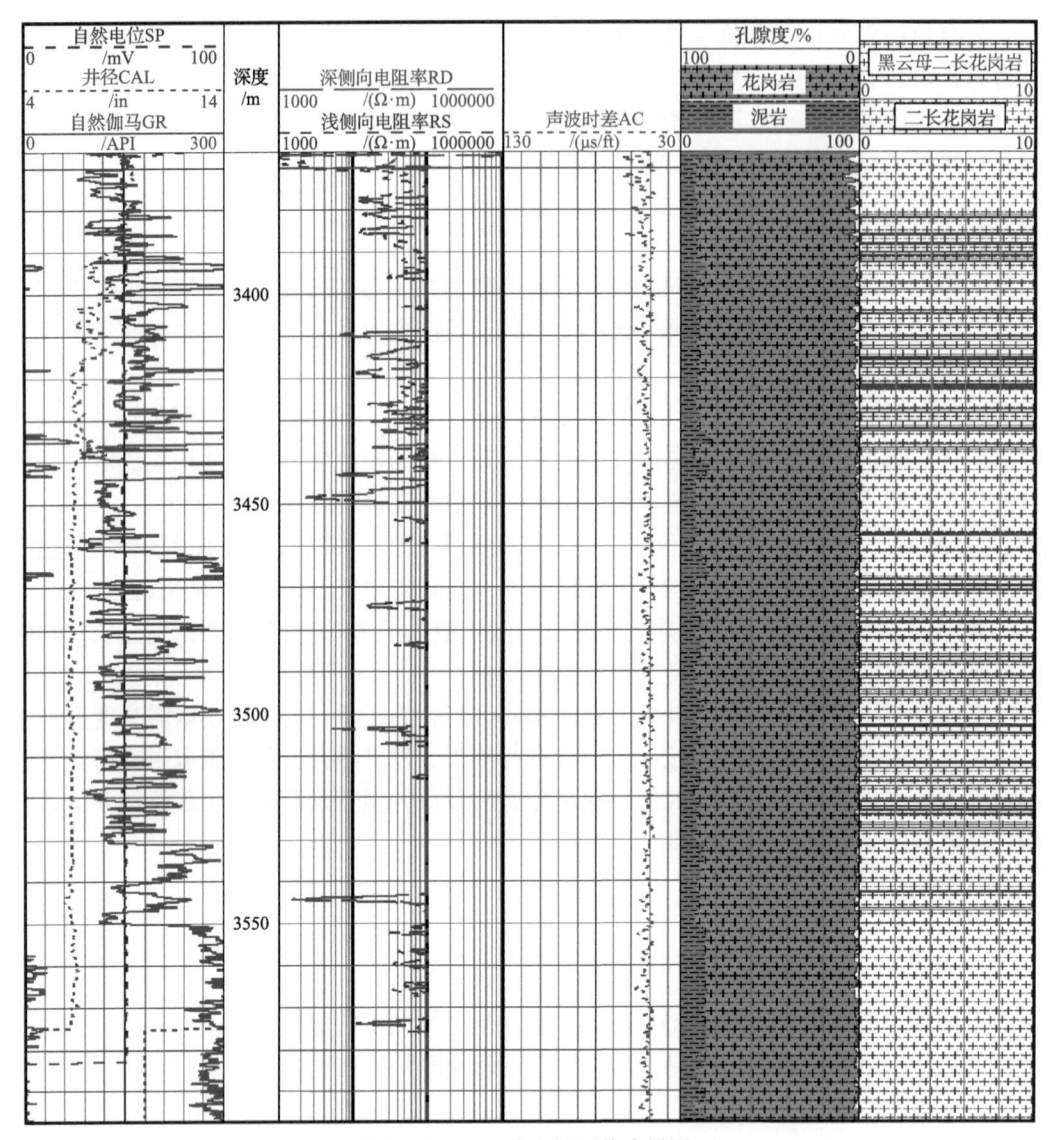

图 3.4.1　××井岩性评价成果图

2) 元素俘获测井法

元素俘获测井法识别岩性的基本原理是利用"剥谱法"对测量的热中子俘获谱解谱，从而得到地层元素的相对产额，根据"氧闭合模型"将其转化为元素质量百分含量，达到应用元素产额确定元素氧化物含量，最终识别火成岩岩性的目的。

斯伦贝谢公司 ECS 测井确定元素质量百分含量的计算公式为

$$Wt_i = FY_i/S_i \tag{3.4.1}$$

其中，Wt_i 为元素 i 的质量百分含量；Y_i 为测得的地层元素 i 的伽马射线的份额，即元素 i 的产额；S_i 为地层元素 i 的相对质量百分含量灵敏度，$g^{-1}\cdot s^{-1}$，即探测元素 i 的灵敏度；F 为每个深度点待确定的归一化因子。利用式(3.4.1)，就可以得到元素相对含量，之后再转化为元素的氧化物含量。再利用全碱-二氧化硅(TAS)图确定岩性。

需要说明的是，ECS 测井是一种新的测井方法，虽然在识别酸性火成岩岩性方面见到一定效果，但识别中、基性火成岩还存在问题，须进一步研究探索该方法的适用性。

2. 裂缝评价

在测井曲线图上，裂缝发育段表现为双侧向电阻率数值降低、声波数值增大，双井径数值差异小。致密层段表现为双侧向电阻率数值高，声波数值小，地层应力集中，双井径表现为椭圆井眼。基于裂缝测井响应特征，可利用三种方法对目的层段进行裂缝参数评价。

1) 声波孔隙度法

所利用的原理就是裂缝发育段受泥浆侵入的作用，声波传播速度降低，时差增大。

$$\phi_S = (\Delta t - \Delta t_{ma})/(\Delta t_f - \Delta t_{ma}) \tag{3.4.2}$$

其中，ϕ_S 为声波计算的孔隙度；Δt_{ma}、Δt_f 分别为岩石骨架声波时差、地层流体声波时差；Δt 为目的层声波时差测井值。

由于声波测井主要反映地层基质孔隙度，对裂缝特别是高角度裂缝敏感性差，在裂缝性储层中计算孔隙度往往偏小。

2) 双侧向电阻率计算裂缝孔隙度

一般采用两种方法计算裂缝孔隙度：其一基于双侧向电阻率差异大小来计算裂缝孔隙度。通常认为，裂缝发育段由于泥浆侵入作用，双侧向电阻率会出现明显差异，差异越大则说明裂缝发育程度越高，反之则越低，如式(3.4.3)所示。其二则是在泥浆深侵入双侧向无差异条件下，根据电阻率幅度高低来判断裂缝发育程度，如式(3.4.4)所示。采用本方法的局限性是本井基岩电阻率超过仪器测量范围。同时，电阻率的降低不排除地层蚀变的可能。

$$\phi_f = m_f \sqrt{a\left(\frac{1}{R_d} - \frac{1}{R_s}\right) \bigg/ \left(\frac{1}{R_w} - \frac{1}{R_{mf}}\right)} \tag{3.4.3}$$

$$\phi_f = m_f \sqrt{\left(\frac{1}{R_d} - \frac{1}{R_b}\right) \bigg/ \left(\frac{1}{R_{mf}} - \frac{1}{R_b}\right)} \tag{3.4.4}$$

其中，R_b 为基岩电阻率，$\Omega\cdot m$；R_{mf} 为泥浆滤液电阻率，$\Omega\cdot m$；m_f 为裂缝孔隙结构指数，通常取值 1.5 以下；R_d 为深侧向电阻率，$\Omega\cdot m$；R_s 为浅侧向电阻率，$\Omega\cdot m$；R_w 为地层水电阻率，$\Omega\cdot m$；a 为常数。

3) 主成分裂缝评价法

通常情况下，用单一测井资料或某一种方法识别断裂带都可能存在多解性，采用多种测井信息进行综合评价，应用主成分分析法提取主成分曲线，放大地层裂缝响应特征，从而更有效地识别断层内部结构单元，见图3.4.2。

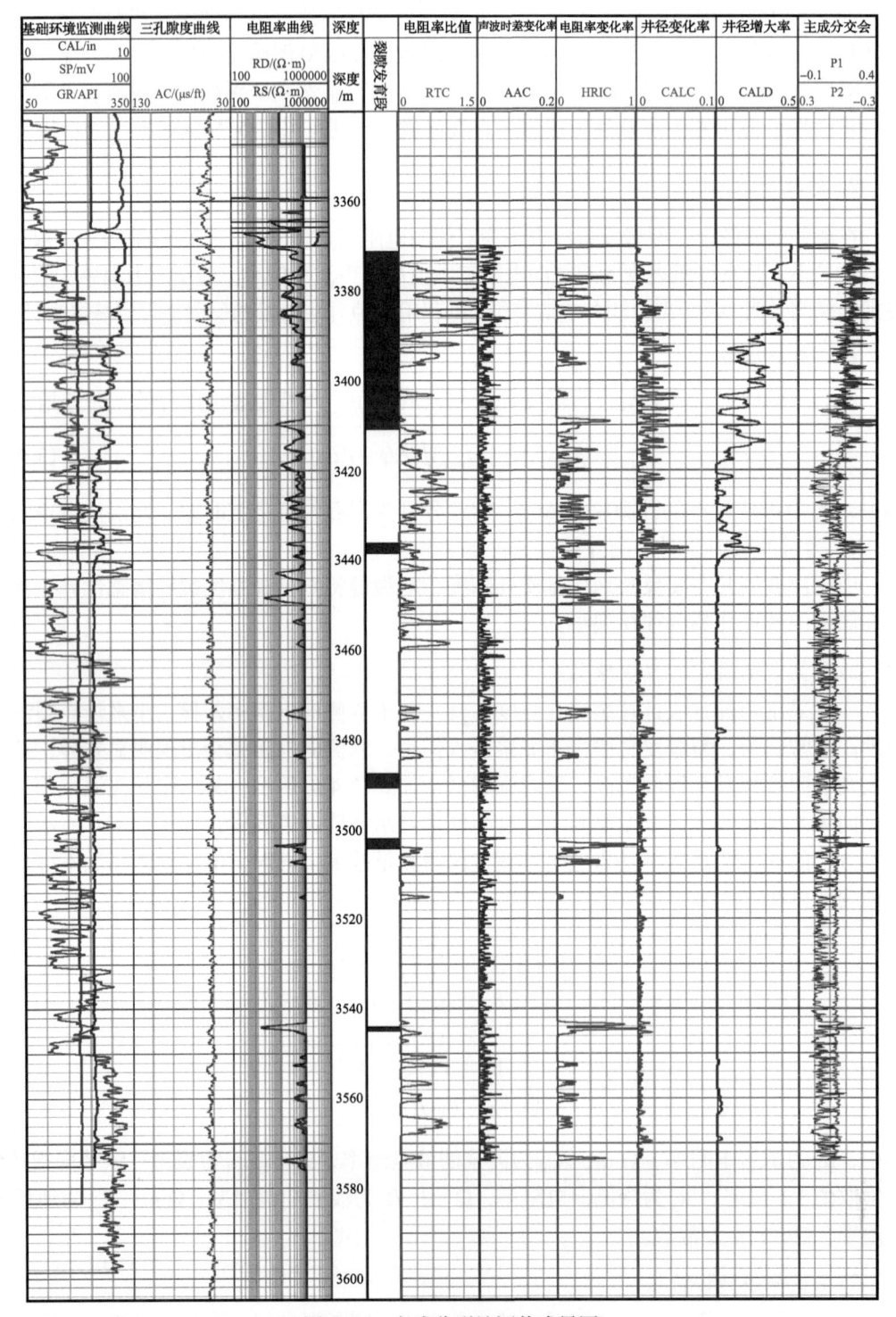

图3.4.2 主成分裂缝评价成果图

3. 裂缝导电性

假设有两块尺寸完全相同的岩石如图 3.4.3 所示,其中一块岩石的裂缝导电路径长度等于裂缝岩石长度并且裂缝岩石导电截面积等于裂缝岩石截面积;另一块岩石的裂缝导电路径长度大于裂缝岩石长度,而裂缝岩石导电截面积等于裂缝岩石截面积。若这两块岩石的裂缝孔隙度相等,裂缝孔隙中完全饱和地层水,岩石基块不导电,则裂缝岩石电阻率为

$$R_{\text{of}} = R_{\text{w}} \frac{A}{A_{\text{of}}} \frac{L_{\text{of}}}{L} \tag{3.4.5}$$

其中,R_{of} 为裂缝岩石电阻率;L 为裂缝岩石长度;L_{of} 为裂缝导电路径长度;A 为裂缝岩石截面积;A_{of} 为裂缝岩石导电截面积。

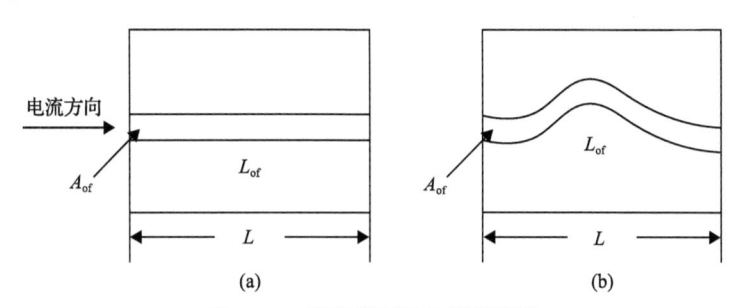

图 3.4.3 裂缝岩石导电机理模型

裂缝导电孔隙体积等于裂缝岩石导电截面积乘以裂缝导电路径长度,即

$$V_{\varPhi_{\text{of}}} = A_{\text{of}} L_{\text{of}} \tag{3.4.6}$$

裂缝岩石体积等于裂缝岩石截面积乘以裂缝岩石长度,即

$$V = AL \tag{3.4.7}$$

联立方程式(3.4.4)~式(3.4.6)可得

$$R_{\text{of}} = R_{\text{w}} \frac{1}{\left(\dfrac{V_{\varPhi_{\text{of}}}}{V}\right)} \left(\frac{L_{\text{of}}}{L}\right)^2 \tag{3.4.8}$$

在图 3.4.3(a)中,裂缝导电路径长度等于裂缝岩石长度,裂缝导电截面积等于裂缝岩石截面积,因而裂缝岩石导电孔隙体积等于裂缝孔隙体积,如式(3.4.9)所示:

$$R_{\text{of}} = R_{\text{w}} \frac{1}{\left(\dfrac{V_{\varPhi_{\text{of}}}}{V}\right)} \tag{3.4.9}$$

其中，$V_{\Phi_{\mathrm{f}0}}$ 为裂缝岩石导电孔隙体积。

裂缝孔隙体积与裂缝岩石体积之比定义为裂缝孔隙度，因此有

$$R_{\mathrm{of}} = R_{\mathrm{w}} \frac{1}{\Phi_{\mathrm{f}}} \tag{3.4.10}$$

其中，Φ_{f} 为裂缝孔隙度。

裂缝地层岩石电阻率与地层水电阻率之比称为裂缝地层岩石电阻率因素（简称地层因素），其表达式为

$$F_{\mathrm{f}} = \frac{1}{\Phi} \tag{3.4.11}$$

式中，F_{f} 为裂缝地层岩石电阻率因素；Φ 为裂缝横截面积。

在图 3.4.3(b)中，裂缝岩石导电路径长度大于裂缝岩石长度，而裂缝岩石导电截面积等于裂缝岩石截面积，在这种情况下，根据式(3.4.11)，裂缝岩石导电孔隙体积与裂缝岩石体积之比定义为裂缝导电孔隙度，用符号 Φ_{of} 表示，则有

$$R_{\mathrm{of}} = R_{\mathrm{w}} \frac{1}{\left(\dfrac{V_{\Phi_{\mathrm{of}}}}{V}\right)} \left(\frac{L_{\mathrm{of}}}{L}\right)^2 = R_{\mathrm{w}} \frac{1}{\Phi_{\mathrm{f}}^{m_{\mathrm{f}}}} \tag{3.4.12}$$

所以，裂缝地层岩石电阻率因素与裂缝孔隙度的关系为

$$F_{\mathrm{f}} = \frac{1}{\Phi_{\mathrm{f}}^{m_{\mathrm{f}}}} \tag{3.4.13}$$

当裂缝导电孔隙度小于裂缝孔隙度时，裂缝孔隙度指数大于1。

4. 基质孔隙度

1) 流纹岩储层基质孔隙度

根据所确定的各种火成岩的骨架参数，分别应用密度、中子及声波测井资料计算流纹岩的孔隙度，从计算结果看，三种测井曲线计算的孔隙度与岩心分析结果之间具有较好的相关性。但是由于储层含气等影响，计算的三种孔隙度与岩心分析孔隙度相比偏高或偏低，为了消除这些影响，同时考虑到中子、密度和声波计算的孔隙度与岩心分析孔隙度之间具有很好的线性相关性，采用中子、密度、声波计算的孔隙度相结合确定基质孔隙度。计算公式为

$$\mathrm{POR} = A \times \varphi_{\mathrm{D}} + B \times \varphi_{\mathrm{N}} + C \times \varphi_{\mathrm{S}} + D \tag{3.4.14}$$

其中，φ_{D}、φ_{N}、φ_{S} 分别为密度、中子和声波孔隙度，%；A、B、C、D 均为系数。

2) 中、基性火成岩孔隙度参数

对于安山岩、玄武岩、粗安岩和英安岩，根据其骨架参数分别计算其中子、密度及

声波时差孔隙度,并采用中子、密度、声波时差计算的孔隙度进行多元线性回归来确定孔隙度。

3) 应用核磁资料确定基质孔隙度

核磁共振测井确定地层孔隙度的依据来自观测信号强度与孔隙流体中氢核含量的对应关系。如果观测信号能够正确反映宏观磁化强度 M,那么它在零时刻的数值大小将与地层孔隙中的含氢总量成正比,由此,经过恰当的标定,即可把零时刻的信号强度标定为岩层孔隙度。通过刻度由 T_2 分布可直接得到孔隙度,计算公式为

$$\varphi = E(0) = \sum_i p_i \tag{3.4.15}$$

式中,φ 为地层孔隙度;$E(0)$ 为核磁共振信号强度;p_i 为第 i 个 T_2 组分的相对幅度。

对于深层火成岩地层,如果地层孔洞、裂缝发育,核磁共振测井测得的孔隙度应该包括孔洞、裂缝的贡献。因此,应用核磁测井资料确定火成岩基质孔隙度时,应去掉 1024~2048ms 的组分。

5. 渗透率

1) 常规测井资料

渗透率是影响储层流体能否产出的关键储层参数,它与岩石的孔隙结构密切相关。将岩心分析的渗透率与岩心分析的孔隙度建立关系。针对研究区块的实际情况,在确定储层的渗透率参数时,采取了应用孔隙度参数,通过回归求取储层渗透率参数的方法。回归公式为

$$\text{PERM} = A1 \times e^{B1 \times \varphi} \tag{3.4.16}$$

其中,PERM 为储层的渗透率;$A1$、$B1$ 为回归系数。

2) 核磁测井资料

由于核磁共振测井能够反映出储层的孔隙结构,从而可以提供更为精确的储层渗透率参数。目前 P 型核磁共振采用科茨(Coates)模型计算渗透率,其方程为

$$k = (\text{MPHI}/C)^4 \times (\text{FFI}/\text{BVI})^2 \tag{3.4.17}$$

其中,FFI 为孔隙体积中的自由流体;MPHI 为核磁共振孔隙度;C 为 Coates 经验系数。

在定量解释和计算渗透率过程中,束缚水体积(BVI)的准确性起关键作用,目前普遍采用 T_2 截止值的方法确定束缚水体积,T_2 截止值由 T_2 谱确定。

6. 生热率

生热率采用修正后的天然放射性核素计算式进行计算:

$$A = 10^{-5} \rho (9.52 C_{\text{U}} + 2.56 C_{\text{Th}} + 3.48 C_{\text{K}}) \tag{3.4.18}$$

其中，A 为岩石生热率，$\mu W/m^2$；C_U 为岩石中的 U 含量，$\mu g/g$；C_{Th} 为岩石中的 Th 含量，$\mu g/g$；C_K 为岩石中 K 含量，wt%；ρ 为岩石密度，kg/m^3。

参 考 文 献

[1] Luo J, Zhu Y, Guo Q, et al. Chemical stimulation on the hydraulic properties of artificially fractured granite for enhanced geothermal system[J]. Energy, 2018, 142: 754-764.

[2] Portier S, Vuataz F D, Nami P, et al. Chemical stimulation techniques for geothermal wells: experiments on the three-well EGS system at Soultz-sous-Forêts, France[J]. Geothermics, 2009, 38(4): 349-359.

第 4 章 压裂监测与人工储层裂隙网络评价

压裂监测通过获取储层改造过程中或储层改造后的浅表地球物理及水文响应数据，分析储层改造状态，包括裂隙发育规模、优势发育方位、裂隙水热传递能力等。该过程是实现压裂过程精细化管控、提高深部热能获取效率的关键。目前常用的压裂监测手段主要为微地震监测，即通过监测储层人工裂隙发育过程所诱发的地震波信号，反演确定微地震震源位置和事件属性，进而推断裂隙发育状态。此外，近年来地面接触式测斜仪监测以及非接触式的合成孔径雷达干涉测量(InSAR)遥感监测等，为裂隙发育状态实时监测提供了新的技术手段。在储层改造后，为了进一步明确储层改造后的水热传递能力，通常开展单井或井间示踪试验，根据试验过程中的井口压力、流量、示踪剂浓度、温度等响应数据，反演确定裂隙空间几何结构和参数。

4.1 压裂诱发微地震监测与分析

微地震监测技术是通过采集岩石断裂声发射信号进行水力压裂裂缝成像，或对储层流体运动进行监测的方法。根据微地震监测仪器布阵的方式，微地震监测方法主要分为地面监测与井中监测。井中监测是指将井下仪器串下入压裂井周边的监测井井筒中，尽可能接近目标地层,通过井下仪器记录工区发生的微地震事件的纵波(P)与横波(S)初至，实现震源位置定位。例如，1997 年美国棉花谷镇(Cotton Valley)地区进行了微地震监测试验，在工区 1000m 范围内采用两口监测井，并且每口监测井内串入 48 级三分量检波器。目前，国外井中微地震监测设备发展比较成熟的公司主要有 Weir-Jones、工程地震集团、ESG、斯伦贝谢等。国内对井下微地震监测也做了相应研究。赵忠等[1]采用 15 级井下检波器，并以射孔位置为基准，对速度模型进行反演。井中监测所获波形初至信噪比高，效果较好。但仪器成本高，施工操作复杂，并且横向分辨能力不足。

当压裂工区没有监测井或钻井成本过高时，采用地面监测是较为有效的手段。根据不同的需要，微地震地面检波器布置方式大致分为两类：一类是辐射状结构，使用大量单分量检波器采用地震勘探方法进行数据采集。该方法常应用于水力压裂监测[图4.1.1(a)]。另一类是方形网格状结构，将检波器深埋入地下几十米(近地表监测)，各点独立采集[图 4.1.1(b)]。该方法监测面积大，能够同时对多井实施监测，适用于天然地震或油藏动态监测(长久或永久采集)。

目前国内大部分水力压裂的微地震监测工作都采用地面监测方式，但一般采用少量三分量站点，以监测井为中心呈圆形布设，将检波器埋入地下浅坑以提高信噪比。例如，王维波等研发的微地震地面监测系统采用 30～50 个地面监测站点，并将检波器埋入地下1～5m。该方法已成功在川渝地区应用 19 次，但由于监测点数量少，与 Microseismic 公司研发的系统相比仍存在差距。

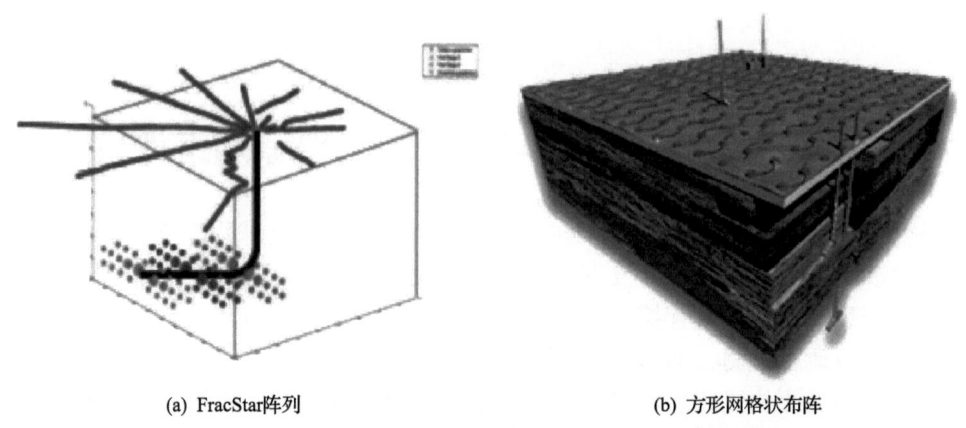

(a) FracStar阵列　　　　　　　　　　(b) 方形网格状布阵

图 4.1.1　微地震地面监测示意图(美国 MSI 公司资料图)

与井中监测相比，由于地下介质吸收和地面噪声的干扰，地面监测所接收到的有效微地震信号较少，并且纵向定位分辨能力不足。采用井中-地面联合监测方法能够在一定程度上弥补井中监测与地面监测的缺陷，只需在压裂井附近找一口监测井，并且串入少量检波器即可，方便可行。以井下信号为参考，通过互相关的方法获取更加可信的地面信号。为提高微地震监测精度需求，国内外许多学者在井网条件允许的情况下应用了联合观测方式。

微地震井中-地面联合监测时的仪器布局如图 4.1.2 所示，监测时需要在压裂井附近的一定距离内选择一口监测井放置井中仪器，地面微地震信号采集阵列可以根据施工现场的实际环境进行布设。为了获取较高的信号质量，减小外界环境的震动和电磁干扰，并且尽量减少地表疏松地层对微地震波的衰减，需要在地面上挖掘出一个深度 0.5m 的浅坑将检波器掩埋。浅井检波器采用在地表钻进 15m 左右的浅井，然后用水泥固定检波器。采用微地震井中-地面联合监测方法对比多监测井的井中监测简化了施工的复杂度，相比地面监测获取的信息可信度更高。微地震井中-地面联合监测数据可以为压裂施工产生的裂缝精细描述提供可靠支持。

图 4.1.2　微地震井中-地面联合监测示意图

采集信号的信噪比会直接影响定位结果。除此之外，在对震源点位置进行反演定位时，会根据声波测井资料初步建立速度的基本模型，利用微地震事件对模型进行不断校正以使搭建的模型更符合现实情况，但经过最终校正后的模型与真实的地层模型仍然存在一定的差异。其中，噪声扰动产生的定位误差对定位算法精度的影响较小，而速度模型的变化影响较大。因此，在良好的压裂诱发微地震数据采集的基础上，基于微地震监测数据分析储层裂隙结构仍涉及岩石破裂理论、地震波速度模型、微地震事件拾取与定位理论、裂隙结构实时成像理论等多个理论与方法，现分述如下。

4.1.1 岩体破裂力学准则

岩石破裂过程遵循莫尔-库仑(Mohr-Coulomb)准则：

$$\tau \geqslant \tau_0 + \mu(S_1 + S_2 - 2P_0) + \frac{\mu(S_1 - S_2)\cos 2\phi}{2}$$
$$\tau = (S_1 - S_2)\sin\frac{2\phi}{2} \tag{4.1.1}$$

其中，τ 为作用在裂缝面上的剪切应力；τ_0 为岩石的固有法向应力抗剪切强度；μ 为层面间摩擦系数；S_1、S_2 分别为最大、最小主应力；P_0 为地层压力；ϕ 为最大主应力与裂缝面法向的夹角。当岩石的固有法向应力抗剪切强度较小或者地层压力较大时，岩石更容易错断。

干热岩储层中岩石的抗剪强度要比抗张强度大一个数量级，且在构造应力作用下常存在局部应力集中现象。因此，在储层压裂改造过程中，岩石以张性破裂行为为主。断裂力学理论认为，当应力强度因子大于断裂韧性时，裂缝发生张性扩展：

$$\left[\frac{(p-S_\mathrm{n})Y}{\sqrt{\pi l}}\right]\int_0^l \sqrt{\frac{1+x}{1-x}}\mathrm{d}x \geqslant k_\mathrm{ic} \tag{4.1.2}$$

其中，k_ic 为断裂韧性；p 为井底注水压力；S_n 为裂缝面上的法向应力；Y 为裂缝形状因子；l 为裂缝长度；x 为自裂缝端点沿裂缝面走向坐标。可以看出，注水压裂会增加地层压力，使应力在地下岩石的局部位置集中，最后导致岩石破裂，在进水区边缘产生微地震事件[2,3]。

4.1.2 岩石破裂与微地震响应机理

为了促使储层中形成复杂且具有水力连通能力的裂隙网络，干热岩的压裂施工过程通常具有注入排量小、注入液量大、持续时间长等特点。例如，Fenton Hill 试验场的 EE-2 井注入液量 21300m³，EE-3 井注入液量则达到了 75903m³，注入排量均小于 3.0m³/min。然而，该种水力压裂方式下裂隙起裂拓展过程与微地震事件之间关联关系尚不清晰。

近年来，吉林大学研究团队利用自主研发的干热岩水力压裂仿真实验模拟系统(图 4.1.3)，对 300mm×300mm×300mm 立方体花岗岩样品施加三向正交围压，比拟实际干热岩储层地应力条件。在此基础上，模拟仿真了不同注入流量、温度和三轴围压应力实验条件下的水力压裂特征参数、裂缝分布形式，记录了压裂过程中声发射事件的位置、能量和注入压力。

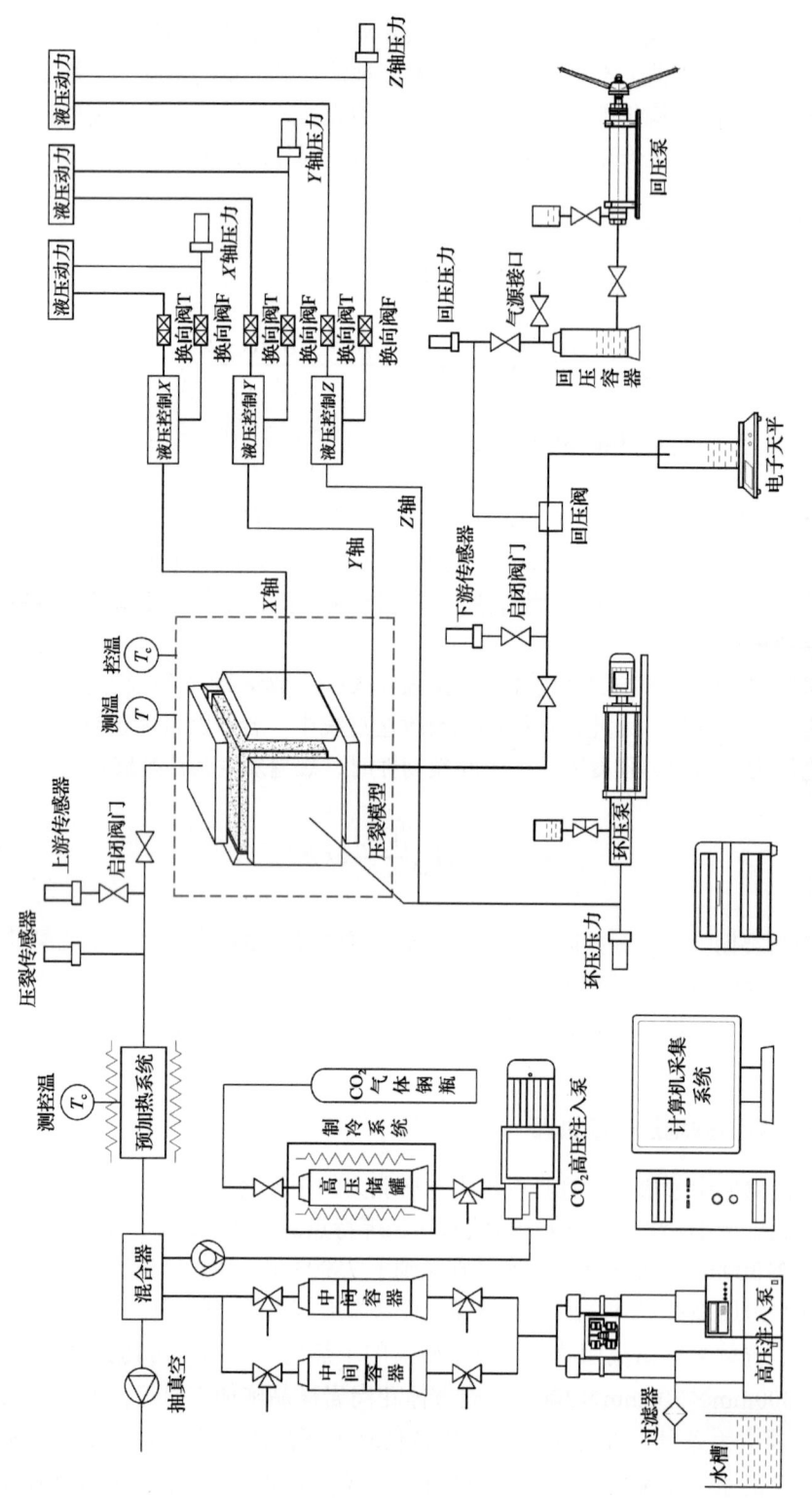

图 4.1.3　干热岩水力压裂仿真实验装置示意图

1. 实验装置

干热岩水力压裂仿真实验装置由以下五部分组成。

(1) 压裂液注入单元[图 4.1.4(c)]，由四个流体注入泵和一台计算机监控系统组成，最大注入流量为 30mL/min。

(a) 关闭压裂舱视图

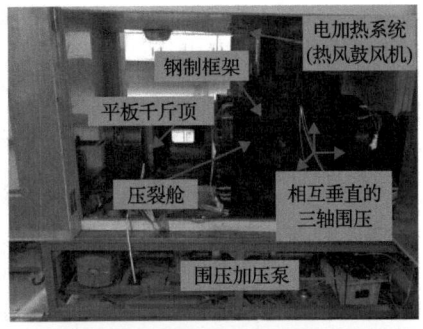

(b) 钢制框架、围压加载系统和加热系统的限制

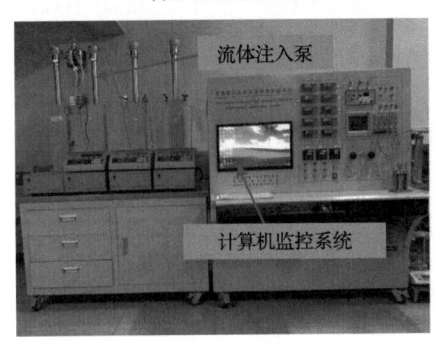

(c) 注水系统

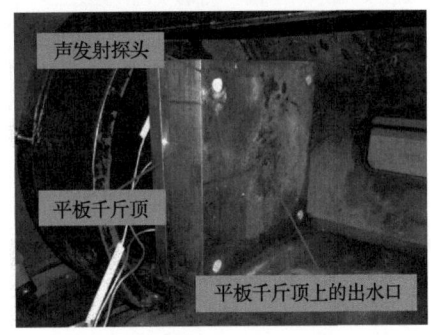

(d) 声发射探头分布在相邻两个平板千斤顶上，四个白圈为声发射探头，水出口位于平板中间

(e) 声发射信号接收器

(f) 压裂舱

图 4.1.4　真三轴水力压裂设备

(2) 声发射监测单元[图 4.1.4(d)]，由 8 个分布在花岗岩样品两个相邻表面的声发射探头组成，在计算机监视器上[图 4.1.4(a)]可以实时显示水力压裂过程中的声发射结果。

(3) 电加热和保温单元[图 4.1.4(b)]，包含两个热风鼓风机和绝缘罐，每个热风鼓风机提供 1000W 的加热能力，总计可以提供 2000W 的加热能力，热风鼓风机安装在保温箱内。

(4)钢框架和围压加载单元[图 4.1.4(d)和(f)]：平板千斤顶直接固定在钢框架上，并用于施加三向围压。

(5)计算机监测与控制单元。

2. 岩石样品采集与测试

实验使用的花岗岩样品取自青海共和盆地恰卜恰地区采石场。通过 X 射线衍射分析矿物成分，结果显示岩石中石英含量为 35%、斜长石含量为 30%、钾长石含量为 23%。

对岩石样品力学物理参数进行测试，结果如表 4.1.1 所示。可以发现岩石本底渗透率和孔隙度均较低，力学参数符合花岗岩型干热岩储层基本属性特征。

表 4.1.1 岩石物理性质

性质	范围(平均值)	性质	范围(平均值)
密度/(g/cm³)	2.4～2.7(2.5)	弹性模量 E/GPa	28.11～56.04(39.99)
孔隙度 Φ /%	2.49～4.59(3.22)	剪切模量 G/GPa	10.54～21.84(15.86)
渗透率 k/mD	0.27～0.52(0.34)	剪切波速 V_s/(mm/μs)	2.02～2.89(2.47)
导热系数/[W/(m·K)]	1.75～3.00(2.48)	巴西劈裂 BTS/MPa	11.05～24.08(17.14)
比热容/[J/(kg·K)]	709～800(736)	黏聚力 C_0/MPa	10.19～13.75(11.71)
泊松比 ν	0.14～0.35(0.28)	内摩擦角 φ /(°)	48.3～49.4(48.9)

注：BTS 表示巴西劈裂试验的相关符号，也可表示为 σ_t。

3. 实验步骤

实验过程中三轴围压代表实际储层地应力，以蒸馏水为压裂液，注入流速控制在 5～30mL/min，温度为 30～150℃，围压为 2MPa/4MPa/6MPa～8MPa/16MPa/24MPa。主要实验步骤如下：①检查仪器；②将岩石样品放入压裂舱；③打开加热系统加热岩石样品，将岩石样品加热到 150℃，保持目标温度 8h，以保证样品均匀加热；④用平板千斤顶向三个方向施加正交三轴围压，在计算机上实时显示围压应力曲线，以确保在注水前岩石样品不受损坏；⑤岩石温度稳定后，通过注入泵将水通过管道注入岩石；⑥当大量水从压裂舱中流出，且压裂压力没有变化时，认为水力压裂完成，关闭注入泵；⑦释放三轴围压；⑧从压裂舱中取出岩石样品，立即观察并记录裂缝；⑨用马克笔标记裂缝，并拍照记录(图 4.1.5)；⑩分析实验数据。

在主应力加载过程中，为尽量减小加载过程对注水连接处和岩石本身的影响，先施加中间主应力，然后施加其他两个主应力。分四个阶段施加主应力：①将三个方向的应力同步加载至最小主应力目标值，建立初始等压状态；②保持最小主应力方向应力不变，将剩余两个方向的应力同步提升至中间主应力目标值；③维持中间主应力和最小主应力方向应力不变，仅将最大主应力方向应力提升至目标值；④保持该应力状态直至稳定。围压释放过程与施加过程相同，即先将最大主应力降至中间主应力，然

图 4.1.5 标记压裂生成的裂缝和压裂后岩石样品

后将最大主应力降至最小主应力，最后三个主应力降至零。

4. 实验结果与分析

AE 信号是声发射探测器接收到的能量波，实验室的 AE 信号对应于现场工程中的诱发地震。当岩石强度无法承受压裂液引起的高压时，发生破裂，应变能以应力波的形式释放，产生 AE 事件。AE 信号对应于裂缝的传播，每个 AE 事件与水力压裂过程中的微裂纹有关。AE 密度反映了水力诱导裂缝的发育水平。高密度的 AE 事件代表了大量的微裂纹，即形成了一个发育较好的断裂网络。

从图 4.1.6 可以清楚地看出，AE 特征参数随注入速率发生显著变化。AE 活动变化趋势与注入压力的加载过程直接相关。在早期加载阶段，AE 不活跃。当压力曲线在井管加压阶段快结束时，裂缝在井底开始产生，AE 活动迅速攀升，AE 活动在压裂阶段非常活跃，AE 活动的峰值总是出现在破裂压力附近。当注入压力达到破裂压力后开始降低，AE 活动水平也逐渐下降。说明在岩石破裂点之前存在能量聚集过程，一旦压力超过岩石强度，能量就会迅速释放与传播，并在一段时间内伴随着高水平的 AE 活动。

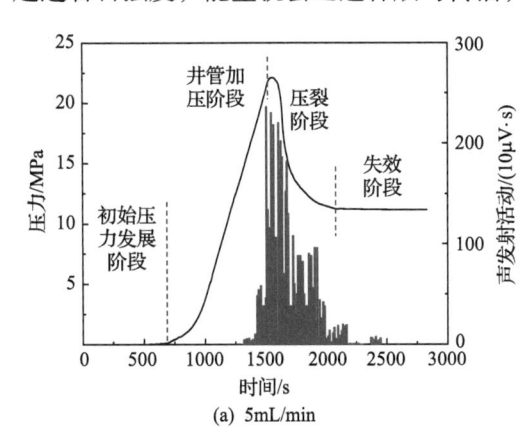

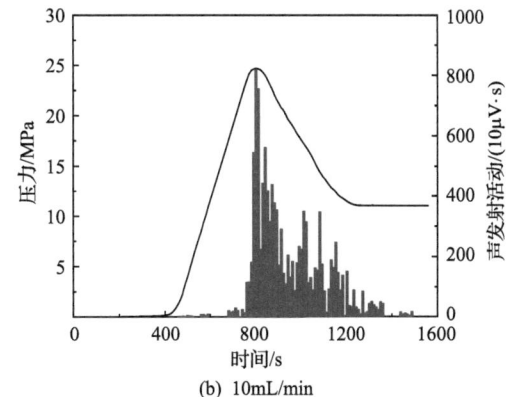

(a) 5mL/min

(b) 10mL/min

(图表：(c) 15mL/min，(d) 20mL/min，(e) 25mL/min，(f) 30mL/min)

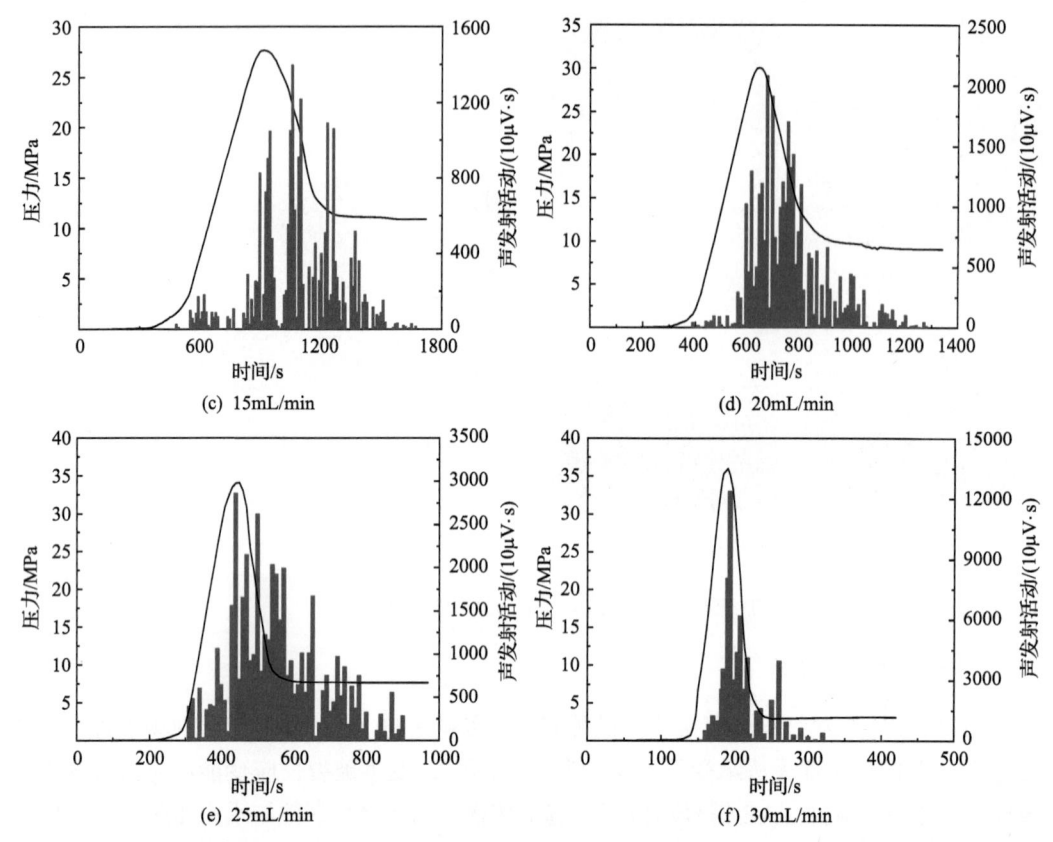

图 4.1.6　不同注入流速下的注入压力-时间曲线(黑线)和声发射活动(灰色直方图)

当裂缝向岩石边界传播时，AE 活性降低。随着注入流量增加，AE 活动的最大值也增加，这意味着岩石破裂前更多的能量聚集于井内底部，一旦断裂，能量释放率也会增加。

累积声发射能量、声发射事件总数和最大声发射能量随着注入流量的增加而增大(图 4.1.7)。当注入流量从 5mL/min 增加到 20mL/min 时，累积声发射能量从 43mV·s 增加到 296mV·s(每增加 5mL/min，累积声发射能量约增加 84.33mV·s)，声发射事件总数从 138 增加到 313(每增加 5mL/min，约增加 58.33)，最大声发射能量从 284μV·s 增加到 1123μV·s(每增加 5mL/min，累积声发射能量约增加 279.67μV·s)，增加幅度都不大。当注入流量从 20mL/min 增加到 30mL/min 时，累积声发射能量从 296mV·s 增加到 665mV·s(每增加 5mL/min，累积声发射能量约增加 184.50mV·s)，声发射事件总数从 313 增加到 987(每增加 5mL/min，声发射事件总数约增加 337)，最大声发射能量从 1123μV·s 增加到 2876μV·s(每增加 5mL/min，最大声发射能量约增加 876.50μV·s)，增加幅度明显增大，裂缝传播的活动明显增强。

温度变化能够改变岩石强度、渗透率、孔隙度以及断裂韧性等特征参数。此外，将岩石加热到高温的过程会引起岩石内部产生微裂纹。目前，高温条件下的干热岩仿真水力压裂实验研究较少。而温度是 EGS 开发过程中一个重要的储层参数，因此需研究温度对花岗岩声发射特征的影响(图 4.1.8)。

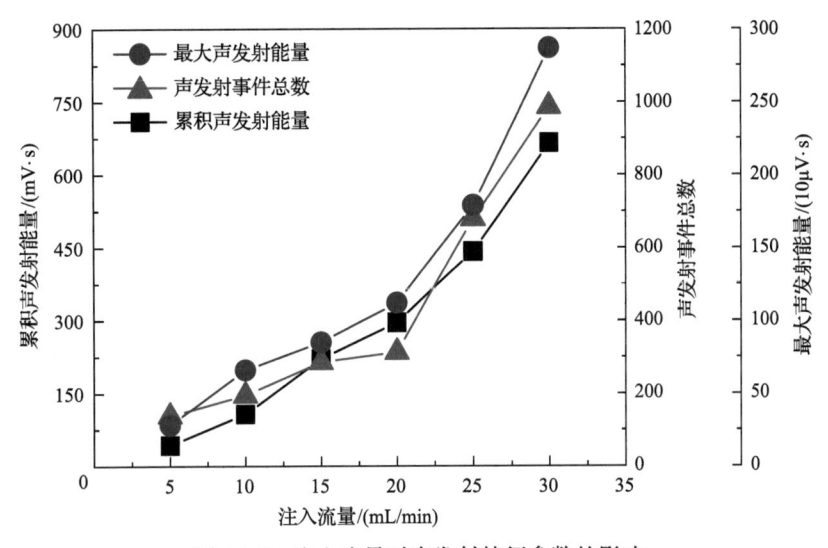

图 4.1.7　注入流量对声发射特征参数的影响

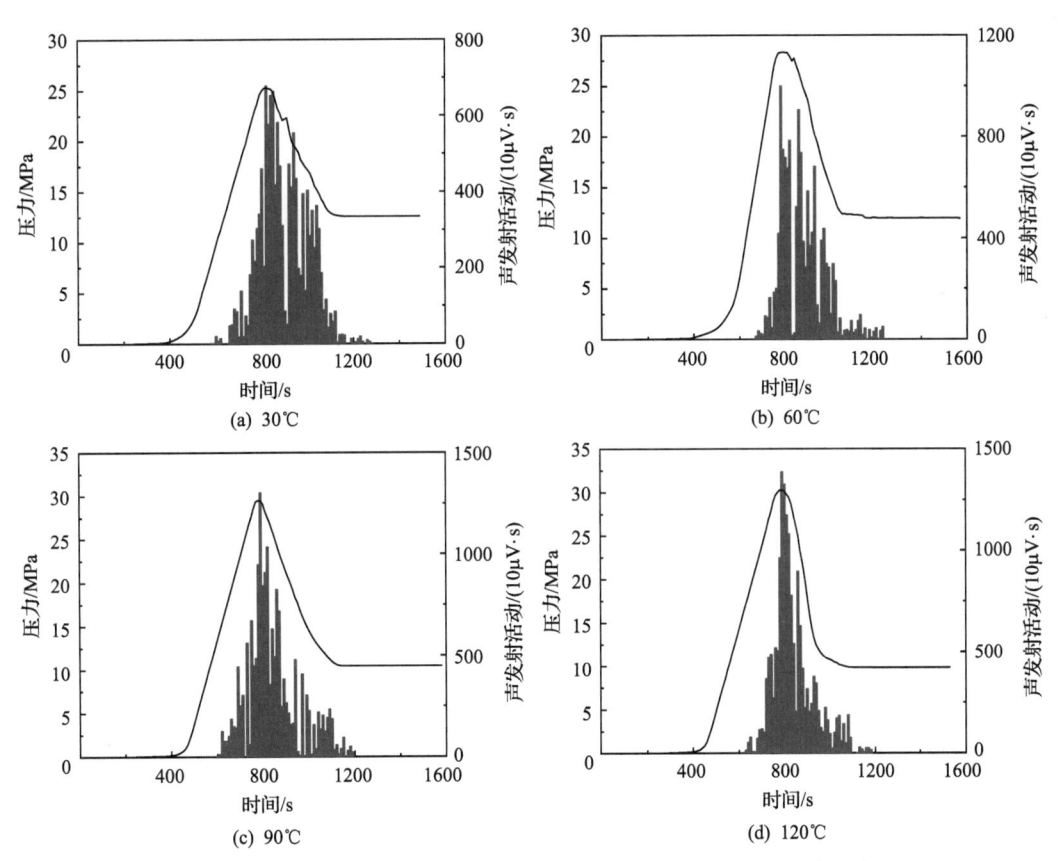

(a) 30℃

(b) 60℃

(c) 90℃

(d) 120℃

图 4.1.8　不同温度的注入压力-时间曲线(黑线)和声发射活动(灰色直方图)

声发射的分布范围与温度变化关系不明显，只分布在岩石样品中的部分空间。当温度从 30℃提高到 150℃时，累积声发射能量和声发射事件总数总体均呈下降趋势(图

4.1.9)。温度升高可轻微降低累积声发射能量和声发射事件总数，不能降低最大声发射能量。

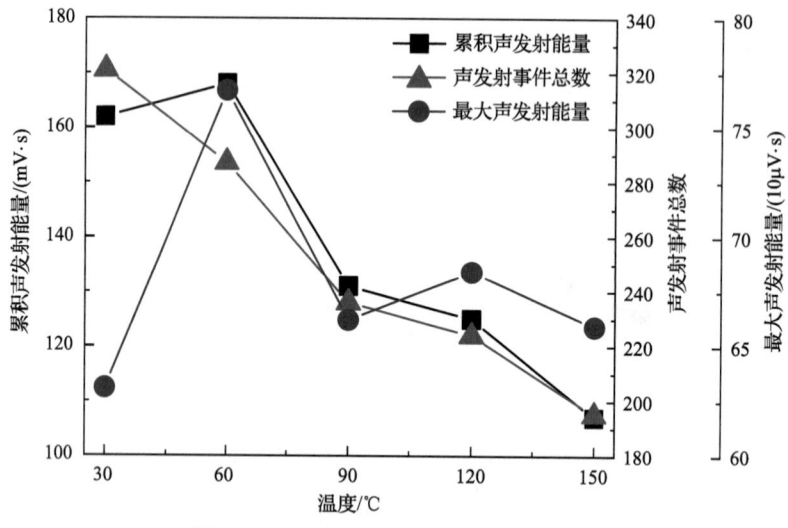

图 4.1.9　温度对声发射特征参数的影响

围压是另一个储层关键特征参数。现场工程中，储层地应力的大小直接影响水力压裂的难度、破裂压力和诱发裂缝方向，因此研究围压对水力压裂特征的影响是很有必要的。在实验中，三轴围压分别设置为 2MPa/4MPa/6MPa、4MPa/8MPa/12MPa、6MPa/12MPa/18MPa 和 8MPa/16MPa/24MPa，注入流速和温度均设置为 10mL/min 和 150℃。

随着围压增加，最大声发射活动值增大，破裂压力附近的声发射活动代表了破裂起始期释放的能量，然后在最大声发射活动值之前的声发射活动能量大致可以认为是破裂起始所需能量。最大声发射活动增加表明，当围压增加时，裂缝触发需要更多的压裂能量。

随着围压增加，声发射活动和分布范围变小，累积声发射能量减小，最大声发射能量有增加趋势（图 4.1.10）。因此，增加围压会使破裂压力升高，这意味着需要更高的注入压力才能产生水力诱导裂缝，而对于高地壳应力地区的 EGS 工程现场操作，水力压裂工作将变得更加困难，需要选择更高压的压裂设备和更审慎的压裂方案。同时在较高围压条件下，水力诱导裂缝的发展也会受到抑制。最大声发射能量趋于增加，这意味着在现场工程中将会触发更大的震级地震事件。因此，对于实际工程，选择低地应力储层进行水力压裂，是 EGS 工程诱导裂缝网络一个更好的选择。

为了降低水力压裂难度，降低诱发地震危险性，尝试了间歇式注入的方式，以期用疲劳破裂方法将岩体打开，形成裂缝优势通道，满足换热条件。这种间歇式注入，在井底不断形成高压—低压循环，造成岩石在加载—卸载的应力状态下循环。花岗岩属于脆性岩石，在这种反复加载状态下易造成疲劳破坏，这种方式可能大大降低破裂压力，用较小的注入压力诱发裂缝。正是在这种思想下，提出了间歇式水力压裂方法。图 4.1.11（a）

图 4.1.10　围压对声发射特征参数的影响

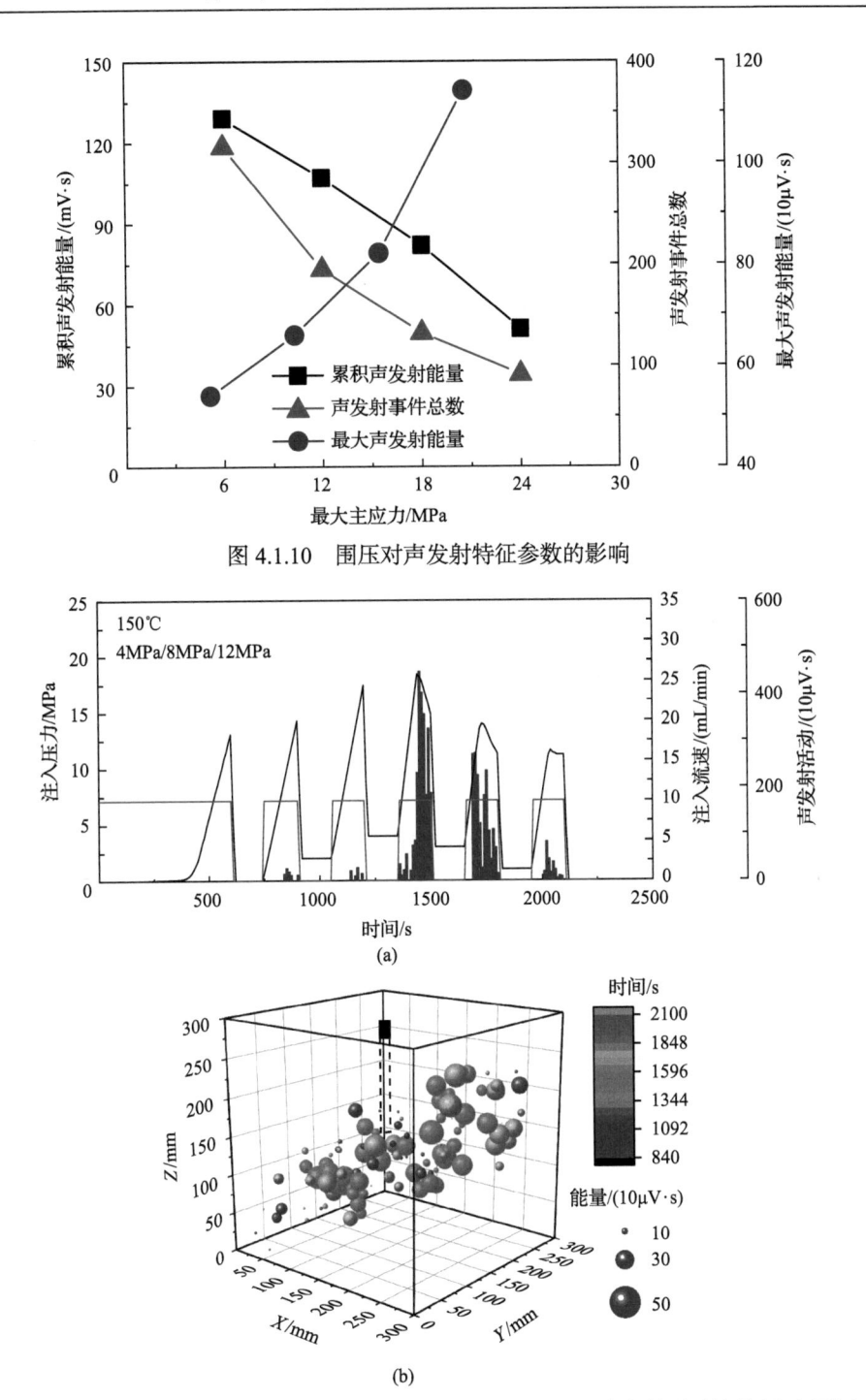

图 4.1.11　间歇式注入的注入流速(灰线)、注入压力(黑线)、声发射活动结果(直方图)(a)
及声发射时空分布(b)(扫封底二维码见彩图)

展示了这种水力压裂方式的结果。间歇式注入的围压为 4MPa/8MPa/12MPa，温度为 150℃，注入流速为 10mL/min 和 0mL/min 的循环往复，注入压力每次加载为 150s 左右，首次加载时间为从注入压力向上攀升开始计算，注入压力加载过程中注入流速恒定为10mL/min，加载停止时关闭注入泵，注入完全停止。结合图4.1.11(b)也可以看出，大部分声发射事件都是在诱导裂缝发育、岩石破裂过程中产生的，主要的声发射活动都在第四和第五注入周期，累积声发射能量为45mV·s，声发射事件总数为125，最大声发射能量为453μV·s，相比10mL/min的稳态注入时(累积声发射能量为107mV·s，声发射事件总数为195，最大声发射能量为661μV·s)，分别降低了58%、36%和31%。结果显示：间歇式注入方式可以引起井周岩石疲劳破坏，降低破裂压力并减少声发射活动，累积声发射能量、声发射事件总数、最大声发射能量均明显降低。

4.1.3 速度模型与校正

为了更好地实现压裂过程中微地震事件的定位，首先应基于已知微地震事件点(如射孔等方式)，通过多次地震波传播速度模型迭代修正，获得符合实际场地地层条件的速度模型。在传统速度模型校正算法的基础上，本节介绍一种基于振幅叠加原理的新型速度模型校正算法，该算法无须拾取震相初至信息，通过监测射孔点处能量聚焦情况，并以射孔点的重定位误差判定速度模型是否适用于后续微地震定位。具体步骤如下：

(1)以射孔点位置作为中心点，定义一个足够大的目标区域，根据定位精度需要将其划分为若干大小相同的网格，每个网格的中心点可看作是某个微地震事件的潜在发生位置。

(2)根据声波测井先验信息获得初始速度模型，在该速度模型下，遍历所设目标区域所有网格中心点，并根据网格逐次剖分微地震定位方法获得该区域内能量聚焦最大值及该点的坐标。

(3)以速度值作为不确定因素，采用非常快速模拟退火(VFSA)算法[4]对目标层进行速度调整，并以实际射孔点位置的能量聚焦值作为非常快速模拟退火方法的目标函数和迭代终止条件。

(4)VFSA算法结束后，还需要对射孔事件进行重定位，以验证速度模型的有效性，如果定位误差较大，还需进行回火处理。调整速度模型，直到定位误差足够小为止。

采用上述振幅叠加地面监测微地震速度模型校正方案，其中第i道与参考道走时差Δt_i可表示为

$$\Delta t_i = \sum_{j=1}^{L} \frac{\Delta l_{ij}}{v_j} \tag{4.1.3}$$

其中，Δl_{ij}为第i道与参考道在第j层的路径差；v_j为第j层的波速，属于该算法中待定参数。设各道波形在第k时刻的振幅值为$A(f(t),k)$，各道检波器波形根据Δt_i逆时偏移后，振幅叠加表达式为

$$F(V) = \sum_{k=1}^{N} \sum_{i=1}^{M} A_i(f(t-\Delta t_i),k) \tag{4.1.4}$$

将式(4.1.3)代入式(4.1.4)得

第4章 压裂监测与人工储层裂隙网络评价

$$F(V) = \sum_{k=1}^{N}\sum_{i=1}^{M} A_i \left(f\left(t - \sum_{j=1}^{L} \frac{\Delta l_{ij}}{v_j}\right), k \right) \tag{4.1.5}$$

可以看出,影响振幅叠加效果的主要是各层速度及路径差。如果仅考虑了各层直达P波速度变化参数,当实际地层速度结构较为复杂(如层状起伏结构)时,由于模型解空间较小,利用射孔进行全局速度模型校正后,仍存在较大的射孔重定位误差,影响微地震定位精度。

为扩大模型解空间,需要考虑对路径差进行扰动。为此,在上述速度模型的基础上考虑扰动层速度变化参数(V_j)、层界面位置参数(H_j)以及层界面旋转角参数($\theta_{x,y,i}$)以扩大速度模型解空间,获取更优的全局速度模型解,消除射孔重定位误差。利用 VFSA 算法对所建模型三个变化参数同时进行扰动:

$$\begin{aligned} V_i^{k+1} &= V_i^k + x * (V_i^{\max} - V_i^{\min}) \\ H_i^{k+1} &= H_i^k + x * (H_i^{\max} - H_i^{\min}) \\ \theta_{x,y,i}^{k+1} &= \theta_{x,y,i}^k + x * (\theta_{x,y,i}^{\max} - \theta_{x,y,i}^{\min}) \end{aligned} \tag{4.1.6}$$

其中,$V_i \in [V_i^{\min}, V_i^{\max}]$ 为第 i 层速度扰动参数(其范围由各层测井速度曲线范围确定);$H_i \in [H_i^{\min}, H_i^{\max}]$ 为第 i 层层界面位置扰动参数(其范围在多井时由各层最高、最低点位置确定,单井时由各层分界处最大、最小值确定);$\theta_{x,y,i} \in [\theta_{x,y,i}^{\min}, \theta_{x,y,i}^{\max}]$ 为第 i 层 x 方向或 y 方向旋转角参数(其范围在多井时由初始模型各层界面与水平 x、y 的倾斜角度作为最大值,其负值作为最小值)。

以单射孔模型合成数据为例,对地面监测速度模型进行校正。算例选择一个 9 层层状起伏地层模型,由 8 个曲面作为层位分界面。设计的射孔位置为 (−280m, 360m, −3550m)。微地震地面检波器呈星形排列,共 6 条测线,每条测线 10 个检波器(60 道),检波器间距为 50m(图 4.1.12)。应用本节方法对合成数据速度模型校正的各参数约束范围如表 4.1.2 所示。

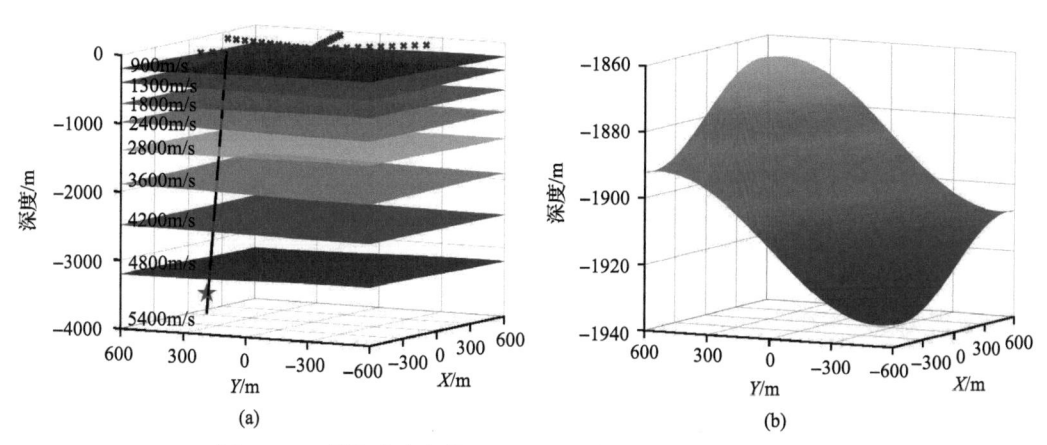

图 4.1.12 模拟真实起伏地层图(a)及第 5 层分界面放大图(b)

表 4.1.2 单射孔速度模型校正参数(初始旋转角 0°,旋转角范围[-3°~3°])

序号	层位置初始深度/m	初始 P 波速度/(m/s)	速度约束范围/(m/s)	层位置约束范围/m
1	0~200	900	600~1200	150~250
2	200~400	1300	1000~1600	350~450
3	400~700	1800	1500~2100	750~850
4	700~1000	2400	2100~2700	950~1050
5	1000~1400	2800	2500~3100	1350~1450
6	1400~1900	3600	3300~3900	1950~2050
7	1900~2500	4200	3900~4500	2450~2550
8	2500~3200	4800	4500~5100	3150~3250
9	3200~3600	5400	5100~5700	—

实际信号采用有限差分波动方程进行模拟,用 20Hz 的里克子波描述波形,各道里克子波振幅最大值为 1(图 4.1.13)。后续的速度模型校正方案正演采用射线追踪方法(图 4.1.14)。

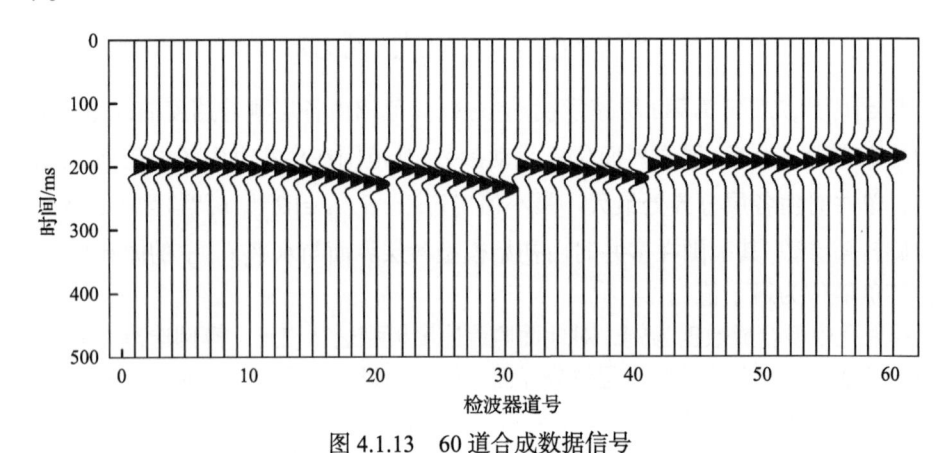

图 4.1.13 60 道合成数据信号

图 4.1.14 射线追踪正演三维视图和射线追踪正演垂向切面图(扫封底二维码见彩图)

为验证应用本节方法对定位精度的提升程度,分别采用初始速度模型、传统速度模型校正算法和振幅叠加速度模型校正算法对射孔进行定位。从图 4.1.15 可以看出,采用传统方法校正后获得的定位结果偏离射孔真实位置,定位误差为 221.7m,定位误差为深度的

6.25%；而采用振幅叠加方法对速度模型进行校正后，射孔点定位精度在 5m 以内，定位误差为深度的 0.14%。说明振幅叠加算法能够有效应用于深部复杂的地质结构。除此之外，通过引入 VFSA 算法，将射孔处能量聚焦值(定位精度)作为目标函数，最终的射孔定位结果不依赖于初始速度模型。

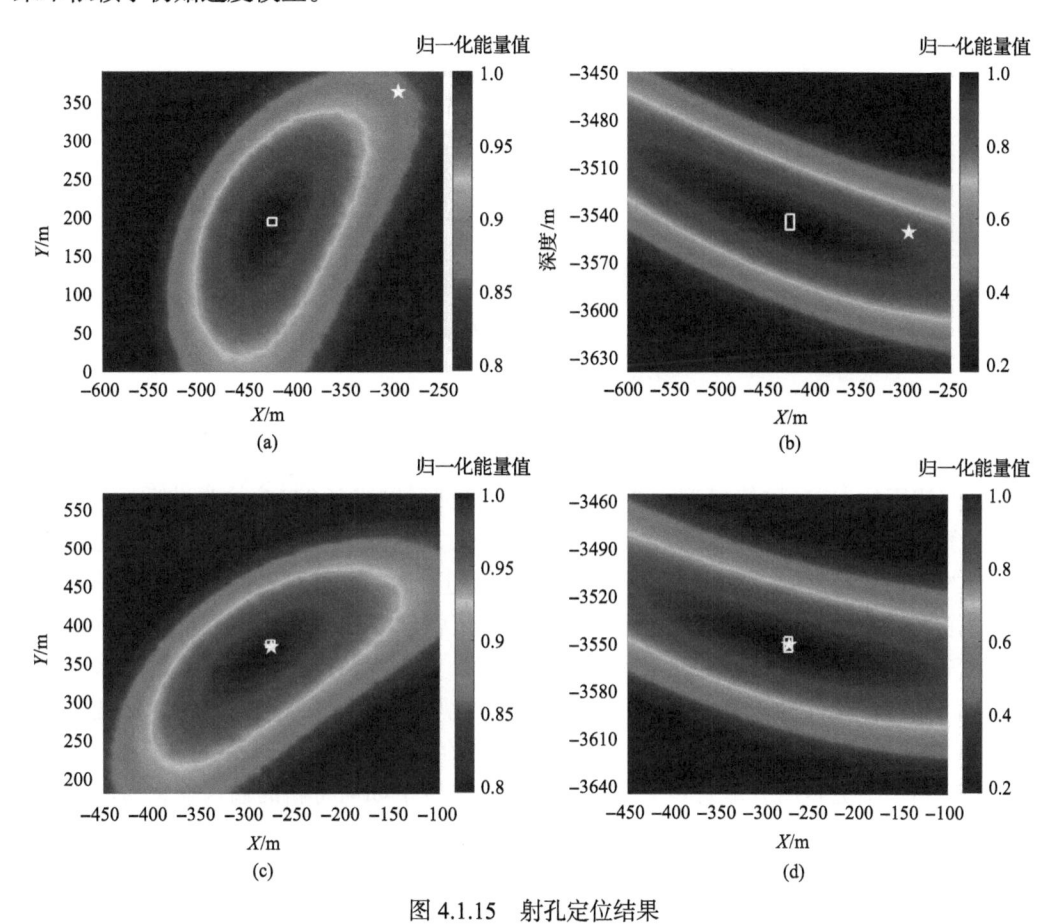

图 4.1.15 射孔定位结果

(a)、(b)为校正前射孔的定位结果图；(c)、(d)为经 VFSA 算法校正后对射孔的定位结果图；白色五角星代表射孔点真实位置；白色方框代表能量聚焦值最高区域(射孔定位结果)(扫封底二维码见彩图)

4.1.4 微地震事件拾取

在微地震监测过程中，微地震信号与大地噪声会同时被检波器捕捉到。如何识别出有效信号是微地震监测过程中的一个重要环节。如果能够自动、准确、高效地识别出微地震信号，就可以大大提高后续数据处理的效率。目前常用的识别方法可以归结为以下几类：时域分析法、频域分析法、模式识别法等。其中最早出现、应用最广泛的自动识别方法是短时窗/长时窗(STA/LTA)阈值分类方法。这种方法需要在识别前根据监测环境反复调整选择合适的阈值参数。但是无论选择何种阈值，都难以避免出现识别错误的情况，特别是在信噪比较低时，识别效果很差。

STA/LTA 方法虽然实现简单、识别速度较快、适合微地震数据的实时处理，但是该方法识别准确率较低，特别是信噪比较低时识别效果很差。针对上述问题，提出了一种基于门控循环单元(GRU)+支持向量机(SVM)的循环神经网络模型，该模型可在保证精度的同时，减少训练过程中的参数和硬件条件对算法的制约(图4.1.16)。

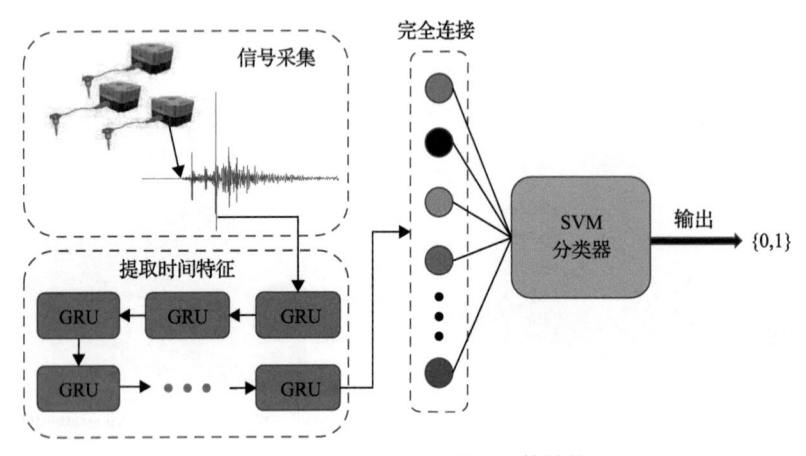

图4.1.16 GRU+SVM算法总体结构

目前使用的 GRU 网络模型主要为长短时记忆神经网络(LSTM)的改进版。它继承了LSTM 算法的优点，减少了训练参数，能在发生大能量微地震事件时，满足微地震监测中存在的长期依赖性问题。GRU 的输入输出结构与普通的循环神经网络(RNN)一致，可以使每个循环单元自适应地捕捉不同时间尺度的依赖性。GRU 采用门控单元调节单元内部信息流，但不涉及单独的存储单元，进而减少计算成本。门控循环单元不清除以前的信息，而保留相关信息并传递到下一个单元，因此可利用全部信息，避免了梯度消失的问题。GRU 采用门控机制控制输入、记忆等信息在当前时间步做出预测。GRU 仅有一个重置门和一个更新门。从直观上来说，重置门决定了如何将新的输入信息与记忆相结合，更新门定义了记忆保存到当前时间步的量。

GRU 使用的更新门和重置门决定了哪些信息最终能作为门控循环单元的输出，这两个门控机制的特殊之处在于它们能够长期保存序列中的信息，且不会随时间而清除或因为与预测不相关而移除。更新门在第 t 个时间步的计算方法如下：

$$z_t = \sigma(\boldsymbol{W}^{(z)}\boldsymbol{x}_t + \boldsymbol{U}^{(z)}\boldsymbol{h}_{t-1}) \tag{4.1.7}$$

其中，$\boldsymbol{x}_t$ 为第 t 个时间步的输入向量，即输入序列 $\boldsymbol{X}$ 的第 t 个分量；$\boldsymbol{h}_{t-1}$ 保存的是前一个时间步的信息，更新门将这两部分信息进行线性变换后相加并运用 Sigmoid 激活函数将数值压缩为 0～1；σ 为 Sigmoid 激活函数；$\boldsymbol{W}$ 为权重矩阵；$\boldsymbol{U}$ 为偏置向量。更新门可以帮助模型决定到底将多少过去的信息传递到下一个时间步，以减少梯度消失的风险。

重置门主要决定了遗忘信息量：

$$r_t = \sigma(\boldsymbol{W}^{(r)}\boldsymbol{x}_t + \boldsymbol{U}^{(r)}) \tag{4.1.8}$$

式(4.1.8)与更新门的表达式相同，但线性变换的参数和功能不同。$\boldsymbol{h}_{t-1}$ 和 $\boldsymbol{x}_t$ 经过线性变换后相加投入 Sigmoid 激活函数输出激活值。新的记忆内容将使用重置门存储过去相关的信息：

$$h'_t = \tanh(Wx_t + r_t \odot Uh_{t-1}) \tag{4.1.9}$$

输入 x_t 与上一个时间步信息 h_{t-1} 后分别与 W 和 U 相乘，然后计算重置门 r_t 与 Uh_{t-1} 的 Hadamard 乘积（用 $\odot$ 表示，即 r_t 与 Uh_{t-1} 的对应元素相乘），以确定对历史信息进行保留还是遗忘。因为前面计算的重置门是一个由 0 到 1 组成的向量，它会衡量门控开启的大小（如某个元素对应的门控值为 0，那么它就代表这个元素的信息完全被遗忘掉）。

最后一步为当前时间步的最终记忆，该步需要计算 h_t，保留当前单元的信息并传递到下一个单元中。该过程使用更新门，决定了当前记忆内容 h'_t 和前一个时间步 h_{t-1} 中需要收集的信息：

$$h_t = z_t \odot h_{t-1} + (1-z_t) \odot h'_t \tag{4.1.10}$$

z_t 为更新门的激活结果，同样以门控形式控制了信息的流入，它与 h_{t-1} 的 Hadamard 乘积表示前一时间步保留到最终记忆的信息，该信息加上当前记忆保留至最终记忆的信息就是最终门控循环单元的输出。

结合 GRU 模型的基本理论，由于微地震的地面数据幅值通常较大，在模型的最前端加入归一化操作，将所有数据统一映射到 [0, 1] 区间：

$$x^* = \frac{x - x_{\min}}{x_{\max} - x_{\min}} \tag{4.1.11}$$

其中，x 为原始数据；$x_{\max}$ 和 $x_{\min}$ 分别为数据中的最大、最小值；x^* 为归一化操作后的数据。如此，模型的收敛速度加快，同时减少了微地震事件发生时地面数据幅值较大对分类器性能的影响。为了完整且快速地提取到微地震数据的时序特征，设计了 16 个 GRU。一次训练的样本数量确定为 16。为了达到训练的目的，防止因为样本数量较小而出现数值发散的状况，此处增加训练次数至 1200。由于所收集到的微地震监测数据中的微地震事件大多发生于数据的前半段，为防止模型学习其位置关系而对分类造成影响，在 GRU 的底层添加全连接层，增加分类器的稳定性。为防止模型过拟合，此处设置 dropout 为 0.5[5]。

相比于页岩和煤等储层，干热岩储层的岩石结构更紧密、更均匀，对于干热岩中高频诱发的微地震，小峰值占较大比例，且高频在干热岩中引起的地震波形的后峰值衰减较快，诱发的微地震波形局部波动更剧烈，此时传统的 softmax 分类器不再适用。

因此引入 SVM 使新的数据分类更准确、稳定。SVM 是一个凸优化问题，即所得最优解是全局最优，适合干热岩的微地震事件和噪声分类。震动明显的波形，振幅较大，衰减较快。当微地震数据信噪比增加（如增加到 –15dB）时，个别尖锐的噪声可能超过微地震事件的振幅，但是却没有微地震事件的其他依赖关系。为了解决这个问题，采用软间隔（soft margin）分类方法，即允许少量样本不满足约束：

$$y_i(X_i^T W + b) \geq 1 - \zeta_i \qquad (4.1.12)$$

其中，ζ_i 为松弛因子；W 为法向量；y_i 为 1 或 –1；X_i^T 为样本点在每一个维度上坐标点的值；b 为位移项。为了减少不满足上述条件的样本点数，将目标函数设置为

$$\frac{1}{2}\|W\|^2 + C\sum_{i=1}^{N}\zeta_i \qquad (4.1.13)$$

在上述目标函数的基础上新增惩罚项，即样本点满足约束条件损失就是 0，否则就是 $1-z$：

$$l_{\text{hinge}}(z) = \max(0, 1-z) \qquad (4.1.14)$$

由于 SVM 作为模型的最底层，即 GRU+SVM 模型将使用 SVM 的损失函数：

$$\min_{W,b} \frac{1}{2}\|W\|^2 + C\sum_{i=1}^{n} \max(0, 1 - y_i(X_i^T W + b)) \qquad (4.1.15)$$

其中，C 为惩罚参数。然而式(4.1.15)不可导，于是使用可导且更稳定的变体作为整个模型的损失函数，并选择高斯(Gauss)核函数作为 SVM 的核函数：

$$\min_{W,b} \frac{1}{2}\|W\|_2^2 + C\sum_{i=1}^{n} \max(0, 1 - y_i(X_i^T W + b))^2 \qquad (4.1.16)$$

$$K(x, x_i) = \exp\left(-\frac{\|x - x_j\|}{v^2}\right) \qquad (4.1.17)$$

其中，$\|\cdot\|$ 为内积空间的范数；v 为预先设定的超参数。此时的 SVM 是一个径向基函数分类器。该径向基核函数是一种流形的非线性核函数，泛化能力较好。

为了清楚地表达检测到的干热岩微地震事件结果，通过得到的序列和手动制作的标签来对比微地震事件的检测是否准确，模型最后的预测结果为

$$\text{pred} = |\text{sign}(Wx + b)| \qquad (4.1.18)$$

其中，W 为优化后的法向量；x 为输入数据；b 为优化后的偏置系数。

GRU+SVM 方法分别使用模拟地震数据和干热岩水力压裂现场收集到的地面数据制作成两个训练集。由于微地震数据带有不同信噪比的噪声，在制作训练集时，首先对模拟数据的训练集进行标记，生成信噪比分别为 0dB、–5dB、–10dB、–15dB 的模拟数据，同时生成相同长度的标签数据。然后使用生成的标签数据进行手动标记，如图 4.1.17 所示，在有微地震信号的位置标记为 1，否则标记为 0。

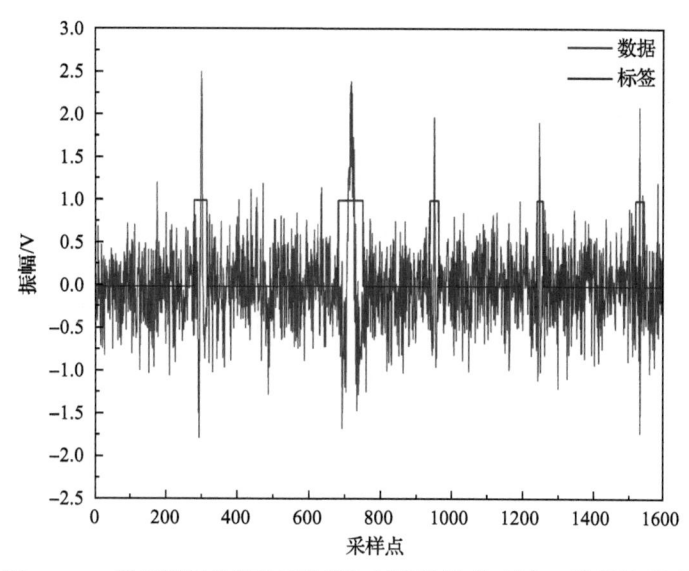

图 4.1.17　训练所用的微地震数据与标签数据(扫封底二维码见彩图)

为了测试本算法的性能，我们采用不同频率、振幅、噪声的里克子波进行模拟实验：首先生成 4 个微地震数据训练集，每个训练集包括 400 条微地震数据，考虑到地表记录的微地震波的主要频带，模拟生成的数据频带集中在 20～300Hz 内产生里克子波。同时，在生成的序列中，由里克子波组成的数据被标记为 1，其余部分被标记为 0。在训练后，输入测试数据进行测试。由于算法的检测精度较高，标签值会与预测值重合，所以绘图时将标签幅值调为 1.5 加以区分(图 4.1.18)。

GRU+SVM 算法比基于 STA/LTA 的方法对微地震事件的检测精度更高、定位更准确(图 4.1.19)。另外，当信噪比较低(0、-5dB)时，两者相差不大；但是当信噪比增加到-10dB、-15dB 时，STA/LTA 检测到的微地震事件的起始点和结束点相比于标签有较大误差，一些噪声也被误拾取为微地震事件。而 GRU+SVM 算法检测到的微地震事件的起始点和结束点与标签相差无几，仍然可以保持较高的微地震识别准确率。经过计算，该算法的平均拾取精度可达 95%左右。

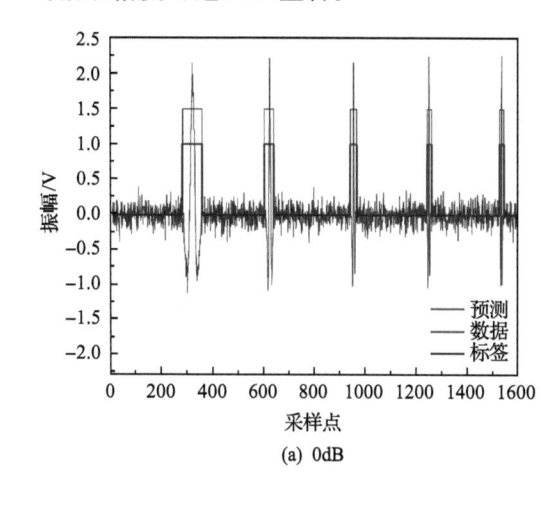

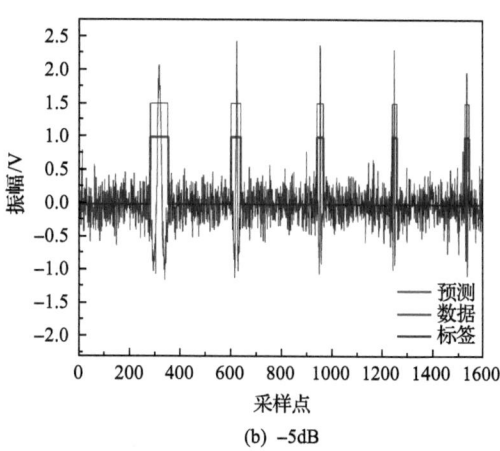

(a) 0dB

(b) -5dB

图 4.1.18　不同信噪比下的测试数据与 GRU+SVM 检测结果对比（扫封底二维码见彩图）

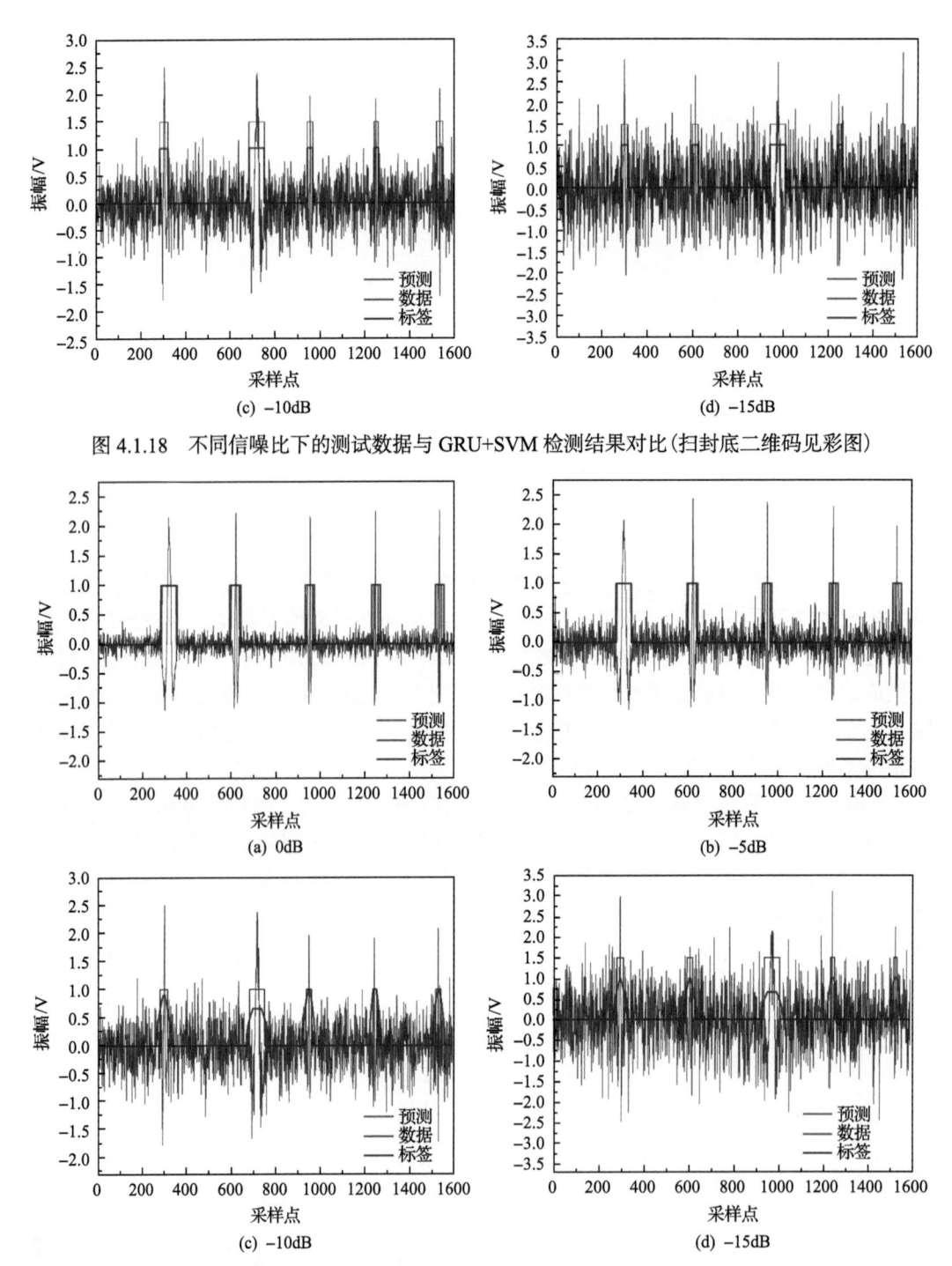

图 4.1.19　不同信噪比下的测试数据与 STA/LTA 检测结果对比（扫封底二维码见彩图）

4.1.5　微地震事件定位

在实际监测过程中，通过检波器采集到的最基本资料是各种震动的时间序列。目前水力压裂微地震监测方法或与之相关的分析方法的主要工作就是根据各个台站所采集到的地震信号观测资料来确定每一个微地震事件发生的震源坐标和发震时间，也就是微地震事件定位。

大部分微地震事件的定位方法是基于 Geiger 于 1912 年提出的算法建立的[6]，其原理是震源为 (x_0, y_0, z_0) 的一个微地震事件在 n 个台站所观测到的到时分别为 $t_1, t_2, \cdots, t_n$，求震源及发震时刻 t_0，设置目标函数：

$$\phi(t_0, x_0, y_0, z_0) = \sum_{i=1}^{n} r_i^2, \quad r_i = t_i - t_0 - T_i(x_0, y_0, z_0) \tag{4.1.19}$$

其中，r_i 为到时残差；T_i 为震源到第 i 个台站的计算走时。为了使得目标函数最小，存在：

$$\nabla_{\boldsymbol{\theta}} \phi(\boldsymbol{\theta}) = 0, \quad \boldsymbol{\theta} = (t_0, x_0, y_0, z_0)^{\mathrm{T}}, \quad \nabla_{\boldsymbol{\theta}} = \left(\frac{\partial}{\partial t_0}, \frac{\partial}{\partial x_0}, \frac{\partial}{\partial y_0}, \frac{\partial}{\partial z_0} \right)^{\mathrm{T}} \tag{4.1.20}$$

记为

$$\boldsymbol{g}(\boldsymbol{\theta}) = \nabla_{\boldsymbol{\theta}} \phi(\boldsymbol{\theta}) \tag{4.1.21}$$

在真实解 $\boldsymbol{\theta}$ 附近选择 $\boldsymbol{\theta}^*$ 作为当前的估计解，同时为 $\boldsymbol{\theta}^*$ 设定校正矢量 $\delta \boldsymbol{\theta}$，使其满足：

$$[\nabla_{\boldsymbol{\theta}} \boldsymbol{g}(\boldsymbol{\theta}^*)^{\mathrm{T}}]^{\mathrm{T}} \delta \boldsymbol{\theta} = -\boldsymbol{g}(\boldsymbol{\theta}^*) \tag{4.1.22}$$

其具体表达式：

$$\sum_{i=1}^{n} \left[\frac{\partial r_i}{\partial \theta_j} \frac{\partial r_i}{\partial \theta_k} + r_i \frac{\partial^2 r_i}{\partial \theta_j \partial \theta_k} \right]_{\boldsymbol{\theta}^*} \delta \theta_j = -\sum_{i=1}^{n} \left(r_i \frac{\partial r_i}{\partial \theta_k} \right)_{\boldsymbol{\theta}^*} \tag{4.1.23}$$

若 $\boldsymbol{\theta}^*$ 与真实解 $\boldsymbol{\theta}$ 的误差不大，则 $r_i(\boldsymbol{\theta})$ 与 $\left(\dfrac{\partial^2 r_i}{\partial \theta_j \partial \theta_k} \right)_{\boldsymbol{\theta}^*}$ 相对较小，可忽略二阶导数项而简化为线性最小二乘解：

$$\sum_{i=1}^{n} \left[\frac{\partial r_i}{\partial \theta_j} \frac{\partial r_i}{\partial \theta_k} \right] = -\sum_{i=1}^{n} \left(r_i \frac{\partial r_i}{\partial \theta_k} \right)_{\boldsymbol{\theta}^*} \tag{4.1.24}$$

式 (4.1.24) 的矩阵形式可以表示为

$$\boldsymbol{A}^{\mathrm{T}} \boldsymbol{A} \delta \boldsymbol{\theta} = \boldsymbol{A}^{\mathrm{T}} \boldsymbol{r}, \quad \boldsymbol{A} = \begin{pmatrix} 1 & \dfrac{\partial T_1}{\partial x_0} & \dfrac{\partial T_1}{\partial y_0} & \dfrac{\partial T_1}{\partial z_0} \\ \vdots & \vdots & \vdots & \vdots \\ 1 & \dfrac{\partial T_n}{\partial x_0} & \dfrac{\partial T_n}{\partial y_0} & \dfrac{\partial T_n}{\partial z_0} \end{pmatrix}_{\boldsymbol{\theta}^*}, \quad \boldsymbol{r} = \begin{pmatrix} r_1 \\ \vdots \\ r_n \end{pmatrix} \tag{4.1.25}$$

相反，若估计解与真实解误差较大，非线性最小二乘解如下：

$$[A^TA - (\nabla_\theta A^T)r]\,\delta\theta = A^Tr \tag{4.1.26}$$

由方程(4.1.25)或方程(4.1.26)求解后，可以得到 $\delta\theta$，设 $\theta = \theta^* + \delta\theta$ 为新的估计解，代入相应方程重新求解。反复迭代计算，直到所得结果满足预先设定的循环结束条件，这时得到估计解 θ^* 即为所求。

该方法是单事件定位方法，近年来在压裂微地震监测应用中，以该算法为基础发展出很多微地震事件震源定位方法。例如，极化分析方法可以应用于单站观测的情况，但是该方法存在 180°的不确定性；在多波多分量观测情况下，可以利用三点法、震源-速度联合反演方法、相对震源定位等方法来进行微地震监测。针对水力压裂诱发微地震机理，目前监测中常用纵横波时差法、同型波时差法和基于勘探地震震源定位方法对微地震震源进行定位。

在干热岩压裂微地震监测过程中，针对自身监测系统的特点以及微地震事件的监测条件，为了达到实时成像的目的，需要尽可能提高处理速度，选用振幅叠加的方法为震源定位，不需要拾取微地震信号的初至，大大提高了工作效率。

4.1.6 基于微地震数据的裂隙网络成像

在干热岩开发过程中，通过获取微地震事件发生的位置、时间、震级大小及震源机制数据，进一步约束裂隙结构，可以更加直观评判压裂改造效果并预测储层水热产出能力。目前已有许多有关利用微地震数据生成离散裂隙网络(DFN)模型的研究，大致可分为基于微地震位置数据的随机样本一致性(RANSAC)方法[7]，基于微地震数据和矩张量分析的霍夫(Hough)变换[8,9]，基于密度、均值、概率的聚类分析[10]三类。为了提升离散裂隙结构刻画效果，在生成裂隙网络前通常需要对微地震事件采用基于密度带噪聚类(DBSCAN)[11]方法去除噪声。然而，以上研究大多是针对浅层油气藏储层开展的，如果用于干热岩储层，则会因为震源机制数据误差过大[12]、微地震聚类特征不明显[13]而效果欠佳。

另外，目前在深部微地震事件的识别与定位方面，采用图形处理单元[14]、门控单元+支持向量机[15]等方法，可以实现微地震的实时(延时在数分钟以内)、准确识别(准确率在95%以上)与定位，这在一定程度上为提高裂隙网络生成的准确度提供了数据基础，也为指导水力压裂提供了依据。然而，目前根据动态变化的微地震事件云生成并更新裂隙网络的研究还相对缺乏。而实际研究中，这种动态变化的裂隙网络可以为指导水力压裂提供更直接、更有效的依据。

为解决上述问题，此处引入了场地基础数据(统计意义上的裂隙测井结果、地应力方向测试结果、井揭露的部分背景裂隙产状和定位点)，并以最小化裂隙平面与各微地震事件的距离之和，以及最大化裂隙包含的微地震事件数量为目标实现DFN生成，主要包括：①求解新增微地震事件与已有微地震事件的并集，利用DBSCAN方法去除其中的噪声；②蒙特卡罗(Monte Carlo)方法随机生成并优化裂隙产状；③采用肘部(elbow)法则[16]确定最佳裂隙数量；④将被裂隙拟合的微地震事件点投影到合适的裂隙以确定各条裂隙的

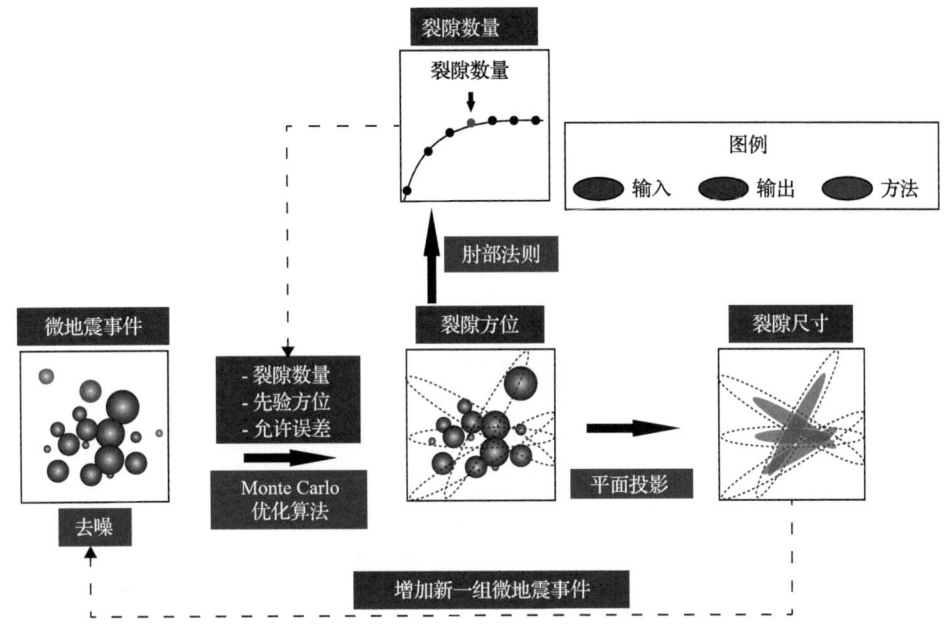

尺寸(图 4.1.20)。

图 4.1.20 基于微地震的裂隙实时成像方法总体实施过程(扫封底二维码见彩图)

1. DBSCAN 微地震去噪

该方法需要设置两个参数：搜索半径 ε（此处由微地震事件的定位误差决定）和构成聚类的最少点数 MinPts（在以参数 ε 定义的范围内的点数少于此值时，这些点会被视为噪声）。

步骤 1，随机选择一个点 $M_i(x_i, y_i, z_i)$，计算其与其他任意点 $M(x_c, y_c, z_c)$ 的距离，如果：

$$\sqrt{(x_c - x_i)^2 + (y_c - y_i)^2 + (z_c - z_i)^2} \leqslant \varepsilon \tag{4.1.27}$$

则点 M 包含在以 M_i 为中心、ε 为半径的范围内。

步骤 2，如果该范围内的点数少于最少点数，则这些点视为噪声，返回上一步；否则以上一步中的点 M 为中心继续搜索，如果有符合式(4.1.27)的点，则视为同一聚类的有效事件点。

步骤 3，重复步骤 2，直到无法再找到符合式(4.1.27)的点为止。

步骤 4，返回步骤 1，继续搜索新的聚类与噪声事件，直到所有的点搜索完毕(在微地震去噪中，得到的所有聚类中的点即有效事件)。

2. Monte Carlo 方法生成与优化裂隙

在理想情况下，微地震事件的发生位置即为裂隙延伸过程中可能经过的位置，所以

引入距离函数 D_{targ} 作为优化 DFN 的一个目标：

$$D_{\text{targ}} = \frac{n_{\text{f}} p}{\sum_{i=1}^{n_{\text{f}}} \sum_{j=1}^{p} d_{i,j}} \tag{4.1.28}$$

其中，n_{f} 为实际拟合的裂隙数量；$d_{i,j}$ 为第 j 个微地震事件到第 i 条裂隙的距离；p 为在给定距离阈值 σ（由微地震事件的定位误差决定）下被拟合的有效微地震事件（当 $d_{i,j} < \sigma$ 时，第 j 个微地震事件可以被第 i 条裂隙包含）数量。

优化 DFN 的另一个目标为其拟合率 ps：

$$\text{ps} = N_{\text{f}} / N \tag{4.1.29}$$

其中，N_{f} 为被 DFN 拟合的点数；N 为有效微地震事件的总数。

具体步骤如下：①给定期望生成裂隙的总数量 n_{f0}（$n_{\text{f0}} \geqslant n_{\text{f}}$）和 σ，以及裂隙产状范围；②计算各点与各已有裂隙（包括预先定义的背景裂隙与前一阶段已生成的裂隙）的距离，判断被裂隙拟合的点；③从微地震事件云中去掉被裂隙拟合的点，选定一组裂隙产状，并在微地震事件中随机选择一个点定位裂隙；④计算各点到新生成的各裂隙的距离，判断被裂隙拟合的点；⑤从微地震事件云中去掉被裂隙拟合的点，返回步骤③继续生成裂隙，直到已生成的裂隙数量达到 n_{f0} 或剩余微地震事件数不足总数的 5%为止；⑥计算生成的 DFN 的 D_{targ} 和 ps；⑦多次重复①~⑤步（如 200 次），选择具有相对较大的 D_{targ} 和 ps 值的 DFN 作为最终的裂隙网络。

3. 肘部法则确定裂隙数量

裂隙网络的生成过程实质上就是微地震事件的聚类过程，所以这里采用聚类分析中的肘部法则来确定适应于微地震事件的最合适的裂隙数量：①定义一个可能的裂隙数量范围；②在所定义范围内的每个裂隙数量下采用 Monte Carlo 方法生成 DFN 并记录对应的最大的 ps（可多次重复并取中位数以减小误差）；③绘制 ps 与裂隙数量的变化曲线，当达到某一裂隙数量 n_{fa} 之后，继续增加裂隙数量时 ps 不再有明显增长（如增量<1%），此时 n_{fa} 即为最适裂隙数量。

对于多阶段（第二阶段及以后）裂隙实时成像，此判断原则仍然适用。但由于前面阶段已有裂隙较多，剩余微地震事件较少，直接使用此方法得到的曲线的直观效果可能不明显，所以此处补充计算了在前一阶段得到的裂隙网络的基础上去掉最后一条裂隙后对该阶段微地震事件的拟合率。

4. 裂隙尺寸的确定

一般来说，微地震事件更倾向于被定位在距离更近的裂隙上，所以每条裂隙包含的微地震事件为距它最近的事件。但是根据距离最近判断裂隙包含的微地震事件会因为定位误差的存在导致判断错误，并进一步导致计算得到的裂隙尺寸误差过大。因此，这里采用 DBSCAN 方法优化微地震事件所属的裂隙,以使各个裂隙包含的微地震事件更集中:①将每个被拟合的微地震事件点到各条裂隙的距离按照由小到大的顺序排列;②将各点首先归属到最近的裂隙;③利用 DBSCAN 方法识别并保留点数最多的聚类(每条裂隙只能有一个聚类);④将上一步被排除的点重新分配到对应距离更大的裂隙中(如果上一次一个点被距离它最大的裂隙排除,则重新分配这个点时选择分配到距离最小的裂隙中);⑤重复③、④步,直到所有的点都找到对应的裂隙为止。

实际执行过程中,有一些微地震事件代表的是裂隙前端的岩石损伤区域[17]或孔隙弹性载荷的远端不相连的滑移[18]。从特征上分析,这两类事件距离裂隙真正拟合的微地震事件群较远,在实施过程中会不断被各条裂隙排除(此处称为"超前点"),导致该过程会永远循环下去。因此设定了一个尝试次数阈值(如裂隙数量的 4 倍),即认为达到此尝试次数后仍没有被分配的点为"超前点",不参与裂隙尺寸计算过程,但会合并至下一阶段的新增微地震事件中。

在多阶段裂隙实时成像中,为了保证已有裂隙的尺寸不会减小,此工作仅针对每阶段新分配的微地震事件进行,因此如果综合考虑一条裂隙累计分配的微地震事件,可能仍然会存在这样的"超前点"。所以在每阶段微地震事件分配完成后,对每条裂隙分配到的微地震事件再进行一次整体 DBSCAN 筛选,被淘汰的点直接视为"超前点"。

处理完成后,将各微地震点投影到对应的裂隙即可确定裂隙的覆盖范围(即裂隙尺寸)。由于实际压裂过程中生成的裂隙形状多样,无法比较。这里采用等效半径来表征裂隙尺寸,即假设该裂隙的面积 S 等于一个半径为 r 的圆形的面积:

$$r = \sqrt{S/\pi} \tag{4.1.30}$$

采用该方法生成的裂隙为平行四边形,其中心位置为四个顶点坐标 $x_1 \sim x_4$ 的平均值:

$$x_c = (x_1 + x_2 + x_3 + x_4)/4 \tag{4.1.31}$$

本部分 DBSCAN 方法的参数确定:阈值点数与微地震去噪的 DBSCAN 算法保持一致;搜索半径可先选择一个较小值(一般不小于微地震事件最大定位误差)试算,然后逐渐增大。其选择标准是要保证生成的各条裂隙都要连通(即无孤立的裂隙或裂隙群体),并且裂隙网络占据的空间体积相比于有效微地震事件占据的空间体积不能超出太多。这两个参数确定后将应用于所有阶段的裂隙尺寸确定。

5. 基于微地震的裂隙网络成像验证

定义两条相交的天然裂隙,其中一条裂隙(F1)的产状为 0°∠40°,另一条裂隙(F3)的产状为 180°∠50°,F1 的中心位于压裂井(深 4000m)的压裂段(3500~3800m)中部,F3 的中心不在压裂井上。水平最大主应力方向为 NE56°(即倾向 146°)。采用 FRACMAN 进行水力压裂模拟,注入流量随时间变化如图 4.1.21 所示。模拟中假设水力裂隙(F2)沿水平最大主应力方向生长。

模拟得到的微地震事件及对应的裂隙大致轮廓如图 4.1.22 所示。可以看到在理想情况下,所生成的微地震事件都分布在裂隙平面上。但考虑到实际监测的微地震事件

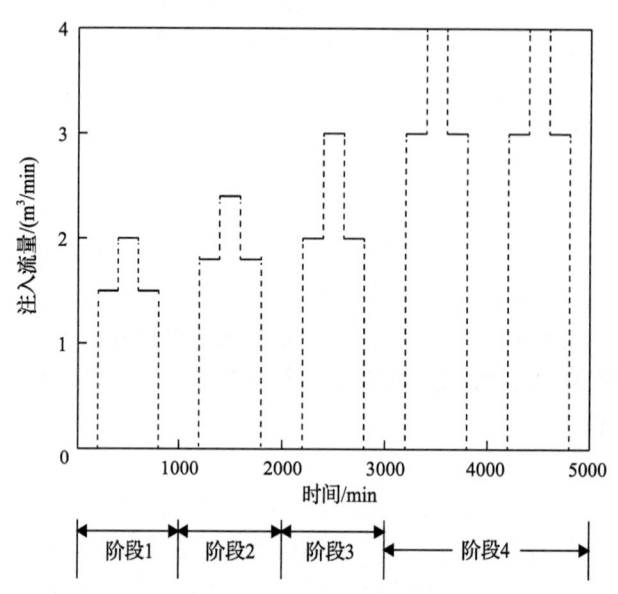

图 4.1.21 FRACMAN 假想压裂模拟的分阶段注入流量

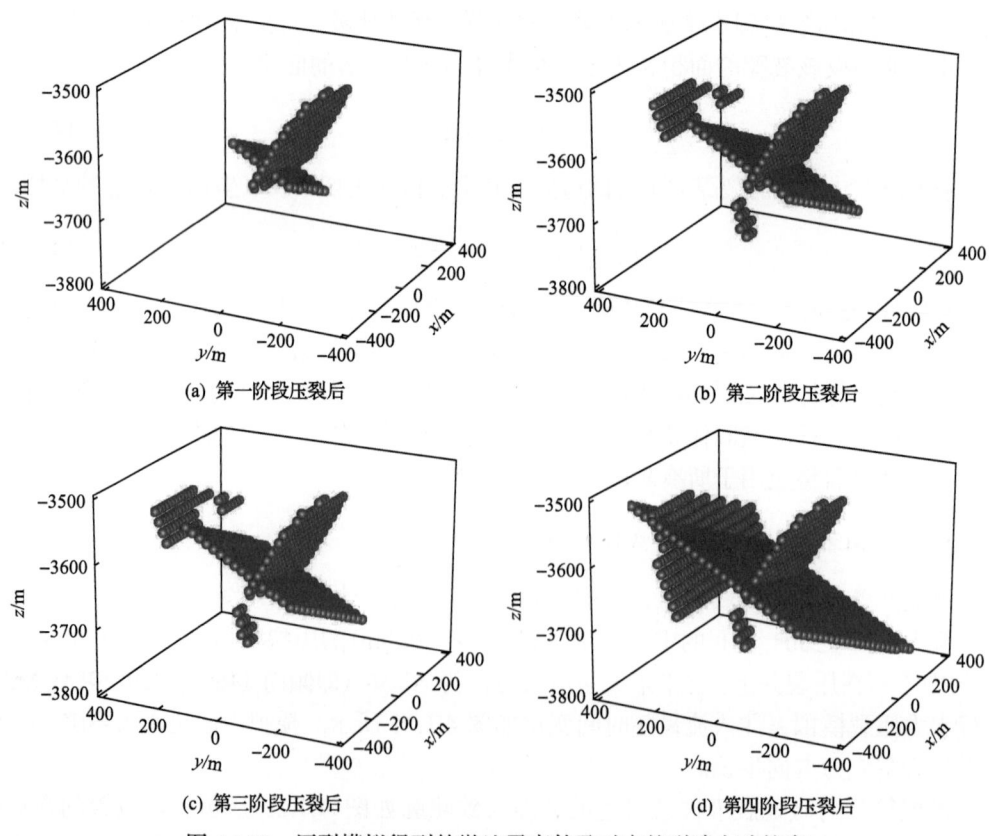

(a) 第一阶段压裂后

(b) 第二阶段压裂后

(c) 第三阶段压裂后

(d) 第四阶段压裂后

图 4.1.22 压裂模拟得到的微地震事件及对应的裂隙大致轮廓

存在定位误差，所以在这里对所有的微地震事件附加了 1.0%以内的随机定位误差，得到图 4.1.23 所示的微地震分布作为裂隙网络生成软件的第一、第二阶段的输入数据。由于模拟生成的微地震事件均对应于裂隙的扩展、激活过程，无明显离群事件，所以无须进行去噪处理。

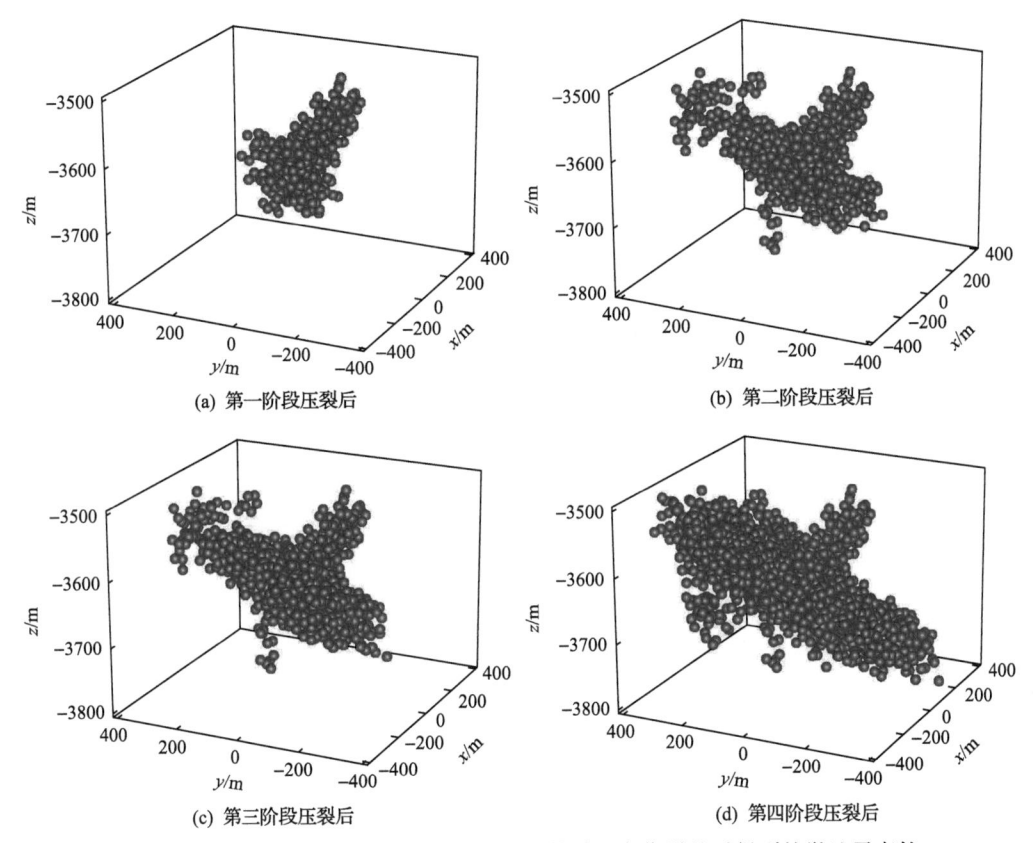

(a) 第一阶段压裂后

(b) 第二阶段压裂后

(c) 第三阶段压裂后

(d) 第四阶段压裂后

图 4.1.23 在图 4.1.22 的基础上加入 1.0%的随机定位误差后得到的微地震事件

根据 FRACMAN 输入参数，假设所有产状的误差值为 10°，则定义的三组顺序产状为 (0±10)°∠(40±10)°、(145±10)°∠(15±10)°和 (180±10)°∠(50±10)°。由于井深为 4000m，在拟合微地震事件时距离阈值取其 1.0%，即 40m。

采用图 4.1.23 所示的微地震数据生成裂隙网络。首先采用不同的裂隙数量生成裂隙网络并计算拟合率(这里设定为 1~5 条)，结果如图 4.1.24(a)所示，可以看到当采用 1 条裂隙拟合时，拟合率仅为 80%左右；增加到 2 条裂隙时，拟合率增加到了 100%；继续增加裂隙数量时，拟合率不再有明显变化。因此，认为 2 条裂隙拟合[图 4.1.24(a)]的微地震事件最合适。经过多次试验，裂隙尺寸确定时的 DBSCAN 聚类半径确定为 40m，得到的一种可能的结果如图 4.1.24(d)所示。

继续进行后续阶段的微地震事件的裂隙成像。对于第三阶段，利用已有的两条裂隙可以拟合图 4.1.24(c)中 97%以上的微地震事件，继续增加裂隙数量后拟合率不再增加；从中减少一条裂隙后，拟合率降低为 70%左右；所以认为已有的两条裂隙足以用于此阶段的微地震事件拟合，拟合结果如图 4.1.25(e) 所示。

(a) 第一阶段裂隙拟合微地震事件比例

(b) 第三阶段裂隙拟合微地震事件比例

(c) 第四阶段裂隙拟合微地震事件比例

(d) 第一阶段对应的裂隙分布

(e) 第三阶段对应的裂隙分布

(f) 第四阶段对应的裂隙分布

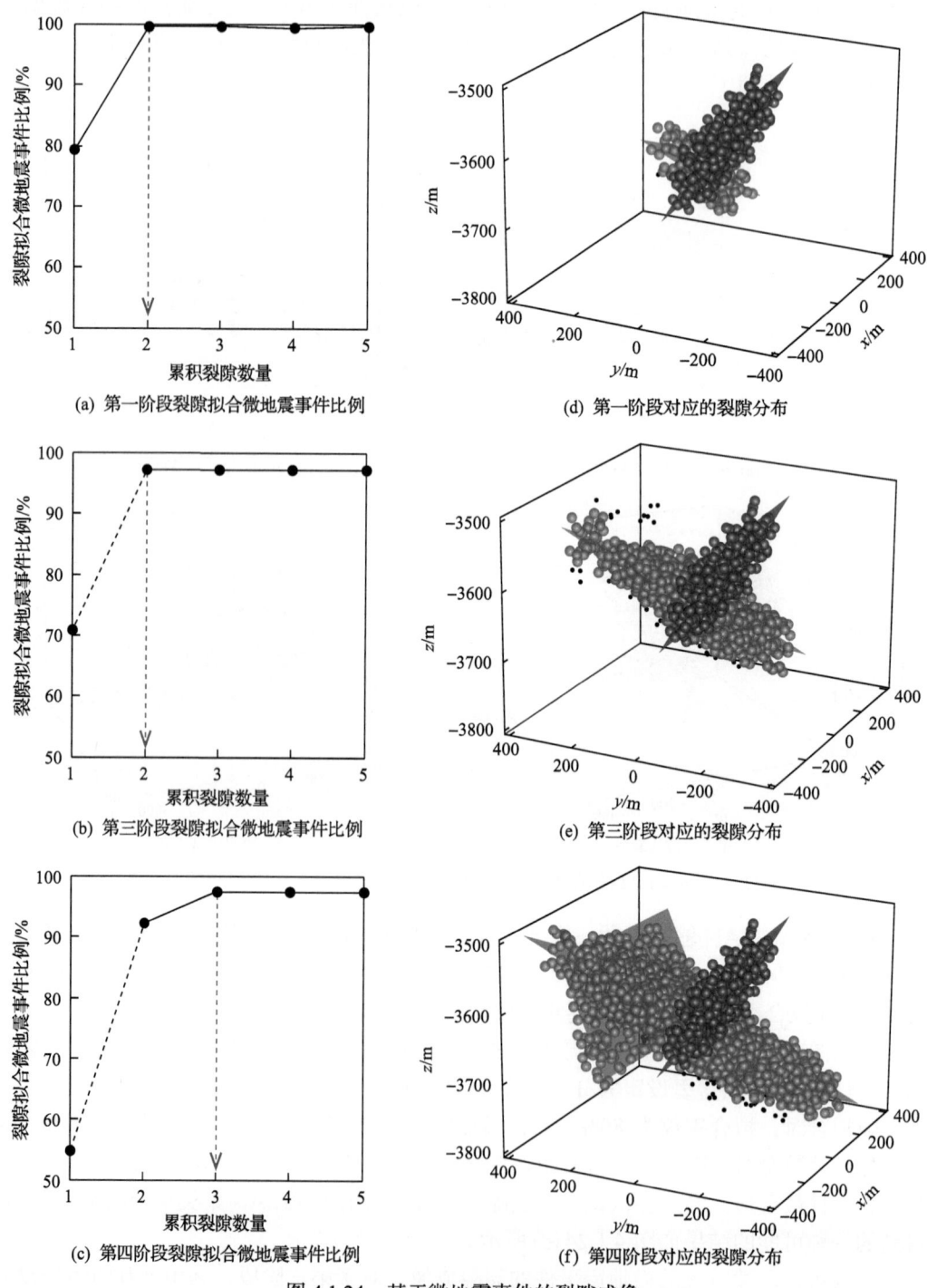

图 4.1.24 基于微地震事件的裂隙成像

(a)～(c) 中的裂隙数量为根据肘部法则判断所得

(a) 第一阶段裂隙拟合微地震事件比例

(b) 第三阶段裂隙拟合微地震事件比例

(c) 第四阶段裂隙拟合微地震事件比例

(d) 第一阶段对应的裂隙分布

(e) 第三阶段对应的裂隙分布

(f) 第四阶段对应的裂隙分布

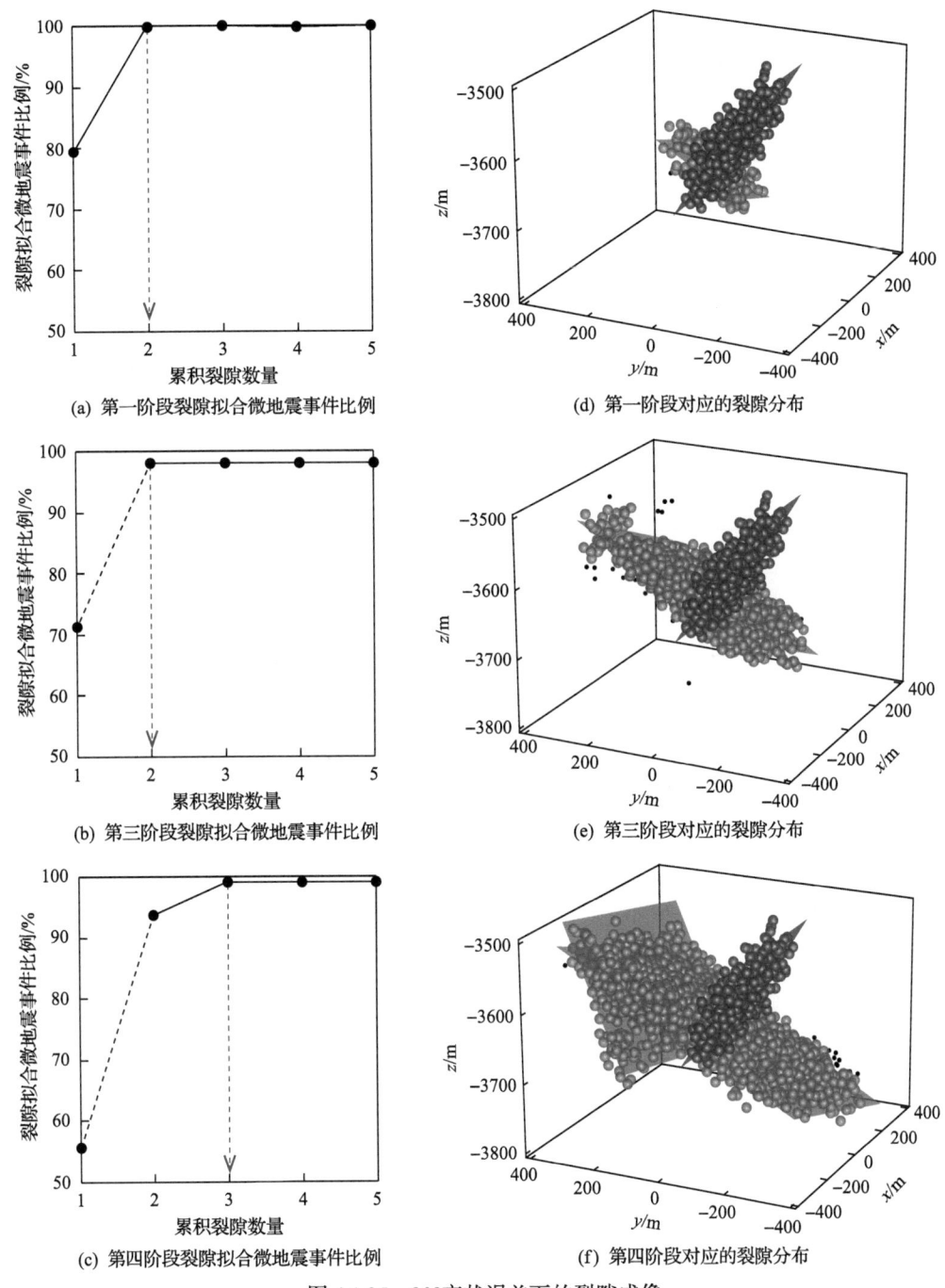

图 4.1.25　20°产状误差下的裂隙成像

(a)~(c)中的裂隙数量为根据肘部法则判断所得

利用已有的两条裂隙,可以拟合图 4.1.25(d)中 92%左右的微地震事件;减少一条裂隙后,有 55%左右的微地震事件可以被拟合出来;增加一条裂隙[对应于图 4.1.25(c)的横坐标的 3 条裂隙]后拟合率增至 97%左右,继续增加裂隙数量,拟合率保持不变。

所以认为在第四阶段需要增加一条裂隙以达到较好的拟合效果。得到的一种可能的拟合结果如图 4.1.25(f)所示。

拟合的中心误差、尺寸误差、倾角误差与倾向误差统计结果如表 4.1.3 所示，可以看到 3 条裂隙的倾角的误差最大为 9.5°；裂隙中心误差最大值和尺寸误差最大值分别为 43.5m 和 76.1m，虽然超过了阈值误差，但仍然与其在同一数量级之内，可以认为所使用的方法在微地震生成裂隙网络方面有较好的适用性。

表 4.1.3 裂隙生成的误差统计（角度偏差 10°）

压裂阶段		中心误差/m	尺寸误差/m	倾角误差/(°)	倾向误差/(°)
第一阶段	F1	10.5	22.7	3.5	0.5
	F2	13.6	27.3	9.5	3.0
第三阶段	F1	10.0	22.9	—	—
	F2	43.5	52.3	—	—
第四阶段	F1	38.8	43.6	—	—
	F2	11.2	45.2	—	—
	F3	36.4	76.1	1.0	1.0

当先验产状误差增大至 20°时，采用同样的微地震事件来生成裂隙网络。由表 4.1.4 可以看出，裂隙产状的误差没有明显影响生成裂隙数量的判断、裂隙网络中心误差和尺寸误差，结果仍然可以接受。

表 4.1.4 裂隙生成的误差统计（角度偏差 20°）

压裂阶段		中心误差/m	尺寸误差/m	倾角误差/(°)	倾向误差/(°)
第一阶段	F1	10.3	22.7	3.5	1.0
	F2	10.3	26.2	10.5	2.5
第三阶段	F1	9.8	24.6	—	—
	F2	43.2	50.0	—	—
第四阶段	F1	40.4	41.8	—	—
	F2	8.6	38.1	—	—
	F3	32.4	71.3	3.5	0.1

由于在假想实例中裂隙 F1 被压裂井揭露，在接下来的模拟中将其定义为初始背景裂隙，其定位坐标为(0m, 0m, −3650m)。考虑到在实际工程中很难确定被井揭露的裂隙是在哪一压裂/微地震阶段产生或激活的，所以在定义初始背景裂隙时，仅使用图 4.1.25(f)所示的最后一阶段的微地震事件直接生成裂隙网络。

为了更好地说明背景裂隙对结果的影响，此处还设定在无背景裂隙条件下进行了模拟（假设产状误差为 10°）。从表 4.1.5 和图 4.1.26 可以看出在考虑背景裂隙条件下，裂隙中心误差总体较小，尺寸误差总体较大，两者在未知裂隙产状拟合方面相差不多，所以两者的总体拟合效果相差不大。但是由于背景裂隙的定义预先约束了裂隙的部分参数，模拟效率和模拟结果的稳定性大大提高。

表 4.1.5　背景裂隙对裂隙网络生成的误差比较（角度偏差 10°）

压裂阶段		中心误差/m	尺寸误差/m	倾角误差/(°)	倾向误差/(°)
不考虑背景裂隙	F1	38.7	43.2	0.2	0.8
	F2	11.1	57.4	9.4	1.6
	F3	44.6	54.8	1.7	0.3
考虑背景裂隙 F1	F1	22.1	58.1	0.0	0.0
	F2	11.8	48.9	9.4	3.0
	F3	36.0	62.0	0.2	4.0

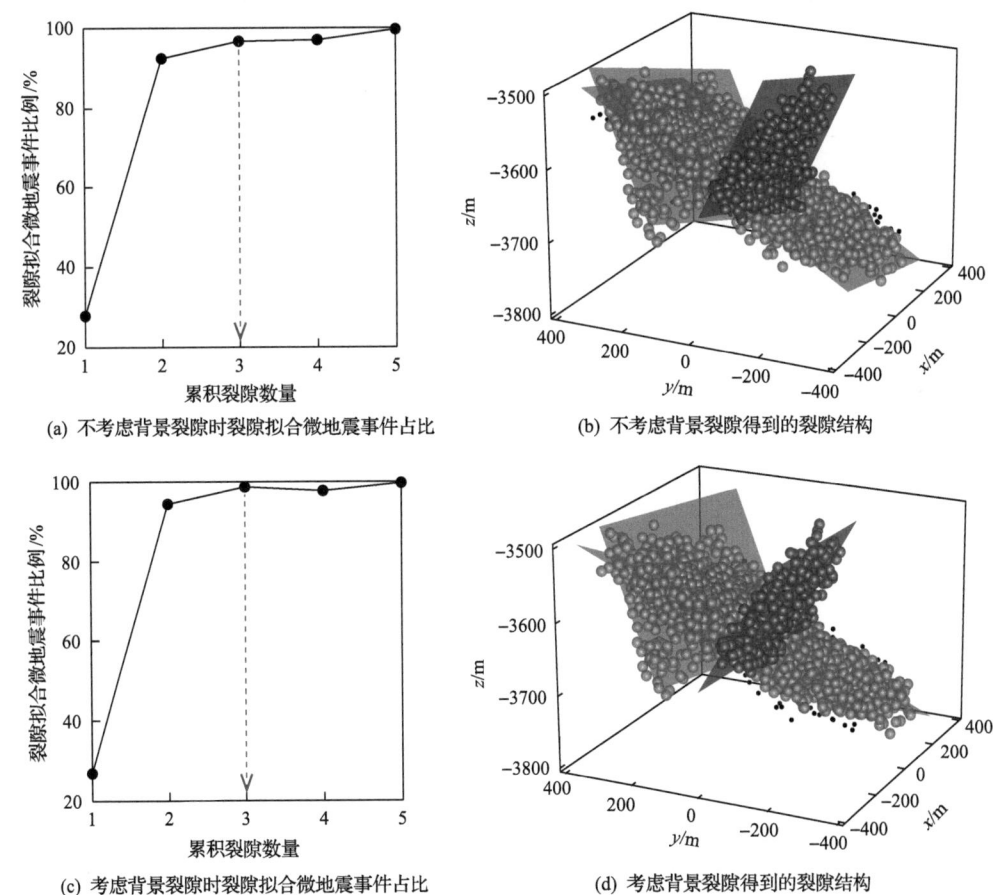

(a) 不考虑背景裂隙时裂隙拟合微地震事件占比

(b) 不考虑背景裂隙得到的裂隙结构

(c) 考虑背景裂隙时裂隙拟合微地震事件占比

(d) 考虑背景裂隙得到的裂隙结构

图 4.1.26　有无初始裂隙成像结果的对比

4.2　示踪反演与裂隙表征

人工裂隙网络的示踪表征是通过向热储层注入含有示踪剂的特征流体，待流体在储层迁移转化后，通过开采井回收流体并监测流体中示踪剂浓度变化，获得示踪剂突破曲线，据此反演分析储层裂隙几何结构和水热传递参数。目前可用于热储层裂隙结构示踪的示踪剂类型主要有保守型示踪剂、吸附示踪剂和热敏示踪剂。保守型示踪剂在储层内部迁移转化过程以对流和弥散为主，不与围岩发生化学反应，主要用于指示注采井之间连通能力、储层渗流能力、压裂空间体积和裂隙张开度等信息，已报道的主要有 Cl^-、Br^-、萘二磺酸盐类、荧光素和稀土元素等；吸附示踪剂在储层迁移过程中可与围岩发生化学或物理反应，使得示踪剂突破曲线形态较保守型示踪剂产生差异，据此可估计储层内部渗流空间之中的水岩作用面积，进而指示储层内部换热面积，目前已报道的主要为 Li^+，由于其离子半径小，极易与矿物中的 Na^+、K^+ 等离子发生交替吸附，从而可根据 Li^+ 的吸附量反映水-岩接触面积；热敏示踪剂在高温环境下可能发生分解，可以指示储层内部温度条件，如罗丹明 123 及藏红 T 等。可以根据试验目的，选取一种或多种不同类型示踪剂开展示踪试验。

干热岩储层人工裂隙结构与参数反演涉及多次水-热-示踪剂耦合正演模拟，介质中渗流控制方程为

$$\rho S\frac{\partial h}{\partial t} + \theta\frac{\partial \rho}{\partial t} = \nabla\left[\frac{\rho gk}{\mu}\rho_0\left(\nabla h + \frac{\rho-\rho_0}{\rho_0}e\right)\right] \quad (4.2.1)$$

其中，ρ 为密度；S 为贮水率；h 为水头；t 为时间；k 为渗透率；μ 为动力黏度；g 为重力加速度；ρ_0 为常温条件下流体密度；当表示垂直方向时 e 取值为 1，其他方向 e 的取值为 0。热量传输服从：

$$(\Phi\rho c_f + (1-\theta)\rho_s c_s)\frac{\partial T}{\partial t} = \nabla[(\lambda+\alpha v\rho c_f)\nabla T] - \rho c_f \nabla(vT) \quad (4.2.2)$$

其中，c_f 和 c_s 分别为流体和固体比热容；ρ_s 为岩石密度；T 为温度；α 为热弥散系数；v 为流速；λ 为热传导系数；Φ 为孔隙度。

保守型示踪剂在储层内的运移过程是通过对流-弥散方程刻画：

$$\Phi\frac{\partial C}{\partial t} = \nabla(D\nabla C) - u\nabla C \quad (4.2.3)$$

式中，Φ 为储层孔隙度；C 为示踪剂溶液的浓度，ppm[①]；D 为分子弥散系数，m^2/s；u 为渗流速度，m/s。

上述方程可以通过 TOUGH、SEAWAT、COMSOL 等程序实现全耦合或顺序耦合求解，进而获得示踪剂浓度突破曲线计算值。通过示踪剂浓度计算值与实测值对比，根据二者误差反演调整裂隙结构和参数，直至浓度计算值和实测值拟合为止。

目前参数反演调整算法研究相对成熟，主要包括基于示踪剂浓度计算误差与参数协方差的确定性参数调整算法和在 Bayes 算法框架下的随机参数调整策略。前者试图确定裂隙结构和参数的唯一解，而后者则试图刻画裂隙结构和参数的所有可能结果及统计特征。

---

① 1ppm=10^{-6}。

干热岩型人工裂隙结构和参数反演面临的重要现实问题为钻孔数量有限，导致井间示踪试验数据较少。反演所需解决的首要问题是通过参数降维和数据融合两种方式，平衡监测数据数量和拟确定的裂隙参数数量，进而降低裂隙反演的不确定度，提高反演精度。此次着重介绍一种基于深度学习的参数降维方法和微地震与示踪试验数据融合方法及其在干热岩储层裂隙参数刻画方面的应用。

平衡监测数据数量和反演确定参数数量的另一重要途径为多元数据融合。考虑到干热岩开发工程中，无一例外会开展微地震监测和示踪试验。因此，此次寻求融合两种数据的方法。

Shapiro 等[19-21]提出了基于诱发微地震监测的储层表征方法（SBRC）。该方法基于诱发微地震事件触发前缘的动态扩散特征可以反映压裂引起的储层内流体孔隙压力的扩散特征，从而反映储层的水力连通性。模型中假设水力诱发的微地震的触发面与孔隙压力松弛过程中的毕奥（Biot）波的传播方式相同，孔隙压力扰动可通过式（4.2.4）中的扩散微分方程近似描述[20]（对应于第二类 Biot 波）：

$$\frac{\partial p}{\partial t} = \frac{\partial}{\partial x_i}\left[D_{ij}\frac{\partial p}{\partial x_j}\right] \qquad (4.2.4)$$

其中，D_{ij} 为水力扩散系数张量的分量，m²/s；p 为压力；x_j（$j=1,2,3$）为从注入点到观测点的半径向量分量；t 为压裂液注入后微地震事件的发生时间，s。在注入点给定的 $p_0\mathrm{e}^{-iwt}$ 的时间谐波孔隙压力扰动下，式（4.2.4）的一般解形式为

$$p(r,t) = p_0\mathrm{e}^{-iwt}\exp[\sqrt{w}\tau(r)] \qquad (4.2.5)$$

其中，r 为到注入点的距离，m；w 为角频率，s⁻¹；τ 为与频率无关的量，与地震活动发生时间有关：

$$\tau = (i-1)\sqrt{2\pi t} \qquad (4.2.6)$$

$p_0(r)$、$\tau(r)$ 和 $D_{ij}(r)$ 常随 r 缓慢变化，把式（4.2.5）代入式（4.2.4）中，只保留 w 的一阶欧拉级数，则有

$$-i = D_{ij}\frac{\partial \tau}{\partial x_i}\frac{\partial \tau}{\partial x_j} \qquad (4.2.7)$$

把式（4.2.6）代入式（4.2.7）得到：

$$t = \pi D_{ij}\frac{\partial t}{\partial x_i}\frac{\partial t}{\partial x_j} \qquad (4.2.8)$$

对于各向同性介质，式（4.2.8）简化为

$$D(x,y,z) = \frac{t(x,y,z)}{\pi\left|\nabla t(x,y,z)\right|^2} \qquad (4.2.9)$$

其中，D 为水力扩散系数，m^2/s；∇t 为微地震事件发生时间的空间导数，s/m。

储层的水力扩散系数与渗透率存在线性关系[19]：

$$D = \frac{Nk}{\eta} = \beta k \quad (4.2.10)$$

其中，k 为渗透率；η 为流体动力黏度，$Pa \cdot s$；N 为孔隙弹性模量，Pa；β 为水力扩散系数与渗透率的相关系数，s^{-1}，在孔隙弹性理论的框架下有

$$\beta = \frac{\eta}{\mu_w}, \eta = \frac{P_d M}{P_d + \alpha^2 M}, P_d = K_d + \frac{4}{3}\mu_d, M = \frac{1}{\frac{\Phi}{K_f} + \frac{\alpha - \Phi}{K_g}}, \alpha = 1 - \frac{K_d}{K_g} \quad (4.2.11)$$

其中，μ_w 为孔隙流体动力黏度，$Pa \cdot s$；η 为体积模量，Pa；K_f、K_g、K_d 分别为流体、岩石颗粒和岩石骨架的模量，Pa；μ_d 为岩石骨架的剪切模量，Pa；Φ 为孔隙度。

水力压裂产生的微裂缝不仅会增加储层的渗透率，同时能显著增加储层岩石的孔隙度，可以采用科曾尼-卡尔曼（Kozeny-Carman）关系式[22]来定量描述储层孔隙度和渗透率之间的相关关系：

$$k = k_0 \left(\frac{\Phi}{\Phi_0}\right)^m \quad (4.2.12)$$

其中，k_0 和 Φ_0 分别为渗透率和孔隙度的参考值；m 为与岩性有关的敏感系数。

根据微地震事件的时空分布信息计算出储层的水力扩散系数后，采用贝叶斯（Bayes）形式将示踪试验的数值模拟与观测系统示踪试验值相结合，得到模型孔渗参数的后验分布，进一步确定相关参数线性系数 α 和与岩性有关的敏感系数 m，并定量计算储层的孔渗参数。

采用 Bayes 反演算法拟合示踪试验的数值模拟与观测系统示踪试验值，得到模型孔渗参数的后验分布：

$$p(x|\tilde{y}) = \frac{p(x)p(\tilde{y}|x)}{p(\tilde{y})} \quad (4.2.13)$$

其中，$p(x)$ 和 $p(x|\tilde{y})$ 分别为先验和后验参数分布；$p(\tilde{y})$ 充当标准化常数（标量）。参数的后验分布与先验分布和似然函数成正比：

$$p(x|\tilde{y}) \propto p(x)L(x|\tilde{y}) \quad (4.2.14)$$

其中，$L(x|\tilde{y}) = p(\tilde{y}|x)$ 为似然函数；$\tilde{y}$ 为观测值的向量；$p(x)$ 为先验分布（遵循标准正态分布）。假设先验分布已知，模型后验分布则主要取决于似然函数 $L(x|\tilde{y})$。如果假设误差互不相关且服从正态分布，则：

$$L(x|y, \sigma^2) = -\frac{n}{2}\lg(2\pi) - \sum_{t=1}^{n} \lg \sigma - \frac{1}{2}\sum_{i=1}^{n}\left(\frac{y_i - F_i(x)}{\sigma}\right)^2 \quad (4.2.15)$$

其中，n 为观测数据数量；σ 为观测值测量误差的标准差；$F_i(x)$ 为正演模拟的状态变量；y_i 为第 i 个观测值。

使用随机游走算法从先验分布中抽取并接受或拒绝随机样本[23]。马尔可夫(Markov)链决定从 $p(x_{t-1})$ 转移到 $p(x_p)$ 时，q 为转移矩阵，用 p_{acc} 判断是否接受。如果决定通过，将进行转移，否则将保持在原地，直到达到稳定分布：

$$\begin{aligned}&p(x_{t-1})q(x_{t-1}\to x_p)p_{\text{acc}}(x_{t-1}\to x_p)\\&=p(x_p)q(x_p\to x_{t-1})p_{\text{acc}}(x_p\to x_{t-1})\end{aligned} \quad (4.2.16)$$

经证实，差分进化自适应 Metropolis 算法(DREAM)在采样、高维搜索/变量分析中均优于其他自适应 Markov 链蒙特卡罗(MCMC)采样方法[24]，甚至能为常用的优化算法提供更好的解决方案。

4.3 工程案例分析

4.3.1 仿真案例验证

基于共和盆地露头剖面提取的裂缝形态[图 4.3.1(a)]，构建一个复杂裂缝储层数值模

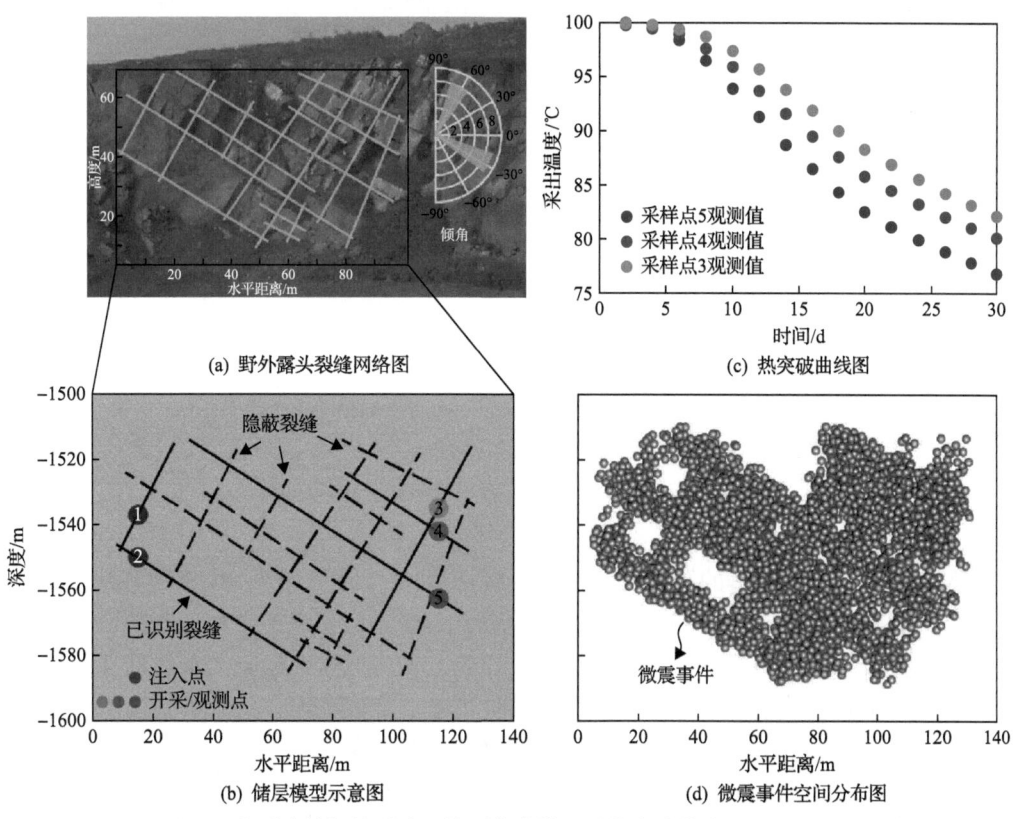

图 4.3.1 基于天然露头数据的裂隙型储层仿真模型及热突破曲线和微地震空间分布云图

型，假设该网络埋藏于1500～1600m深度处，可形成裂缝性地热储层。该离散裂缝网络系统由17条裂缝构成，包括5条通过井下测井数据可以识别的裂缝，以及12条无法直接观测的隐蔽裂缝[图4.3.1(b)]。

根据共和盆地地热储层温压条件，本节模型初始温度设定为100℃，初始压力为20MPa，模型左右两侧边界设定为恒定压力边界，数值为20MPa，上下顶底板设为零流量边界，所有边界温度均固定为100℃，裂缝开度设定为恒定值0.001m。在30天试采模拟中，冷水以2kg/s的恒定速率通过注入井(采样点1和采样点2)注入储层，同时以1kg/s的速率从生产井(采样点3～5)抽取热水[图4.3.1(b)]。注入温度固定为70℃，并在生产井监测出水温度，其测量误差服从均值为0℃、标准差为0.1℃的正态分布[图4.3.1(c)]。此外，假设该裂缝网络的形成触发了4000次微震事件[图4.3.1(d)]。基于微地震数据和温度突破曲线反演裂隙结构，并与真实裂隙结构对比，论证反演方法的可靠性，具体如下。

根据采样点1～5的井下测井数据，在反演模型中设定最小裂缝数量为5条，裂缝方位角先验范围分别为55°～70°和–35°～–25°，裂缝开度先验范围设定为10^{-4}～10^{-2}m，服从对数均匀分布。反演模型中采用并行计算技术，设立100条马尔可夫链同时运算。结果显示(图4.3.2)，计算温度与观测温度的拟合误差在每条链中均快速收敛，400次迭代后误差值稳定降至0.1以下。进一步测试表明，即使迭代次数提升至2000次，温度拟合误差亦无显著改善，且模型接受率趋近于零，据此判定反演过程已达到收敛。

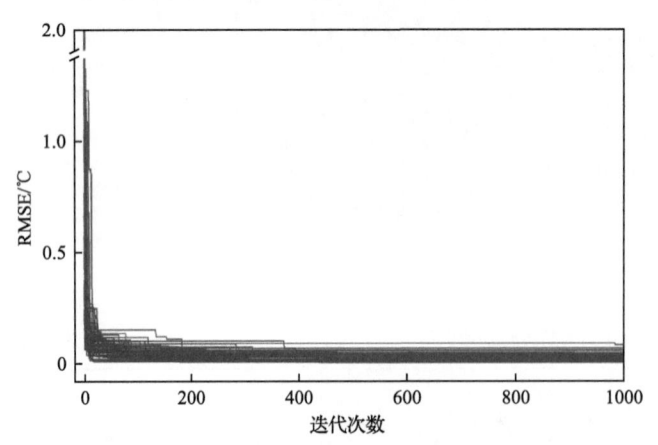

图4.3.2　出水温度模拟值与实测值误差收敛图
RMSE-均方根误差

从100条马尔可夫链的第1000次迭代中各提取1个反演结果，共获得100组裂缝网络分布。如表4.3.1所示，裂缝数量反演误差为1～3条，裂缝走向和长度平均误差分别为1.5°和5.0m。裂缝开度估计值为0.70～6.3mm，平均值为3.6mm。虽然开度的估计值与实际值处于同一数量级，但存在轻微过估计现象。究其原因，该方法倾向于将走向相似且间距小于微地震事件定位误差范围的裂缝合并为单条裂缝。因此，本案例中识别的裂缝数量(14～16条)较真实值(17条)略有欠估计，而裂缝开度的高估计可以补偿裂隙数量上的差异。

第4章 压裂监测与人工储层裂隙网络评价

表 4.3.1 裂缝参数(数量、走向、长度及开度)估算误差分析

分类	裂缝数量/条	走向/(°) 第1组	走向/(°) 第2组	长度/m	开度/m
真实值	17	22~35	114~122	17~111	0.001
统计结果	17	29.5	119.5	54.4	0.001
反演结果1	14	29~35	120~123	19~117	0.006
反演结果2	16	21~34	116~122	19~118	0.002
反演结果3	15	23~30	120~124	12~118	0.0007
...			...		
统计结果	14~16	28.0	120.1	59.4	0.004
平均误差	1~3	1.5	0.6	5.0	0.6*

*误差经对数转换,表示数量级误差。

裂缝网络反演结果显示:①井下测井确定的裂缝(具预设走向)的长度和中心位置的反演误差均<10%;②即便未被测井直接识别的裂缝,在概率>50%区域仍展现出良好的空间对应性[图 4.3.3(b)]。在反演获得裂缝网络以后,继续预测热突破曲线,以对模

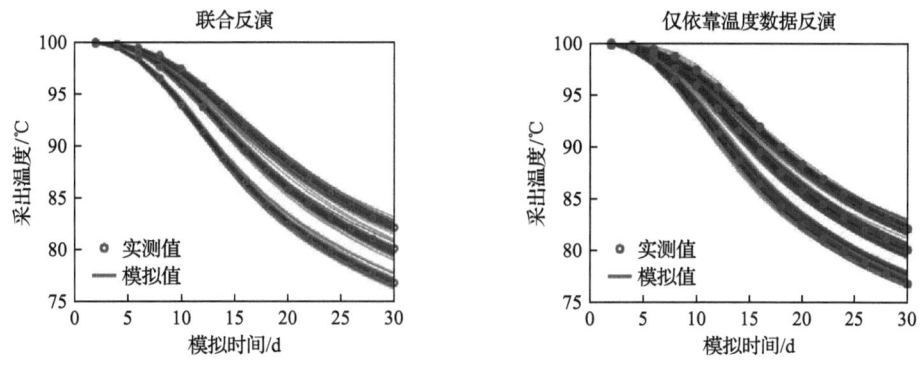

(a) 采出温度实测值和模拟值比较

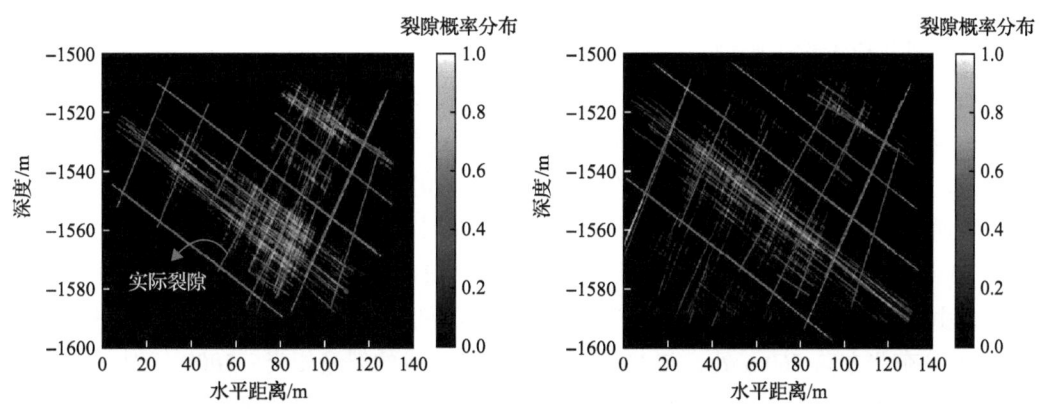

(b) 离散裂缝网络概率分布

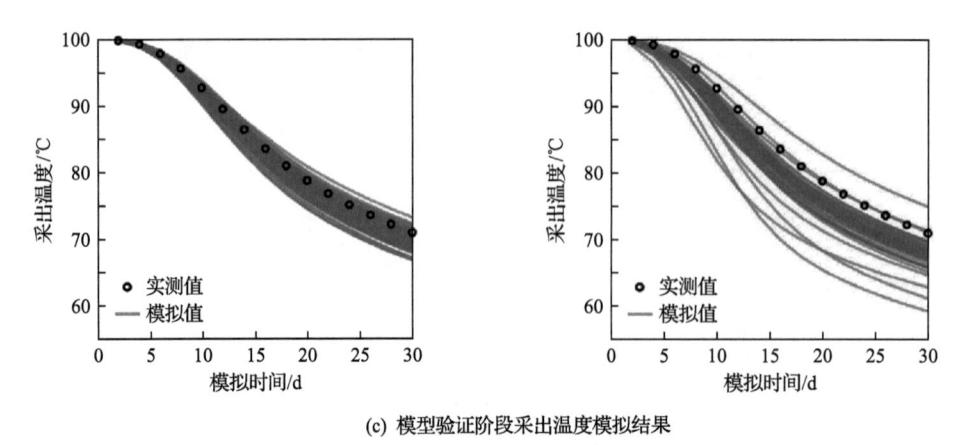

(c) 模型验证阶段采出温度模拟结果

图 4.3.3　微地震示踪联合反演方法与示踪反演方法结果对比(扫封底二维码见彩图)

型的温度预测能力进行检验，结果显示[图 4.3.3(c)]：基于 100 组裂缝网络反演结果所预测的热突破曲线与实测数据具有高度一致性，其中温度预测平均偏差仅为 0.92℃ ± 0.15℃(约占生产周期总温变的 3.7%)。因此，所构建的反演方法既可高精度重建裂缝结构，又能可靠预测储层热突破行为。

4.3.2　澳大利亚 Cooper-EGS 人工储层裂隙渗透率表征

1. 研究区概况

Cooper 盆地位于南澳洲北部、昆士兰州西南部，面积约 130000km^2。盆地内发育帕卡瓦拉(Patchawarra)、纳帕梅里(Nappamerri)、阿伦加(Allunga)和特纳佩拉(Tenappera)地槽，地槽中沉积了厚达 2500m 的石炭系—三叠系。Cooper 盆地已有 40 年常规油气勘探开发历史。由于放射性衰变的影响，该区存在至少 1000km^2 的高温花岗岩基底。加之沉积盆地内广泛发育的沉积盖层，形成了良好的保温条件，导致该区地温梯度较高，储层 5km 深处可达 280℃。Cooper 盆地和大部分澳大利亚地区一样受逆冲推覆应力控制，使花岗岩基底天然裂隙发育。裂隙内赋存原生咸水，且处于 34MPa 的超压状态。花岗岩基底以白色的二云母花岗岩为主，黑云母普遍绿泥石化，长石受到了热液蚀变的影响，方解石则风化成了次生矿物。

在该场地共钻有四口干热岩钻井，深度介于 4205～4420m。2003 年，第一口井 H01 成功钻至地下 4319m 深。由于天然裂隙发育的断层结构的影响和泥浆密度不合理，大量泥浆进入深部破碎层(深度大于 4209m)，导致在 H01 井周围形成了"泥浆环"，不利于流体流通。H02 井的目标是在 4310m 深度与裂隙储层相交，但最终在 4325m 钻遇裂隙层。在 2005 年中期，对 H02 井进行了试开采试验，流量高达 25kg/s，开采温度达到 210℃。然而，由于井下设备故障阻塞 H02 井，H01—H02 的井间循环试验被迫中止。H03 井位于 H01 井东北方向 560m 处，与 H01 井水力压裂生成的裂缝相交。2008 年对 H03 井进行了水力压裂，压裂后该井的回灌指数显著提升。随后的流体循环测试中 H01 井的注水流速为 18.5kg/s，H03 井的产流速率为 20kg/s，产流温度可达 212℃。2012 年，位于 H01

东北方向 705m 处的第四口干热岩钻井 H04 成功完井,并进行了大规模的水力压裂,目的是扩大现有的热储层,增加地热系统的产出。水力压裂注入流速最高达到 53kg/s,压裂结束后 H04 井的产流速率可达到 39kg/s。最终以 H04 作为开采井,H01 井作为回灌井建立了装机容量为 1MW 的对井干热岩发电系统。但由于后期运行过程中,储层的热恢复效率下降以及资金问题,该项目被迫终止。

2. 场地监测资料

2003 年 11~12 月该场地首次对 H01 井进行了水力压裂,采用 70MPa 的压力将 20000m³ 的水泵入储层,注入流速从 13.5kg/s 逐渐增加到 26kg/s。通过微地震监测估计第一次激发形成的裂隙带规模为 0.7km³。经过一系列的储层改造,裂隙带面积增加至 3km²,呈水平薄饼形展布,长轴沿 NE 方向延伸。在水力压裂过程中,场地布设的 8 个微地震监测站共检测到约 27000 个诱发地震事件。随着时间推移,微地震活动系统地向远离注入井方向扩散,震源分布呈现出高度的时空有序性[图 4.3.4(a)]。Baisch 等对诱发微地震事件进行了定位。震源空间分布形成近水平结构,近 SN 向延伸 2km,近 EW 向延伸 1.5km,垂向分布范围 150~200m,推断压裂层厚度约为 10m,认为诱发微地震仅发生在一个天然裂隙层内,这与 H03 井井下成像观测到的天然裂隙发育位置一致。

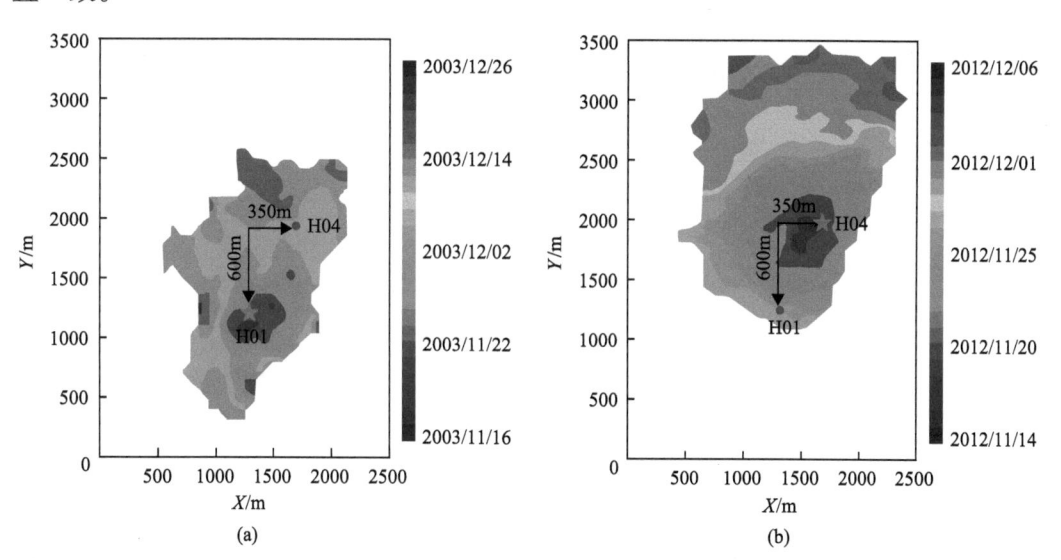

图 4.3.4 Cooper 盆地增强型地热系统 H01 井 2003 年水力压裂诱发微地震时空分布(a)及 H04 井 2012 年水力压裂诱发微地震时空分布(b)(扫封底二维码见彩图)

为进一步扩大储层规模,在 2005 年 9 月,对 H01 井进行了第二次水力压裂,注入压裂液 20000m³,引发了约 16000 次微地震事件,震级在 1.2~2.9M_L。震源空间分布表明,地震活动发生与首次水力压裂垂向分布近乎相同且储层水平扩展范围进一步扩大。

为建立H01-H04的对井循环开采系统，2012年对H04井进行了水力压裂，注入压裂液37000m³。场地的24个微地震监测站台检测到了29000多个诱发地震事件，震级在1.6~3.0M_L。Baisch确定了21720个微地震事件的震源位置。微地震事件的空间分布表明，地震活动发生在同一个近水平层状结构上，且与前两次压裂诱发裂隙带的垂向范围基本一致[图4.3.4(b)]。分析了525个震级较强的微地震事件，结果表明大规模断裂发育方向与区域水平最大主应力方向基本一致，且天然裂缝对干热岩的水力刺激起着关键作用。

在H04井水力压裂完成后，2013年4月至9月进行了试开采试验，通过H01井向储层注入冷水，H04井提取热水。在开采初期，注入和开采速率均在13~24kg/s波动，60天后注入和开采速率稳定在15kg/s。H04井出水温度从180℃上升到213℃[图4.3.5(a)]，因为2012年水力压裂过程中注入的大量冷水降低了储层温度，压裂后储层温度逐渐恢复。

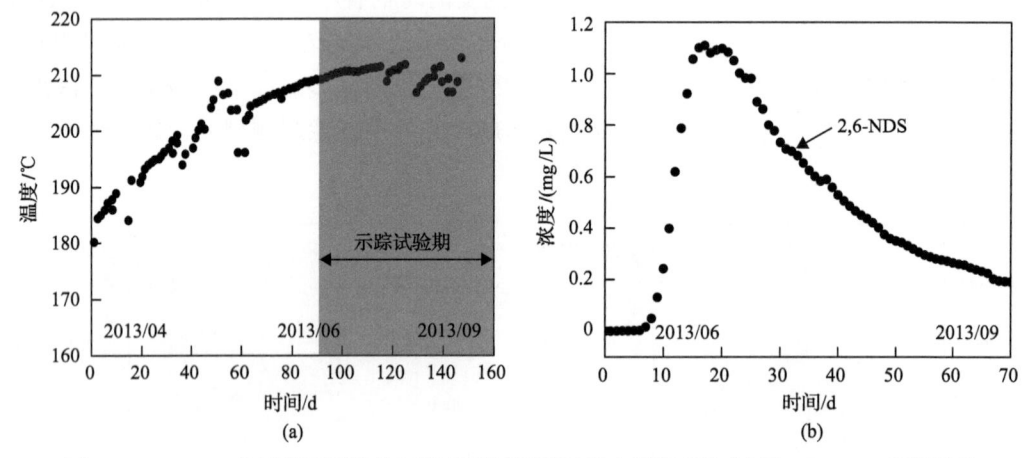

图4.3.5　Cooper盆地增强型地热系统场地试开采时出水温度变化(a)及H01-H04井间示踪试验浓度突破曲线(b)

2013年6月开展了H01-H04井的井间示踪试验。以2,6-二萘磺酸钠(2,6-NDS)作为保守型示踪剂。试验开始时，将100kg 2,6-NDS溶解于约1.0m³水中，以瞬时脉冲的方式注入H01井，随后以15kg/s的速率恒定注入清水。实验过程中，通过H04井不断进行取样并测试示踪剂浓度，检测限可达0.2ppb[①]。Ayling等[25]删除了试验过程中停泵等不稳定因素影响下的测试结果，修正了开采流体回灌进入储层的示踪剂浓度的累积效应，得到了注水速率为15kg/s的恒定流速条件下，对井脉冲式注入的保守型示踪剂浓度突破曲线[图4.3.5(b)]。

3. 数值模型

根据Cooper盆地EGS场地的钻探资料及诱发微地震分布情况，建立了二维水热耦

---

① 1ppb=10⁻⁹。

合数值模型[图 4.3.6(a)]。首先将模拟区定义为 H01 井和 H04 井两次水力压裂诱发的地震事件的覆盖范围，并在水平上扩展到 2500m 和 3500m，以降低边界条件对示踪剂和热输运预测的影响。将模型域离散为 2681 个单元，单元尺寸定义为 100m，压裂区单元尺寸细化为 50m，将井附近单元尺寸细化为 10m。在产热试验中，采用线性插值法估算水力压裂过程中注入大量冷水导致的初始温度分布[图 4.3.6(b)]。花岗岩的导热系数和比热容分别为 3.2W/(m·K) 和 940J/(kg·K)。原始花岗岩的渗透率和孔隙度定义为 $1\times10^{-15}m^2$ 和 0.5%，裂隙带的渗透率和孔隙度由示踪剂测试数据反演得到。

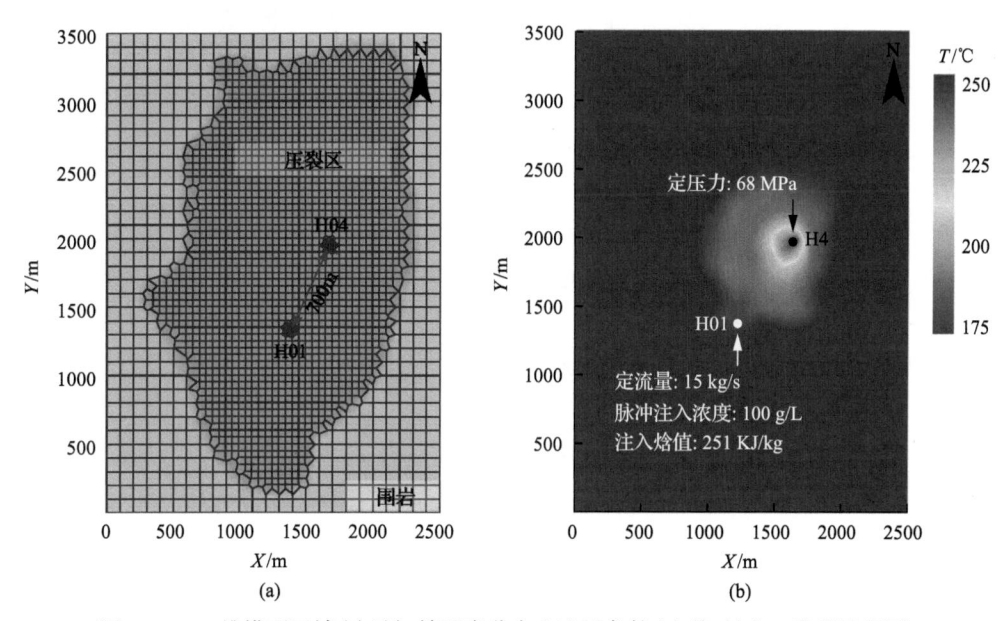

图 4.3.6 二维模型区域(a)及初始温度分布和边界条件(b)(扫封底二维码见彩图)

4. 孔渗参数反演结果分析

示踪试验数值模拟条件根据场地试验条件进行设置，在试验开始的前 10min 向 H01 井注入 0.167kg/s 的 2,6-NDS 保守型示踪剂，试验过程中 H01 井的回灌速率和 H04 井的开采速率均为 15kg/s，回灌水温度设置为 85℃。监测示踪剂浓度，通过与场地示踪剂曲线实测数据的拟合情况，反演求解储层的孔渗参数。

根据水力压裂诱发微地震的时空分布情况，基于 SBRC 方法计算了储层的水力扩散系数，参数值范围为 $0.001\sim4.0m^2/s$[图 4.3.7(a)]。可见水力扩散系数在压裂井附近数值较高，但不一定随着压裂井的距离增加而减小，表明储层的天然裂隙结构对人工裂缝的发育有显著影响。

此次采用 5 条链的 MCMC 反演算法求解储层的孔渗参数，在反演过程中，模拟示踪曲线浓度与场地试验观测示踪曲线浓度的目标函数 RMSE 在前 500 次迭代中沿每条链迅速下降，在 800 次迭代后稳定在 0.5mg/L 左右[图 4.3.8(a)]。不同的链在迭代中寻找 RMSE 的最优解，得到了两个变量的 R_statistics 值。随着参数不断更新，

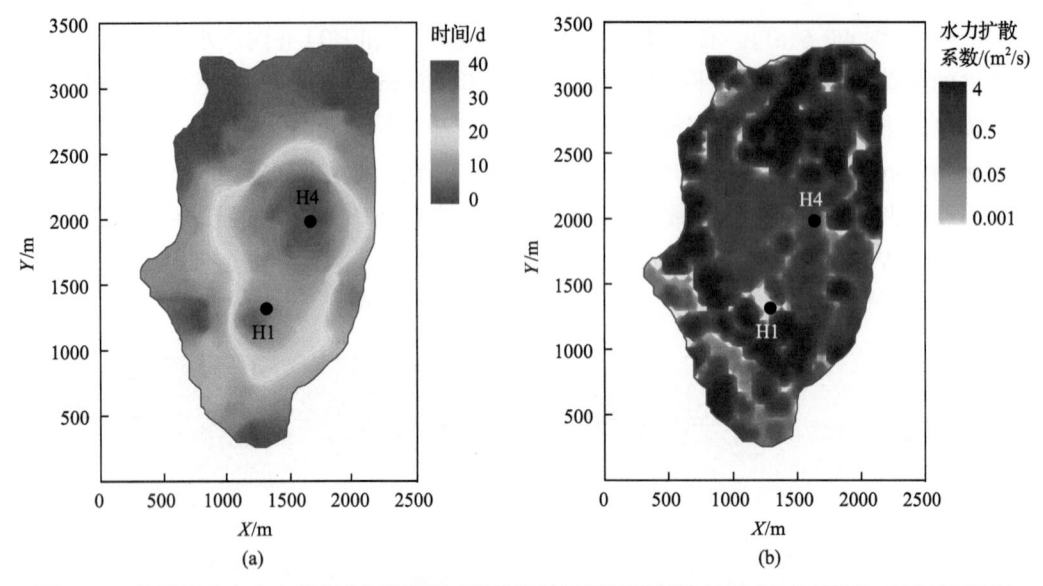

图 4.3.7 微地震时空分布特征(a)及根据示踪数据计算的压裂层渗透率(b)(扫封底二维码见彩图)

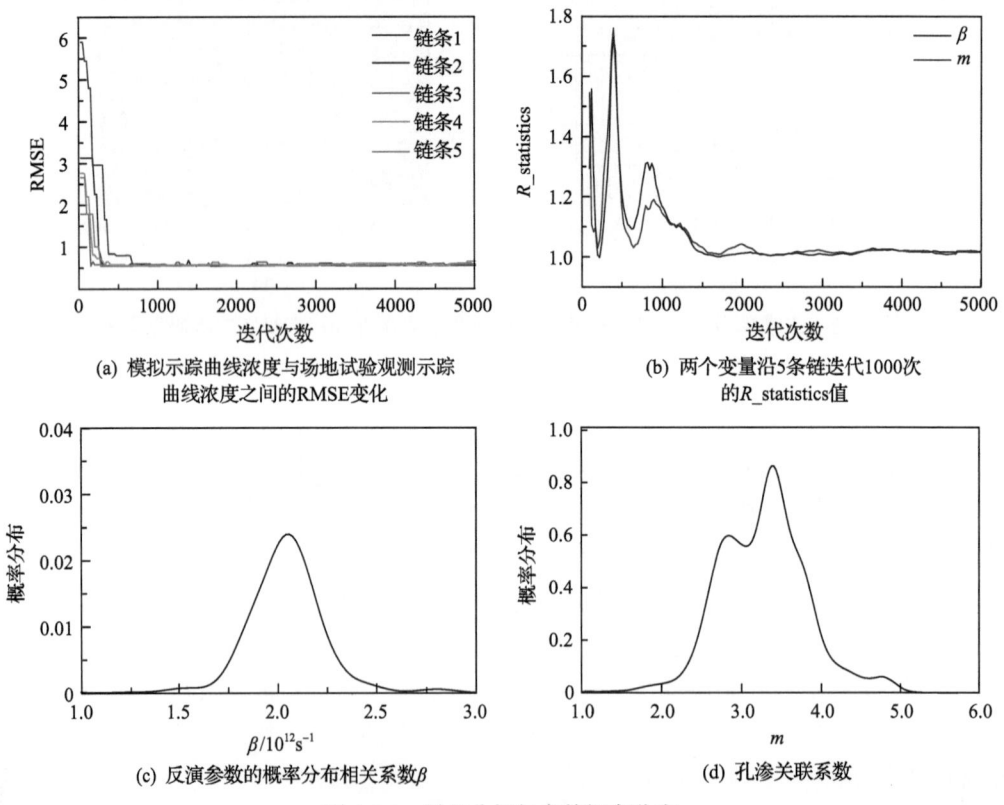

图 4.3.8 误差分析与参数概率分布

R_statistics 在 1500 次迭代后下降到 1.2 以下并趋于稳定,表明反演收敛[图 4.3.8(b)]。反演模拟结果表明,经过 5000 次迭代,水力扩散系数与渗透率相关系数 α 和与岩有

关的敏感系数 m 的概率分布表明，得到相关系数 $\beta=2\times 10^{12}\text{s}^{-1}$，渗透率与孔隙度的相关系数 $m=3.6$[图 4.3.8(c)和(d)]。

图 4.3.9(a)为各反演迭代示踪剂突破曲线。曲线在反演初期偏离目标曲线，随着迭代次数的增加在目标周围波动，在最后 400 次迭代中趋于稳定[图 4.3.9(b)]。

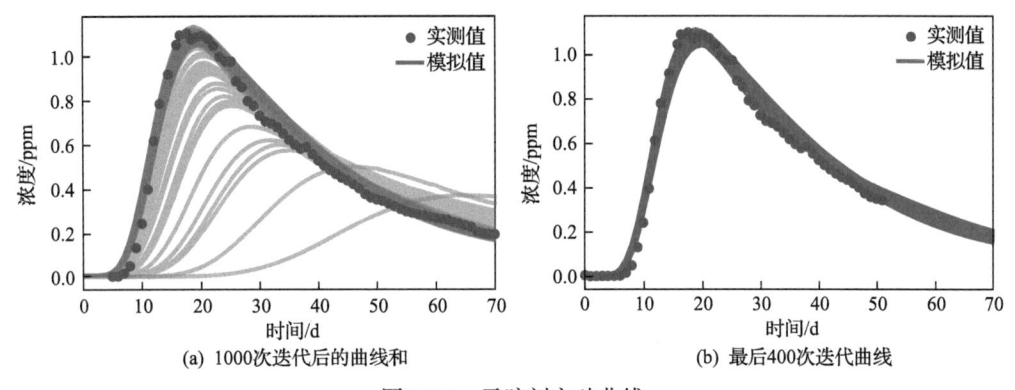

图 4.3.9 示踪剂突破曲线

将 α 和 m 代入得到的压裂层渗透率为 $10^{-15}\sim 10^{-12}\text{m}^2$[图 4.3.10(a)]，孔隙度范围为 0.3%～1.5%[图 4.3.10(b)]，在空间上表现出较强的非均质性。压裂过程中渗透率并非以压裂井为中心向外围逐渐变小，在远井位置由于天然裂隙的存在而呈现较大渗透率；相反，在近井处由于泥浆堵塞等渗透率反而较低。

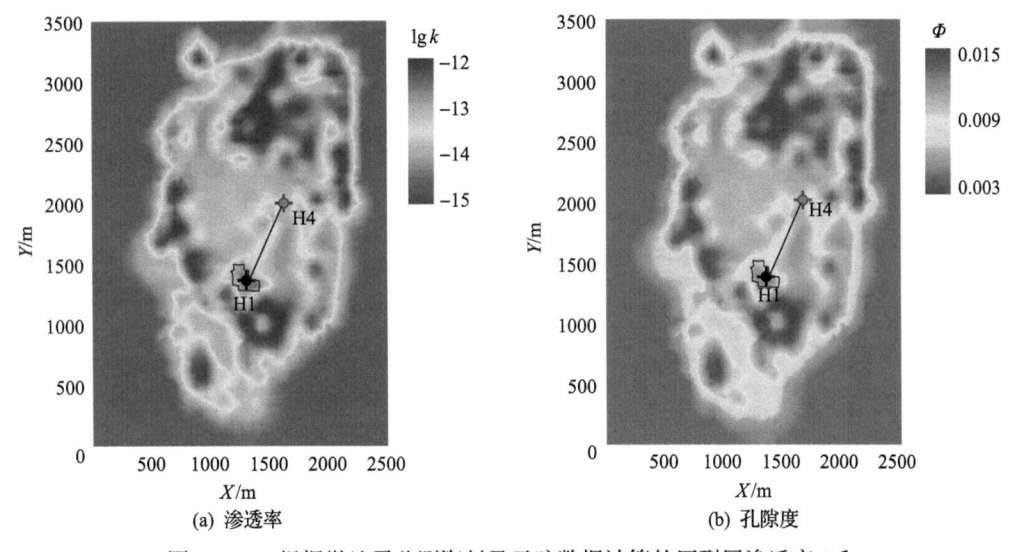

图 4.3.10 根据微地震监测资料及示踪数据计算的压裂层渗透率 k 和孔隙度 Φ 分布(扫封底二维码见彩图)

图 4.3.11(a)显示了渗透率参数的变异程度，反演得到的大部分 CV 值在 0～0.12，表明模型可靠性较好。在该参数条件下，模拟计算的示踪剂浓度突破曲线与实测数据拟合较好，与实测的示踪剂浓度数据的 RMSE 仅为 0.05[图 4.3.11(b)]，进一步证明了该研究

方法的有效性和正确性。

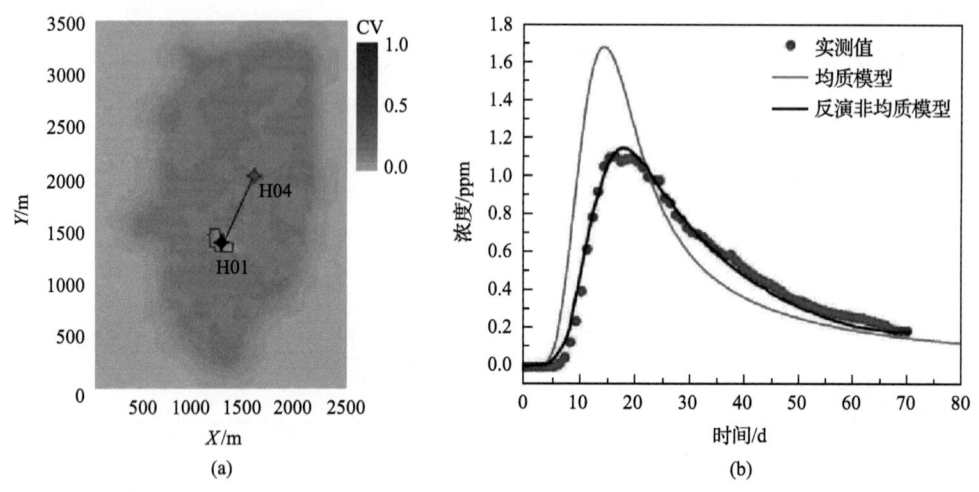

图 4.3.11 渗透率的 CV 分布(a)以及本研究和均质模型与现场示踪试验数据拟合效果比较(b)(扫封底二维码见彩图)

通过预测生产温度与试开采试验期间观测温度的准确性，可以间接证明渗透率估算的可靠性。基于由微地震约束反演产生的 100 组渗透率，水热模型模拟的开采温度与 150 天试开采试验期间的观测值一致。在渗透率为 $9 \times 10^{-13} m^2$ 均质假设下温度预测的 RMSE 约为 3.2℃，微地震约束示踪试验数据反演模型的温度预测均值约为 2.15℃ [图 4.3.12(a)]。在 150 天的试开采试验中，温度预测的 RMSE 相对较低，但在增强型地热系统长期运行 30 年情况下，不同反演模型预测的开采温度具有明显差异，储层中水热传输长期运行受渗透率分布控制。在前 3 年，H04 井的流出温度持续升高，因为在水力压裂过程中通过 H04 井注入冷流体导致储层中初始温度从 H04 井向外升高，在温度达到 248℃（原始储层温度）后，由于从注入井 H01 到开采井 H04 的冷水突破，开采温度开始下降，最终开采温度范围为 147.8~159.1℃，平均值为 154.3℃。在均质假设下，开采温

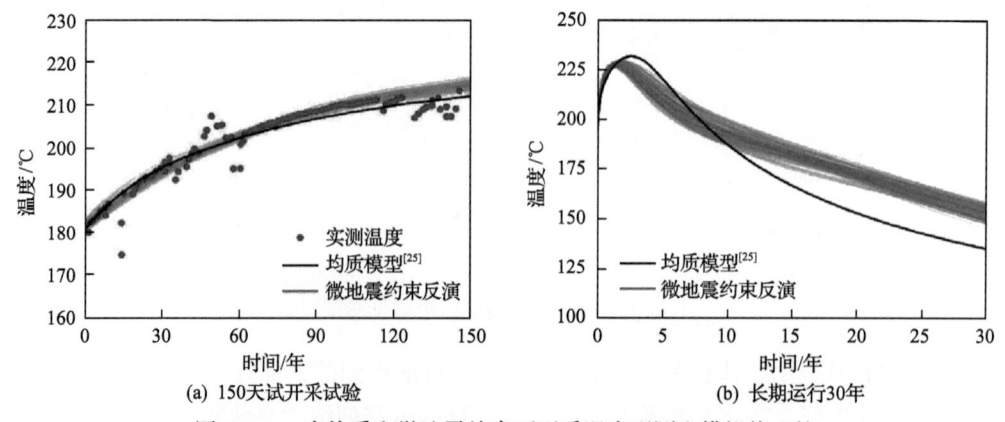

图 4.3.12 在均质和微地震约束下开采温度观测和模拟值比较

度低估约 20℃。这说明在微地震约束下，采用示踪剂测试数据反演得到的渗透率分布和流出温度具有较低不确定性[图 4.3.12(b)]。

4.3.3 共和干热岩场地压裂监测与人工裂隙表征

1. 研究区概况

共和盆地处于青藏造山高原东北缘的祁连、西秦岭、东昆仑三个造山带的交汇部位，总体呈 NW 向菱形展布。大地构造单元上属西秦岭造山带，是秦祁昆造山系中段的组成部分。盆地四周被断褶带隆起山地围限，北侧是青海南山、拉脊山断褶隆起带，南侧是河卡南山、巴吉山断褶隆起带，西侧为鄂拉山构造岩浆岩带，东侧为扎马山断褶隆起带，中间被瓦里贡山构造岩浆岩隆起带分隔。

共和盆地内部断裂构造不太发育，但盆地周边的断裂构造较为发育，其中有三条规模比较大的断裂构造与共和盆地的形成与发展有着极为密切的关系。宗务隆—青海南山断裂呈 NW 向，控制了共和盆地的北界；西侧的温泉—瓦洪山断裂走向呈 NNW、NW 向，控制了盆地与东昆仑岩浆岩带接触，整体上表现为右行走滑特征；玛沁—文都断裂走向为近 NE 向，控制着共和盆地的东段边界，整体上表现为左行走滑特征。

盆地中广泛存在第四系热储层，平均温度为 35～45℃；新近系热储层温度介于 90～140℃；深部花岗型干热岩储层勘探结果显示在 3705m 深度温度可以达到 237℃。鉴于共和盆地优越的干热岩型地热资源条件，2019 年中国地质调查局等单位在该地区开展我国首个增强型地热系统工程示范。在储层建造过程中系统采用里测斜仪、微地震和示踪试验等方式进行压裂过程监测和裂隙结构表征。

2. 微地震监测与分析

共和干热岩场地压裂过程中微地震监测台站的布设采用目前国际主流的 FracStar 星形地面检波器阵列(图 4.3.13)。经实践检验，该种方式可使检波器阵列能够完整覆盖

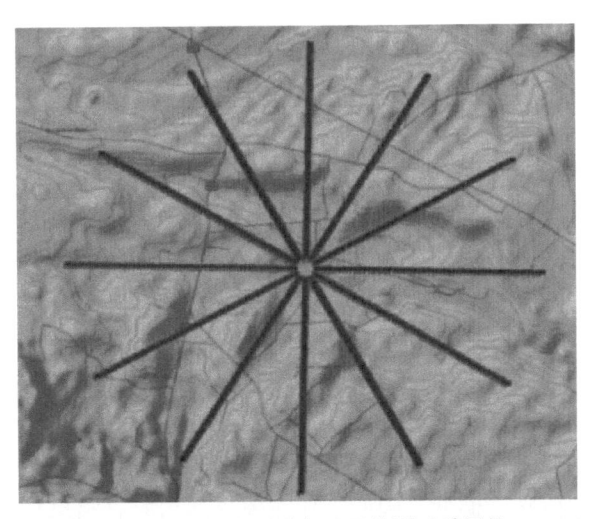

图 4.3.13 美国 MicroSeismic 公司进行地面监测时采用的 FracStar 阵列图

整个监视区域，并实现监测目标区域中任意位置都能获得最大幅度的距离偏移。通过不同角度捕捉地震波传播信号，增大了监测视角，实现微地震事件在水平方向上的高精度定位。

为了在对每一道地震数据进行叠加时均出现振幅叠加的现象，从而取得更好的相干效果，应当保证最低频信号从最深震源到最近的数据采集站和最远的数据采集站的行程差至少一个波长的距离。此次以30°为间隔向四周发射12条测线。根据实际地形情况，西侧村庄测线不进入县城，距离较短；其他没有明显噪声源干扰的方向测线长度均为4km。布置180个检波器，检波器间距22m（图4.3.14）。道距20m，监测道数为2088道，可保证4000m深度监测需求，工作参数如表4.3.2所示。

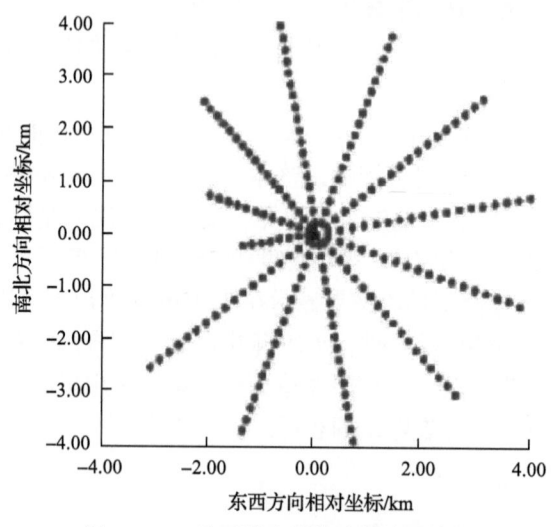

图 4.3.14 地面微地震检波器阵列结构

表 4.3.2 地面监测系统工作参数表

参数	设计量	参数	设计量
接收道数/道	2000	记录格式	SEG-D
采样间隔/ms	1	组合图形	单串12个检波器一字型顺线点组合
记录长度	60s 一个文件，连续采集	检波器类型	CD-20DX10 检波器
前放增益/dB	12	覆盖范围/(km×km)	8×8

依据《微地震地面监测技术规程》(SY/T 7372—2024)中的压裂监测要求，地面监测测线长度接近4km，根据目前可用的地震监测仪器的性能指标，地面监测阵列采用目前国际上技术领先的法国SERCEL公司生产的428XL地震数据系统（图4.3.15），具体参数如表4.3.3所示。

在干热岩水力压裂微地震监测过程中，地面监测所收到的地震信号比较微弱、信噪比较低，导致反演定位精度偏低。因此，在布置检波器时必须尽量降低车辆、行人、风

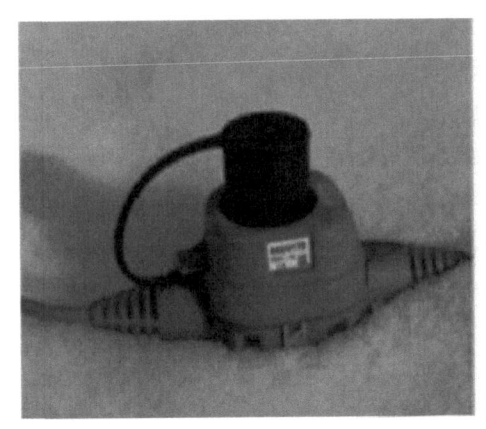

图 4.3.15 428XL 仪器照片

表 4.3.3 法国 SERCEL 公司的 428XL 系统参数

中央单元 LCI-428		地面设备：CRC 控制的数据传输	
最大道数	10000	采样率/ms	4、2、1、0.5、0.25
工作电压	AC110~220V，50Hz/60Hz	时间标准	GPS 同步
功耗/W	6.7	失真/dB	−110
质量/kg	4.1(9.0lbs.)	增益精度/%	<0.1
		相对精度/μs	20
数据采集：石油物探通用的 CD-20DX10			
自然频率	10Hz(±5%)	失真度/%	≤0.2
灵敏度/[V/(m·s)]	28		

吹草动等环境噪声。在布置地面检波器时，采用地钻或人力挖掘一个 0.5m 左右的深坑，将检波器放置在坑中，再将土回填入坑中将检波器掩埋；在布置浅井检波器时，在地表打 16m 左右的浅井，将检波器固定在浅井井底以最大限度减少环境噪声干扰。在选择埋置检波器时，应减少地表鹅卵石层导致的地震波衰减，尽量选取土质含量高的点埋置，并明确每一个检波器的精确位置。

浅井监测阵列以压裂井为阵列中心点，在 8km×8km 范围内均匀布设 60 个检波器(图 4.3.16)，工作参数如表 4.3.4 所示。监测采用的是吉林大学自主研发的无线微地震监测仪器，数据传输采用 5.8GHz+2.4GHz 的通信方式，将浅井监测站采集的微地震数据实时传输至野外数据处理中心，其中地面浅井阵列采集单元通过 2.4GHz 的频段与无线 AP 中继进行数据传输，无线 AP 中继与野外数据处理中心通过 5.8GHz 的频段进行数据传输(图 4.3.17)，采用此方法有效保证了数据的传输量和传输速度。在野外数据传输过程中，根据浅井、压裂井、野外数据处理中心的位置，设计布置了三级数据传输中继站，包括主基站一台、二级 AP 8 台、三级 AP 5 台，中心站、二级 AP、三级 AP 分别采用 15m、8m、4m 天线杆实现对野外监测台站的通信覆盖。

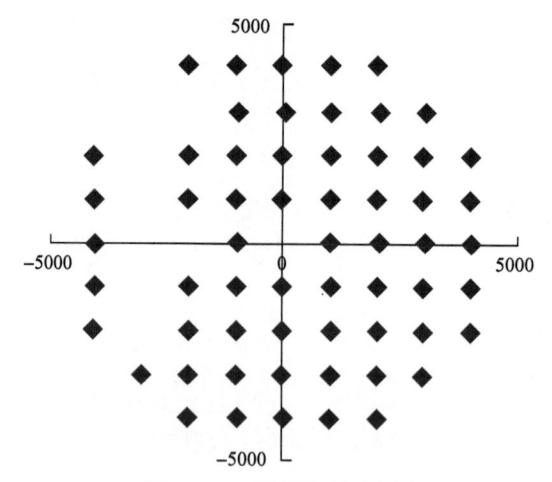

图 4.3.16 模拟阵列示意图

表 4.3.4 浅井监测系统工作参数

参数	设计量	参数	设计量
接收台站/台	60（3 分量）	记录长度	60s 一个文件，连续采集
道距/km	1	前放增益/dB	12
采样间隔/ms	1	记录格式	SEG-D

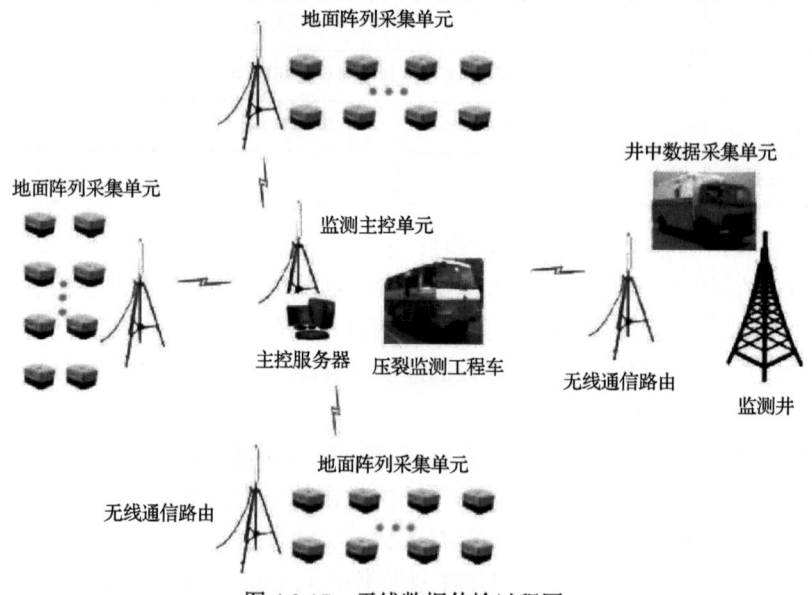

图 4.3.17 无线数据传输过程图

通过微地震监测获得试压裂阶段三维微地震事件空间分布[图 4.3.18(a)]，在此基础上识别裂隙网络空间结构。该场地共监测到 2717 个震级在-0.35～2.0 级的微地震事件。由于尚无明确的场地数据及标准（如累计注入液体体积等）来区分明确的压裂阶段，并且微地震事件的发生具有滞后性，为了权衡裂隙网络生成的准确性和实时性，将这些事件

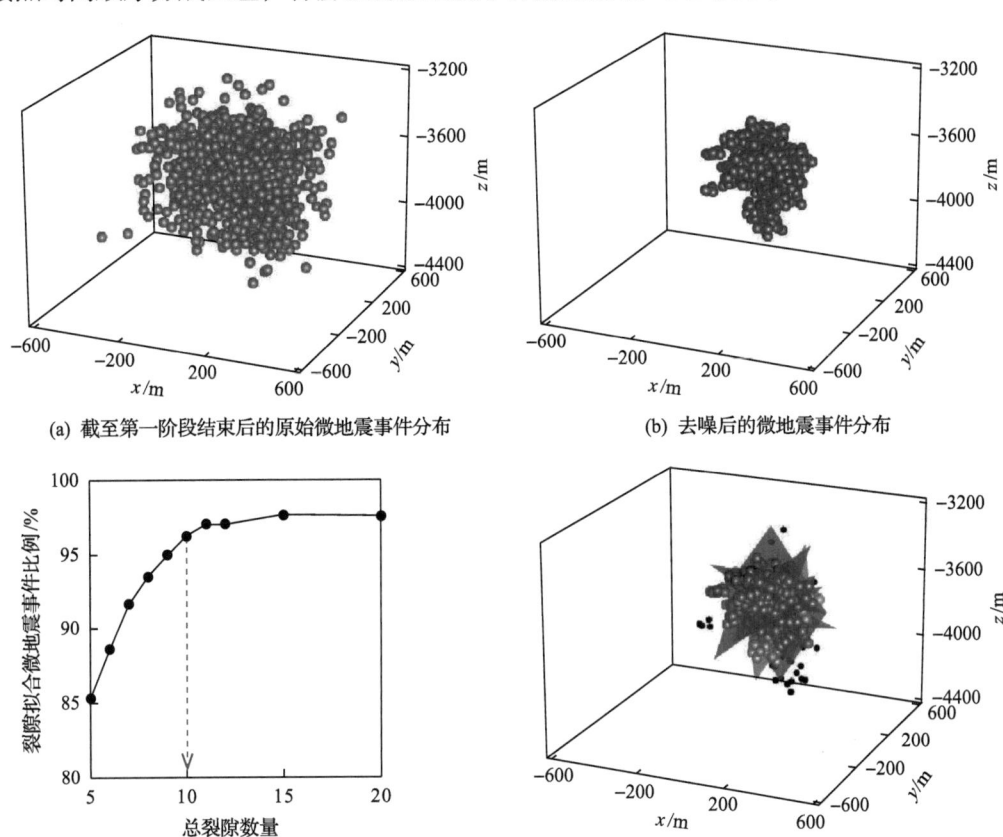

按照时间顺序分成四组，各阶段的微地震事件数量如表 4.3.5 所示。

(a) 截至第一阶段结束后的原始微地震事件分布

(b) 去噪后的微地震事件分布

(c) 根据肘部法则判断裂隙数量

(d) 延伸后的裂隙分布

图 4.3.18　第一阶段裂隙成像结果

表 4.3.5　场地微地震事件分组情况

阶段	累计原始微地震事件数	有效微地震事件数
1	1382	640
2	1822	901
3	2231	1232
4	2717	1583

在生成裂隙之前，需要采用 DBSCAN 方法去除其中的噪声和重复事件。该场地微地震监测的定位误差为 40m[26]，所以 DBSCAN 去噪方法的搜索半径采用 40m。根据场地试验资料，定义天然裂隙的走向为 300°~330°（即倾向为 30°~60°或 210°~240°），倾角为 0°~20°；水平最大主应力走向为 23°~45°（对应裂隙的倾向为 113°~135°或 293°~315°），对应裂隙的倾角为 70°~85°[27,28]。

第一阶段的原始微地震事件分布如图 4.3.18(a)所示，去噪后的 640 个有效事件分布如图 4.3.18(b)所示。根据裂隙产状基础信息，选取不同裂隙数量对第一阶段的微地震事件进行拟合，其拟合率随裂隙数量变化情况如图 4.3.18(c)所示，可知 10 条裂隙用于拟合微地震事件最合适,拟合结果如图4.3.18(d)所示。其中地应力成因和受激活的天然裂隙各一半,这是因为没有合适的震源机制等其他外部数据约束裂隙的方位,只能假设裂隙按照产状依次生成。

在此基础上,针对第二阶段加入的微地震事件[累计事件见图4.3.19(a)],对图4.3.18(d)的裂隙网络进行更新。去噪后得到901个有效事件[图4.3.19(b)]。利用已有的10条裂隙,可以拟合其中93%左右的微地震事件(其中前9条裂隙拟合约93%的微地震事件)。分别设定新增1~4条裂隙,得到裂隙总数与拟合率的关系如图4.3.19(c)所示。可以看到,此阶段需要新增1条裂隙以满足拟合需要。得到的裂隙网络如图4.3.19(d)所示。

(a) 截至第二阶段结束后的原始微地震事件分布

(b) 去噪后的微地震事件分布

(c) 根据肘部法则判断裂隙数量

(d) 延伸后的裂隙分布

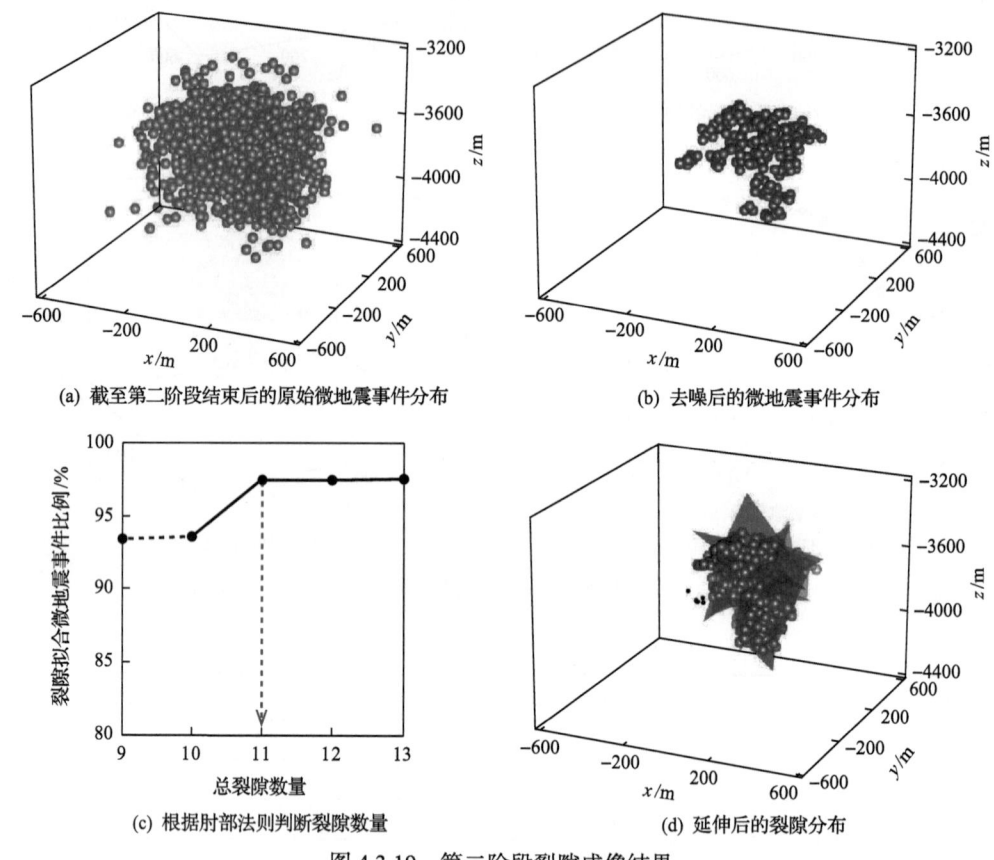

图4.3.19 第二阶段裂隙成像结果

对第四阶段的累计微地震事件[图4.3.20(a)]去噪后得到1583个有效事件[图4.3.20(b)],利用已有的11条裂隙,可以拟合其中约95%的微地震事件(其中前10条拟合了约93%的事件),继续增加裂隙数量不会导致拟合率发生明显变化[图4.3.20(c)]。所以认为此阶段不需要增加裂隙,裂隙网络结果如图4.3.20(d)所示。

3. 示踪试验与分析

在GH-01井水力压裂完成后,开展井间示踪试验。2021年4月开展第一期示踪试验,主要是为了检测井间连通情况,将150kg荧光素钠注入GH-01井,GH-02井和GH-03

(a) 截至第四阶段结束后的原始微地震事件分布

(b) 去噪后的微地震事件分布

(c) 根据肘部法则判断裂隙数量

(d) 延伸后的裂隙分布

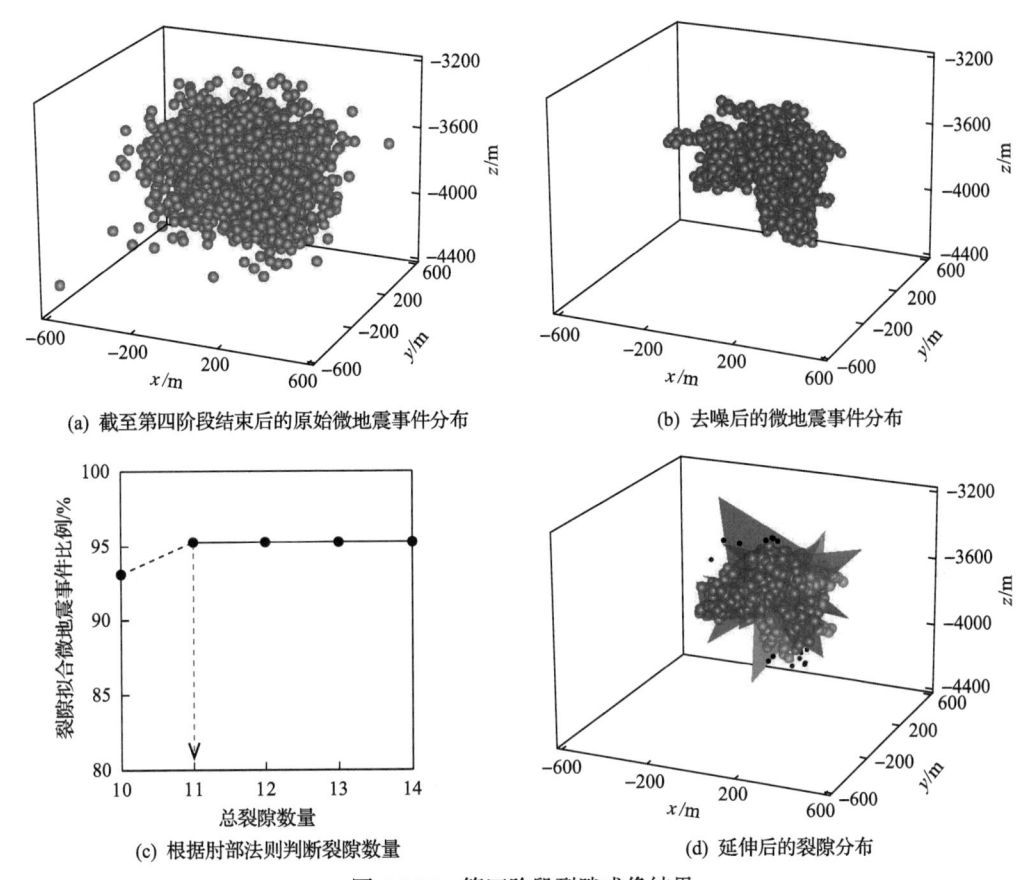

图 4.3.20 第四阶段裂隙成像结果

井分别开采。采用示踪荧光仪(GGUN-FL24)进行现场检测，同时利用 HACH HQ40d 便携式多参数水质分析仪对其电导率进行检测。

2021 年 7 月开展第二期示踪试验，将 75kg 溴化钠注入 GH-02 井，GH-01 井开采，区别于前期实验，以便更完整地评价两井连通性质。采用便携式分光光度计(HACH DR2800)进行现场检测。

2021 年 10 月开展第三期示踪试验，探究 GH-01 井与 GH-03 井之间经改造后的连通性。本次试验中采用颜色与其不同的罗丹明-B。由于其显色性较强，故本期试验中共投放示踪剂 1.36kg，采用示踪荧光仪(GGUN-FL24)进行现场检测。两期示踪试验的浓度突破曲线如图 4.3.21 所示。

基于共和盆地已有地质条件，建立地下储层模拟区域概念模型，通过 TOUGHVISUAL 进行非等距剖分，为了消除边界条件对系统的影响，水平方向上将模拟区扩展为 2km×2km 的正方形区域，储层深度为 3200~3800m，注入井与生产井分布在模拟区中央区域，采取一注两采方式(图 4.3.22)。

将去噪后的微地震时空分布转化为水力扩散系数，基于 SBRC 方法计算了储层的水力扩散系数，参数值范围为 $0.00001 \sim 8 \text{m}^2/\text{s}$(图 4.3.23)。

示踪试验数值模拟条件根据场地试验条件进行设置，试验过程中回灌速率和开采速

(a) 共和盆地第一期示踪试验数据—荧光素钠浓度

(b) 共和盆地第二期示踪试验数据—溴离子浓度

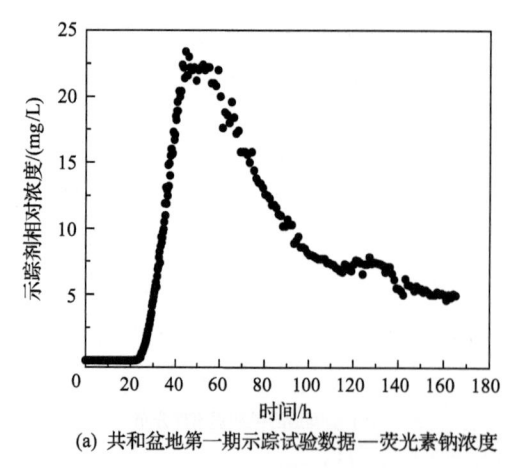

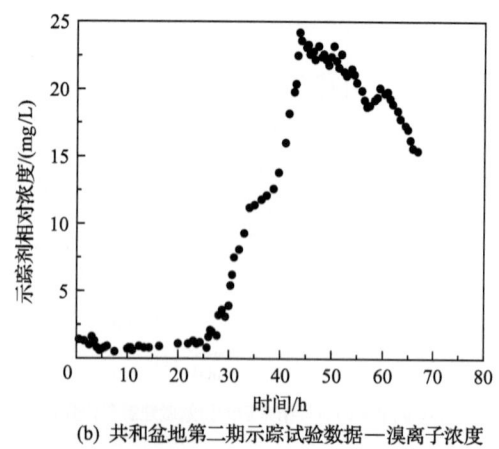

图 4.3.21 两期示踪试验的监测数据

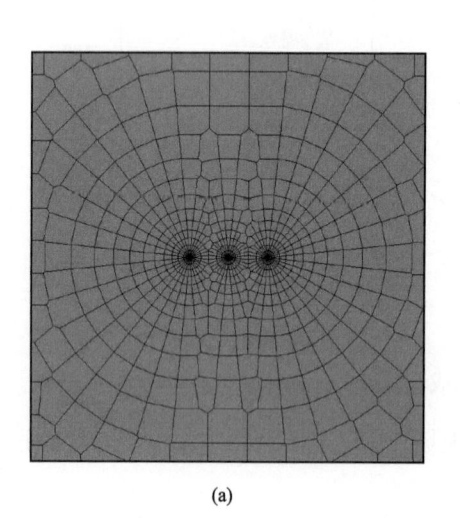

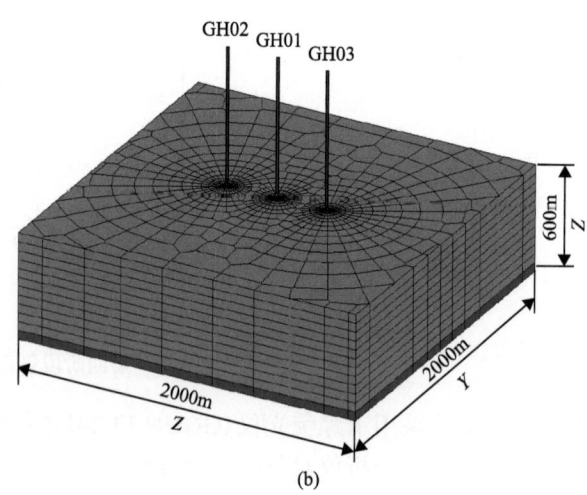

图 4.3.22 概念模型示意图

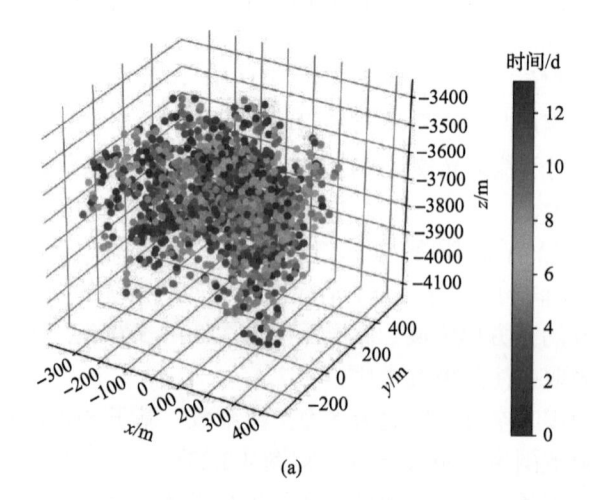

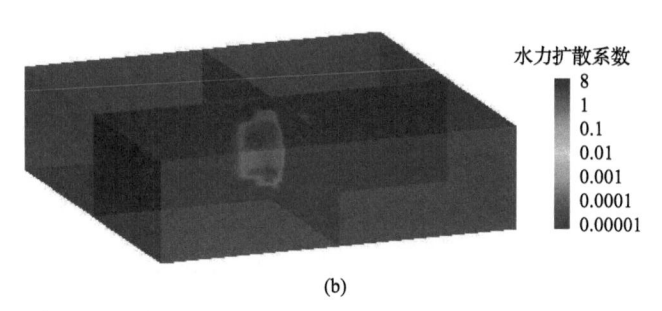

图 4.3.23　微地震时空分布特征(a)及微地震监测资料计算的
压裂层水力扩散系数(b)(扫封底二维码见彩图)

率均为 30kg/s，监测示踪剂浓度，根据场地第一期示踪剂曲线实测数据的拟合情况，反演求解储层的渗透率参数空间分布。通过反演示踪曲线法拟合效果较好，但是峰值浓度仍然较低[图 4.3.24(a)]。依据反演后稳定的示踪结果进行了渗透率预测，设置外侧围岩渗透率为 $10^{-16}\mathrm{m}^2$，微地震约束处的渗透率范围在 $10^{-14}\sim10^{-10}\mathrm{m}^2$[图 4.3.24(c)和(d)]。在压裂区域渗透率在距离井中心呈片状分布，根据该参数分布继续模拟预测第二期示踪曲线，趋势大致相同，初期可以较好地拟合曲线，但是峰值浓度和后期下降仍存在一定差别，可能是因为模型考虑的是等效多孔介质，而实际地层存在着较大断裂，但总的来说该方法测得的渗透率分布可以较为准确地展现储层空间分布，可为共和场地提供参考依据[图 4.3.24(b)]。

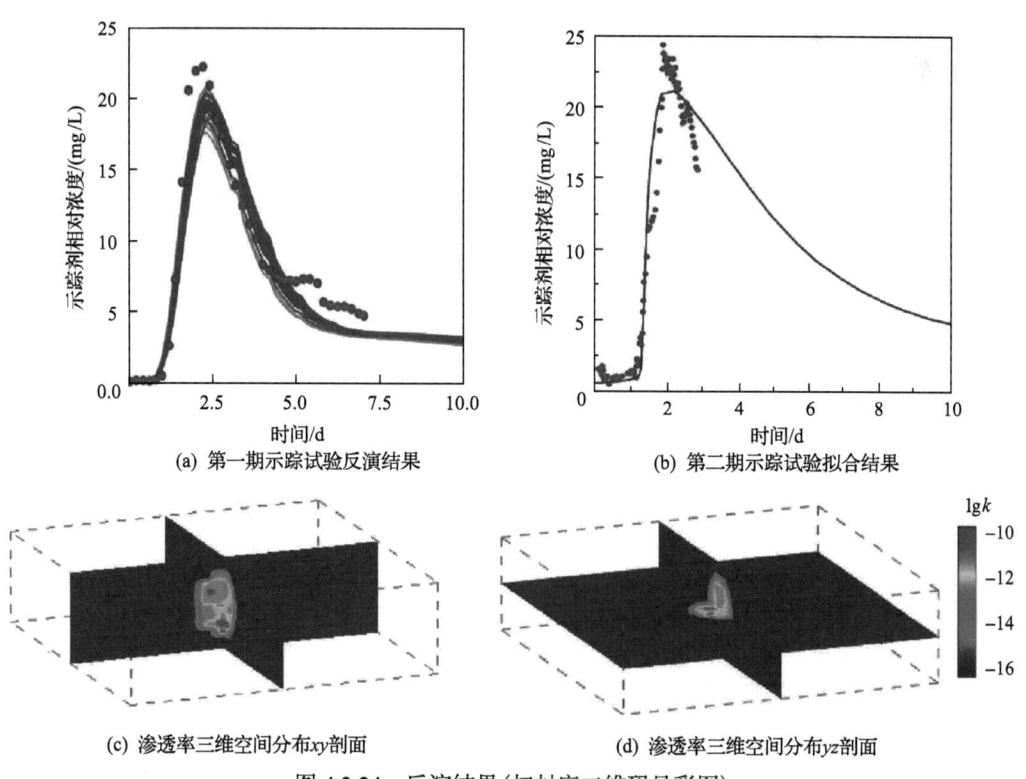

(a) 第一期示踪试验反演结果

(b) 第二期示踪试验拟合结果

(c) 渗透率三维空间分布xy剖面

(d) 渗透率三维空间分布yz剖面

图 4.3.24　反演结果(扫封底二维码见彩图)

参 考 文 献

[1] 赵忠, 谭玉阳, 张洪亮, 等. 基于Occam反演算法的微地震速度模型反演[J]. 北京大学学报(自然科学版), 2015, 51(1): 43-49.

[2] 严永新, 张永华, 陈祥, 等. 微地震技术在裂缝监测中的应用研究[J]. 地学前缘, 2013, 20(3): 270-274.

[3] 张玎, 张景和. 微震裂缝监测技术在低渗透油田的应用[J]. 资源环境与工程, 2008(1): 77-79.

[4] Ingber L. Very fast simulated annealing[J]. Mathematical and Computer Modeling, 1989, 12(8): 967-973.

[5] Srivastava N, Hinton G, Krizhevsky A, et al. Dropout: a simple way to prevent neural networks from overfitting[J]. Journal of Machine Learning Research, 2014, 15: 1929-1958.

[6] Geiger L. Probability method for the determination of earthquake epicenters from the arrival time only[J]. Bulletin of St. Louis University, 1912, 8(1): 56-71.

[7] Alghalandis Y F, Dowd P A, Xu C. The RANSAC method for generating fracture networks from micro-seismic event data[J]. Mathematical Geosciences, 2013, 45: 207-224.

[8] Yu X, Rutledge J, Leaney S, et al. Discrete-fracture-network generation from microseismic data by use of moment-tensor-and event-location-constrained Hough transforms[J]. SPE Journal, 2016, 21: 221-232.

[9] Yu J, Byun J, Seol S J. Imaging discrete fracture networks using the location and moment tensors of microseismic events[J]. Exploration Geophysics, 2021, 52: 42-53.

[10] McKean S H, Priest J A, Dettmer J, et al. Quantifying fracture networks inferred from microseismic point clouds by a Gaussian mixture model with physical constraints[J]. Geophysical Research Letters, 2019, 46: 11008-11017.

[11] Ester M, Kriegel H P, Sander J, et al. A density-based algorithm for discovering clusters in large spatial databases with noise[J]. Knowledge Discovery and Data Mining, 1996: 226-231.

[12] Tan Y, He C. Improved methods for detection and arrival picking of microseismic events with low signal-to-noise ratios[J]. Geophysics, 2016, 81: KS93-KS111.

[13] Dorbath L, Cuenot N, Genter A, et al. Seismic response of the fractured and faulted granite of Soultz-sous-Forêts (France) to 5 km deep massive water injections[J]. Geophysical Journal International, 2009, 177(2): 653-675.

[14] Xue Q, Wang Y, Zhan Y, et al. An efficient GPU implementation for locating micro-seismic sources using 3D elastic wave time-reversal imaging[J]. Computers & Geosciences, 2015, 82: 89-97.

[15] Sun F, Hu H, Zhao F, et al. Micro-seismic event detection of hot dry rock based on the gated recurrent unit model and a support vector machine[J]. Acta Geologica Sinica-English Edition, 2021, 95(6): 1940-1947.

[16] Kodinariya T M, Makwana P R D. Review on determining of cluster in K-means clustering[J]. International Journal of Advanced Research in Computer Science and Management Studies, 2013, 1: 90-95.

[17] Zietlow W K, Labuz J F. Measurement of the intrinsic process zone in rock using acoustic emission[J]. International Journal of Rock Mechanics and Mining Sciences, 1998, 35(3): 291-299.

[18] Goebel T H W, Brodsky E E. The spatial footprint of injection wells in a global compilation of induced earthquake sequences[J]. Science, 2018, 361(6405): 899-903.

[19] Shapiro S A, Huenges E, Borm G. Estimating the crust permeability from fluid-injection-induced seismic emission at the KTB site[J]. Geophysical Journal International, 1997, 131(2): F15-F18.

[20] Shapiro S A. An inversion for fluid transport properties of three-dimensionally heterogeneous rocks using induced microseismicity[J]. Geophysical Journal International, 2000, 143(3): 931-936.

[21] Shapiro S A, Rothert E V R, Rindschwentner J. Characterization of fluid transport properties of reservoirs using induced microseismicity[J]. Geophysics, 2002, 67(1): 212-220.

[22] David C, Wong T F, Zhu W L, et al. Laboratory measurement of compaction-induced permeability change in porous rocks - implications for the generation and maintenance of pore pressure excess in the crust[J]. Pure and Applied Geophysics, 1994, 143(1-3): 425-456.

[23] Metropolis N, Rosenbluth A W, Rosenbluth M N. 1953. Equation of state calculations by fast computing machines[J]. Journal of Chemical Physics, 21(6): 1087-1092.

[24] Lochbühler T, Stephen J B, Russell L D, et al. Probabilistic electrical resistivity tomography of a CO_2 sequestration analog[J]. Journal of Applied Geophysics, 2014, 107: 80-92.

[25] Ayling B F, Hogarth R A, Rose P E, et al. Tracer testing at the Habanero EGS site, central Australia[J]. Geothermics, 2016, 63: 15-26.

[26] Chen Z, Zhao F, Sun F, et al. Hydraulic fracturing-induced seismicity at the hot dry rock site of the Gonghe Basin in China[J]. Acta Geologica Sinica(English Edition), 2021, 95: 1835-1843.

[27] 郭亮亮. 增强型地热系统水力压裂和储层损伤演化的试验及模型研究[D]. 长春: 吉林大学, 2016.

[28] 雷治红. 青海共和盆地干热岩储层特征及压裂试验模型研究[D]. 长春: 吉林大学, 2020.

第 5 章 热储内多场耦合流动传热机理与取热性能优化

干热岩人工热储长期注采过程中存在多场耦合流动传热机制复杂、开发方案难以优化等关键难题，制约了干热岩热储的经济高效开发进程。本章利用实验和数值模拟方法，围绕"热储内多场耦合流动传热机理与取热性能优化"这一关键科学问题开展了注采条件下裂缝变形与渗流传热特性演变规律、高温高压裂缝中"热-流-化学反应"耦合对流换热机理、热储尺度多场耦合模型研究及系统仿真、地热系统取热性能优化方法等研究。

5.1 注采条件下裂缝变形与渗流传热特性演变规律

5.1.1 人工裂缝导流实验

本节开展了人工裂缝导流实验研究，建立了注采条件下干热岩人工裂缝热-流-固耦合模型，得出了导流能力控制方程。基于耦合模型，建立实验岩样三维模型，将实验运行参数作为数值模型输入参数，将实验数据和数值模拟结果进行对比，验证并分析模型的准确性。

1. 导流实验原理

人工裂缝导流能力定义为裂缝渗透率与缝宽的乘积[1]，表征了人工裂缝通过流体的能力。利用全直径酸蚀裂缝导流能力评价装置开展高温高压下干热岩人工裂缝导流能力实验，测试不同注入参数、不同围压和不同矿物粒径下裂缝的导流能力、注入压力和出口温度，分析干热岩人工裂缝导流能力变化规律及影响因素。实验数据将为下面数值模型的准确性验证提供保障。

EGS 存在复杂的人造裂缝网络，在高地应力、裂缝内高流体压力与热应力共同影响下，人工缝网内多场耦合流动机制十分复杂。注采条件下干热岩单裂缝的多场耦合流动机制是研究实际生产开发过程的基础。本节提出干热岩单裂缝导流能力实验，研究干热岩人工裂缝导流能力变化规律及其影响因素。

实验原理如图 5.1.1 所示，将直径 6cm、长度 16cm 的圆柱形岩样从中间劈开，形成单裂缝以模拟水力压裂形成的人工裂缝。将劈开的岩样重新合并，施加围压以模拟热储地应力状态。对岩样施加预定温度后，在裂缝两端施加渗透压，同时监测裂缝导流能力、进出口流量、进出口压力和进出口温度的变化[2]。

岩样注入过程中，裂缝面有效应力由裂缝总应力和裂缝孔隙压力共同控制，三者的关系如下：

$$\sigma_n' = \sigma_n - \alpha_B \cdot p \tag{5.1.1}$$

其中，σ_n 为裂缝总应力，MPa；σ_n' 为裂缝有效应力，MPa；p 为裂缝孔隙压力，MPa；α_B 为毕奥-威利斯(Biot-Willis)系数。

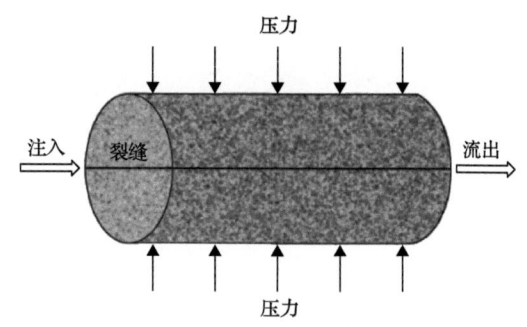

图 5.1.1 干热岩单裂缝导流能力实验原理图

岩石裂缝渗透率测试表达式为

$$k = \frac{99.998 \times Q\mu L}{A\Delta p} \tag{5.1.2}$$

其中，k 为干热岩裂缝渗透率，μm^2；Q 为进出口平均流量，cm^3/s；μ 为实验温度条件下纯水动力黏度，$mPa \cdot s$；L 为岩样长度；A 为裂缝流通面积，cm^2；Δp 为进出口端压差，MPa。

如图 5.1.2 所示，水在裂缝中的流通截面可近似看作长度为 W，宽度为 W_f 的矩形，因此流通面积可写为

$$A = W \times W_f \tag{5.1.3}$$

其中，W 为圆柱岩样端口直径，cm；W_f 为缝宽，cm。

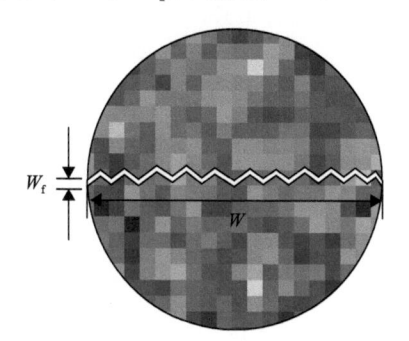

图 5.1.2 圆柱岩样端面

将式(5.1.3)代入裂缝渗透率公式中：

$$k = \frac{99.998 \times Q\mu L}{W \times W_f \times \Delta p} \tag{5.1.4}$$

因此，裂缝导流能力可按式(5.1.5)计算：

$$k_w = \frac{99.998 \times Q\mu L}{W \times \Delta p} \tag{5.1.5}$$

其中，k_w 为裂缝导流能力，$\mu m^2 \cdot cm$。

2. 岩样准备

将花岗岩岩样开展巴西劈裂实验，劈裂面为粗糙裂缝面，如图 5.1.3 所示。

图 5.1.3　实验岩样实物图

按照国际岩石力学与岩石工程学会(ISRM)测试标准，测试两种岩样的岩石力学参数，通过 X 射线衍射测定两种岩样的矿物含量。结果显示，细晶花岗岩岩石密度为 2.63g/cm³，弹性模量为 37.78GPa，泊松比为 0.237。图 5.1.4 为细晶花岗岩矿物成分图，石英、钾长石、斜长石为主要矿物成分。利用形貌扫描仪扫描已劈裂完成的粗糙裂缝面，获取裂缝面三维形貌数据，如图 5.1.5 所示。

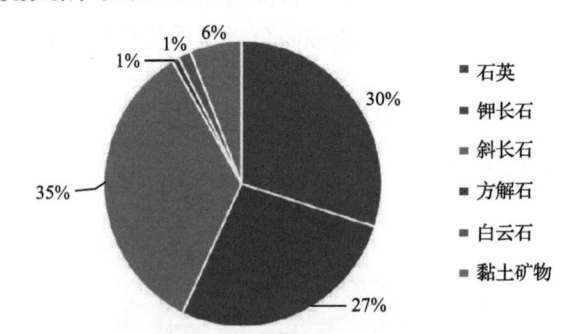

图 5.1.4　细晶花岗岩矿物成分图(扫封底二维码见彩图)

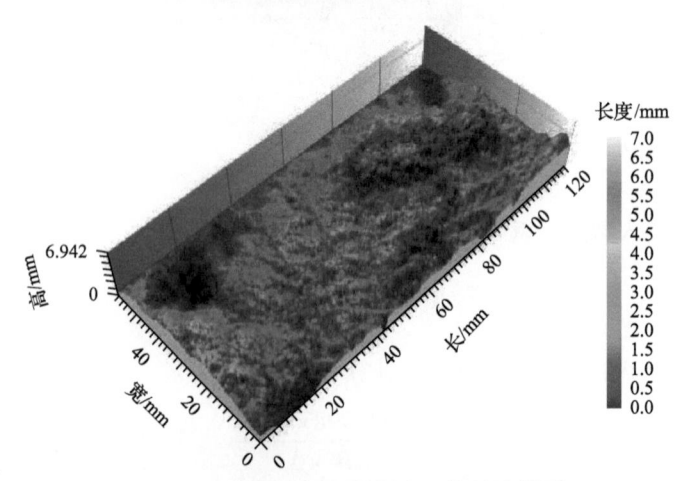

图 5.1.5　表面形貌图(扫封底二维码见彩图)

3. 实验装置及步骤

实验利用全直径岩心酸蚀导流能力评价装置开展，如图 5.1.6 所示。该装置主要由柱塞泵、导流室和测试装置三部分组成。实验装置可在高温高压环境下进行导流能力实时动态评价，最高工作压力达 120MPa，导流室最高工作温度可达 300℃。通过柱塞泵保证岩样加压至预定围压值，利用热电偶调节导流室温度，通过注入泵向岩心端面施加渗透压，使缝内流量达到预定流量值，加热储液罐对注入液进行温度调节。

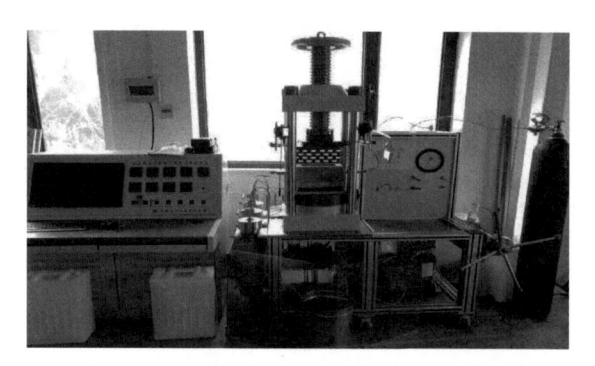

图 5.1.6　全直径岩心酸蚀导流能力评价装置

4. 实验结果分析

1) 不同围压下导流能力随注入速度变化规律

开展导流能力实验，得到不同围压下导流能力随注入速度变化规律，实验结果如图 5.1.7 所示。

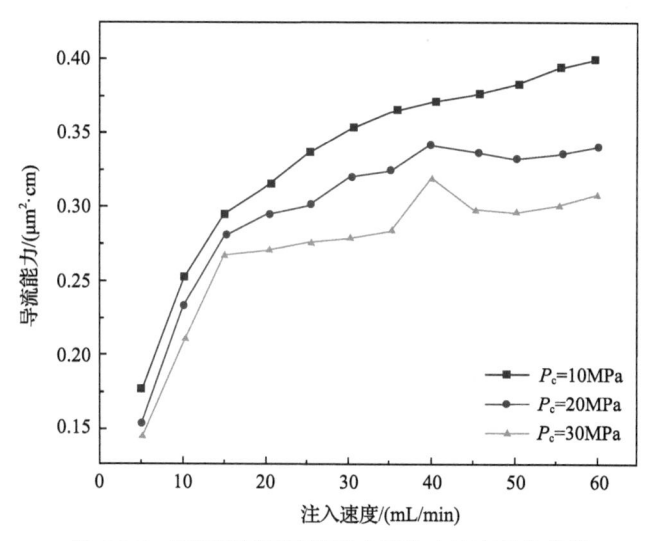

图 5.1.7　不同围压下导流能力随注入速度变化曲线

P_c-围压

可以看出，干热岩人工裂缝导流能力随注入速度增大呈非线性上升。处于低注入速度状态时，裂缝导流能力随注入速度增大快速上升，且上升速度减小。相同注入速度条件下，围压越大，裂缝导流能力越小，并且随着注入速度增大，导流能力上升程度减小。

2) 不同围压下导流能力随注入温度变化规律

如图 5.1.8 所示,当注入速度为 5mL/min 时,导流能力随注入温度升高呈现非线性下降。因为注入温度升高,注入流体与岩石裂缝温差减小,裂缝围岩"冷收缩"作用减弱导致缝宽减小,渗透率降低。注入温度较低时,导流能力随注入温度升高的下降幅度大于注入温度较高时的下降程度。围压越大,相同注入温度下导流能力越小,导流能力下降程度越小。

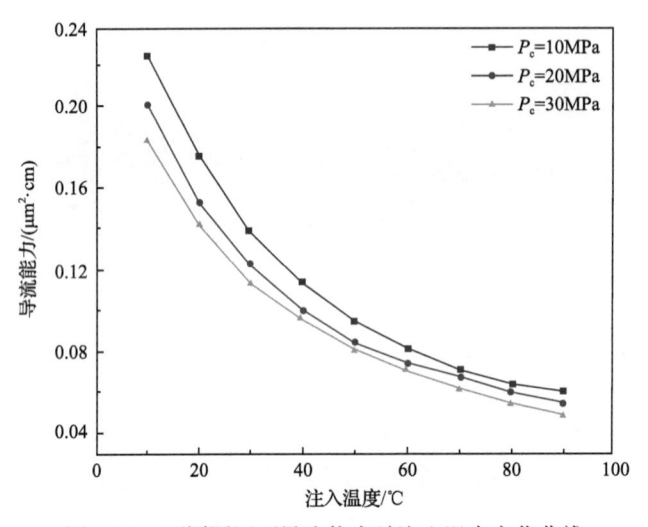

图 5.1.8 不同围压下导流能力随注入温度变化曲线

5.1.2 热-流-固耦合模型建立

1. 模型描述

如图 5.1.9 所示,将岩样粗糙裂缝形貌扫描数据导入 COMSOL 数值模拟软件,生成人工裂缝面,建立了实验岩样三维模型,并确定边界条件。

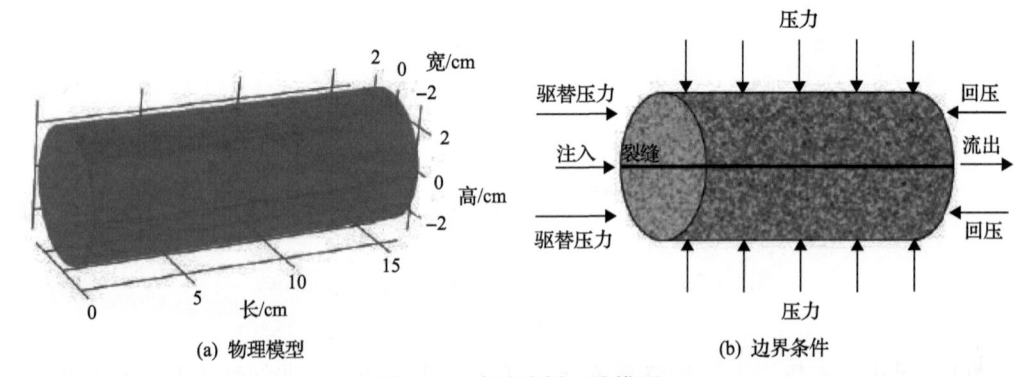

图 5.1.9 实验岩样三维模型

如图 5.1.9(b)所示,裂缝内充满流体,岩样两端施加压力差作为渗透压,流体由裂缝左端流入,右端流出。岩样上下边界施加大小恒定的压力,模拟真实热储所受地应力。

岩样边界为辊支撑,不考虑重力及注入过程裂缝面化学变化的影响。图 5.1.10 为实验过程中裂缝面应力状态。

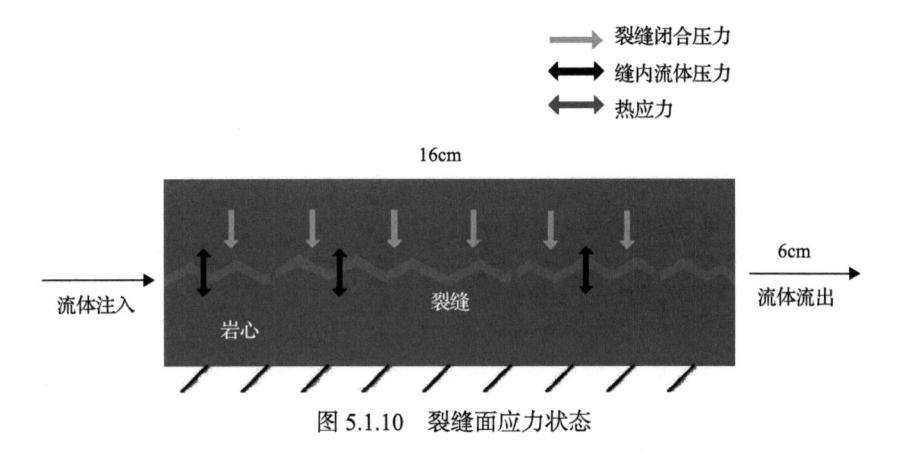

图 5.1.10 裂缝面应力状态

如图 5.1.11 所示,模型考虑岩石内部传热模式为热传导,缝内流体与裂缝面为对流换热,且流体与岩石基质的热交换为局部热平衡。本节模型不考虑岩石非均质性产生的热应力。

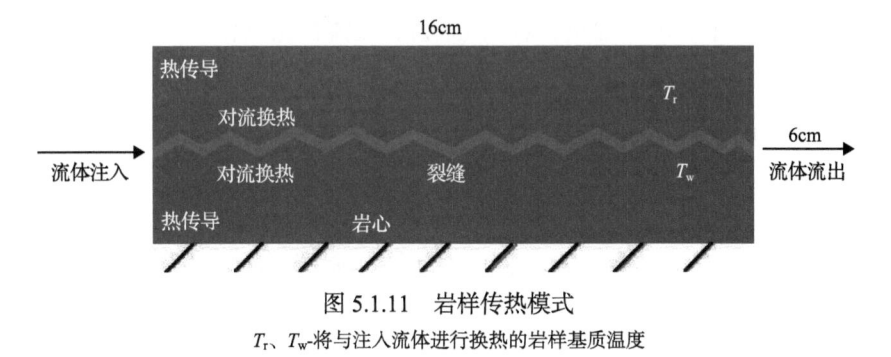

图 5.1.11 岩样传热模式

T_r、T_w-将与注入流体进行换热的岩样基质温度

2. 控制方程

双重介质模型[3]将 EGS 裂隙储层视为由基质-裂隙构成的双重介质,可以很好地用于干热岩开发研究。其中,基质渗透率几乎为 0,由水力压裂形成的压裂裂缝构成了储层的主要渗流通道。

基于双重介质模型,热-流-固耦合过程可通过以下方程求解:

$$\nabla \cdot \left\{ \left[\frac{k}{\eta_f} (\nabla p + \rho_f g \nabla z) \right] \rho_f \right\} - \rho_f S \frac{\partial p}{\partial t} = Q_f + \rho_f \alpha_B \frac{\partial e}{\partial t} \quad (5.1.6)$$

$$\nabla_T \cdot \left\{ d_f \rho_f \left[\frac{k_f}{\eta_f} (\nabla_T p + \rho_f g \nabla_T z) \right] \right\} - d_f \rho_f S \frac{\partial p}{\partial t} = d_f \rho_f \alpha_B \frac{\partial e}{\partial t} - d_f Q_f \quad (5.1.7)$$

式(5.1.6)和式(5.1.7)分别描述流体在岩石基质和裂缝中的流动过程。其中,k 为基质渗透率，m^2；η_f 为流体黏度，Pa·s；p 为孔隙压力，Pa；ρ_f 为流体密度，kg/m^3；e 为体积应变；g 取 $9.8m/s^2$，但本节圆柱岩样模型中不考虑重力影响；T 为注入时间，s；Q_f 为流体在裂缝与岩石基质中的质量交换，$kg/(m^3 \cdot s)$；d_f 为裂缝宽度，m；k_f 为裂缝渗透率，m^2；S 为岩石储水系数，Pa^{-1}，表征岩石和孔隙流体的可压缩性，可由式(5.1.8)计算出：

$$S = \varphi C_f + (\alpha_B - \varphi)\frac{1-\alpha_B}{K_d} \tag{5.1.8}$$

其中，C_f 与 φ 为流体的压缩性系数和孔隙度，Pa^{-1}；K_d 为体积模量，Pa，可由 $K_d = E/[3(1-2\nu)]$ 得到，其中 E、ν 分别为弹性模量和泊松比；α_B 为 Biot-Willis 系数，α_B 取值为 0.7。

岩样内部热传导方程以及裂缝内对流换热方程可写为

$$\nabla \cdot (\lambda_{\text{eff}} \nabla T) - \rho_f c_{p,f} \nabla \cdot (V \cdot T) - (\rho c_p)_{\text{eff}} \frac{\partial T}{\partial t} = Q_{f,E} \tag{5.1.9}$$

$$\nabla_T \cdot (d_f \lambda_{\text{eff}} \nabla T) - d_f \rho_f c_{p,f} \nabla_T \cdot (V_f \cdot T) - d_f (\rho c_p)_{\text{eff}} \frac{\partial T}{\partial t} = -d_f Q_{f,E} \tag{5.1.10}$$

其中，$c_{p,f}$ 为流体比热容，$J/(kg \cdot K)$；T 为岩样的温度，K；V 为基质内流体流动速度，m/s；$Q_{f,E}$ 为裂缝和基质的热通量；$(\rho c_p)_{\text{eff}}$ 为有效体积比热容；λ_{eff} 为有效热导系数。$(\rho c_p)_{\text{eff}}$、λ_{eff} 可用式(5.1.11)和式(5.1.12)表达：

$$(\rho c_p)_{\text{eff}} = (1-\varphi)\rho_s c_{p,s} + \varphi \rho_f c_{p,f} \tag{5.1.11}$$

$$\lambda_{\text{eff}} = (1-\varphi)\lambda_s + \varphi \lambda_f \tag{5.1.12}$$

其中，φ 为岩石孔隙度；ρ_s (kg/m^3)、$c_{p,s}$ [$J/(kg \cdot K)$] 和 λ_s [$W/(m \cdot K)$] 分别为岩石的密度、比热容和导热系数。本节基质比热容取 $1000J/(kg \cdot K)$，裂缝比热容取 $850J/(kg \cdot K)$。

考虑岩样裂缝内流体压力、温差引起的热应力和体积力，岩石变形方程写为

$$\mu u_{i,jj} + (\mu+\lambda) u_{j,ji} - \alpha_B p_{,i} - 3K_d \alpha_T \Delta T_{,i} + F_i = 0 \tag{5.1.13}$$

其中，u 为岩石位移，m；λ (Pa) 和 μ (Pa) 为拉梅常数，可由弹性模量 E (Pa) 和泊松比 ν 计算；$\Delta T_{,i} = T - T_i$，T_i 为岩石初始温度，K；α_T 为岩石热膨胀系数，K^{-1}；F_i 为轴向单位体积力，本节圆柱岩样模型中不考虑体积力的影响。

裂缝导流能力定义为裂缝渗透率和缝宽的乘积，本节模型裂缝导流能力用式(5.1.14)计算：

$$k_w = k_f \cdot d_f = k_0 e^{-(\sigma'_n/\sigma^*)} \cdot [d_{f0} + 2 \times (u_n - d_{f0} \alpha_T \Delta T)] \tag{5.1.14}$$

其中，σ^* 为归一化常量，设置为 -10MPa[4]。

3. 耦合模型求解方法

采用有限元软件求解各物理场的耦合效应。图 5.1.12 为软件热-流-固耦合求解模式。

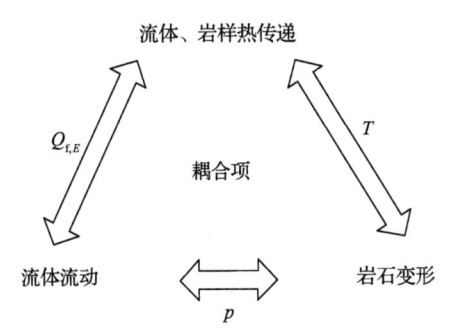

图 5.1.12 热-流-固耦合模型求解

$Q_{f,E}$-裂缝与基质热通量

4. 网格划分

图 5.1.13 为岩样模型网格划分，采用物理场控制网格划分模式，共计生成 11796 个网格单元。

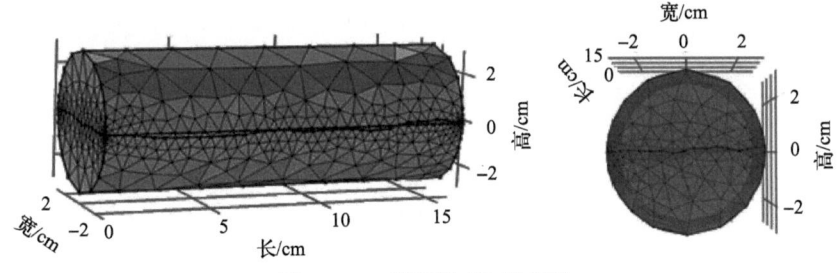

图 5.1.13 岩样模型网格划分

5. 计算参数

为验证注采条件下干热岩人工裂缝热-流-固耦合模型的合理性，将第 1 组实验参数作为模型输入参数，将计算结果与实验结果进行对比验证。

根据岩样岩石力学参数、热物性参数及实验条件限制，模型主要参数设置如表 5.1.1 所示，岩样密度等性质随着温度、压力改变而变化。

表 5.1.1 模型参数

名称	数值	名称	数值
岩样密度/(g/cm³)	2650	基质渗透率/m²	8.33×10^{-18}
弹性模量/GPa	38	裂缝初始渗透率/m²	8×10^{-12}
泊松比	0.25	基质孔隙率	1×10^{-6}
岩石导热系数/[W/(m·K)]	2.8	裂缝孔隙率	0.99
岩石热膨胀系数/K⁻¹	5×10^{-6}	裂缝初始缝宽/mm	0.3

6. 模拟结果分析

1) 岩样温度变化

图 5.1.14 为注入时间为 90s 时不同注入速度下裂缝温度分布,可以得出降温区域迅速由注入端向出口端扩大,并沿着裂缝面逐渐向四周扩散,裂缝面温度下降速度和面积远高于岩石基质,裂缝面等温线呈弧形,温度下降程度由中心向边缘逐渐变小。

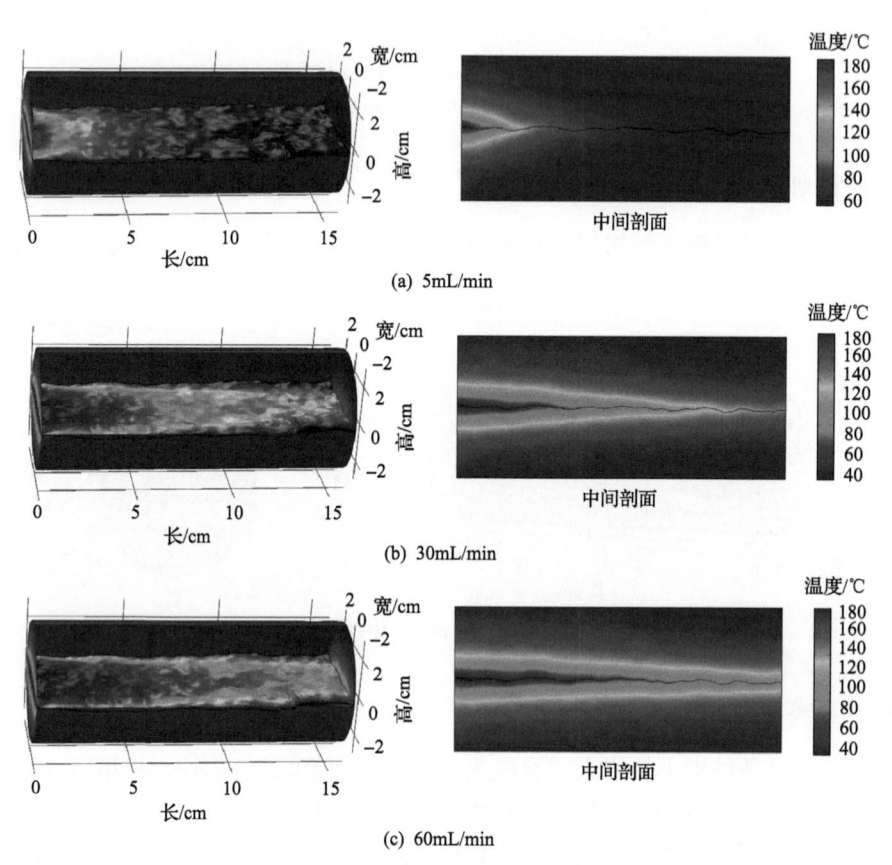

图 5.1.14　不同注入速度下裂缝温度分布(扫封底二维码见彩图)

增大注入速度,裂缝面温度下降区域和降温速度将明显增大,出口端将更早受到温度下降影响。在低注入速度状态下,增加一定注入速度时,裂缝面温度下降程度要高于在高注入速度状态下的下降程度。

2) 岩样导流能力变化

如图 5.1.15 所示,在同一时刻,导流能力呈现由中间向边缘逐渐减小的趋势,随着注入速度增大,裂缝导流能力将非均匀升高,裂缝面温度下降越大,导流能力升高程度越大。从图 5.1.15(a)中可以得出,在裂缝面凸起处产生了局部导流能力上升现象,推断是流体流经此处时受阻,导致局部孔隙压力上升将裂缝"撑大",表明可以利用增加粗糙度的方式增大裂缝导流能力。

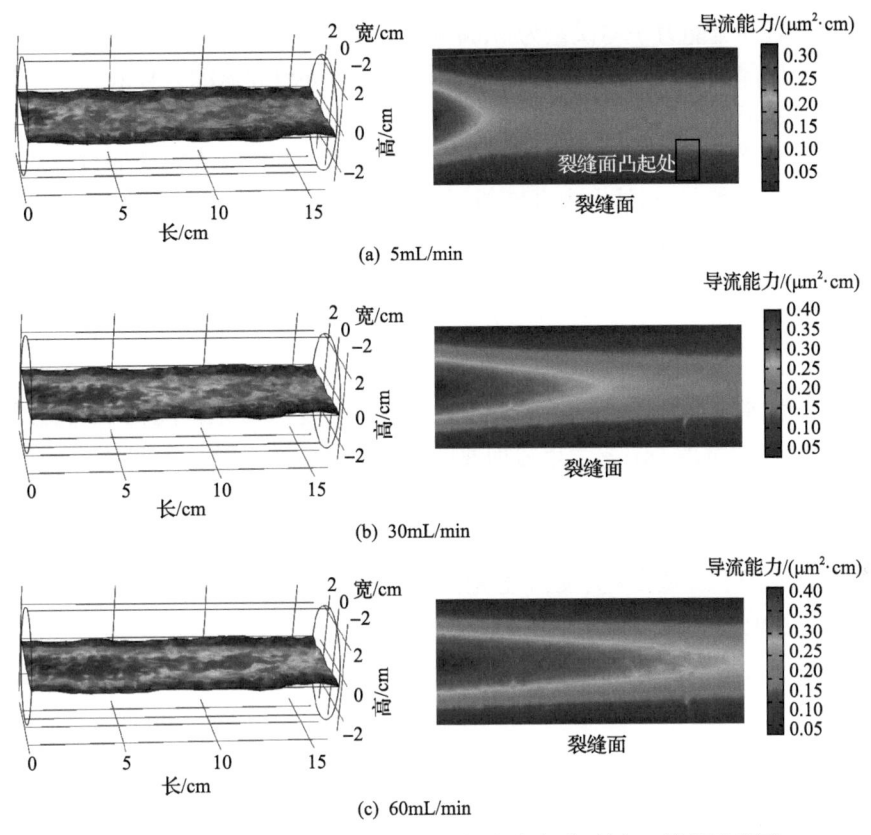

图 5.1.15 不同注入速度下裂缝导流能力分布（扫封底二维码见彩图）

5.1.3 热-流-固耦合模型验证

如图 5.1.16 所示，改变注入速度，模型导流能力和注入压力数模结果与实验数据吻

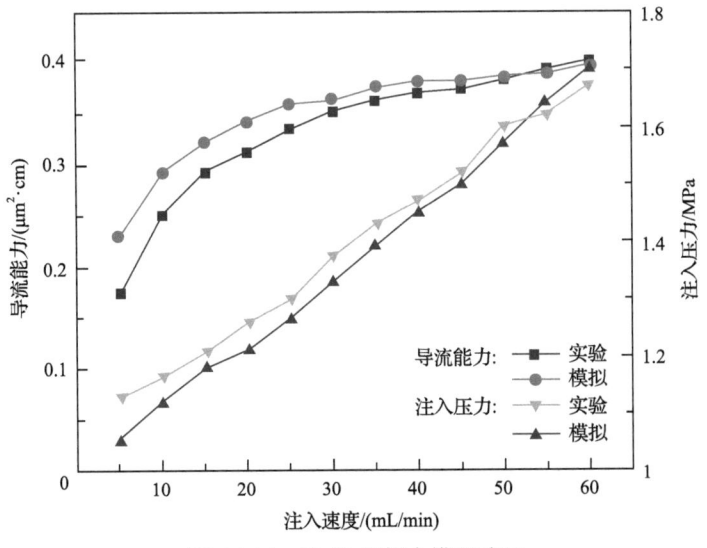

图 5.1.16 热-流-固耦合模型验证

合度较好。两者导流能力平均误差为 7.04%，最大误差为 29.7%，分析原因为实验初期裂缝面受压产生部分碎屑未及时排出，堵塞流动通道导致导流能力较低。

为进一步验证模型的可靠性，利用实验数据反演得到的等效水力开度与数值模拟得出的缝宽进行对比。等效水力开度是假设裂缝面光滑，利用立方定律通过流量和渗透压反演出的平均裂缝宽度。等效水力开度与裂缝真实平均宽度间需要用修正系数进行修正，等效水力开度变化趋势可以反映出裂缝真实平均宽度变化，计算公式如下：

$$b = \sqrt[3]{\frac{12MQ}{WgJ}} \tag{5.1.15}$$

其中，b 为裂缝等效水力开度，m；M 为流体动力黏度，取 1.14Pa·s；Q 为裂缝注入速度，m³/s；W 为流通宽度，m；g 为重力加速度，取 9.8m/s²；J 为水力梯度 $\Delta p/\Delta L$，MPa/m。

不同注入速度下，裂缝等效水力开度与数值模拟平均裂缝宽度结果对比如图 5.1.17 所示，在低注入速度条件下，平均裂缝宽度随注入速度升高快速增大，当注入速度达到一定数值时，平均裂缝宽度基本趋于稳定。等效水力开度与数值模拟得出的平均裂缝宽度变化趋势高度吻合，进一步验证了模型的可靠性。

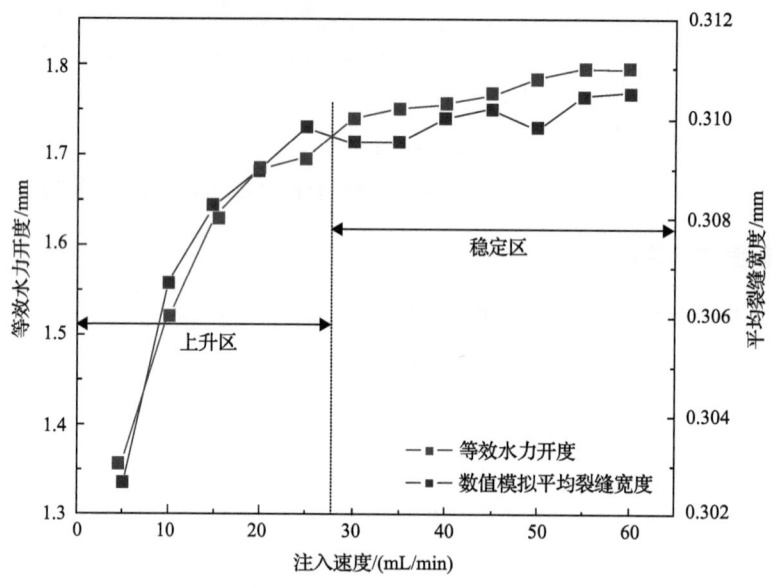

图 5.1.17　等效水力开度、数值模拟平均裂缝宽度对比

5.2　高温高压裂缝中"热-流-化学反应"耦合对流换热机理

水作为采热工质进入干热岩储层后，在高温高压条件下会与干热岩的矿物组分发生化学反应，改变干热岩的裂缝或孔隙结构等，进而影响工作流体通过干热岩的导流换热效率。在干热岩地热资源开采过程中，裂缝中"热-流-化学反应"耦合对流换热由对流换热过程和工质与干热岩的化学反应过程两个过程相互影响、相互作用。

5.2.1 对流换热过程

对流换热是指流体与固体表面之间存在相对运动时发生的热量交换。对流换热是一种复杂的热量交换过程，流体与固体表面之间一定面积 A 的换热量可以按照牛顿冷却定律进行简化计算：

$$\Phi = hA\Delta T_\mathrm{m} \tag{5.2.1}$$

或对于单位面积有

$$q = h\Delta T_\mathrm{m} \tag{5.2.2}$$

$$\Delta T_\mathrm{m} = (T_\mathrm{f} - T_\mathrm{w})/A \tag{5.2.3}$$

或：

$$\Delta T_\mathrm{m} = (T_\mathrm{w} - T_\mathrm{f})/A \tag{5.2.4}$$

其中，Φ 为对流换热量，W；h 为对流换热表面传热系数，$\mathrm{W/(m^2 \cdot K)}$；A 为换热表面面积，$\mathrm{m^2}$；ΔT_m 为流体与换热表面平均温差，K；T_f 为流体温度，K；T_w 为固体表面温度，K。

牛顿冷却定律的形式简单，只是关于对流换热表面传热系数 h 的一个定义式，并未揭示对流换热系数与影响它的有关物理量之间的内在联系，实质上是用对流换热系数 h 代表对流换热过程中的诸多影响因素。因此对流换热的核心内容是确定对流换热系数 h。

1. 对流换热系数

当流体流过固体表面时，由于流体的黏性作用，在靠近表面的地方流速逐渐减小，而在贴壁处流体将因滞止而处于无滑移状态。换句话说，在贴壁处没有相对于固体的流动，这在流体力学中称为无滑移边界条件。图 5.2.1 给出了对应的速度示意图。流体与固

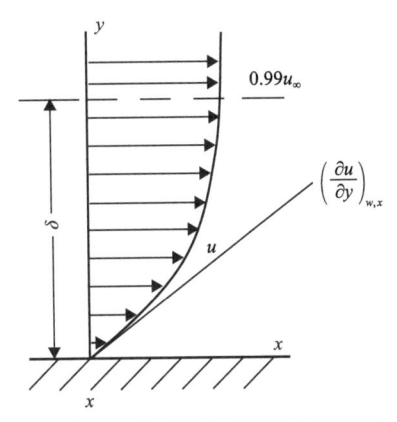

图 5.2.1 壁面附近速度分布示意图

u_∞-外部流动速度；δ-物体表面到约 99%的外部流动速度处的垂直距离；u-主体流速；$\left(\dfrac{\partial u}{\partial y}\right)_{w,x}$-薄层内速度

体表面之间的热量传递必须穿过这层静止流体层，而穿过静止流体层的热流传递方式只能是导热。因此，对流换热量就等于静止流体层的导热量。根据傅里叶定律可得

$$q = -\lambda \frac{\partial T}{\partial y}\bigg|_{y=0} \tag{5.2.5}$$

其中，$\partial T/\partial y|_{y=0}$ 为贴壁处壁面法线方向上的流体温度变化率；λ 为流体导热系数。

结合牛顿冷却定律，对流换热系数与近壁流体层温度梯度的一般关系式为

$$h = \frac{-\lambda \frac{\partial T}{\partial y}\bigg|_{y=0}}{T_w - T_f} \tag{5.2.6}$$

式(5.2.4)和式(5.2.5)给出了对流换热壁面上热流密度的计算公式并确定了对流换热系数与流体温度场之间的关系。从式(5.2.6)可以看出，对流换热系数与流体温度场密切相关，特别是壁面附近区域的流体温度分布。如果要求解一个对流换热问题，获得相应的对流换热系数，首先需要明确流体温度分布，其次需要确定固体表面的温度梯度，最后计算出相应温差下的对流换热系数。

2. 对流换热的影响因素

1) 流体流动的起因

根据流体流动的起因分类，对流换热可以分为强制对流换热与自然对流换热两类。前者是泵、风机或其他外部动力源造成的，而后者则是流体内部存在的密度差所引起的。两种流动的起因不同，流体速度场有差别，所以换热规律不一样。

2) 流体有无相变

当流体没有发生相变时，对流换热的热量交换是由于流体显热的变化而实现的。而在有相变的换热过程中(如沸腾和凝结)，流体相变潜热的释放或吸收常常起主要作用，因此换热规律与无相变时不同。

3) 流体的物理性质

不同流体的对流换热强度差异很大，这是因为不同流体的物理性质不同。流体密度 ρ、动力黏度 μ、导热系数 λ 以及定压比热容 c_p 等都会对流体中速度的分布以及热量的传递产生影响，从而影响对流换热。

4) 流体的流动状态

流体流动存在层流和湍流两种不同的流态，流体的流动形态不同，热量传递的机理也不一样。层流时流体微团沿着主流方向做有规则的分层流动，而湍流时流体各部分发生剧烈的混合，因而其他条件相同时，湍流换热强度比层流要大。

5) 换热表面的几何因素

这里的几何因素指的是换热表面的形状、大小、换热表面与流体运动方向的相对位

置以及换热表面的粗糙度。例如，圆管内的强制对流流动是管内流动，属于内部流动，而流动横掠圆管的强制对流流动是外掠物体流动(图 5.2.2)，属于外部流动，两者流动规律是截然不同的，因而换热规律也是不同的。

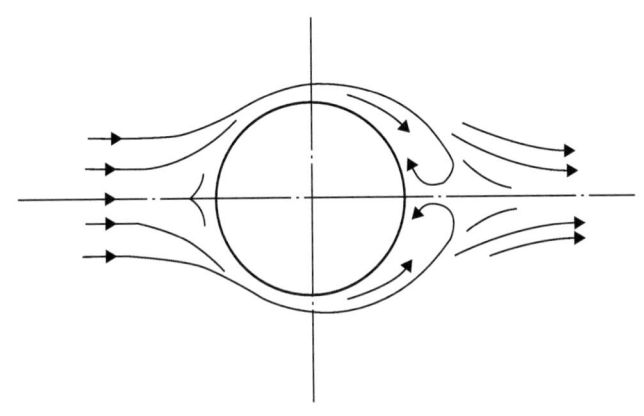

图 5.2.2 横向外掠圆管流动

3. 对流换热过程控制方程

流体的温度分布会受到速度场的影响。因此对流换热问题完整的数学描述应包括质量守恒、动量守恒和能量守恒这三大守恒定律的数学表达式。流体力学课程已给出质量守恒、动量守恒微分方程的详细推导过程，故此处不再进行推导，只引出推导结果。在此仅研究能量守恒微分方程的推导过程和对流换热过程完整的控制方程[5,6]。

为了简化分析，推导时做出以下假设：①流动是二维的；②流体为不可压缩的牛顿型流体；③流体物性为常数，无内热源；④黏性耗散产生的耗散热可以忽略不计。

黏性耗散是作用于固体表面上的法向力和剪应力使流体位移产生摩擦功并将其转变成热能的现象。当流速完全均匀、没有内摩擦时，黏性耗散热等于零。一般来说，低流速或低普朗特数流体的黏性耗散热与能量方程中的其他项相比甚小，可以忽略不计。

如图 5.2.3 所示，在一个微元控制体界面上不停地有流体进出，根据热力学第一定律可得

$$\Phi = \frac{\partial U}{\partial \tau} + (q_m)_{\text{out}}\left(h + \frac{1}{2}u^2 + gz\right)_{\text{out}} - (q_m)_{\text{in}}\left(h + \frac{1}{2}u^2 + gz\right)_{\text{in}} + W_{\text{net}} \quad (5.2.7)$$

其中，q_m 为质量流量；h 为流体比焓；U 为微元体热力学能；Φ 为通过界面由外界进入微元体的热流量；u 为流体流速；τ 为剪应力；W_{net} 为流体所作净功；下标 in 为进；下标 out 为出；z 为压头。

当流体流过微元控制体时，位能和动能的变化可以忽略不计，同时流体并未做功，可得

$$\Phi = \frac{\partial U}{\partial \tau} + (q_m)_{\text{out}} h_{\text{out}} - (q_m)_{\text{in}} h_{\text{in}} \quad (5.2.8)$$

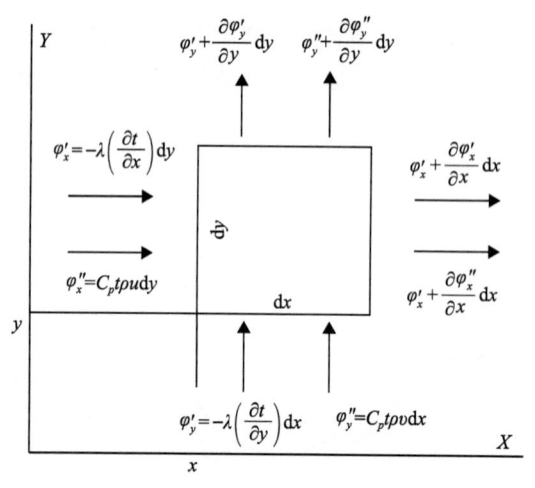

图 5.2.3　能量微分方程的推导

在 dt 时间内的热量为

$$\Phi \mathrm{d}t = \lambda \left(\frac{\partial^2 T}{\partial x^2} + \frac{\partial^2 T}{\partial y^2} \right) \mathrm{d}x \mathrm{d}y \mathrm{d}\tau \tag{5.2.9}$$

在 dt 时间内，由于微元控制体内流体温度改变了 $(\partial T/\partial t)\mathrm{d}t$，其热力学能增量为

$$\Delta U = \rho c_p \mathrm{d}x \mathrm{d}y \frac{\partial T}{\partial t} \mathrm{d}t \tag{5.2.10}$$

对于二维问题，流体流进和流出微元控制体引起的焓差可以分别从 x 和 y 方向加以计算。以 x 方向为例，在 dt 时间内由 x 处截面流进微元控制体的焓为

$$H_x = \rho c_p u_x T \mathrm{d}y \mathrm{d}t \tag{5.2.11}$$

在相同的 dt 时间内由 $x+\mathrm{d}x$ 处的截面流出微元控制体的焓为

$$H_{x+\mathrm{d}x} = \rho c_p \left(T + \frac{\partial T}{\partial x} \mathrm{d}x \right) \left(u_x + \frac{\partial u_x}{\partial x} \mathrm{d}x \right) \mathrm{d}y \mathrm{d}x \tag{5.2.12}$$

将式(5.2.11)和式(5.2.12)相减可得 dt 时间内在 x 方向上由流体净带出微元控制体的热量，略去高阶无穷小后为

$$H_{x+\mathrm{d}x} - H_x = \rho c_p \left(u_x \frac{\partial T}{\partial x} + T \frac{\partial u_x}{\partial x} \right) \mathrm{d}x \mathrm{d}y \mathrm{d}t \tag{5.2.13}$$

同理，y 方向上的表达式为

$$H_{y+\mathrm{d}y} - H_y = \rho c_p \left(u_y \frac{\partial T}{\partial y} + T \frac{\partial u_y}{\partial y} \right) \mathrm{d}x \mathrm{d}y \mathrm{d}t \tag{5.2.14}$$

在单位时间 dt 内由于流体的流动带出微元控制体的净热量为

$$(q_\mathrm{m})_\mathrm{out} h_\mathrm{out} - (q_\mathrm{m})_\mathrm{in} h_\mathrm{in} = \rho c_p \left[u_x \left(\frac{\partial T}{\partial x} + u_y \frac{\partial T}{\partial x} \right) + \left(T \frac{\partial u_x}{\partial x} + T \frac{\partial u_y}{\partial y} \right) \right] \mathrm{d}x\mathrm{d}y \quad (5.2.15)$$

$$\begin{aligned}(q_\mathrm{m})_\mathrm{out} h_\mathrm{out} - (q_\mathrm{m})_\mathrm{in} h_\mathrm{in} &= \rho c_p \left[u_x \left(\frac{\partial T}{\partial x} + u_y \frac{\partial T}{\partial x} \right) + \left(T \frac{\partial u_x}{\partial x} + T \frac{\partial u_y}{\partial y} \right) \right] \mathrm{d}x\mathrm{d}y \\ &= \rho c_p \left(u_x \frac{\partial T}{\partial x} + u_y \frac{\partial T}{\partial y} \right) \mathrm{d}x\mathrm{d}y\end{aligned} \quad (5.2.16)$$

将式(5.2.9)、式(5.2.10)和式(5.2.11)代入式(5.2.8)并化简,可得二维、常物性、无内热源的能量微分方程:

$$\rho c_p \left(\frac{\partial T}{\partial t} + u_x \frac{\partial T}{\partial x} + u_y \frac{\partial T}{\partial y} \right) = \lambda \left(\frac{\partial^2 T}{\partial x^2} + \frac{\partial^2 T}{\partial y^2} \right) \quad (5.2.17)$$

式(5.2.17)左端第一项表示研究的微元控制体容积中流体温度随时间的变化,称为非稳态项,左端第二、第三项表示流体流进和流出微元控制体净带走的热量,称为对流项。式(5.2.17)右端两项表示流体热传导导致的净导入微元控制体热量,称为扩散项。式(5.2.17)表明,流体运动过程中的热量传递受到流体流动和导热引起的扩散共同作用。

结合质量守恒和动量守恒方程,对于不可压缩、常物性、无内热源的二维对流换热问题,需要求解以下微分方程组。

质量守恒方程:

$$\frac{\partial u_x}{\partial x} + \frac{\partial u_y}{\partial y} = 0 \quad (5.2.18)$$

动量守恒方程:

$$\rho \left(\frac{\partial u_x}{\partial t} + u_x \frac{\partial u_x}{\partial x} + v_y \frac{\partial u_x}{\partial y} \right) = -\frac{\partial p}{\partial x} + \mu \left(\frac{\partial^2 u_x}{\partial x^2} + \frac{\partial^2 u_x}{\partial y^2} \right) \quad (5.2.19)$$

$$\rho \left(\frac{\partial u_y}{\partial t} + u_x \frac{\partial u_y}{\partial x} + u_y \frac{\partial u_y}{\partial y} \right) = -\frac{\partial p}{\partial y} + \mu \left(\frac{\partial^2 u_y}{\partial x^2} + \frac{\partial^2 u_y}{\partial y^2} \right) \quad (5.2.20)$$

能量守恒方程:

$$\rho c_p \left(\frac{\partial T}{\partial t} + u_x \frac{\partial T}{\partial x} + u_y \frac{\partial T}{\partial y} \right) = \lambda \left(\frac{\partial^2 T}{\partial x^2} + \frac{\partial^2 T}{\partial y^2} \right) \quad (5.2.21)$$

其中,p 为压力;μ 为动力黏度。

对于稳态的二维对流传热问题,非稳态项消失,式(5.2.21)可以改写为

$$u_x \frac{\partial T}{\partial x} + u_y \frac{\partial T}{\partial y} = \frac{\lambda}{\rho c_p}\left(\frac{\partial^2 T}{\partial x^2} + \frac{\partial^2 T}{\partial y^2}\right) \tag{5.2.22}$$

如果考虑流体黏性耗散作用产生的热量,需在式(5.2.21)右端添加类似于导热微分方程中的内热源项,即黏性耗散项:

$$\dot{\varPhi} = \mu\left\{2\left[\left(\frac{\partial u_x}{\partial x}\right)^2 + \left(\frac{\partial u_y}{\partial y}\right)^2\right] + \left(\frac{\partial u_x}{\partial x} + \frac{\partial u_y}{\partial y}\right)^2\right\} \tag{5.2.23}$$

对流换热问题的数学描述还应对定解条件作出规定,包括初始时刻的条件及边界上与速度、压力和温度等有关的条件。以能量守恒方程为例,可以规定边界上流体的温度分布(第一类边界条件)或给定边界上加热或冷却流体的热流密度(第二类边界条件)。一般来说,对流换热问题没有第三类边界条件。

对流换热问题的方程组具有非线性特性,式(5.2.18)~式(5.2.21)对于(u,v,T,p)四个变量是封闭的,在整个流场内求解对流换热方程组。借助普朗特提出的边界层概念,式(5.2.18)~式(5.2.23)可以从椭圆形方程转化成抛物形方程难度较大,使得分析法求解对流换热问题成为可能[7]。

4. 对流换热边界层微分方程组

1) 流动边界层

在固体表面附近流体速度发生剧烈变化的薄层称为流动边界层,又称为速度边界层。如图5.2.4所示,从$y=0$处$u=0$开始,流体的速度随着离开壁面距离y的增加而急剧增大,

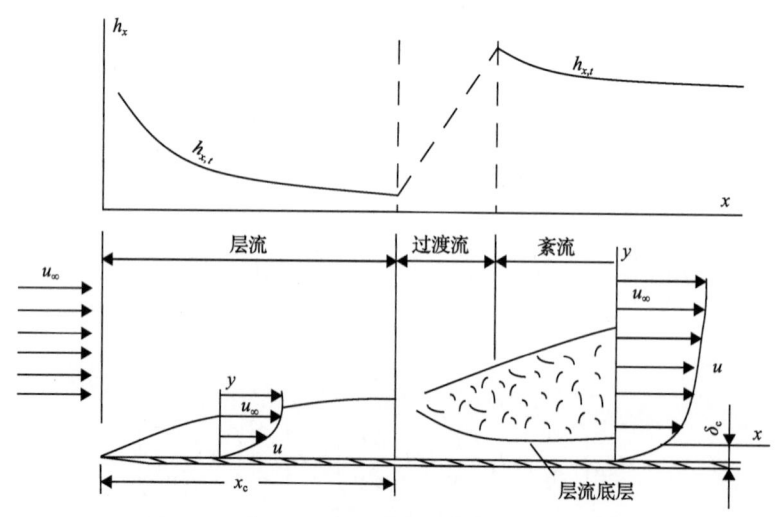

图5.2.4 掠过平板时边界层的形成和发展示意图

h_x-水头;$h_{x,t}$-t时刻水头

经过一个薄层后 u 增长到接近主流速度。这个薄层即流动边界层,其厚度根据规定的接近主流速度程度的不同而不同。如图 5.2.4 所示,通常厚度 δ 定义为在壁面法线方向上达到主流速度 99%处的距离,即 $u/u_\infty = 0.99$。

按照流动状态,流体的流动可分为层流和湍流。实验结果显示在边界层内也会出现层流和湍流两种流态。流体外掠平板是边界层在壁面上形成和发展过程中最典型的一种流动,其过程如图 5.2.4 所示,设流体以速度 u_∞ 流进平板前缘,此时的边界层厚度为 0,流进平板后,受壁面黏滞应力的影响将逐渐向流体内部传递,边界层也逐渐加厚,从平板前缘开始,在某一距离 x_c 以前,边界层内流体的流动状态将一直保持层流。在层流状态下,流体做有秩序的分层流动,各层互不干扰,此时的边界层称为层流边界层。随着层流边界层增厚,边界层速度梯度将变小,这种变化首先是边界层内速度分布曲线靠近主流区的边缘部分开始趋于平缓,它导致壁面黏滞力对边界层边缘部分的影响减弱,而惯性力的影响相对增强,进而促使层流边界层从它的边缘开始逐渐变得不稳定起来,自距前缘 x_c 起层流即朝湍流过渡,湍流区开始形成。

综合上述分析,可概括出流动边界层的几个重要特性:①边界层极薄,其厚度 δ 与壁的定型尺寸 l 相比极小;②在边界层内存在较大的速度梯度;③边界层流态分层流与紊流,紊流边界层紧靠壁处是层流底层;④流场可划分为主流区(由理想流体运动微分方程——欧拉方程描述)和边界层区(用黏性流体运动微分方程描述)。只有在边界层内才显示流体黏性的影响。

以上四点就是流动边界层理论的基本概念,对分析流体流动和传热十分重要。但需要特别指出的是,不是所有上述情况都是边界层类型传热问题,只有那些具备前述四个特征的流动和传热,才能称为边界层类型流动和传热问题,由边界层微分方程分析求解。

2) 热边界层

在对流传热条件下,主流与壁面之间存在着温度差。在壁面附近的一个薄层内,流体温度在壁面的法线方向上发生剧烈变化,而在此薄层之外,流体的温度梯度几乎等于零。流动边界层的概念可以推广到对流传热中去,固体表面附近流体温度发生剧烈变化的这一薄层称为温度边界层或热边界层(thermal boundary layer),其厚度记为 δ_t。对于外掠平板的对流传热,一般以过余温度为来流过余温度的 99%处定义为 δ_t 的外边界。这样,热边界层以外可视为温度梯度为零的等温流动区。显然,δ_t 不一定等于 δ,两者之比与流体物性有关。于是对流传热问题的温度场也可区分为两个区域:热边界层区与主流区。流体中的温度变化率可视为零,这样就可以把要研究的热量传递区域集中到热边界层之内。流动边界层和热边界层的状况决定了边界层内的温度分布和热量传递过程。

对于层流,温度呈多项式曲线形分布,对于紊流呈幂函数形分布(除液态金属外),紊流区边界层贴壁处的层流底层内温度梯度将明显大于层流区。另外,在图 5.2.5 上描绘了局部表面传热系数 h_x 沿平板的变化情况,从平板前缘开始,随着层流边界层增厚,h_x 将较快地降低。当层流向紊流转变后,因垂直于流动方向上的动量、能量传递作用增大,h_x 将明显高于层流边界层区域,随后,由于紊流边界层厚度增加,h_x 再呈缓慢下降之势。

将局部表面传热系数沿全板长积分,可得全板平均表面传热系数 h(积分方法必须注意它的传热边界条件)。

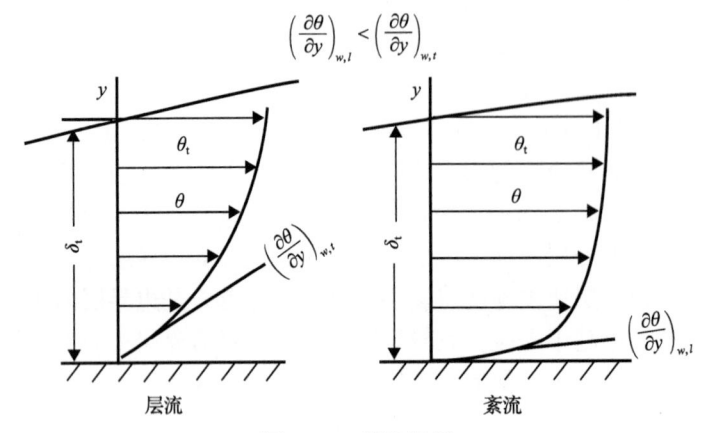

图 5.2.5 热边界层

3) 边界层微分方程

对流传热微分方程式很难直接分析求解,但根据边界层的特点,运用数量级分析的方法简化微分方程组,得出对流传热边界层微分方程组,就可以分析求解。然后加入表 5.2.1 列出速度边界层与热边界层中物理量的数量级,为数量级分析提供基础数据。

表 5.2.1 速度边界层与热边界层中物理量的数量级

变量	x(主流方向坐标)	y	u	v	T	p
数量级	1	δ	1	δ	1	1

以二维稳态受迫层流且忽略重力作用时的情况为分析对象,略去关于速度 v 的动量方程,控制方程可写为下列形式。

质量守恒方程:

$$\frac{\partial u}{\partial x} + \frac{\partial v}{\partial y} = 0 \qquad (5.2.24)$$

$$\frac{1}{1} \quad \frac{\delta}{\delta}$$

动量守恒方程:

$$u\frac{\partial u}{\partial x} + v\frac{\partial u}{\partial y} = -\frac{1}{\rho}\frac{\partial p}{\partial x} + \nu\left(\frac{\partial^2 u}{\partial x^2} + \frac{\partial^2 u}{\partial y^2}\right) \qquad (5.2.25)$$

$$1 \times \frac{1}{1} \quad \delta\frac{1}{\delta} \quad \frac{1}{1} \quad \left(\frac{1}{1}\right)/1 \quad \left(\frac{1}{\delta}\right)/\delta$$

能量守恒方程：

$$\rho c_p \left(u \frac{\partial T}{\partial x} + v \frac{\partial T}{\partial y} \right) = \lambda \left(\frac{\partial^2 T}{\partial x^2} + \frac{\partial^2 T}{\partial y^2} \right) \tag{5.2.26}$$

$$1 \times \frac{1}{1} \qquad \delta \frac{1}{\delta} \qquad \left(\frac{1}{1}\right)/1 \qquad \left(\frac{1}{\delta}\right)/\delta$$

在对上述式(5.2.24)~式(5.2.26)三个方程式进行数量级分析时，可先确定五个基本量的数量级，用符号"~"表示"相当于"，规定用 O(l) 和 O(δ) 分别表示数量级为 l 和 δ，量 l 远大于量 δ，通过数量级分析把那些 δ 量级的量从方程中除去。用上述物理量的数量级来衡量方程式中各项目，可见：x 与 l 相当，即 $x \sim$ O(1)；y 为边界层内各点离壁的法向距离，$0 \leqslant y \leqslant \delta$，故 $y \sim$ O(δ)；u 沿边界层厚度由 0 到 u_∞，故 $u \sim$ O(1)；则 u 对 x 的导数的数量级亦应为 $\frac{\partial u}{\partial x} \sim$ O(1)；同理，$\frac{\partial t}{\partial x} \sim$ O(1)。由连续方程：

$$-\frac{\partial v}{\partial y} = \frac{\partial u}{\partial x}$$

等式两边的数量级应相同，故可得

$$\frac{\partial v}{\partial y} \sim \frac{u_\infty}{l} \sim \mathrm{O}(1)$$

则速度 v 的数量级可确定为

$$v \sim \int_0^\delta \frac{u_\infty}{l} \, \mathrm{d}y = \frac{u_\infty}{l} \delta \sim \mathrm{O}(\delta)$$

可见 v 是一个小量。

由于动量方程中黏滞力和惯性力项均为小项，它的压强梯度亦必 $\frac{\partial p}{\partial y} \sim$ O(δ)，$\frac{\partial p}{\partial x}$ 的数量级将等于或小于 O(1)。这表明边界层内压强梯度仅沿 x 方向变化，而边界层法向的压强梯度将极小，以致边界层内任一 x 截面的压强与 y 无关而等于主流压强，故可将 $\frac{\partial p}{\partial x}$ 改写为 $\frac{\mathrm{d}p}{\mathrm{d}x}$。当用数量级关系来衡量主流和边界层的一些基本量时，对于速度 u 的动量方程等号右侧第二项和第三项中，$\frac{\partial^2 u}{\partial x^2} \ll \frac{\partial^2 u}{\partial y^2}$，因而可以把 $\frac{\partial^2 u}{\partial x^2}$ 略去；对于能量方程等号右侧两项中，$\frac{\partial^2 T}{\partial x^2} \ll \frac{\partial^2 T}{\partial y^2}$，因而可以把 $\frac{\partial^2 T}{\partial x^2}$ 略去。因此，对于二维、稳态、无内热源的

边界层类型问题，流场与温度场的控制方程组为

$$\frac{\partial u}{\partial x} + \frac{\partial v}{\partial y} = 0 \tag{5.2.27}$$

$$u\frac{\partial u}{\partial x} + v\frac{\partial u}{\partial y} = -\frac{1}{\rho}\frac{\mathrm{d}p}{\mathrm{d}x} + \nu\frac{\partial^2 u}{\partial y^2} \tag{5.2.28}$$

$$\rho c_p \left(u\frac{\partial T}{\partial x} + v\frac{\partial T}{\partial y} \right) = \lambda \frac{\partial^2 T}{\partial y^2} \tag{5.2.29}$$

5.2.2 工质与干热岩的化学反应过程

1. 化学反应描述

在干热岩地热资源开采过程中，工作流体在高温高压条件下会与干热岩（主要是花岗岩）发生化学反应，导致干热岩的组分和裂缝孔隙结构发生改变。水作为工作流体会与花岗岩的矿物组分发生溶解和析出反应，进而引起裂缝导流能力的变化[8,9]。同时，现阶段的研究发现干热岩储层的生产井产出的水中会溶有微量的 CO_2、H_2S 和 CH_4 等气体组分，气体组分中 CO_2 的摩尔分数为 80%～99%[10,11]。CO_2 溶于地层水后生成碳酸，碳酸性质极不稳定，容易发生电离，使得水的 pH 下降，会促进花岗岩的矿物组分发生溶解反应，该过程可以写为

$$CO_2 + H_2O \rightleftharpoons H_2CO_3 \tag{5.2.30}$$

$$H_2CO_3 \rightleftharpoons H^+ + HCO_3^- \tag{5.2.31}$$

$$HCO_3^- \rightleftharpoons H^+ + CO_3^{2-} \tag{5.2.32}$$

由于式(5.2.31)这一反应过程的电离常数一般比式(5.2.32)小 6～7 个数量级，可以认为碳酸在水中的电离以式(5.2.31)一级电离为主。当水的 pH 下降后，流体会与花岗岩的部分矿物组分发生溶解反应，从而使得裂缝导流能力发生变化；而当大量金属阳离子和非金属阴离子溶于水后，在生产井近井地带将因压力骤降导致大量矿物析出，对干热岩地热资源的开采产生非常严重的负面影响。

花岗岩主要含有石英、长石、方解石等矿物组分，因此，在干热岩储层中发生化学反应的矿物组分大致分为以下几类。

1) 石英

石英是大陆地壳中数量居于第二位的矿石，仅次于长石，主要成分是二氧化硅（SiO_2）。地质学上通常利用岩石中二氧化硅的含量对岩石进行分类，一般来说花岗岩是二氧化硅含量大于 65% 的火成岩的总称。在干热岩储层高温高压条件下，水可以与花岗岩中的二氧化硅发生以下不稳定、可逆的化学反应：

$$SiO_2 + 2H_2O \Longleftrightarrow H_4SiO_4 \tag{5.2.33}$$

2) 长石

长石是地壳中分布最广泛、储量最丰富的矿物，约占地壳总质量的 50%。长石族根据组分的不同可以分为正长石亚族、斜长石亚族和钡长石亚族。正长石又名钾钠长石，其中以钾长石（$KAlSi_3O_8$）和钠长石（$NaAlSi_3O_8$）含量最高。斜长石又称奥长石，其组成以钠长石（$NaAlSi_3O_8$）和钙长石（$CaAlSi_3O_8$）为主。钾长石、钠长石和钙长石可以与溶液中的 H^+ 发生化学反应，离子方程式可写为

$$2KAlSi_3O_8 + 2H^+ + 9H_2O \longrightarrow 2K^+ + Al_2Si_2O_5(OH)_4 + 4SiO_2 \tag{5.2.34}$$

$$2NaAlSi_3O_8 + 2H^+ + 9H_2O \longrightarrow 2Na^+ + Al_2Si_2O_5(OH)_4 + 4SiO_2 \tag{5.2.35}$$

$$CaAl_2Si_2O_8 + 2H^+ + H_2O \longrightarrow Ca^{2+} + Al_2Si_2O_5(OH)_4 \tag{5.2.36}$$

由式(5.2.34)~式(5.2.36)可知，长石与氢离子反应后会产生高岭石和石英两种次生矿物，并能够释放出金属阳离子，其中 Ca^{2+} 可以与 CO_3^{2-} 生成方解石，而方解石在二氧化碳充足的条件下可以生成可溶的 $Ca(HCO_3)_2$；同时，在 Na^+ 存在条件下，高岭石可能生成钠铝石析出，以上过程可用离子方程式表达为

$$CaCO_3 + CO_2 + H_2O \longrightarrow Ca(HCO_3)_2 \tag{5.2.37}$$

$$Al_2Si_2O_5(OH)_4 + 2CO_3^{2-} + 2Na^+ + 2H^+ \longrightarrow 2NaAl(OH)_2CO_3 + 2SiO_2 + H_2O \tag{5.2.38}$$

3) 方解石

方解石同样是地壳中分布极其广泛的矿物之一，是碳酸钙主要的天然储存形式。在干热岩储层中，花岗岩中的方解石极易与 H^+ 发生化学反应从而释放 Ca^{2+}，也可以同 CO_3^{2-} 发生可逆反应生成方解石，上述过程可用离子方程式描述为

$$CaCO_3 + CO_2 + H_2O \longrightarrow Ca(HCO_3)_2 \tag{5.2.39}$$

$$Ca^{2+} + CO_3^{2-} \longrightarrow CaCO_3 \tag{5.2.40}$$

2. 反应模型

流体与花岗岩发生化学反应后，花岗岩矿物组分的溶蚀或析出量可以由式(5.2.41)进行计算：

$$\Delta m = |m - m_0| \tag{5.2.41}$$

其中，m 为反应前岩石质量；m_0 为反应后岩石质量；Δm 为反应前后岩石矿物组分质量的差值。

水与花岗岩发生化学反应后，水中溶有的各种矿物组分饱和指数可用式(5.2.42)进行计算：

$$SI = \lg\left(\frac{Q}{K}\right) \tag{5.2.42}$$

其中，SI 为矿物组分饱和指数；Q 为矿物组分离子活度积；K 为矿物组分平衡常数。

当矿物组分反应达到平衡时，SI 等于零。

矿物组分反应的快慢主要用反应速率进行表征。矿物组分的初始反应速率可定义为

$$r = \pm k A_m \left[1 - \left(\frac{Q}{K}\right)^\theta\right]^\eta \tag{5.2.43}$$

其中，r 为反应速率；k 为反应速率常数；A_m 为反应岩石的比表面积；θ、η 为经验参数，多数情况取 1。

反应速率常数主要受到反应过程中温度的影响，阿伦尼乌斯方程可以用来表示反应速率常数与温度之间的关系。反应速率常数通常在 25℃ 条件下进行测量，因此不同温度条件下的反应速率常数为[12]

$$k = k_{25} \exp\left[\frac{-E_a}{R}\left(\frac{1}{T} - \frac{1}{298.15}\right)\right] \tag{5.2.44}$$

其中，k_{25} 为 25℃ 条件下反应速率常数；E_a 为活化能；R 为理想气体常数；T 为温度。

在储层中，反应速率常数会受到 pH 的影响，因此考虑水溶液 pH 的反应速率常数计算公式可以写为[13]

$$\begin{aligned} k = &k_{25} \exp\left[\frac{-E_a}{R}\left(\frac{1}{T} - \frac{1}{298.15}\right)\right] + k_{25}^H \exp\left[\frac{-E_a^H}{R}\left(\frac{1}{T} - \frac{1}{298.15}\right)\right] a_H \\ &+ k_{25}^{OH} \exp\left[\frac{-E_a^{OH}}{R}\left(\frac{1}{T} - \frac{1}{298.15}\right)\right] a_{OH} \end{aligned} \tag{5.2.45}$$

其中，a 为离子浓度；H 为氢离子，代表酸性环境；OH 为氢氧根离子，代表碱性环境。

结合式(5.2.41)和式(5.2.43)，以石英和方解石为例。花岗岩中石英组分的溶解和析出的化学反应速率可由式(5.2.46)和式(5.2.47)表达：

$$r_d = \begin{bmatrix} \exp^{-10.7} \times T \times \exp\left(\dfrac{-66}{10^{-3} \times R \times T}\right) \times \theta_{SiOH} + \\ \exp^{4.7} \times T \times \exp\left(\dfrac{-82.7}{10^{-3} \times R \times T}\right) \times (\theta_{SiOH}^-)^{1.1} \end{bmatrix} \times A_m \times \left(1 - \frac{Q}{K}\right) \tag{5.2.46}$$

$$r_{\mathrm{p}} = \left\{ a_{\mathrm{H_2O}}^2 \times \exp\left[\begin{array}{l}(1.174-2.028)\times 10^{-3}\\ \times \left(T - \dfrac{4158}{T}\right)\end{array} \ln 10 \right] \right\} \times A_{\mathrm{m}} \times \left(\dfrac{Q}{K} - 1\right) \tag{5.2.47}$$

其中，d 为溶解反应；p 为析出反应。

同石英相似，花岗岩中方解石的溶解和析出的反应速率可由式(5.2.48)~式(5.2.50)表达：

$$r_{\mathrm{d}} = \left\{ \begin{array}{l}[(1.643\times 10^{-1}\times a_{\mathrm{H^+}}) + (1.11\times 10^{-5})]\times A_{\mathrm{m}}\times \dfrac{T}{321.15}\\ \times \exp\left[\dfrac{(T-321.15)\times[(-65.98\times \ln a_{\mathrm{H^+}})]}{321.15\times T}\right]\end{array} \right\} \times \left(1 - \dfrac{Q}{K}\right) \tag{5.2.48}$$

$$r_{\mathrm{p}} = 1.93\times 10^{-2}\times T\times \exp\left(\dfrac{-41840}{R\times T}\right)\times A_{\mathrm{m}}\times \left(\dfrac{Q}{K} - 1\right)^{1.93} \tag{5.2.49}$$

$$r_{\mathrm{p}} = 1.011\times T\times \exp\left(\dfrac{-41840}{R\times T}\right)\times A_{\mathrm{m}}\times \left(\dfrac{2.36}{\ln\dfrac{Q}{K}}\right) \tag{5.2.50}$$

3. 岩石孔隙度、渗透率模型

干热岩储层中，花岗岩裂缝孔隙度的变化受花岗岩裂缝表面矿物组分溶解和析出直接作用，孔隙度 ϕ 可以由矿物组分变化量进行表示[14]：

$$\phi = 1 - \sum_{m=1}^{N_{\mathrm{m}}} \phi_{\mathrm{m}} \tag{5.2.51}$$

其中，ϕ 为孔隙度；N_{m} 为岩石中矿物组分种类总量；ϕ_{m} 为矿物组分体积分数。

岩石中矿物组分的体积分数会随时间发生微小变化，因此计算过程中孔隙度在每一个时间步长会发生对应的变化。根据质量守恒原理，不同矿物组分的质量和体积的变化由式(5.2.52)进行计算：

$$\phi_{j,i,t+\Delta t} = \phi_{j,i,t} + V_j \times r_{j,i,t+\Delta t} \times \Delta t \tag{5.2.52}$$

其中，j 为矿物组分；i 为 i 区域；t 为时间；V 为摩尔体积。

可利用单个矿物组分的摩尔体积、对应的化学反应速率和反应时间计算得出单个矿物组分的体积变化量。

单位体积岩石渗透率的变化量可以通过孔隙率的变化进行计算，渗透率随孔隙度的变化可根据 Carman-Kozeny 公式进行计算：

$$k = k_0 \frac{(1-\phi_0)^2}{(1-\phi)^2} \left(\frac{\phi}{\phi_0}\right)^3 \quad (5.2.53)$$

其中，ϕ_0 为干热岩储层初始孔隙度；k_0 为干热岩储层初始渗透率。

岩石比表面积随化学反应的变化也可以根据孔隙度的变化进行计算：

$$A_{j,i,t} = A_{j,i,0} \left(\frac{\phi_{i,t}}{\phi_{i,0}}\right) \left(\frac{\phi_{j,i,t}}{\phi_{j,i,0}}\right)^{\frac{2}{3}} \quad (5.2.54)$$

用于描述工质与岩石之间化学反应的化学动力学模型建立在溶解微量二氧化碳的水同干热岩储层中岩石的矿物组分的化学反应的基础上。根据物质平衡方程、化学质量守恒定律、固液表面反应动力学等理论，对岩石中不同矿物组分的变化进行定量计算，揭示包含不同矿物组分的岩石在化学反应过程中孔隙度、渗透率和比表面积的变化规律。

5.2.3 "热-流-化学反应"耦合对流换热模型

结合以上两部分，即对流换热过程和工质与干热岩的化学反应过程，可以得到裂缝中水作为流体的"热-流-化学反应"耦合对流换热模型。需要注意的是，由于二氧化碳含量极少，认为其完全溶于水，另外可以认为水作为单相流体流经干热岩裂缝。

模型假设如下：①岩石具有各向同性；②换热过程忽略热辐射影响；③换热过程无热流损失；④流体不可压缩；⑤忽略岩石热应力影响；⑥忽略末端效应。

裂缝中水作为流体的"热-流-化学反应"耦合对流换热遵循如下方程。

质量守恒方程：

$$\nabla \cdot u = 0 \quad (5.2.55)$$

动量守恒方程：

$$\rho_w \frac{\partial u}{\partial t} + \rho_w u \cdot \nabla u = -\nabla p + \nabla \cdot (\mu(\nabla u + (\nabla u)^T)) \quad (5.2.56)$$

能量守恒方程：

$$\rho_w c_{p,w} \left(\frac{\partial T_w}{\partial t} + (u \cdot \nabla) T_w\right) = -\nabla \cdot q_{s \to w} \quad (5.2.57)$$

其中，ρ_w 为水相密度；u 为流速；$c_{p,w}$ 为水相比热容；T_w 为水相温度；$-\nabla \cdot q_{s \to w}$ 为热传导对控制体的加热作用。

岩石基质中的导热过程遵循如下方程：

$$\rho_s c_s \frac{\partial T_s}{\partial t} = -\nabla \cdot q_s \quad (5.2.58)$$

其中，ρ_s为固相密度；c_s为固相比热容；T_s为固相温度。$-\nabla \cdot q_s$表示热传导对控制体的加热作用。

对于可压缩流体，根据流体力学中体积黏度的定义，式(5.2.56)可以改写为

$$\rho \frac{\partial u}{\partial t} + \rho u \cdot \nabla u = -\nabla p + \nabla \cdot \left(\mu(\nabla u + (\nabla u)^T) - \frac{2}{3}\mu(\nabla \cdot u)I \right) \qquad (5.2.59)$$

其中，I为水力梯度。

干热岩储层的裂缝中"热-流-化学反应"耦合对流换热模型以岩石表面积的变化为结合点，将对流换热模型和工质与干热岩的化学反应模型相结合，根据质量守恒定律、动量守恒定律和能量守恒定律，对相关变量进行定量计算，揭示裂缝中化学反应作用下的对流换热规律。

5.3 热储尺度多场耦合模型研究及系统仿真

随着对 EGS 地下过程的深入了解和模型研究技术的发展，EGS 模型经历了从简单到复杂的过程。热储模型大致上经历了从平行裂隙结构—正交裂隙结构—实际结构的转变。随着数值模型的发展，以及实验数据逐渐丰富，越来越多的研究者开始考虑更为复杂的地下过程，正交裂隙网络也逐渐发展起来。计算机性能的进一步提升使研究者在模拟 EGS 地下过程时可以使用更多的网格/计算单元来更好地还原实际裂隙结构，也令使用等效多孔介质(equivalent porous medium, EPM)模型来模拟实际热储成为可能。

5.3.1 EGS 热储尺度热-流耦合模型

由于 EGS 热储通常由复杂的裂隙网络组成，同时具有较高的不均匀性，目前模拟工业规模 EGS 热储中的流动传热过程依然较为困难。如前所述，EPM 是目前较常使用的模型之一。这种模型采用体积平均假设，将热储视为由等效体积单元组成的连续多孔介质，通过调节等效体积单元的参数设置使其可以表征热储宏观特性。考虑到实际工程中在裂隙和热储之间存在很大的尺度差距，采用等效多孔介质模型极大地便利了工业规模的热储建模。但由于等效多孔介质模型忽略了裂隙岩体典型单元体(REV)内裂隙的分布情况，如何还原岩石和流体之间的真实换热过程是提高等效多孔介质模型模拟结果准确度最为关键的问题。

为了真实还原井内流动-裂隙渗流-热储孔隙渗流的跨尺度流动传热过程，本节介绍一种基于热储等效多孔介质的井筒-裂隙-热储耦合模型，可实现地下全过程数值仿真，结构示意如图 5.3.1 所示。多孔隙率模型的使用使得模型可以通过实时计算由矿物溶解/沉积及热应变导致的热储局部孔隙率、渗透率的变化，实现对地下过程的温度-水流-压力-化学(T-H-M-C)全耦合模拟。模型将 EGS 的地下部分处理为三个性质不同的子区域：①开放流道性质的注入井和生产井；②以开度描述的裂隙区域；③低渗透的热储周围岩体。

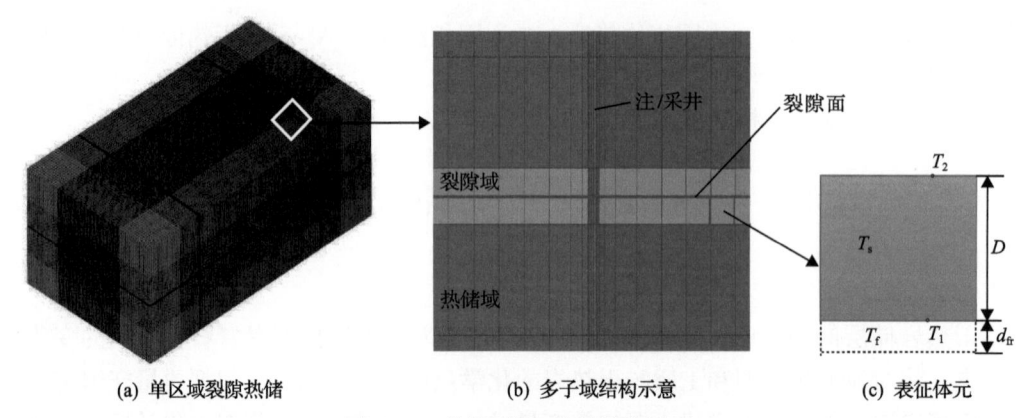

(a) 单区域裂隙热储　　　(b) 多子域结构示意　　　(c) 表征体元

图 5.3.1　井筒-裂隙-热储耦合模型

T_1-岩石基质下表温度；T_2-岩石基质上表温度；T_s-储层固体温度；T_f-流体温度；D-岩石基质宽度；d_{fr}-裂隙宽度

本模型优势如下。

(1) 将裂隙热储简化为多孔隙率多孔介质模型，通过单区域多子域处理方法实现离散裂隙区域与低渗透热储区域直接耦合。

(2) 采用局部非热平衡理论可模拟分析液-岩对流换热过程。

(3) 模型在重点关注地下传热与流体流动的基础上，可模拟岩石应力及化学反应效应，可扩展性强。

为了验证跨尺度建模中等效体积换热模型的计算精度，首先将本模型等效体积换热量（Q^*_{AM}）与直接模拟流体-固体热流量（Q^*_V）以及牛顿冷却定律流体-固体热流量（Q^*_{CEC}）进行了对比，如图 5.3.2 所示。本模型所提出的分析解法计算出来的流体-固体热流量与直接模拟方法得出的结果十分贴近。即使当裂隙中的流体速度发生改变时，Q^*_{AM} 的曲线也始终与 Q^*_V 几乎完全重合，这充分说明了该分析解法可以很好地反映流体温度变化对流体-

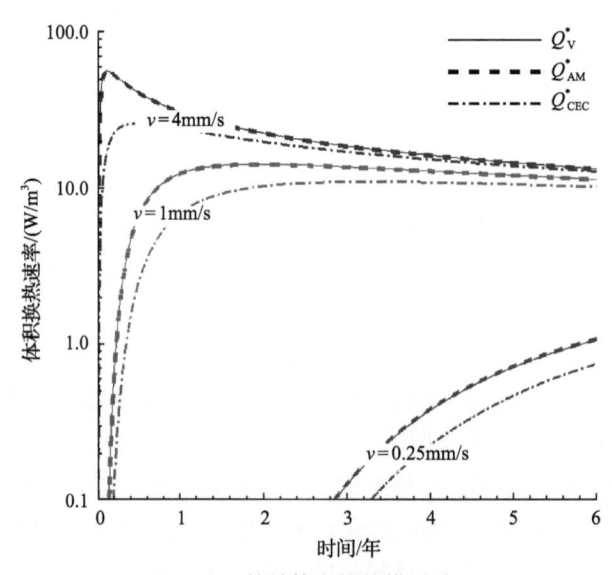

图 5.3.2　等效体积换热模型验证

固体传热过程的影响，采用牛顿冷却定律计算出的流体-固体热流量会低于其真实值 Q_v^*。

图 5.3.3 为双井开采的裂隙热储，在场地尺度上验证了该分析解法的适用性。该算例中注入井压力采用恒定 10MPa，注入温度采用 343K，热储初始温度采用 473K。

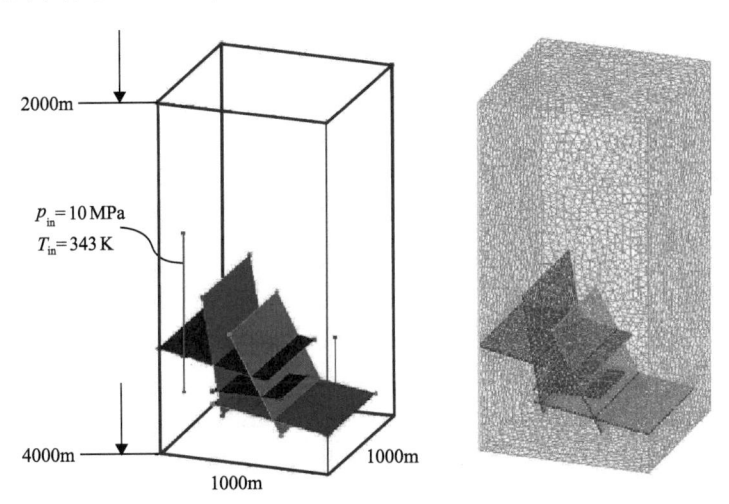

图 5.3.3　双井取热裂隙热储模型

p_{in}-注入压力；T_{in}-注入温度

裂隙结构及其导流能力对 EGS 采热性能具有决定性影响。图 5.3.4 及图 5.3.5 反映了不同裂隙开度下热储开采至第 5 年时的采热区域等温面分布。随着裂隙开度的增加，系统更易形成短路路径，注入井、生产井周围裂隙开度变化对系统整体流阻及采热性能影响更为显著。

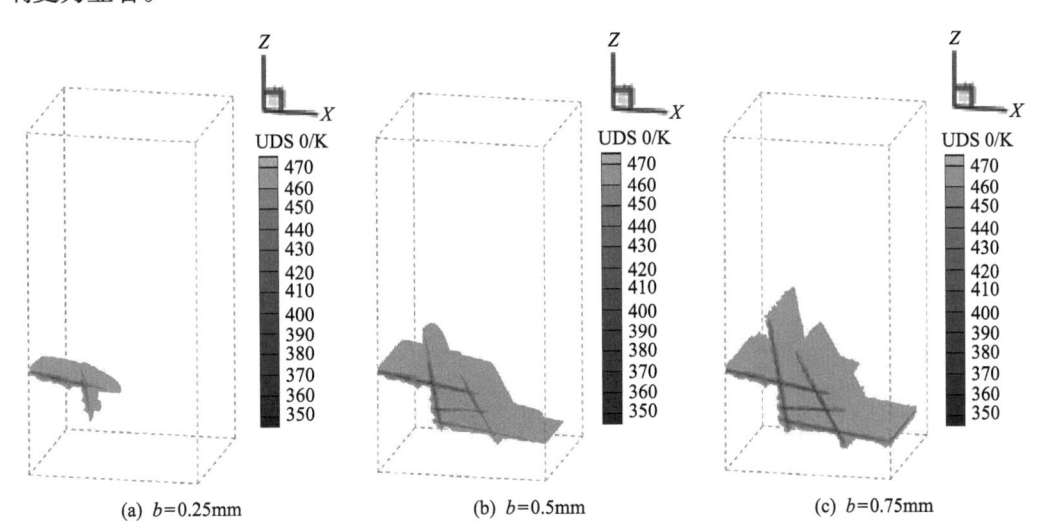

(a) b=0.25mm　　(b) b=0.5mm　　(c) b=0.75mm

图 5.3.4　不同裂隙开度下热储开采至第 5 年时采热区域等温面(1)(扫封底二维码见彩图)

UDS-开尔文温度

图 5.3.6 显示了不同裂隙开度分布下，系统采出工质温度随时间变化曲线。随着裂隙开度增加，系统热穿透会在数月甚至数十天发生，随后维持在一个较低温度水平

稳定取热。

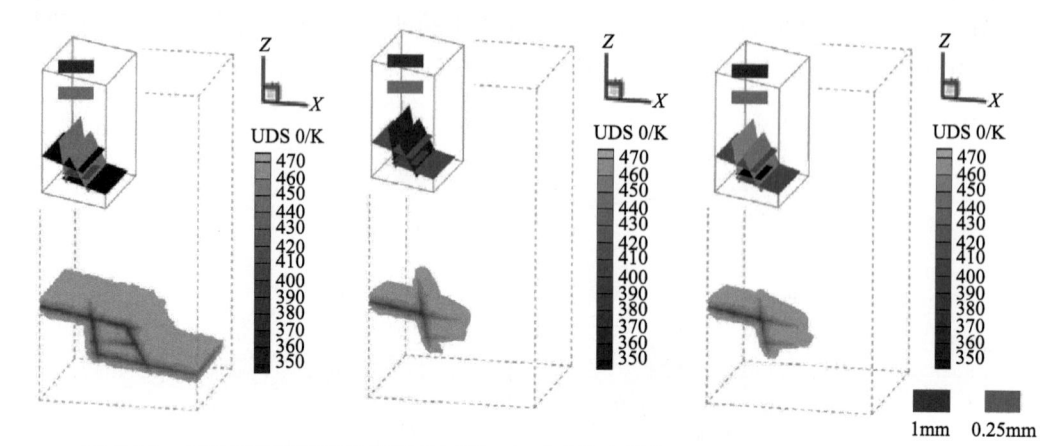

图 5.3.5　不同裂隙开度下热储开采至第 5 年时采热区域等温面(2)(扫封底二维码见彩图)

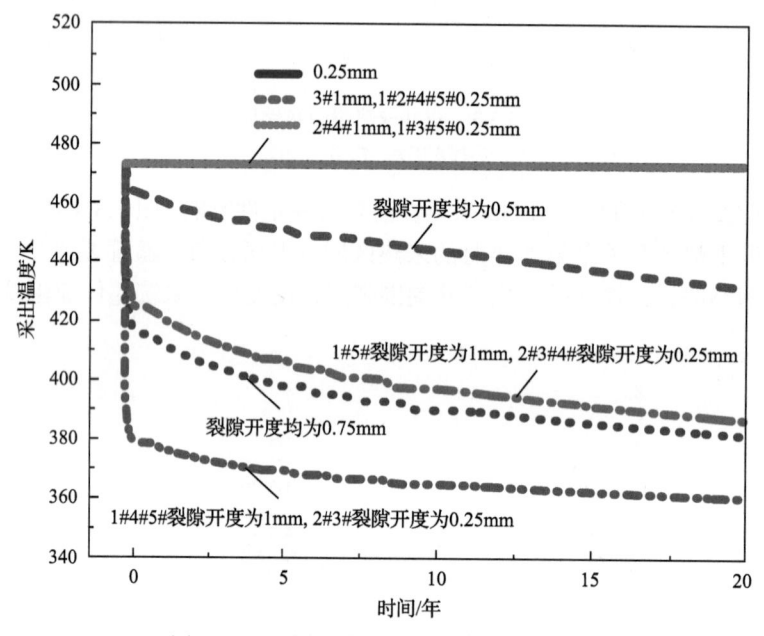

图 5.3.6　不同裂隙开度组合采出工质温度

5.3.2　热储尺度热-流-应力耦合建模

在 EGS 热开采过程中，水力及热力作用下高温岩体则发生有效应力场改变和骨架变形，进而导致岩石的储渗能力发生变化。这些变化反过来又影响循环工质渗流，进而影响热量输运，也会影响 EGS 的寿命、出力等生产指标。

在等效多孔介质模型的基础上，对于应力场的计算可采用 Hu 等[15]的名义总应力模型。该模型能够通过标量控制方程进行描述，可实现与流场及温度场计算的强耦合。模型假设单相流体流动，不考虑循环流体与岩石的化学作用。采用的控制方程如下。

岩石的名义总应力方程：

$$\frac{3(1-\nu)}{1+\nu}\nabla^2\sigma_\mathrm{m} = \frac{2\alpha(1-2\nu)}{1+\nu}\nabla^2 p + \frac{6\beta B(1-2\nu)}{1+\nu}\nabla^2 T_\mathrm{s} - \nabla \cdot F \tag{5.3.1}$$

其中，σ_m 为岩石名义总应力，为 THM 模型的主要求解变量；ν、α、β、B 分别表示岩石的泊松比、Biot 数、线膨胀系数以及体积模量；F 为热储所受外力。

图 5.3.7 显示了岩石名义总应力空间分布随热开采进行的发展情况。可以看出，在非常接近注入井的区域名义总应力为正值，由岩土力学中压应力为正的约定可知注入井附近的岩石受压应力作用。而在热储层内还存在着一个从注入井随开采的进行逐渐向生产井发展的拉应力区域(名义总应力为负值)，该区域随着热开采的进行逐渐向注入井扩张。

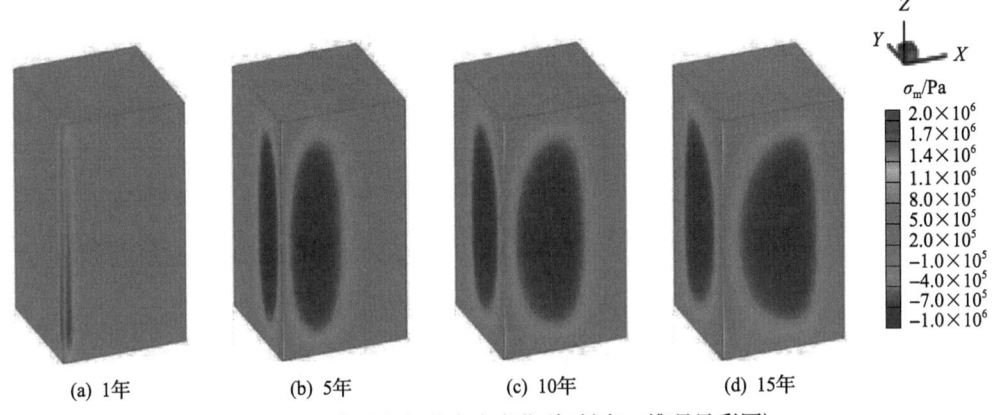

图 5.3.7 岩石名义总应力变化(扫封底二维码见彩图)

岩石名义总应力是孔隙压力和岩石热应力综合作用的结果，为了说明孔隙压力和温度场对应力计算的影响，图 5.3.8 中提取并对比了开采至第 5 年时由孔隙压力引起的岩石应力及温度变化引起的岩石应力，即孔压应力及热弹性应力。由图 5.3.8 可知，由孔隙压力造成的岩石应力为压应力，仅集中于注入井附近，由岩石温度变化引起的热应力为拉

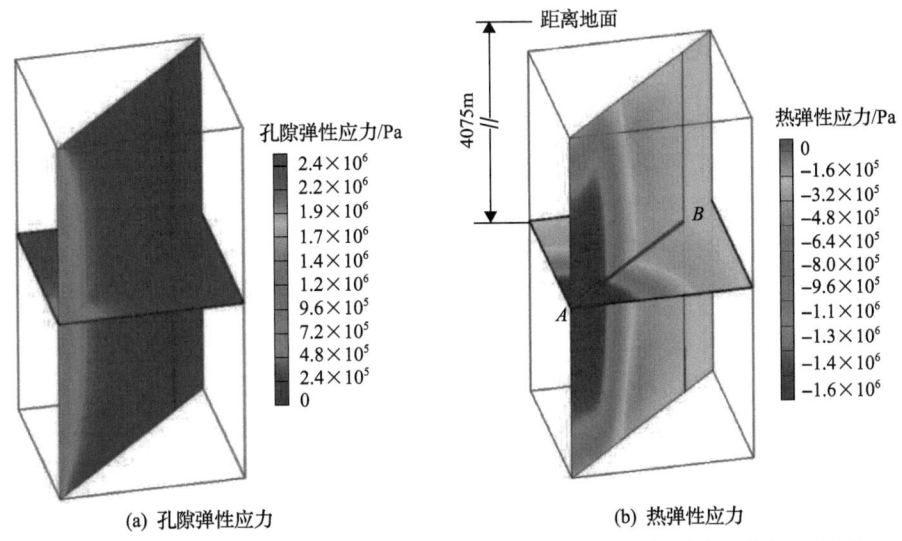

图 5.3.8 开采至第 5 年时孔隙弹性应力及热弹性应力对比(扫封底二维码见彩图)

应力，随着热开采区域扩展而扩展。从应力幅值来看，孔隙弹性应力幅值大于热弹性应力幅值，说明在注入井附近孔隙弹性应力起主导作用。热弹性应力作用相对较弱，但其空间分布大于孔隙弹性应力，并随着热开采进行不断扩展。为了进一步研究液-岩温差对热应力计算的影响，提取了如图 5.3.8(b)所示 AB 路径的液-岩温差及热应力进行分析，对比结果如图 5.3.9 所示。

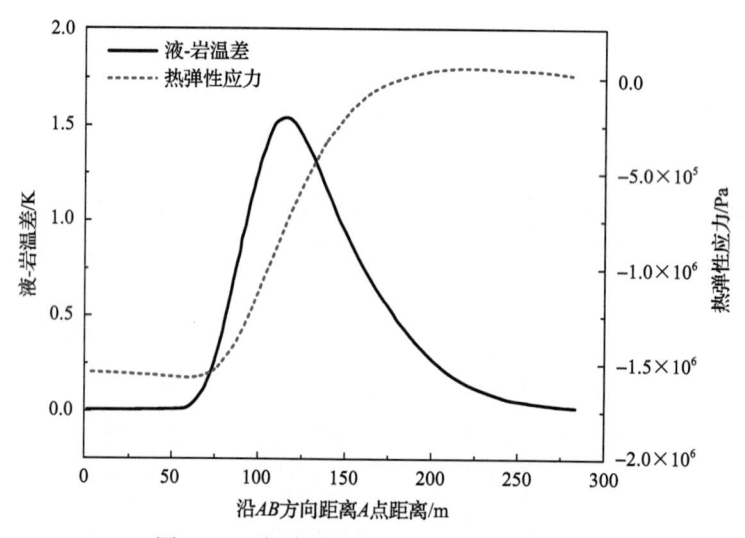

图 5.3.9 液-岩温差与岩石热弹性应力对比

在局部非热平衡模型下，岩石与循环工质的温差分布直接反映了热储层内发生热交换的范围，亦即开采区域。由图 5.3.9 可以看出，在距离注入井 0~60m 范围内液-岩温差为零；在 60~250m 范围存在液-岩温差，表明该区域为当前时刻热开采进行区域；在远离注入井 250m 至生产井(距注入井约 283m)范围内，液-岩温差趋于零，工质已得到充分加热并与岩石达到温度平衡。需要注意的是，热储内岩石所受的热应力变化范围与液-岩温差曲线吻合程度很好：在 0~60m 区域热应力稳定在−1.6MPa 左右，该区域热应力是由该时刻之前的热开采所形成，拉应力的最大值为−1.62MPa，其位置吻合于液-岩温差曲线中低温平衡区域与开采区域的交界位置(即距注入井约 60m 位置)；在 60~250m 区域内，热应力幅值随着距注入井距离的增大而逐渐递减，而热应力变化曲线的拐点则与液-岩温差曲线的峰值点吻合；在远离注入井 250m 的区域，热应力值趋于零。从物理角度而言，液-岩温差是触发工质与岩石热交换的动因，岩石在消耗热能的同时温度降低并产生体积收缩，从而产生拉应力。该拉应力随着岩石温度的降低而逐渐累积，液-岩温差最大位置则为当前时刻拉应力变化最显著的位置，当岩石温度降低至工质注入温度时，拉应力达到最大值。以上分析也说明了液-岩温差是热储内岩石热应力变化的根本动因。

在注入井相邻区域，虽然名义总应力表现为最大压应力，但由于该位置孔隙压力也为最大值，该区域有效应力达到最大负值，对应的孔隙率及渗透率均达到最大值，表明该区域内裂隙开度在较大孔隙压力作用下发生增长。在距注入井较远范围内，孔隙率及渗透率同样大于初始值，该区域主要是因为岩石温度降低产生收缩，表明该区域为热应力作用区域。

在孔隙率及渗透率的改变下，热储内的渗流性能及换热性能均受到较大影响，从而使 EGS 采热性能发生显著变化。图 5.3.10 对比了有无应力场作用下出口井质量流量随时间的变化情况。可以看出，在采热的最初阶段，两种条件下出口井质量流量均表现为剧烈降低过程，这是因为注入井附近热储开始有低温工质流入，而工质在低温区域的黏度系数显著增大，使得注入井附近工质的动量损失相应增大。而在应力场作用条件下，出口井质量流量开始回升，由图 5.3.10 可知注入井相邻区域渗透率有所增大，降低了该区域的流动阻力。

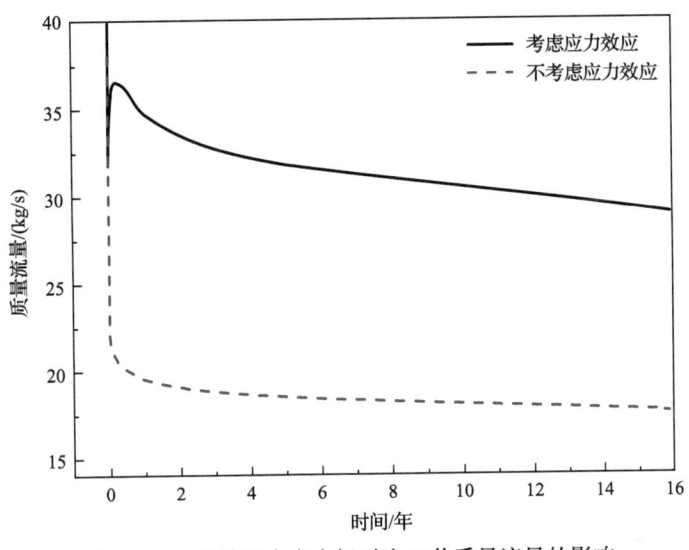

图 5.3.10 热储层内应力场对出口井质量流量的影响

图 5.3.11 比较了有无应力场影响下的采出温度及采热率随时间的变化情况，其中采出热量的描述由采热比 (heat extraction ratio) 给出：

$$\theta(t) = \frac{\int_{Vh} \rho_s \cdot c_{ps}(T_{s,ini} - T_s(t)) dV}{\int_{Vh} \rho_s \cdot c_{ps}(T_{s,ini} - T_g) dV} \tag{5.3.2}$$

其中，T_g 为地表温度；$T_{s,ini}$ 为热储的初始温度；Vh 为热储体积；c_{ps} 为定压比热容在压强不变的情况下，单位质量某种物质温度升高 1K 所需吸收的热量；V 为体积。式(5.3.2)等号右端分母为以地表温度为参考的热储内总热能，分子包含了由热储内与基岩内已开采出的能量，该参数的实质是 t 时刻由 EGS 系统采出的无量纲化的总能量。可以看出，若以采出温度降低 10K 作为系统废止的条件，即在本专题中出口井采出温度降至 450K 的时刻作为该系统的开采寿命，则在应力场影响下的开采寿命约为 6.5 年，低于不考虑应力场效应的开采寿命(12 年)。在各自废止的时刻，应力场影响下的 EGS 热开采率约为 0.25，不考虑应力场效应的热开采率约为 0.26，后者略高于前者，这是因为开采寿命较长条件下周围岩石能够依靠热传导对已开采的低温区域进行热补偿，从而提高了热储的整体热开采率。以上结果表明应力场效应对 EGS 的采热性能具有显著影响,特别是注入井附近区域孔隙率、渗透率的改变极大影响了后续热开采过程。

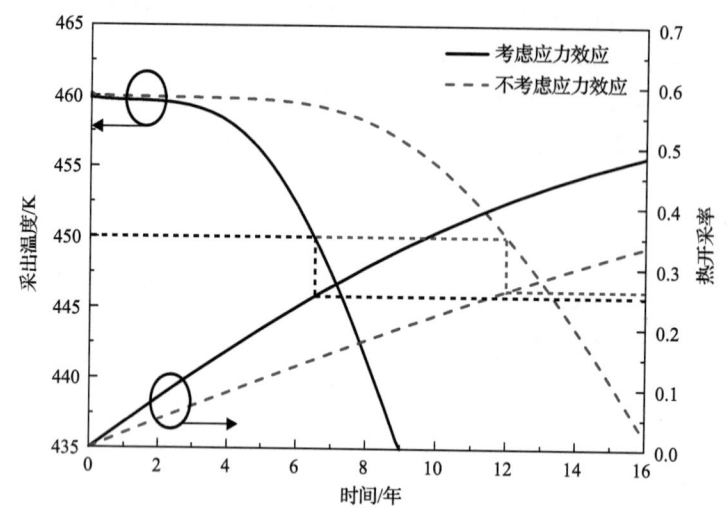

图 5.3.11　热储层内应力场对采出温度、开采寿命及热开采率的影响

5.3.3　热储尺度热-流-化学反应耦合建模

EGS 中的化学反应是典型的液-岩化学反应。注入的流体一般与深层地下的初始地质化学环境间存在较为明显的化学不平衡势。地下岩石成分复杂,不同岩石中有时会包含同一种原子,如白云石和方解石中都包含钙原子。这使得液-岩化学反应时一种岩石的化学反应往往会影响其他岩石的溶解或沉积,而其他岩石的溶解或沉积反过来又会影响该岩石的化学作用。在 EGS 中,地下流体组分浓度往往较大,在计算化学反应速率时,流体一般不能被视为理想溶液。这样,在考虑液-岩相互作用时,必须考虑非理想溶液中离子间的相互影响。EGS 中,溶液温度的变化范围很大,导致液-岩平衡态在时空方向上持续变化,且反应过程与流体流动与传热形成强烈的耦合关系。

为验证模型的可行性,对热储尺度 THC 过程进行了初步计算。算例结果展示的是仅考虑方解石的溶解过程,且使用常活度系数模型($\gamma_H = 0.1$,$\gamma_{HCO_3} = 0.1$,$\gamma_{Ca} = 0.01$,其中 γ 表示活度系数)。

根据方解石的水解反应式可知,pH 的增大意味着矿物溶解,反之则意味着矿物沉积。热储内裂隙流体的初始 pH 是 5.03,可以看到在该设置下热储内绝大多数区域表现为矿物持续溶解。值得注意的是,该设置下得出的结论是液-岩化学反应几乎不影响运行寿命及地热开采率。对运行过程中的速度场、温度场进行了仔细对比,亦发现其与忽略液-岩相互作用的算例几乎没有差别。

可以看到,热储内裂隙流体的 pH 随时间的变化趋势与定质量流量的算例非常类似,但这时 EGS 的运行寿命和地热开采率却有较为明显的改变。之后的计算中,无论是使用 Debye-Huckel 离子活度模型还是 Davies 模型,所得结论均极为类似。虽然这些结果基于大量假设且忽略了流体热物性参数的变化,但仍可结合前面所做的流场-温度场研究,通过分析热储内化学反应特点,得出一些有用的结论。

前面已经提及,EGS 的运行中,流体阻力主要集中于注入井和生产井附近。井附近裂隙网络结构的改变将会很大程度上影响热储的导流能力。当裂隙激发完毕,EGS 开始运行后,注入井附近的岩石温度迅速降低,局部温度场(数米至数十米范围内)在较短时间内(数天至数月)就可达到稳定。这样,注入井附近区域在运行早期就处于"准定温"状态,当注入流体的矿物组分恒定时,各岩石水解反应的化学反应熵、化学平衡常数等参数将不再变化。由此计算所得的化学反应速率自然也为恒定值。这样就可得到如下结论:虽然 EGS 运行寿命很长,地下液-岩相互作用复杂多变,但注入井附近岩石的溶解/沉积速率在运行初期就已趋于稳定,EGS 运行过程中注入井附近的岩石将持续以接近恒定的速率溶解或沉积,受此影响,注入井附近的裂隙网络结构也会持续发生改变,进而极大地影响热储的整体导流能力。

上述分析说明,注入流体的温度和注入流体中的矿物离子初始浓度的设定十分重要且不应该是独立的。注入温度决定了地下热能的开采极限,其确定往往要考虑如地面热电转换设备的性能等地下 THMC 过程难以改变的因素,客观性较强。在注入温度难以改变的情况下,控制液-岩化学反应对地下热储裂隙结构的拓展或堵塞效应时,就需要根据温度值的大小调整注入流体的矿物离子浓度。如果二者没有达到较为合适的"平衡",就会导致注入井附近渗透率和孔隙率持续变化,对 EGS 的导流能力(直接影响生产效率或净输出功)造成极大影响。

5.4 地热系统取热性能优化方法研究

地热注采参数优化将显著提高地热开采效益,降低成本,提升地热整体取热性能。本节提出了一种新型地热注采参数优化流程和方法,研究在储层物性约束和工程约束下参数的优化问题,致力于高效寻找地热开发最优方案。

5.4.1 地热循环注采多目标优化流程

该方法针对地热开采优化问题,联合了有限元法、多元回归方法、多目标优化方法和理想解法等多种方法,主要思路如下:首先,结合目标储层数据建立多场耦合模型,利用有限元数值求解验证其准确性。其次,开展参数化研究,得到储层参数和注采工艺参数对取热性能的影响规律,同时建立优化数据库,通过多元回归得到取热指标与储层物性、注采参数之间的函数关系,上述函数关系将作为优化目标函数和约束函数。采用非支配排序遗传算法(NSGA-Ⅱ),在注采工艺参数范围、储层物性、水损失和生产温度降等约束下[16-18],实现最大取热效率和最低人工投入,得到优化注采方案集。最后,采用理想解法选择最优注采方案[19]。

5.4.2 双层分支井循环取热模型

本节首先以多分支水平井循环注水采热系统为例开展优化研究。该系统通过钻一口主井眼至地热储层,在储层上下层位侧钻若干口分支井眼作为注入井和生产井。低温水经主井眼环空、注入井进入地热储层,充分换热后由生产井采出进行应用。针对多分支井循环地热系统建立了三维非稳态流动和多孔介质传热模型,基于达西定律和传热学理论,分析了储层温度和压力分布规律。详细模型假设与控制方程根据5.1.2节热-流-固耦合模型建立。

1. 模型描述

模型几何参数和物理性质参考典型 EGS 研究案例进行设置。模型示意图如图 5.4.1 所示。表 5.4.1 为储层几何参数设置。储层为各向同性均质储层,实际情况下,储层中既有随机分布的裂缝,又存在各种复杂孔隙。由于缺乏现场数据,且在现有条件下裂缝分布位置及状态无法准确得出,所以将复杂双重介质简化为单重连续介质。储层渗透率、孔隙度、热容、导热系数等均为实际热储数据,表 5.4.2 为模型的储层参数。

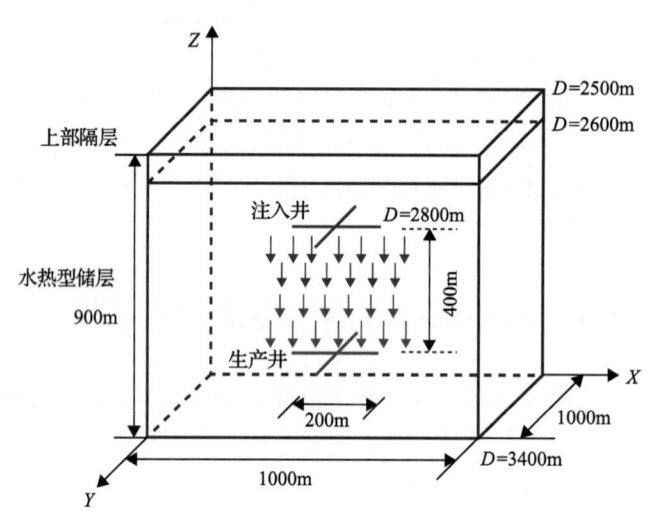

图 5.4.1 模型计算域示意图

D-所处深度

表 5.4.1 模型几何参数设置

参数	数值
计算域/(m×m×m)	1000×1000×900
上部盖层/(m×m×m)	1000×1000×100
水热型储层/(m×m×m)	1000×1000×800
井眼直径/m	0.05
井长/m	100
注入井与生产井井距/m	400
注入井与上部隔层距离/m	200

表 5.4.2 模型的储层参数

物性	上部盖层	水热型储层
密度/(kg/m³)	2600	2700
导热系数/[W/(m·K)]	2	2.8
热容/[J/(kg·K)]	1000	1000
孔隙度/%	1	10
渗透率/mD	0.001	8

采用定液量注定压力开采的工作制度，注入流量设置为 80kg/s，生产压力设置为 28MPa，注入液温度设置为 293.15K。将上部盖层边界设为绝流和绝热边界。侧面和底部边界设置为定压和定温边界，边界温度和压力始终处于初始温度和压力条件。主要的初始条件和边界条件见表 5.4.3。

表 5.4.3 模型初始条件和边界条件

参数	数值
温度梯度/(K/m)	0.04
压力梯度/(Pa/m)	8500
储层顶部温度/K	453.15
储层顶部压力/MPa	25
注入量/(kg/s)	80
生产压力/MPa	28
注入液温度/K	293.15

2. 特征参数

地热系统需实现稳定开采，需在开采周期内生产井温度降符合工程要求。根据 MIT 报告，对井 EGS 地热系统中生产井温度下降值不应超过 10℃。在生产井温度下降极限内，应尽可能获得最大产量和净热功率。

为了便于分析和讨论，定义了水热型地热系统采热性能参数：平均生产温度、平均注入压力、产量和净热功率。

平均生产温度为生产井产出液平均温度：

$$T_{\text{out}} = \frac{\int_L T(t) \text{d}l}{L} \tag{5.4.1}$$

其中，L 为多分支生产井或注入井长度，m；T 为生产井在 t 时刻温度，K；out 为输出，表示生产井。平均注入压力为多分支注入井的平均压力：

$$p_{\text{in}} = \frac{\int_L p(t)\mathrm{d}l}{L} \tag{5.4.2}$$

其中，p 为分支注入井在 t 时刻压力，Pa；in 为输入，表示注入井。采用定液量注入定压力开采的工作制度，当注入量改变时，相应注入压力随之改变。注入压力不应超过地层破裂压力，所以平均注入压力是评价生产合理性的指标。

产量为生产井平均质量流量：

$$Q_{\text{out}} = \frac{\int_L q(t)\mathrm{d}l}{L} \tag{5.4.3}$$

其中，q 为分支注入井在 t 时刻单位长度质量流量，kg/(s·m)。平均质量流量是生产效果的直接表现。净热功率为生产井产热功率与注入井注热功率之差：

$$P_{\text{net}} = P_{\text{out}} - P_{\text{in}} \tag{5.4.4}$$

$$P_{\text{out}} = \frac{\int_L c_{p,\text{f}} q(t) T(t) \mathrm{d}l}{L} \tag{5.4.5}$$

$$P_{\text{in}} = c_{p,\text{f}} Q_{\text{in}} T_{\text{in}} \tag{5.4.6}$$

其中，$c_{p,\text{f}}$ 为工作液比热容，J/(kg·K)；T_{in} (K) 和 Q_{in} (kg/s) 分别为注入液温度和注入液质量流量。

3. 结果分析

图 5.4.2 为生产温度与井底注入压力随时间变化曲线。在 30 年开采周期内，生产井平均温度整体减小。根据生产井温度衰减幅度，将地热开采分为两个阶段：稳定阶段和

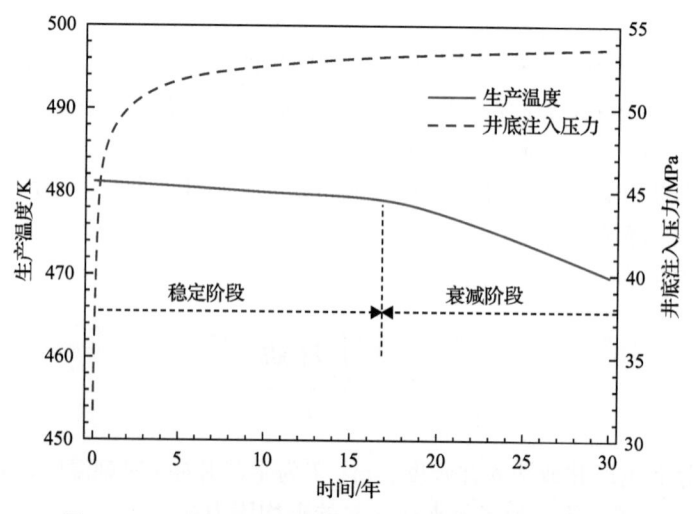

图 5.4.2　生产温度与井底注入压力随时间的变化曲线图

衰减阶段。稳定阶段温度下降幅度小，曲线斜率趋近于 0，时间为 17 年。当温度降传至生产井后，生产井温度下降程度大，呈现线性变化，到模拟生产周期结束时，温度下降到 470K，比初始温度小 11K 左右。

从图 5.4.2 中得出，前 3 年井底注入压力增长幅度较大，从初始地层压力 31MPa 增加到 46MPa。当注入冷流体时，注入井处温度骤降，并在短时间内降低到 293.15K。图 5.4.3 显示流体黏度增加了 7 倍，流动阻力增大，井底注入压力增大。3 年后，注入井温度缓慢降低，流体黏度变化缓慢，井底注入压力缓慢升高，最高井底注入压力未超过 55MPa。

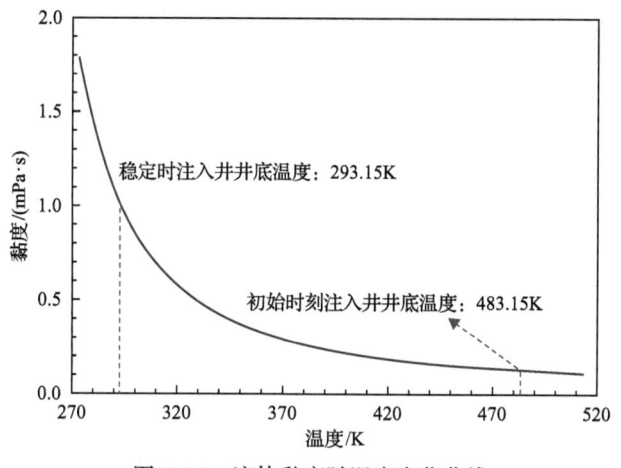

图 5.4.3 流体黏度随温度变化曲线

图 5.4.4 为生产排量和净热功率随开采时间变化曲线。生产排量与净热功率变化趋势一致，这与净热功率的定义相符。从两条曲线转折点可以得出地热开采稳定阶段和衰减阶段分别是 0～17 年和 17～30 年。

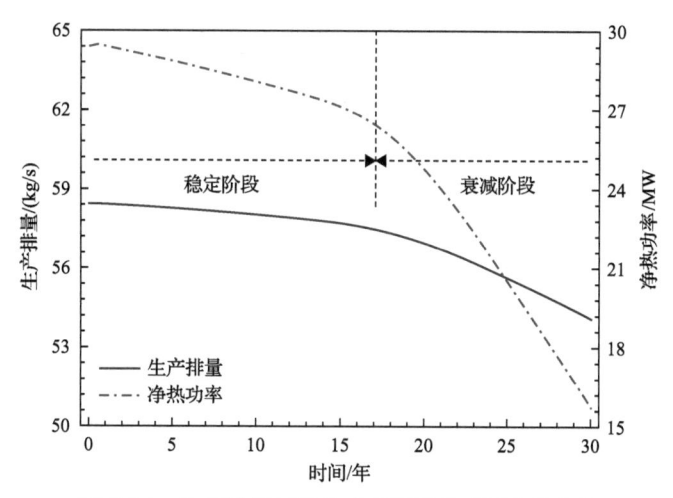

图 5.4.4 生产排量与净热功率随开采时间变化曲线

生产排量随时间减小。稳定阶段，生产排量随时间缓慢减小，最大生产排量为 58.4kg/s，最小生产排量为 57.5kg/s；衰减阶段，当压力降传到生产井时，生产排量迅速下降，30年时，最小生产排量为 54.5kg/s，注入量为 80kg/s，注采处于欠平衡状态。净热功率随时间呈现减小趋势。稳定阶段，最大净热功率为 29.5MW；衰减阶段，最小净热功率为 15.7MW，比生产排量在稳定阶段下降幅度稍大。衰减阶段，生产井温度和生产排量下降幅度都较大。

5.4.3 地热注采系统优化表征

本节聚焦优化流程与优化结果分析，完善优化方法。首先定义地热循环注采优化目标、决策变量、约束变量，建立优化目标函数；其次优选多目标优化算法和决策方法；最后利用 Matlab 求解优化问题，对比优化前后的取热性能，验证优化方法的可行性和高效性。

1. 优化变量表征

1) 优化目标

地热循环注采过程中生产效益和开采难度是两个重要的技术指标。生产井取热功率是衡量地热取热效益的主要性能参数之一，而流阻大小反映了单位排量下的注采压差，流阻越大，说明人工投入越大，地热循环流体的阻力越大。选净热功率和流阻为优化目标，采用多目标优化方法，有望实现二者平衡。

净热功率 P_{net}(MW) 为生产井产热功率和注入井注热功率之差，定义见式(5.4.4)。流动阻抗 R[MPa/(kg/s)] 等于注入压力与生产压力之差除以生产输出，R 越大，意味着更大的地面投入，定义式为

$$R = \frac{p_{out} - p_{in}}{Q_{out}} \tag{5.4.7}$$

其中，p 为平均压力，MPa；Q 为平均质量流量，kg/s；下标 in 和 out 表示注入井和生产井。

2) 决策变量

决策变量是最终需要求解的变量，包括注入液温度、生产压力、注入排量。地热现场通过改变注入井和采出井参数来改变净热功率和流阻，达到最优开采效果。

3) 约束变量

约束变量包括储层物性参数约束、工艺参数约束和生产特征约束。储层物性参数包括储层比热容、导热系数和渗透率等。工艺参数包括注入液温度、生产压力、注入排量。生产特征包括生产温度降和水损失率。

热压降 TD(K) 表示生产温度降，定义式为

$$TD = T_{out} - T_{in} \tag{5.4.8}$$

其中，T 为平均温度，K；下标 in 和 out 表示注入井和生产井。生产井温度降应尽可能低，以实现水热型地热系统稳定发展。当地热系统中生产井温降超过 10℃时，需停止生产[20]。

失水率 WL 表示注入水减少的百分数[17]，定义式为

$$WL = \frac{Q_{\text{in}} - Q_{\text{out}}}{Q_{\text{in}}} \times 100\% \quad (5.4.9)$$

2. 优化目标函数

基于对井流动-传热模型，分别改变注入量、注入温度、生产压力、导热系数、比热容和渗透率，计算 24 组算例。根据数值模拟结果，建立无因次优化数据库。根据优化数据库，通过单元回归方法得到储层参数和生产变量函数关系，无因次净热功率与工程/物性参数之间基本为线性关系，无因次流阻与无因次生产压力、渗透率为非线性关系。由图 5.4.5 可知，无因次净热功率与无因次注入温度之间为线性关系，无因次流阻与无因次生产压力之间为二项式关系。

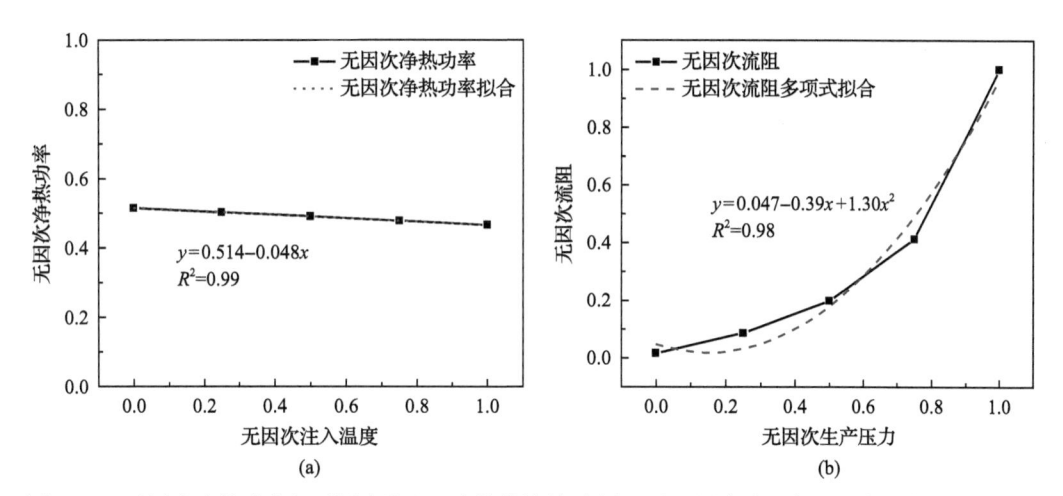

图 5.4.5 无因次净热功率与无因次注入温度的线性关系(a)以及无因次流阻与无因次生产压力的非线性关系(b)

根据单元回归方程次数关系，可以得到净热功率和流阻与多变量之间的多元回归形式与方程：

$$N_d = a_0 + a_1 T_{\text{ind}} + a_2 Q_{\text{ind}} + a_3 P_{\text{outd}} + a_4 \lambda_d + a_5 c_d + a_6 k_d \quad (5.4.10)$$

$$R_{\text{outd}} = b_0 + b_1 T_{\text{ind}} + b_2 Q_{\text{ind}} + b_3 P_{\text{outd}} + b_4 \lambda_d + b_5 c_d + b_6 k_d + b_7 P_{\text{outd}}^2 + b_8 k_d^2 \quad (5.4.11)$$

其中，a_i 为常数及各变量前系数；b_i 为常数及各变量前的系数；T_{ind} 为注入温度；Q_{ind} 为注入质量流量；P_{outd} 为生产井平均压力；λ_d 为导热系数；c_d 为比热容；k_d 为渗透系数。

5.4.4 优化问题求解

1. 优化问题求解

选用 NSGA-Ⅱ—带精英决策的多目标遗传算法，采用 Matlab 软件编程实现。优化

算法中初始种群个数为200,迭代203次,从40801个方案中选出40个最优解集。表5.4.4列出了NSGA-Ⅱ算法的基础输入参数。

表5.4.4　NSGA-Ⅱ算法的基础输入参数

NSGA-Ⅱ参数	数值
种群大小	200
帕累托比例	0.2
容差	1×10^{-5}
最大迭代次数	500
因变量数	3
选择方式	二进制选择
交叉方式	单点交叉
交叉比例	0.35
变异比例	0.1

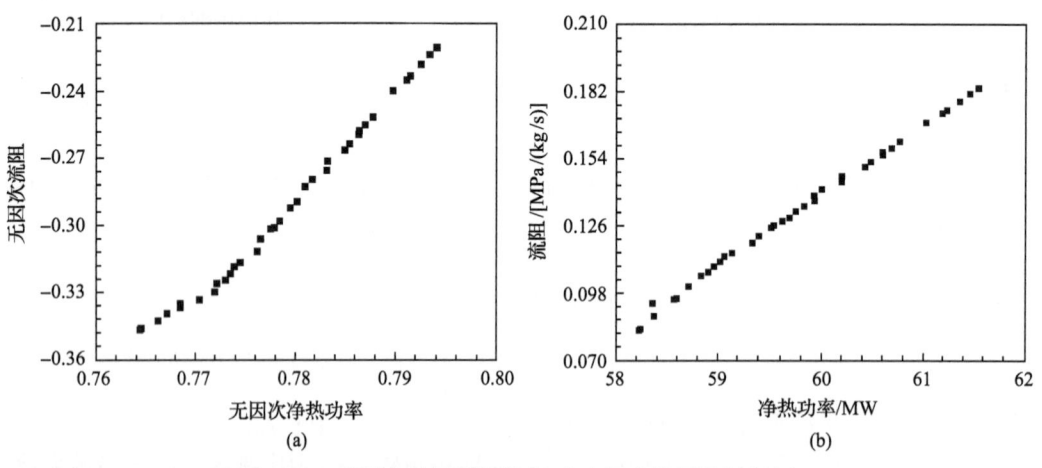

图5.4.6分别表示无因次帕累托解集和有因次帕累托解集。无因次帕累托解集反归一化得到有因次帕累托解集。图5.4.6中存在40个点,每个点表示一种优化方案,可以供决策者选用。点集均匀分布,净热功率越大,流阻越大,两个目标相互矛盾和排斥。从中任意选一个作为优化方案1,如中位数点对应的注采参数为:注入温度45.41℃,注入流量65.67kg/s,生产压力27.28MPa。

图5.4.6　无因次帕累托解集(a)和有因次帕累托解集(b)

逼近理想解(TOPSIS)方法被用作决策地热开发的最优方案。主、客观权重均取0.5,可以得到每个备选方案的评价指数。图5.4.7显示了每种方案评价指数分布,综合评价指数为0.93。对应注采参数为注入温度49.98℃,注入流量62.21kg/s,生产压力27.44MPa。

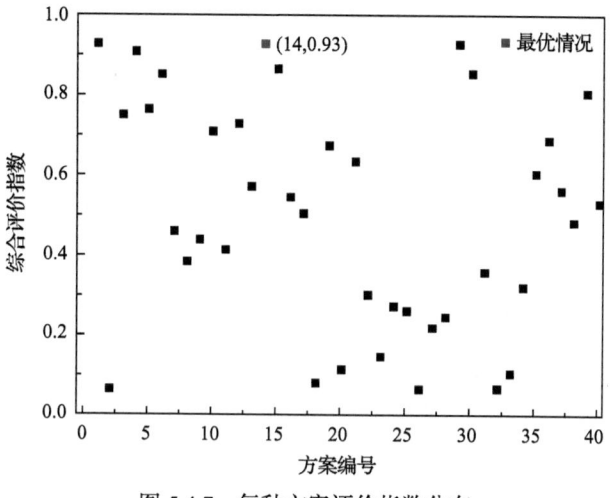

第 5 章 热储内多场耦合流动传热机理与取热性能优化

图 5.4.7 每种方案评价指数分布

2. 优化与决策结果分析

由图 5.4.8 可知，优化方案 1（中位数方案）与基础方案（数值模拟基础算例）相比，生产温度提高 1.13K，注入压力降低 13.28MPa，净热功率提高 35.7MW，生产排量提高

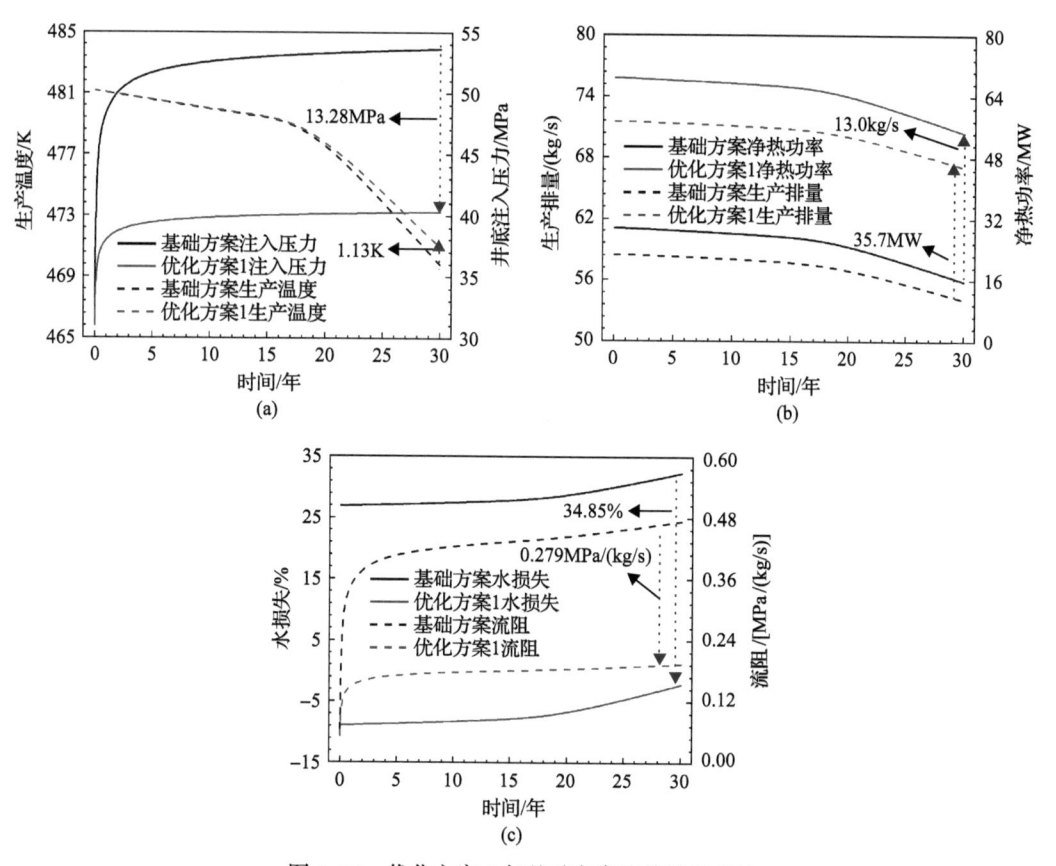

图 5.4.8 优化方案 1 与基础方案取热性能对比

13.0kg/s，水损失降低 34.58%，流阻降低 0.279MPa/(kg/s)，优化后各项性能均显著提升。

对比决策优化方案 2 与中位数方案 1，由图 5.4.9 可以得出，决策方案注入温度和生产压力更高，注入量更低，生产温度升高了 0.71K，注入压力降低 1.57MPa。决策优化方案 2 与中位数方案 1 相比，生产排量降低 2.51kg/s，净热功率降低 1.61MW，水损失减少 1.65%，流阻降低 0.019MPa(kg/s)。说明决策方案在保证效益的同时，降低了地热开采难度。

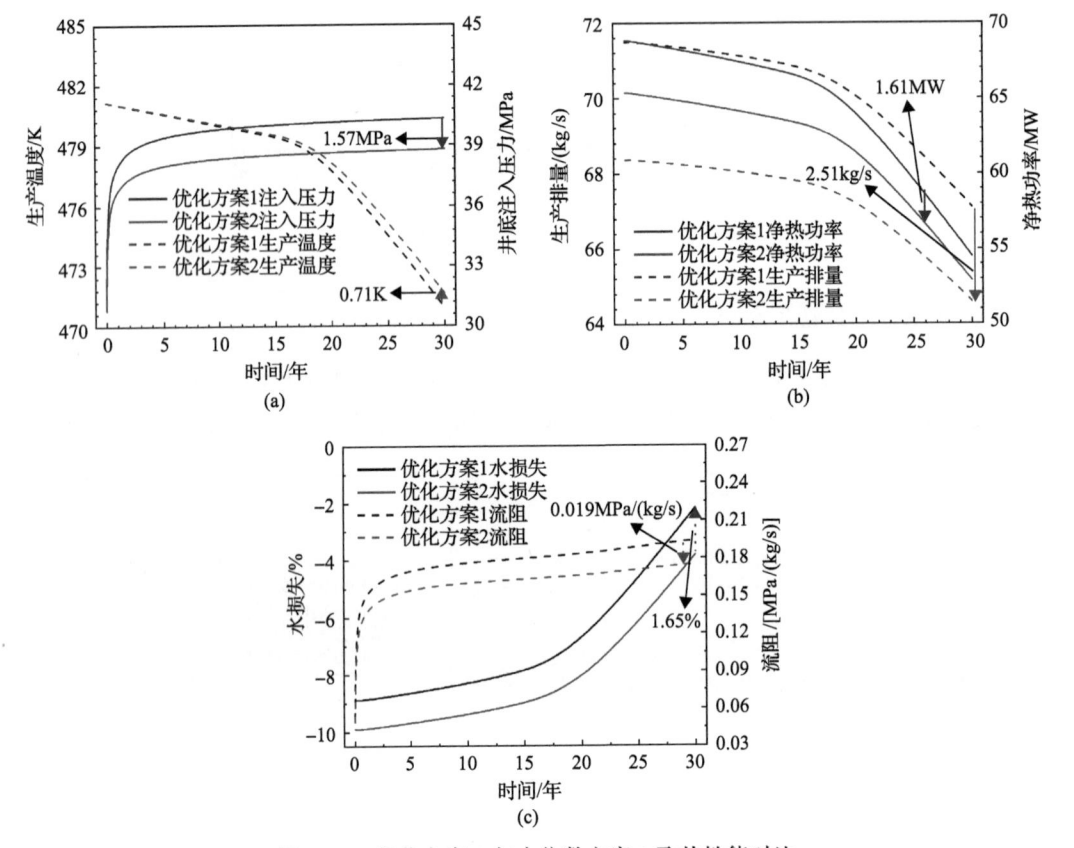

图 5.4.9　优化方案 2 与中位数方案 1 取热性能对比

图 5.4.10 和图 5.4.11 显示了开采 30 年后，地下 2800m 水平截面处基础方案与决策方案的温度波及长度、面积与体积。对于基础方案，温度波及长度为 438.2m，温度波及面积为 $15 \times 10^4 m^2$，温度波及体积为 $18.6 \times 10^6 m^3$。对于决策方案，温度波及长度为 360.3m，温度波及面积为 $5 \times 10^4 m^2$，温度波及体积为 $2.6 \times 10^6 m^3$。由此可见，优化后，低温波及区域减小，热突破延迟，由图 5.4.12 可知，热突破时间推迟了 1.1 年。

5.4.5　共和取热性能多目标优化

基于前面提出的地热产能多目标优化-决策一体化方法和流程，对共和现场井进行最优注采参数设计。该研究得到的注采方案帕累托解集和最优方案为地热示范工程建设提供了借鉴[21]。

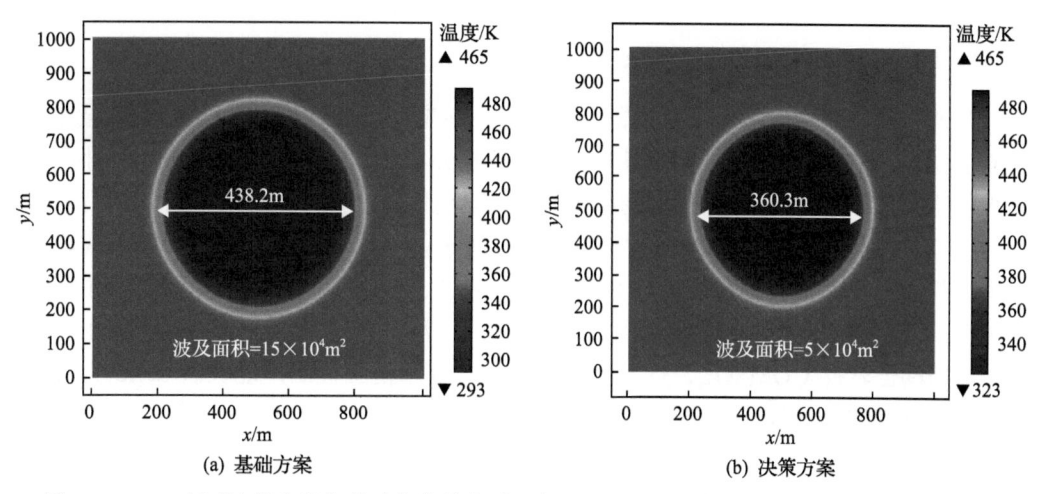

图 5.4.10　30 年时决策方案与基础方案的水平面（地下 2800m）温度分布（扫封底二维码见彩图）

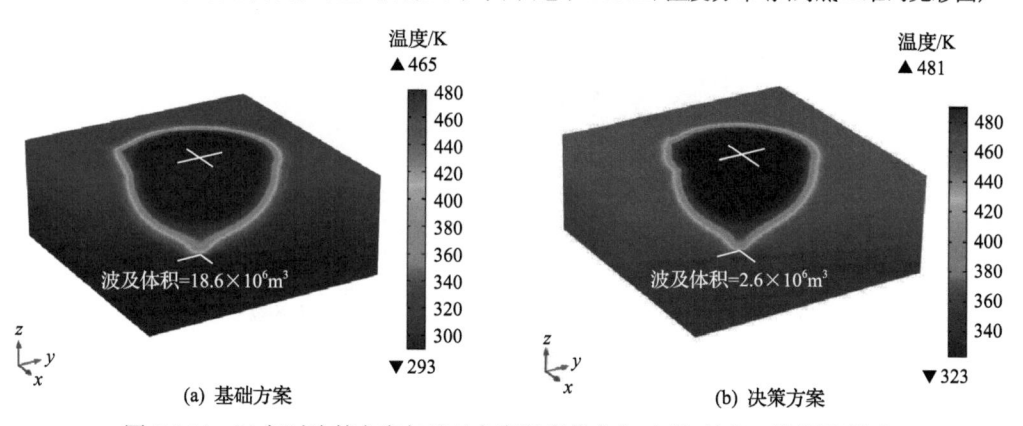

图 5.4.11　30 年时决策方案与基础方案温度分布（3D）（扫封底二维码见彩图）

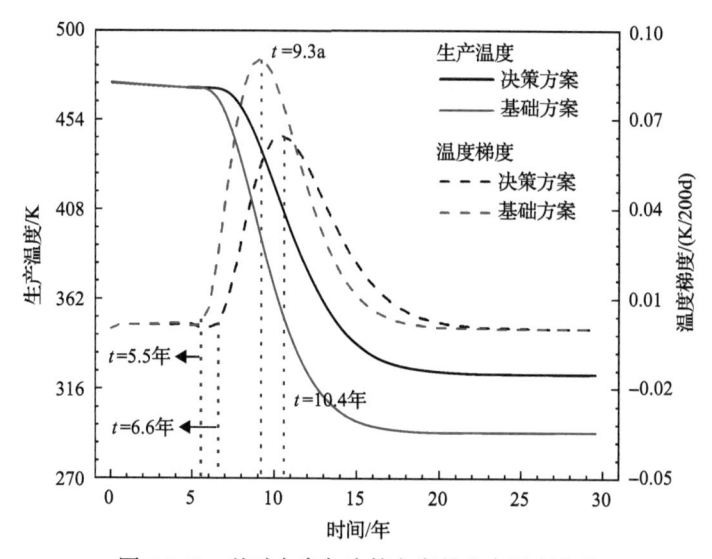

图 5.4.12　基础方案与决策方案的生产温度曲线

1. 共和盆地循环注采数值模拟研究

图 5.4.13 为共和示范区简化后的几何模型。参考前人的数据（表 5.4.5）。储层开采范围位于 3400~3700m 深度，人工裂隙和天然裂隙分布在 700m×500m×300m 的区间内。天然裂隙水平分布在储层中，间距是 50m；人工裂隙通过直井压裂改造得到，沿着水平最小主应力扩展，裂隙尺度与分布如图 5.4.13 所示。采用一注两采的方式循环取热，中间注、两边采，井位对称分布。注采方式为定液注、定压采。在基础算例中，注采间距为 300m，注入温度为 60℃、生产压力为 33MPa，注入排量为 20kg/s。基于商业有限元多物理场耦合软件 COMSOL，计算循环注采下共和示范工程的产能。表 5.4.6 为共和示范区基础算例注采参数。

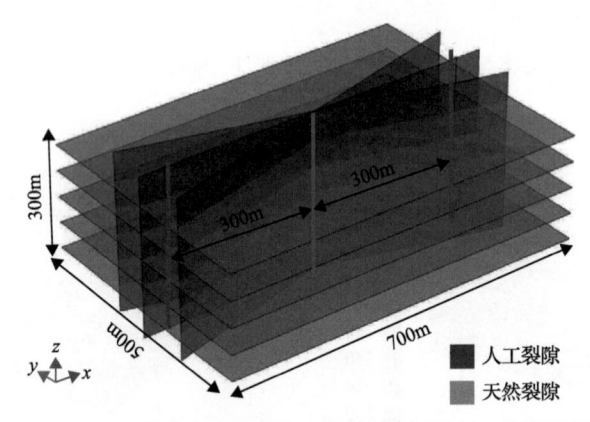

图 5.4.13 共和示范区简化后的几何模型（扫封底二维码见彩图）

表 5.4.5 共和示范区储层参数

储层参数	数值
温度梯度/(℃/100m)	7
井底温度/℃	200
井底压力/MPa	36.3
导热系数/[W/(m·K)]	2.51
热容/[J/(kg·K)]	754.4
渗透率	0.5mD/10D
热膨胀系数/K^{-1}	5×10^{-6}
弹性模量/GPa	44

表 5.4.6 共和示范区基础算例注采参数

参数	数值
注入温度/℃	60
注入排量/(kg/s)	20

续表

参数	数值
生产压力/MPa	33
注采间距/m	300

2. 干热岩注采多目标优化研究

1) 优化问题描述与求解

对于目前现有储层条件和开采方式(一注两采),开采期限内不过度开采热储(即20年内开采不超过热储寿命),不超过地面的泵能力,最小化注采压差、最大化发电功率、最大化采收率,最终优化得到注入温度、生产压力、注入排量和注采间距。

依据前面的多目标优化算法 NSGA-II,得到共和干热岩示范区注采参数的帕累托解集,累计 1000 个方案。如图 5.4.14 所示,在三维空间中 1000 个点近似一个三维曲面,每个点对应一个可能的优化方案,即可能的注入温度、生产压力、注入排量、注采间距。

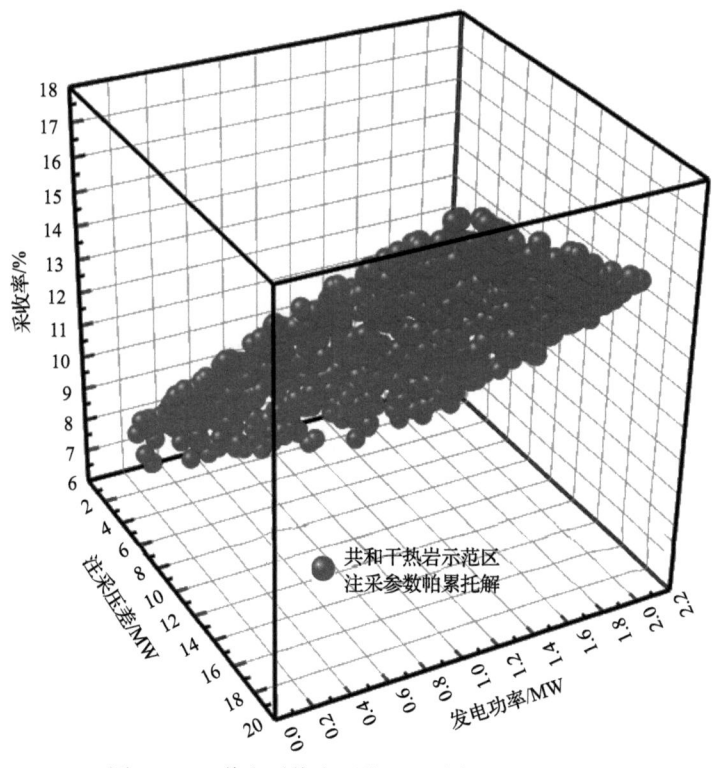

图 5.4.14 共和干热岩示范区注采参数帕累托解集

将可能的优化方案按照前述组合权重的理想解法进行排序,得到综合评价值最高的方案。基于组合权重的理想解法得到的最佳注采方案为第 79 个方案,对应的注入温度、生产压力、注入排量、注采间距分别为 72.7℃、30.6MPa、18.3kg/s、327.8m。

2) 优化方案产能分析

以最优注采方案为基础，开展数值模拟研究，得到取热性能的动态演变。图 5.4.15 表示最优注采方案下，平均井底生产温度和注采压差随开采时间的变化。平均井底温度先稳定 5 年左右，其值稳定在 195℃，之后发生热突破，平均井底生产温度逐渐下降，20 年时，平均井底生产温度为 183℃。20 年的开采周期内，生产井温度降为 12℃。若将平均井底生产温度降超过 10%为标准定义干热岩的开采寿命，那么在最优方案下，干热岩开采寿命超过了 20 年。注采压差在开采前期快速上升，后上升速度逐渐减慢，第 20 年时，注采压差达到 10MPa。

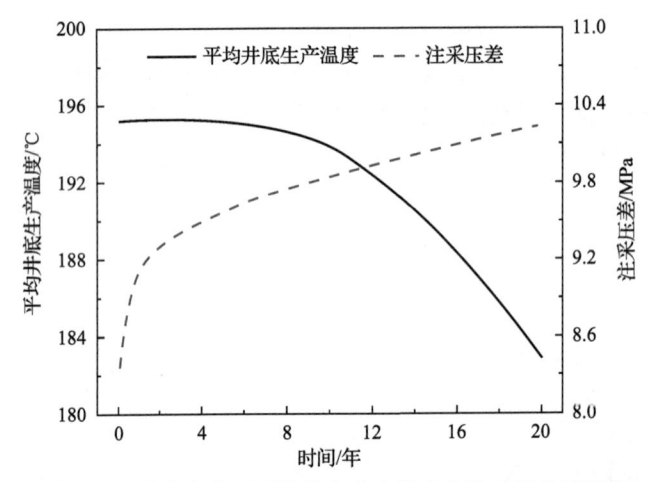

图 5.4.15　优化方案下平均井底生产温度和注采压差的演变

图 5.4.16 显示了发电功率与净热功率的动态变化。最大净热功率为 11.9MW，最大发电功率为 1.4MW。到第 20 年时，净热功率是 10.4MW，发电功率是 1.1MW 左右。二者在初期均先稳定，后逐渐下降，这是因为开采初期，温度稳定，在开采后期，发生了热突破，井底生产温度下降，进而导致净热功率和发电功率都下降。因此，在工程应用中，若要保证更为长久的开采，温度降应该越小越好，即各种延缓热突破的方式都是提高发电功率。

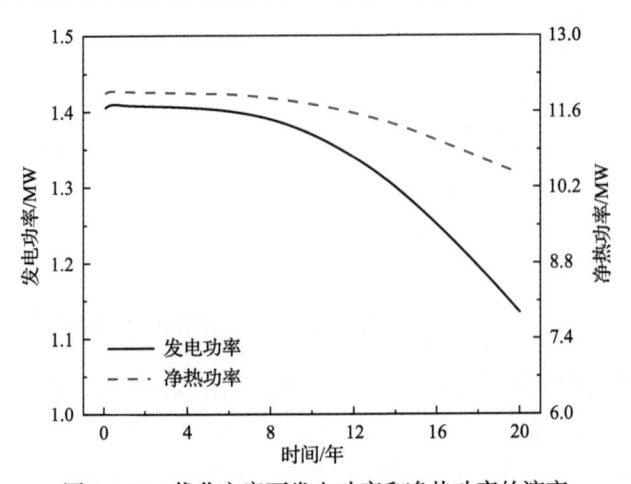

图 5.4.16　优化方案下发电功率和净热功率的演变

3) 优化方案对比

将优化方案的数值模拟结果与多元回归方程的结果进行对比,以第 20 年的产能数据为标准,如表 5.4.7 所示发现注入压力的相对误差约为 2.56%,注采压差的相对误差约为 9.76%,平均井底生产温度的相对误差约为 0.07%,发电功率的相对误差约为 3.78%,采收率的相对误差约为 23.8%。除了采收率,各个取热性能评价指标的相对误差均在 10% 以内。采收率的相对误差超过了 20%,这可能与采收率的计算公式有关,其值等于温度波及体积与总体积的比值,温度波及体积的计算存在误差,并且比值计算方法加大了计算误差。总体上讲,采用显式回归方程建立的结果在误差允许的范围内是可以接受的。

表 5.4.7 优化方案数值结果与多元回归结果对比

方案结果/产能数据	时间	注入压力	注采压差	平均井底生产温度	发电功率	采收率
优化后	20 年	40.84325MPa	10.24325MPa	182.83℃	1.135104MW	9.708195%
回归结果	20 年	39.79837MPa	9.244011MPa	182.6984℃	1.092219MW	12.02141%
相对误差/%	0	2.558269	9.755097	0.071979	3.778068	23.827447

将干热岩注采的最优方案与基础方案进行对比,得到优化后取热性能的提升程度。表 5.4.8 表示优化方案与基础方案下第 20 年的热性能对比。从表 5.4.8 可以看出注采压差由 18.3MPa 左右降至 10.2MPa 左右,相差 8MPa 左右,平均井底生产温度提高了 27℃ 左右,发电功率降低了 0.25MW,采收率降低了 4.7 个百分点左右。图 5.4.17 比较了 20 年内优化方案与基础方案平均井底生产温度变化。对于基础方案,以井底温度降超过 10%

表 5.4.8 优化方案与基础方案结果对比

方案结果/产能数据	时间/年	注入压力/MPa	注采压差/MPa	平均井底生产温度/℃	发电功率/MW	采收率/%
基础方案	20	51.323	18.323	155.49	1.387471	14.43426
优化方案	20	40.84325	10.24325	182.83	1.135104	9.708195

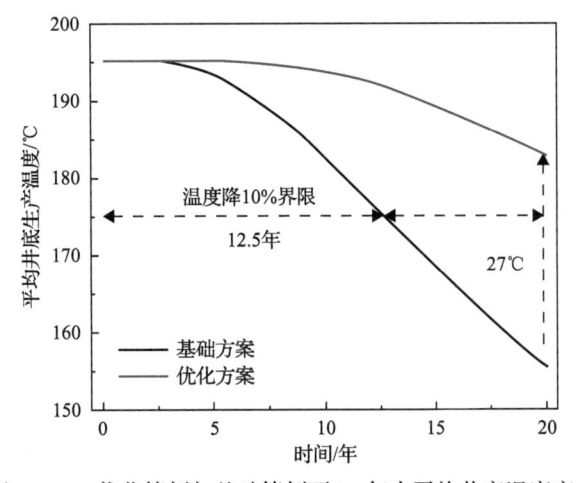

图 5.4.17 优化算例与基础算例下 20 年内平均井底温度变化

为标准，对应的开采时间为 12.5 年，寿命大大降低。图 5.4.18 显示了基础方案与优化方案的发电功率与注采压差动态对比：优化方案的发电功率与注采压差始终低于基础方案，并且注采压差显著降低（8MPa）。基础方案的注采方案是不可行的，难以被现场干热岩开采所接纳，反观优化方案，在保证发电功率、开采效益的同时，降低了注采压差等地面投入。因此优化后取热性能提升。

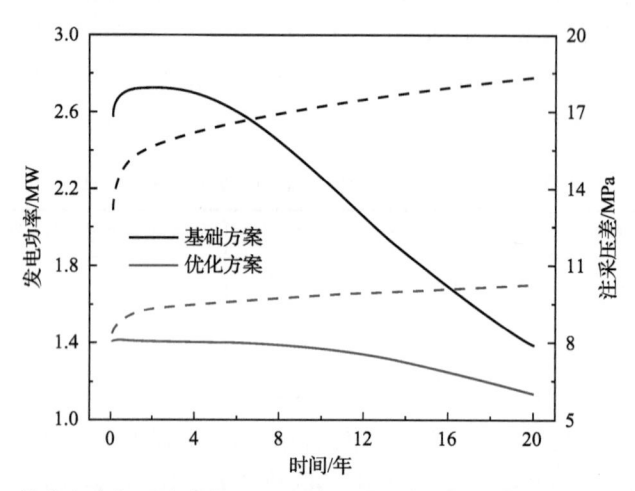

图 5.4.18　优化方案与基础方案下 20 年内发电功率（实线）与注采压差（虚线）变化

将优化方案与前人提出的方案[22]作对比。前人采用参数敏感性分析的方式得到不同井距下干热岩示范工程的注采方案，注入温度、生产压力、注入排量、注采间距分别为 60℃、30MPa、10kg/s 和 300m。表 5.4.9 显示了本节方案与前人提出的方案对比。第 20 年时，优化方案的注采压差比前人方案高 5MPa 左右，平均井底生产温度低 9℃ 左右，净热功率高 3.5MW 左右，发电功率高 0.24MW 左右，采收率高 4.3 个百分点。图 5.4.19 显示了优化方案与前人方案的平均井底生产温度和注采压差动态演变。从图 5.4.19 中可以看出，前人方案中，开采 20 年温度降仅为 3℃，热突破出现的时间更晚、寿命更长，第 20 年时的注采压差是本优化方案的一半。然而如图 5.4.20 所示，本优化方案发电功率（1.14MW）比前人方案高 0.24MW，前者的采收率是后者的近 2 倍。由此可见虽然前人方案寿命更久，热突破时间延迟，但是优化方案体现出在 20 年的开采期限内，更大程度地利用地下热量，而且发电功率超过 1MW，在地面投入可以接受的情况下，采出了更多的热量，取热性能更优越。此外计算前人方案、优化方案与正理想解、负理想解的距离，如表 5.4.9 所示。计算两个方案的综合评价指标，前人方案综合评价值为 0.39，优化方案的综合评价值为 0.42，因此优化后的方案更加符合决策者的偏向。

表 5.4.9　优化方案与前人方案对应的取热性能对比

方案类型	时间/年	注入压力/MPa	注采压差/MPa	平均井底生产温度/℃	净热功率/MW	发电功率/MW	采收率/%
优化方案	20	40.84325	10.24325	182.83	10.44887	1.135104	9.708195
前人方案	20	35.11134	5.111339	192.2303	6.972003	0.891114	5.401408

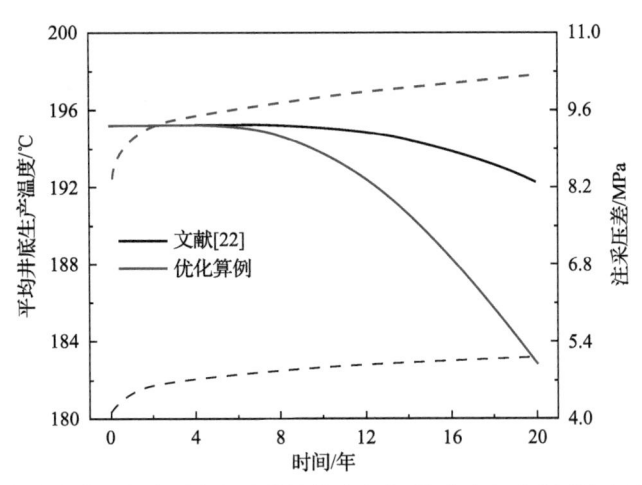

图 5.4.19 优化方案与前人方案对应的取热性能演变［平均井底温度（实线）和注采压差（虚线）］

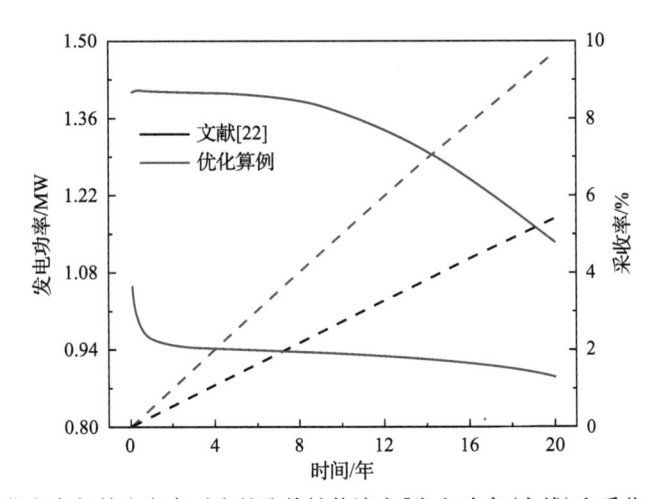

图 5.4.20 优化方案与前人方案对应的取热性能演变［发电功率（实线）和采收率（虚线）对比］

参 考 文 献

[1] 张阳. 致密储层人工裂缝导流能力及影响因素实验研究[D]. 西安: 西安石油大学, 2015.
[2] 王朋姣. 花岗岩的岩石学特征与物理力学性质之间的关系[D]. 郑州: 华北水利水电大学, 2017.
[3] 赵阳升, 王瑞凤, 胡耀青, 等. 高温岩体地热开发的块裂介质固流热耦合三维数值模拟[J]. 岩石力学与工程学报, 2002(12): 1751-1755.
[4] Shi Y, Song X, Li J, et al. Numerical investigation on heat extraction performance of a multilateral-well enhanced geothermal system with a discrete fracture network[J]. Fuel, 2019, 207-226: 244.
[5] 陶文铨. 传热学[M]. 北京: 高等教育出版社, 2019: 183-225.
[6] 张靖周, 常海萍, 谭晓茗. 传热学[M]. 北京: 科学出版社, 2019: 85-105.
[7] Schlichting H. Boundary Layer Theory[M]. 7th ed. New York: McGraw-Hill Book Company, 1979, 141: 265-321.
[8] Pérez-Zárate D, Santoyo E, Guevara M, et al. Geochemometric modeling and geothermal experiments of water/rock interaction for the study of alkali-feldspars dissolution[J]. Applied Thermal Engineering, 2015, 75: 1244-1261.
[9] Pandey S N, Chaudhuri A, Rajaram H, et al. Fracture transmissivity evolution due to silica dissolution/precipitation during

geothermal heat extraction[J]. Geothermics, 2015, 57: 111-126.

[10] Halldór A. The fluid geochemistry of Icelandic high temperature geothermal areas[J]. Applied Geochemistry, 2016, 66: 14-64.

[11] Peiffer L, Bernard-Romero R, Mazot A, et al. Fluid geochemistry and soil gas fluxes (CO_2–CH_4–H_2S) at a promissory hot dry rock geothermal system: the Acoculco caldera, Mexico[J]. Journal of Volcanology and Geothermal Research, 2014, 284: 122-137.

[12] Lasaga A C. Atomic treatment of mineral-water surface reactions[J]. Mineral-Water Interface Geochemistry, 1990, 64(1): 145-148.

[13] Stip S L S. Approaching a conceptual model of the Calcite surface: hydration, hydrolysis and surface potential[J]. Geochimica Et Cosmochimica Acta, 1999, 63(19-20): 3121-3131.

[14] Ana G N, Bau D, Cody B M. Application of binary permeability fields for the study of CO_2 leakage from geological carbon storage in saline aquifers of the Michigan Basin[J]. Mathematical Geosciences, 2017(3): 1-23.

[15] Hu L T, Winterfeld P H, Fakcharoenphol P, et al. A novel fully-coupled flow and geomechanics model in enhanced geothermal reservoirs[J]. Journal of Petroleum Science and Engineering, 2013, 107: 1-11.

[16] Samin M Y, Faramarzi A, Jefferson I, et al. A hybrid optimisation approach to improve long-term performance of enhanced geothermal system (EGS) reservoirs, 2019(134): 379-389.

[17] Cheng W L, Wang C L, Nian Y L, et al. Analysis of influencing factors of heat extraction from enhanced geothermal systems considering water losses[J]. Energy, 2016(115): 274-288.

[18] Deb K, Pratap A, Agarwal S, et al. A fast and elitist multiobjective genetic algorithm: NSGA-II. Ieee[J]. Transactions on Evolutionary Computation, 2002, 6(2): 182-197.

[19] Yoon K P, Hwang C L, Yoon K. Multiple attribute decision making: an introduction[J]. Interfaces, 1997, 27(1): 163-164.

[20] Tester J W, Anderson B J, Batchelor A S, et al. Impact of enhanced geothermal systems on US energy supply in the twenty-first century[J]. Philosophical Transactions of the Royal Society a-Mathematical Physical and Engineering Sciences, 2007, 365(1853): 1057-1094.

[21] Song G, Song X, Li G, et al. Multi-objective optimization of geothermal extraction from the enhanced geothermal system in Qiabuqia geothermal field, Gonghe Basin[J]. Acta Geologica Sinica-English Edition, 2021, 95(6): 1844-1856.

[22] Lei Z, Zhang Y, Yu Z, et al. Exploratory research into the enhanced geothermal system power generation project: the Qiabuqia geothermal field, Northwest China[J]. Renewable Energy, 2019, 139: 52-70.

第6章 干热岩发电及综合利用技术方案与经济性评价

本章在前面章节研究的基础上，提出干热岩载热流体井口多相流测试方法，确定流体的多相流流型及变化规律；通过获取井口载热流体能流曲线，评价人工储层产热率。基于热力过程影响因素的定量分析，确定实现热、功转换的热力过程，构建新型发电热力循环，确定发电系统最优运行模式。揭示发电及综合利用系统间的相互作用耦合机制，提出最优综合利用模式；研究系统综合性能敏感性参数及动态调节机理，建立干热岩发电及综合利用技术体系。研究不同因素对干热岩发电及综合利用系统经济性的影响规律，建立系统经济评价指标与运行参数间的优化关联式，确定系统评价指标设计准则，形成系统经济性评价体系。

6.1 载热流体井口多相流测试及评价方法

6.1.1 湿蒸汽型载热流体井口测试特性研究

1. 湿蒸汽型载热流体井口测试系统介绍

湿蒸汽型载热流体井口测试系统主要由旁通管路、测试环路以及冷却水循环系统组成[1]。测试环路的主要设备包括调节阀、旋风分离器、冷凝器、温度计、压力计及孔板流量计、旁通管路安装调节阀以及两相流量计。冷却水循环系统由冷却塔、冷却泵、温度传感器以及孔板流量计组成。调节阀的作用是通过调节阀门开度，以控制生产井及测试环路载热流体的流量和压力；三通的作用是减小测试环路的流量，以控制设备选型及成本，增加测试系统的可行性，可以对测试环路进行结构化制作，用以测试不同的生产井；旋风分离器的作用是对两相流进行气液分离；孔板流量计广泛应用于气体、蒸汽和液体的流量测量，具有结构简单、维修方便、性能稳定等优势[1]。

湿蒸汽型载热流体井口测试流程(图 6.1.1)如下：高温高压载热流体由生产井产出，经过井口阀门流出，经过三通，三通前设置温度传感器、压力传感器和两相流量计，分别用来测量流过井口阀门的载热流体的温度、压力及流量。流过三通的载热流体，一部分进入旋风分离器进行两相分离，分离出的蒸汽以及部分不凝气体通过上部气体出口溢出，流入冷凝器内，旋风分离器气体出口设置有压力传感器和孔板流量计，确定分离压力以及气体的质量流量。分离出的蒸汽以及部分不凝气体经过冷凝器冷凝，不凝气体由冷凝器上排出口排出，并在上排出口设置流量计，用来检测不凝气体流量。蒸汽在冷凝器中被冷凝为液态，由冷凝器下口排出，在下排出口设置流量计，用来检测冷凝后流体的流量。由旋风分离器下出口流出的载热流体经过孔板流量计测量质量流量，与来自冷凝器下排出口的液态流体及来自三通分流出的另一部分流体混合通过加压泵加压后一同注入回灌井[1]。

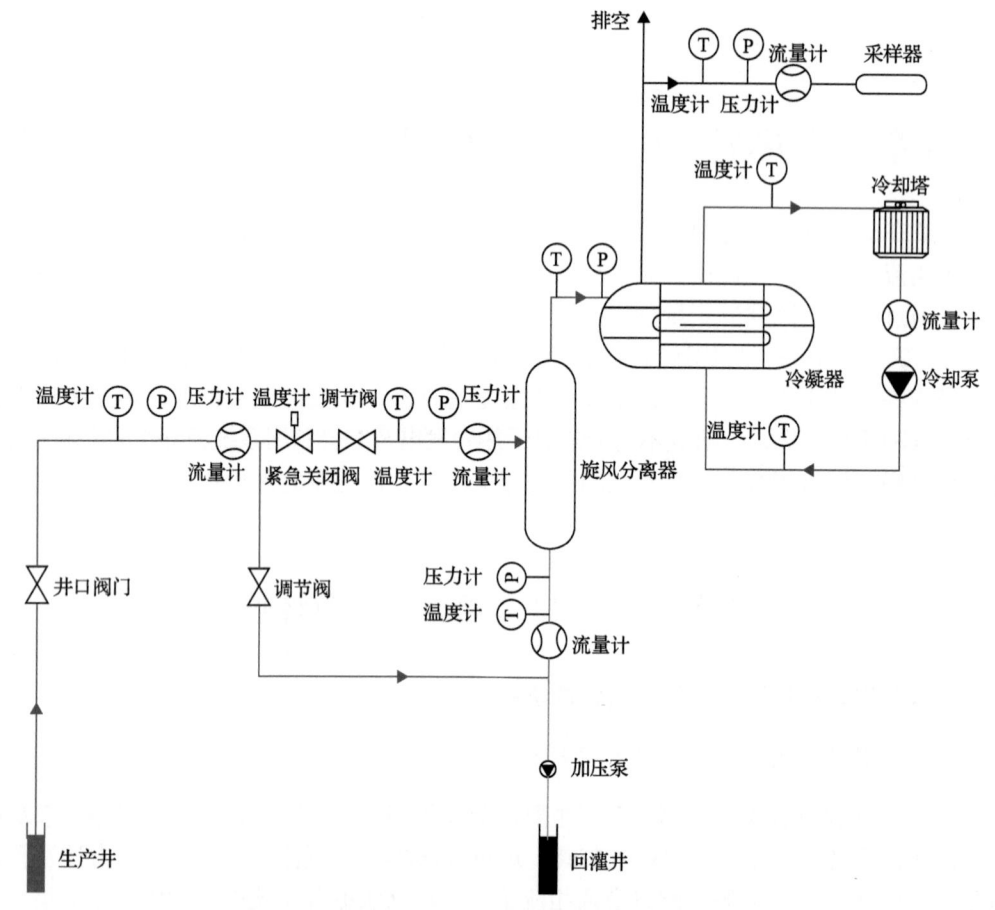

图 6.1.1　湿蒸汽型载热流体井口测试系统流程图[1]

2. 湿蒸汽型载热流体性能分析

湿蒸汽型载热流体中的水以湿蒸汽的状态存在,即汽液两相。根据干度 x 确定流体的状态,$x=0$ 为饱和水,$x=1$ 为干饱和蒸汽。不同干度下水蒸气的密度及比焓如图 6.1.2 所示。

1) 干度对湿蒸汽型载热流体性能影响分析

图 6.1.3 是干度变化对载热流体质量流量的影响。数据显示,随着干度增大,载热流体质量流量逐渐减小,且变化趋势与水蒸气密度随干度变化趋势一致,趋于平缓;质量流量的绝对误差(简称绝对质量流量差)随干度增大逐渐减小且恒为正,忽略不凝气体,即将不凝气体与水蒸气作为同种气体计算,同工况下水蒸气的密度比不凝气体密度小,故估算质量流量值偏小;与水相比,不凝气体的密度与水蒸气更为接近,故随干度增大,载热流体中水蒸气增多,绝对质量流量差越来越小。

图 6.1.4 是干度变化对载热流体焓值的影响。焓值与质量流量和比焓两个参数呈正相关。在湿蒸汽型载热流体中,水蒸气的比焓比纯水高,但随着干度增加载热流体的质量

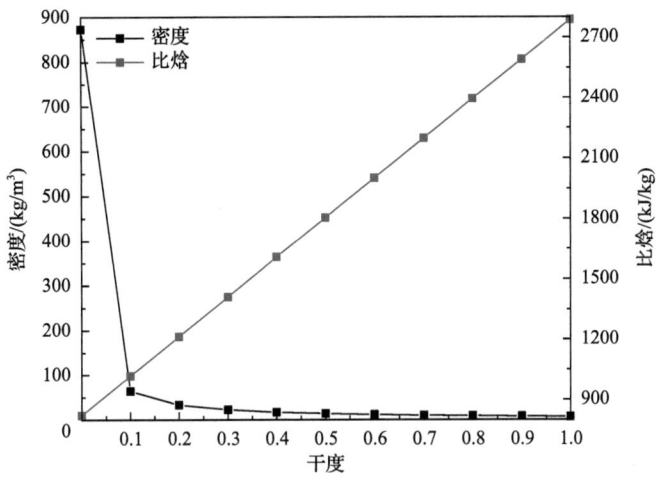

图 6.1.2　不同干度的水蒸气密度、比焓图（$x=0\sim1.0$）

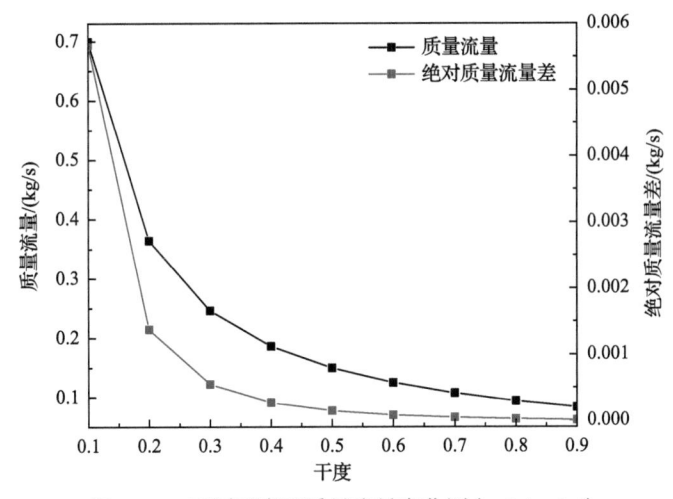

图 6.1.3　不同干度下质量流量变化图（$x=0.1\sim0.9$）

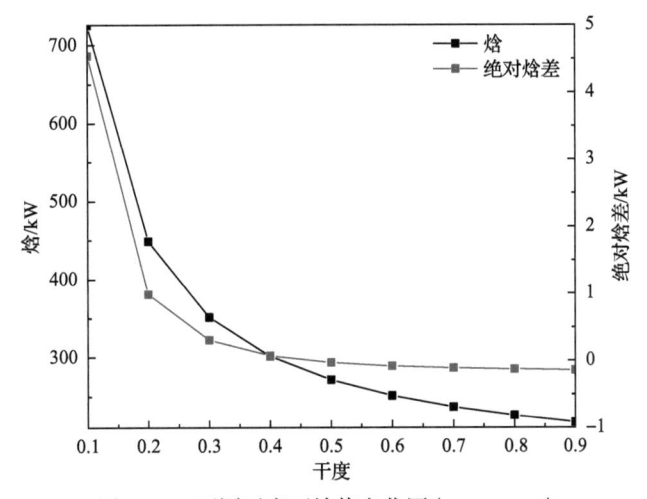

图 6.1.4　不同干度下焓值变化图（$x=0.1\sim0.9$）

流量减小，两者的乘积呈现减小趋势，所以焓值随干度增加逐渐减小；焓值的绝对误差（简称绝对焓差）由正变为负，说明干度较小时忽略不凝气体，能值的估算结果偏小，干度较大时忽略不凝气体，能值的估算结果偏大。因为水蒸气的比焓相较不凝气体的比焓偏大，但干度较小时绝对质量流量差较大，故两者的乘积偏小，随干度增大绝对质量流量差越来越小，质量流量与比焓的乘积逐渐偏大，故绝对焓差变化趋势呈现出由正到负、由大到小的变化趋势。

图 6.1.5 是干度变化对焓值和质量流量相对误差（简称为相对焓差和相对质量流量差）的影响，相对质量流量差随干度的增加呈减小的趋势，相对焓差随干度增加呈下降趋势，正负由绝对焓差决定；相对焓差的绝对值随干度增大先减小后增加。

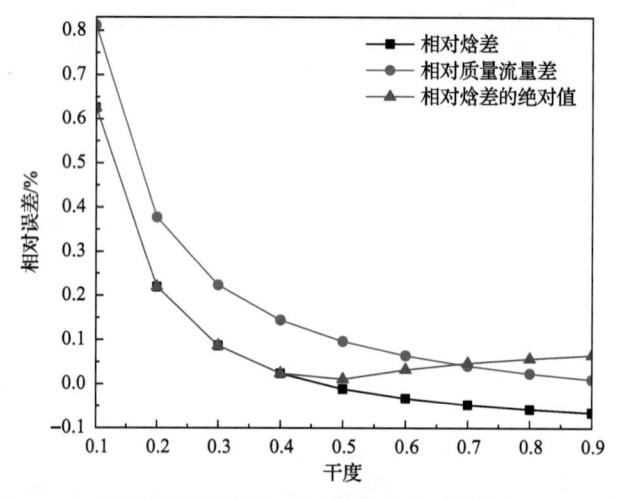

图 6.1.5　不同干度下质量流量和焓值的相对误差（$x=0.1\sim0.9$）

图 6.1.6 是不同井口温度下干度对相对焓差的影响。在选定的温度变化范围内（100～250℃），不管温度如何变化，计算的相对焓差都随干度增大而减小，且在干度较小时，相对焓差为正值，干度较大时，相对焓差为负值。故在干热岩井口载热流体一般温度变

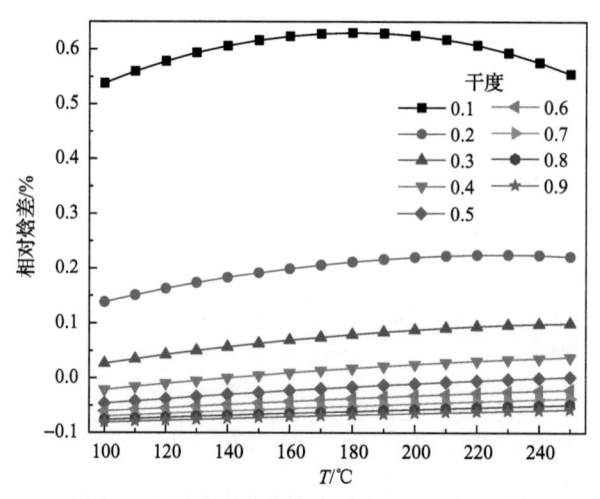

图 6.1.6　不同井口温度下干度对相对焓差的影响

化范围内，干度对载热流体的相对焓差的影响基本上不受温度影响。

2) 不凝气体对湿蒸汽型载热流体焓值影响分析

图 6.1.7 是不凝气体体积分数对焓值、绝对焓差、绝对质量流量差的影响，选定湿蒸汽型载热流体干度为 0.7，不凝气体体积分数在 0.1%~2.0%变化。图 6.1.7 中显示，绝对质量流量差的变化微小且接近于 0。因为在载热流体中不凝气体体积分数占比很小，其本身密度相较湿蒸汽也非常小，所以忽略不凝气体的存在造成的绝对质量流量差非常微小；选择干度较大的湿蒸汽型载热流体，绝对焓差为负值，即忽略不凝气体使焓值的计算结果偏大，且不凝气体体积分数越大计算结果偏离值越大，绝对焓差与凝结气体体积分数呈线性相关；随不凝气体体积分数增加，载热流体焓值不断减小，因为在定流量载热流体中，不凝气体增加，湿蒸汽占比减小，且不凝气体的密度及比焓两个参数都比湿蒸汽小，故载热流体质量流量及焓值都会随不凝气体的增多而减小。

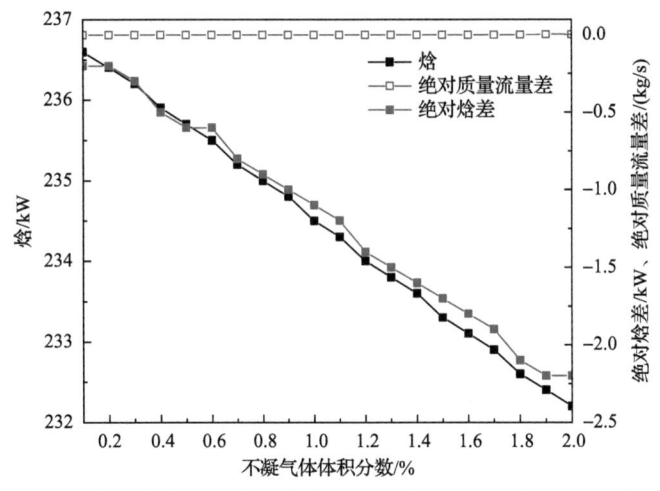

图 6.1.7 不凝气体体积分数对焓值和绝对质量流量差的影响(湿蒸汽型)

图 6.1.8 是不凝气体体积分数对相对焓差和相对质量流量差的影响，相对质量流量差

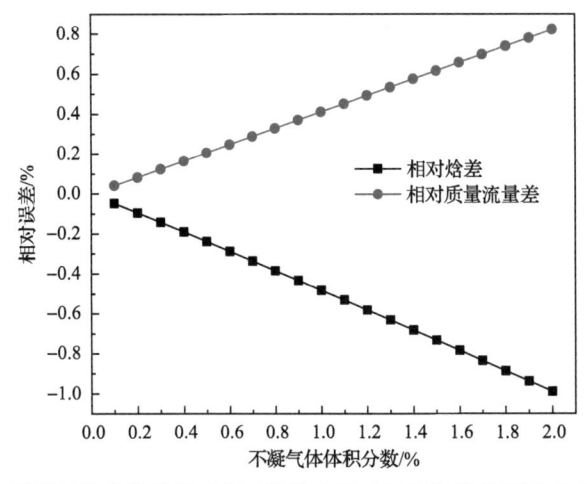

图 6.1.8 不凝气体体积分数对相对焓差和相对质量流量差的影响(湿蒸汽型)

为正值且随不凝气体增多而增大，结合图 6.1.3 与图 6.1.7，绝对质量流量差很小但大于等于 0，故相对质量流量差为正值，绝对质量流量差随不凝气体增多微小上升，而载热流体质量流量随不凝气体的增多而减小，所以相对质量流量差逐渐增大；相对焓差符号与绝对焓差一致为负值，随不凝气体的增加相对焓差绝对值不断增大。

6.1.2 热水型载热流体井口测试特性研究

1. 热水型载热流体井口测试系统介绍

热水型载热流体井口测试系统主要包括生产井、井口阀门、旋风分离器、加压泵、回灌井、温度计、压力计、流量计等设备以及连接管道。生产井的热源出口与井口阀门的入口相连通；井口阀门的出口后设置了三通，三通出口一部分与旋风分离器入口相连通，另一部分与回灌井相连通；旋风分离器具有分离器液体出口管道和分离器气体出口管道，分离器液体出口管道位于旋风分离器的底部，分离器气体出口管道位于旋风分离器的顶部，分离器液体出口管道与加压泵的进口相连通；旋风分离器气体出口管道与外界相通[1]。

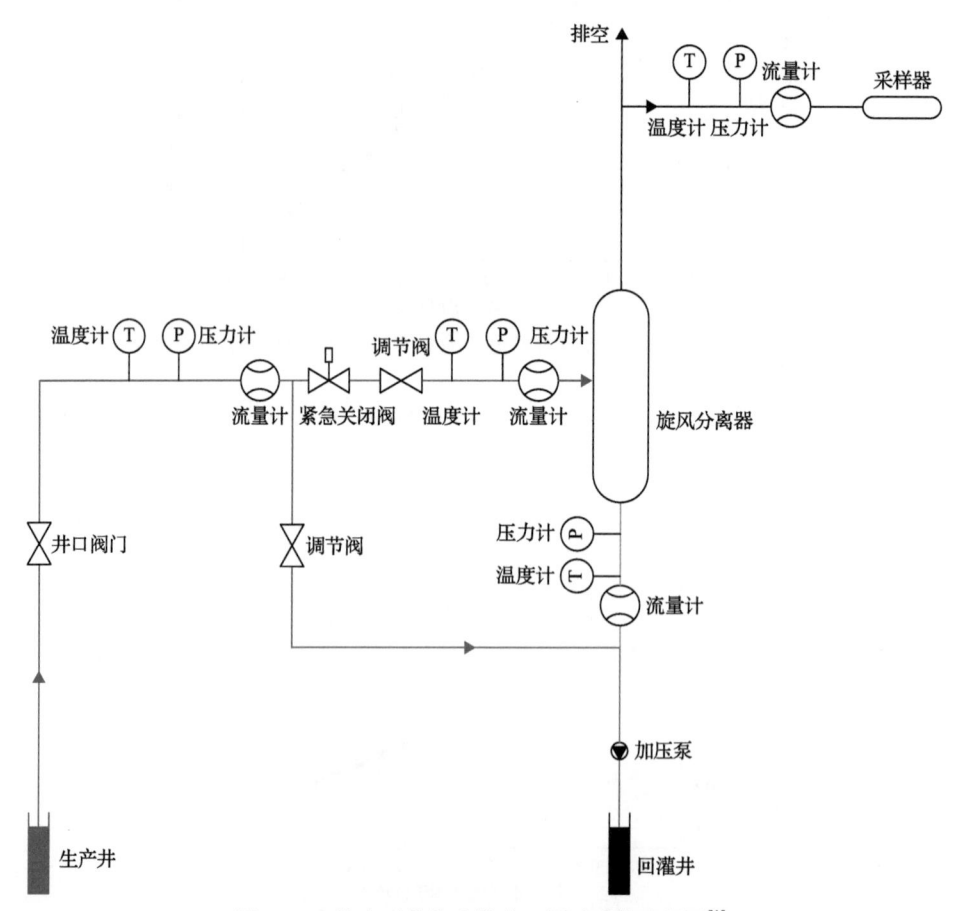

热水型载热流体井口测试系统流程如图 6.1.9 所示。载热流体由生产井产出，经过井口阀门控制产出载热流体的流量，后由井口阀门流出，经过三通，三通前设置温度传感

图 6.1.9 热水型载热流体井口测试系统流程图[1]

器、压力传感器、流量计,分别用来测量流过井口阀门处载热流体的温度、压力、流量。流过三通的载热流体,一部分进入旋风分离器,旋风分离器前设置有流量计,通过流量计来监控分离后地热流体的流量,旋风分离器分离出的不凝气体通过旋风分离器的上部出口流出,连通管道设置有温度传感器、压力传感器、流量计,用来测量分离出的气体的温度、压力、流量。由旋风分离器下部出口流出的流体经过温度传感器、压力传感器、流量计,分别测量下部出口流出流体的温度、压力、流量,通过加压泵加压后注入回灌井[1]。

2. 不凝气体对热水型载热流体焓值影响分析

图 6.1.10 是不凝气体体积分数对绝对焓差和绝对质量流量差的影响。数据显示绝对质量流量差和绝对焓差均为负值,即忽略不凝气体,假设载热流体全部为水进行估算会导致计算结果偏大。由于水的密度和比焓比不凝气体高,质量流量与密度呈正相关,而焓值由质量流量和比焓两参数决定,故估算质量流量和焓值均偏大,且不凝气体体积分数越大,偏离程度越大。

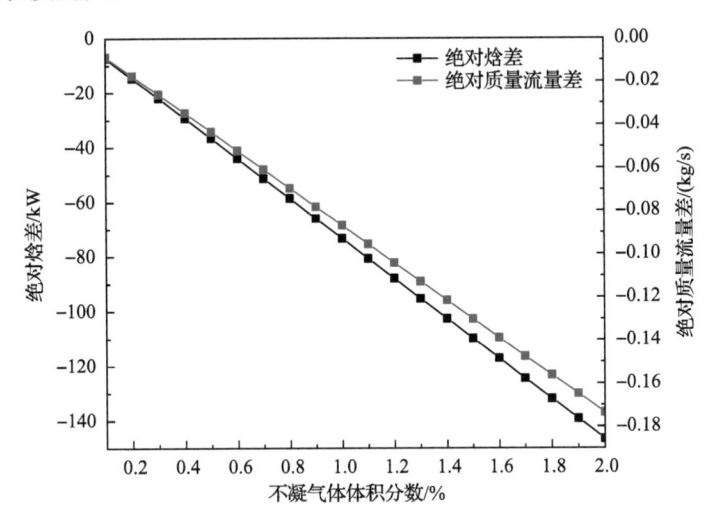

图 6.1.10 不凝气体体积分数对绝对焓差和绝对质量流量差的影响(热水型)

图 6.1.11 是不凝气体体积分数对相对焓差和相对质量流量差的影响。相对误差正负由绝对误差决定,故定为负值,为方便研究图 6.1.11 取相对误差绝对值。如图 6.1.11 所示,焓值和质量流量的相对误差绝对值与不凝气体体积分数成正比,且分析数据发现,相对误差绝对值与不凝气体含量数值相同,不凝气体体积分数从 0.1% 增加到 2.0%,质量流量与焓值的相对误差绝对值也从 0.1% 增加到 2.0%。综合图 6.1.10 与图 6.1.11 发现,在热水型载热流体中忽略不凝气体使得质量流量与焓值估算结果偏大,偏离相对误差与不凝气体体积分数成正比。

图 6.1.12 表示不同井口温度下不凝气体对绝对质量流量差和绝对焓差的影响。在选定温度变化范围内,绝对焓差与绝对质量流量差均为负值,即估算结果均偏大。但温度

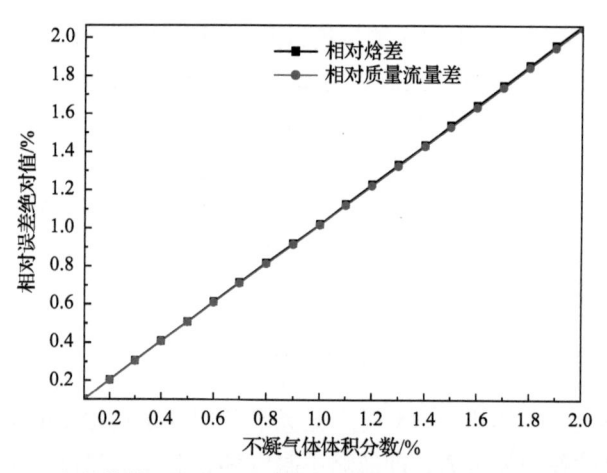

图 6.1.11 不凝气体体积分数对相对焓差和相对质量流量差的影响（热水型）

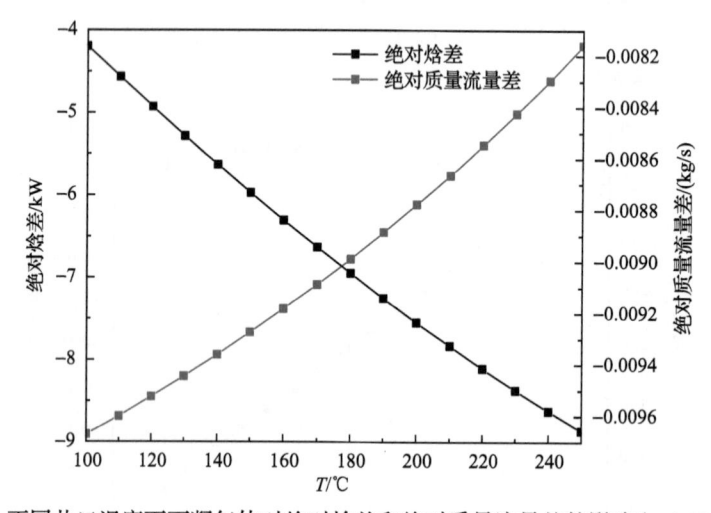

图 6.1.12 不同井口温度下不凝气体对绝对焓差和绝对质量流量差的影响（$r=0.1\%$）（热水型）

越高，估算的质量流量与真值越接近，因为随着温度增加水的密度不断减小，与不凝气体的密度差越来越小，故将载热流体全部作为水估算出的质量流量更接近于真值；随温度升高，估算焓值与真值相差越来越大，焓值由质量流量与比焓决定，虽然质量流量误差减小，且随温度升高水与不凝气体的比焓都不断增大，但水的比焓增长幅度大，两者的比焓差值越来越大，因此估算的绝对焓差越来越大。

图 6.1.13 表示不同井口温度下不凝气体对相对质量流量差和相对焓差（取绝对值）的影响。相对误差显示，质量流量估算误差随温度升高逐渐增大，焓值估算误差随温度上升而减小。随温度升高载热流体质量流量逐渐减小，故相对质量流量差逐渐增大；随温度升高载热流体焓值逐渐增大，因此相对焓差逐渐减小。图 6.1.13 中数据显示，虽然质量流量与焓值的相对误差随温度变化而变化，但都在 0.1% 附近变动，故在不同井口温度下，质量流量与焓值的相对误差在数值上与不凝气体的体积分数基本一致。

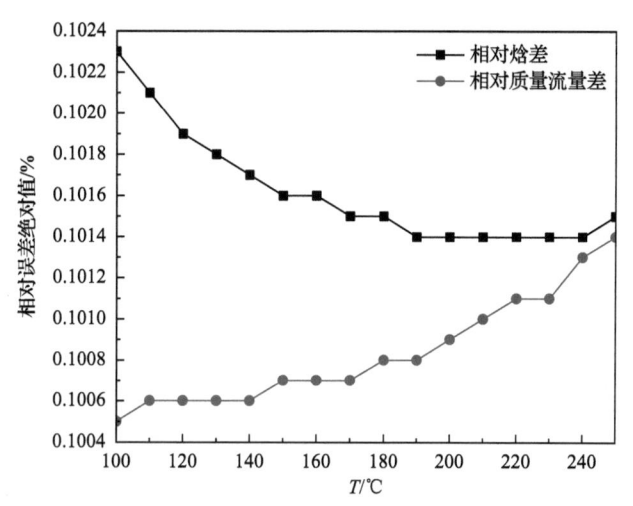

图 6.1.13　不同井口温度下不凝气体对相对焓差和相对质量流量差的影响（$r=0.1\%$）（热水型）

6.1.3　干蒸汽型载热流体井口测试特性研究

1. 干蒸汽型载热流体井口测试系统介绍

干蒸汽型地热流体中只含水蒸气和不凝气体，无须旋风分离器。系统主要包括生产井、井口阀门、冷凝器、冷却塔、冷却泵、加压泵、回灌井、温度传感器、压力传感器、流量计等设备以及连接管道。生产井的热源出口与井口阀门的入口相连通；井口阀门的出口设置了三通，三通出口一部分与冷凝器入口相连通，另一部分与回灌井相连通；冷凝器还具有冷凝器气体出口管道、冷凝器液体出口管道、冷凝水进出口；冷凝器气体出口管道与外界大气相连通；冷凝器液体出口管道与加压泵的进口相连通；冷凝水出口与冷却塔进口相连通；冷却塔出口与冷却泵的进口相连通；冷却泵出口与冷凝水进口相连通；加压泵出口与回灌井相连通[1]。

干蒸汽型载热流体井口测试系统流程如图 6.1.14 所示。载热流体由生产井产出，经过井口阀门控制产出载热流体的流量，后载热流体由井口阀门流出，经过三通，三通前设置温度传感器、压力传感器、流量计，分别用来测量流过井口阀门载热流体的温度、压力、流量。流过三通的载热流体，一部分进入冷凝器内，冷凝器前设置有温度传感器、压力传感器、流量计，用来测量分离出的气体的温度、压力、流量。分离出的蒸汽以及部分不凝气体经过冷凝器冷凝，不凝气体及少量水蒸气由冷凝器上口排出，并在上排出口设置温度传感器、压力传感器、流量计，用来检测不凝气体的温度、压力、流量。大部分蒸汽在冷凝器中被冷凝为液态，冷凝器中冷凝后的冷凝水流入冷却塔内进行冷却，冷却塔前设置温度传感器，用来测量冷凝水的温度，冷却后的流体由冷却塔流出，进入冷却泵内加压，冷却泵前设置流量计，用来测量冷却后的流体的流量，加压后的流体被泵入冷凝器内，冷凝器前设置了温度传感器，测量加压后流体的温度；冷凝换热后变为低温低压的流体由冷凝器下口排出，并在下排出口设置温度传感器、压力传感器、流量计，用来检测冷凝换热后流体的温度、压力、流量。由分离器下部出口流出流体经过温度传感器、压力传感器、流量计,分别测量出下部出口流出流体的温度、压力、流量,与来自冷凝器下排出口的液态流体混合通过加压泵加压后与来自三通分流出的另一部分载热流体一同注入回灌井[1]。

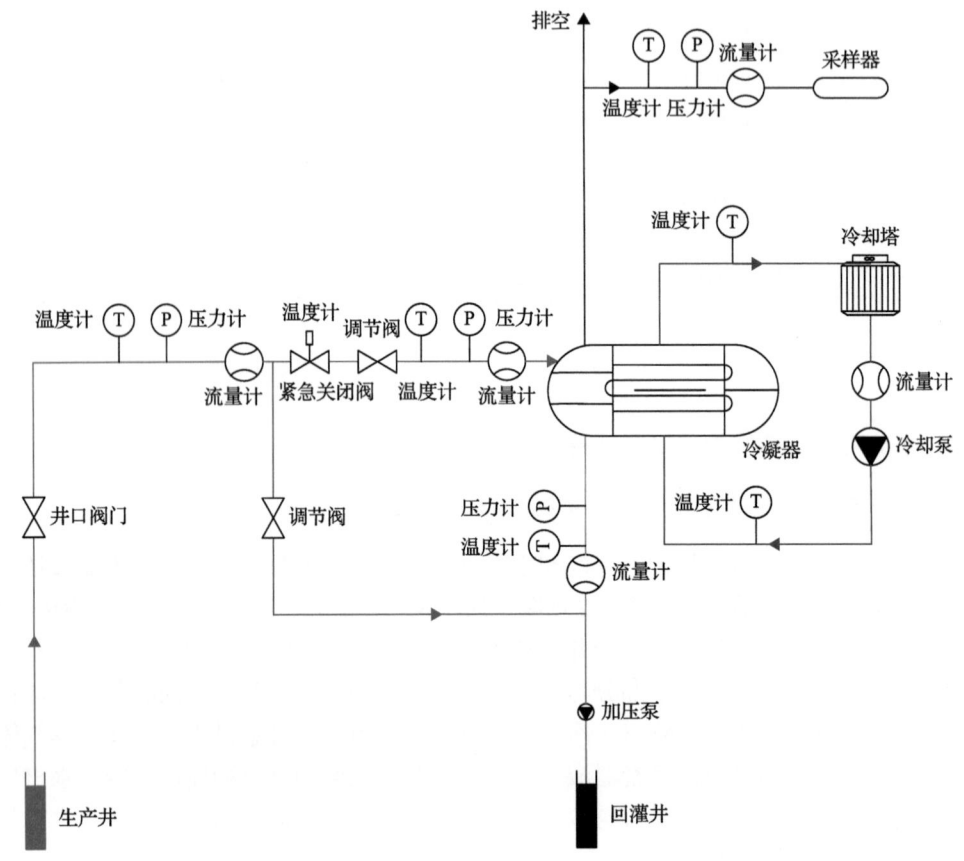

图 6.1.14　干蒸汽型载热流体井口测试系统流程图[1]

2. 干蒸汽型载热流体焓值测试影响分析

图 6.1.15 是不凝气体体积分数对绝对焓差和绝对质量流量差的影响,如图所示,绝对焓差与绝对质量流量差均为负值,即忽略不凝气体的估算结果中质量流量与焓值都偏大。干蒸汽的密度和比焓比不凝气体大,所以把不凝气体当作干蒸汽考虑,质量流量与焓值都偏大。图 6.1.16 是不凝气体体积分数对相对焓差和相对质量流量差的影响,数据显示,相对误差与不凝气体体积分数成正比,但与热水型载热流体不同的是相对误差在数值上是不凝气体体积分数的两倍。

图 6.1.17 是不同过热度的干蒸汽型载热流体中不凝气体对绝对焓差和绝对质量流量差的影响。压力越小,表示干蒸汽的过热度越高,随着压力减小,绝对焓差和绝对质量流量差接近于 0,即在干蒸汽型载热流体中,过热度越大,忽略不凝气体对计算结果的影响越小。随过热度增大,干蒸汽与不凝气体的密度逐渐减小,比焓逐渐增大,但两者的密度差逐渐接近,故绝对质量流量差与绝对焓差逐渐接近于 0。

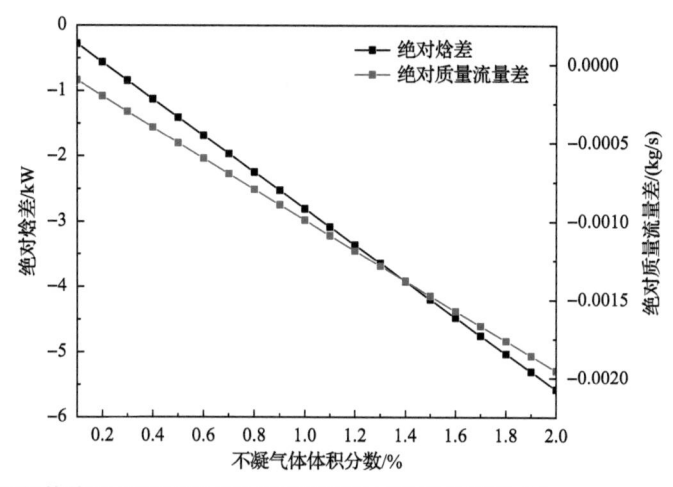

图 6.1.15　不凝气体体积分数对绝对焓差和绝对质量流量差的影响（r=0.1%～2.0%）（干蒸汽型）

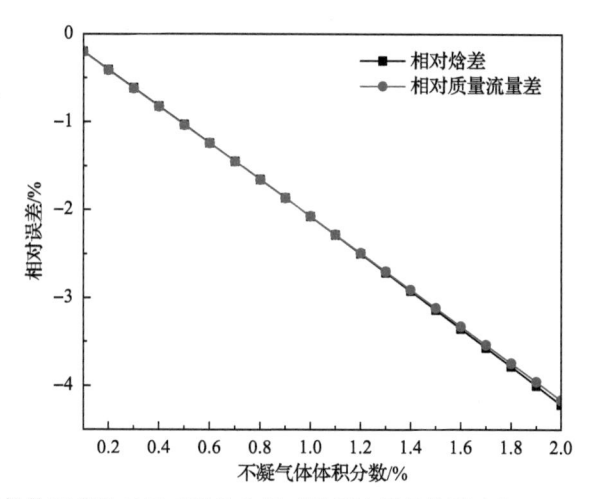

图 6.1.16　不凝气体体积分数对相对焓差和相对质量流量差的影响（r=0.1%～2.0%）（干蒸汽型）

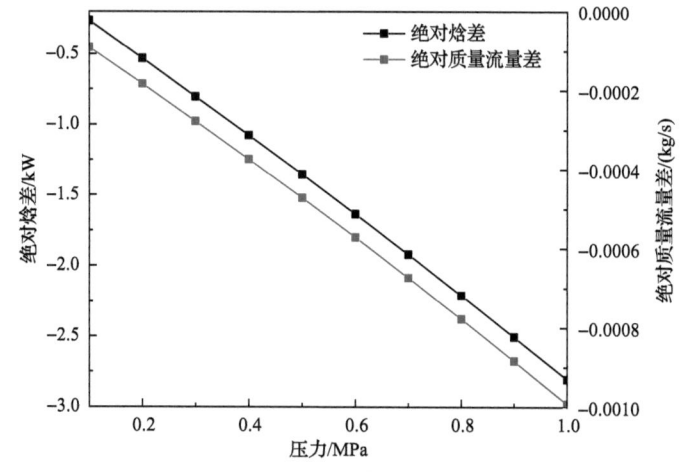

图 6.1.17　不同过热度干蒸汽型载热流体中不凝气体对绝对焓差和
绝对质量流量差的影响（r=0.1%）（干蒸汽型）

图 6.1.18 是不同过热度的干蒸汽型载热流体中不凝气体对相对焓差和相对质量流量差(取绝对值)的影响。过热度升高,质量流量与焓值的相对误差绝对值是减小的,相对误差的绝对值虽然有变化,但一直在 0.2%附近变动,相对误差在数值上大概是不凝气体体积分数的两倍。

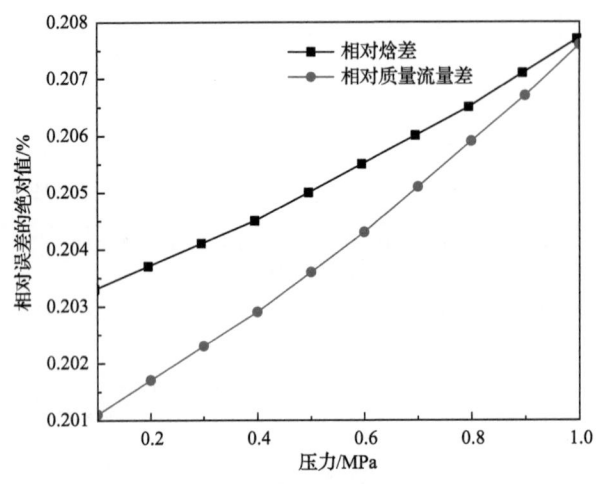

图 6.1.18　不同过热度的干蒸汽型载热流体中不凝气体对相对焓差和相对质量流量差的影响
(r=0.1%)(干蒸汽型)

6.1.4　汽-液分离式中高温载热流体实验测试方案

图 6.1.19 给出了汽-液分离式中高温载热流体实验测试系统图[2,3],其主要由蒸汽发生器、热水器、CO_2 钢泵、可视化实验管段、分离器、凝汽器、冷却器、冷却水循环泵、

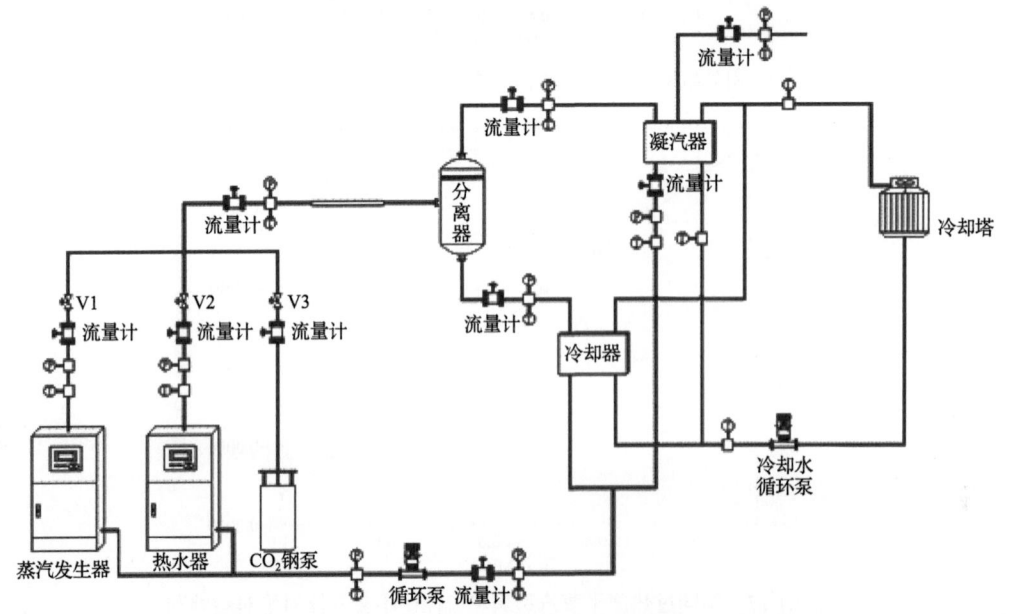

图 6.1.19　汽-液分离式中高温载热流体实验测试系统[2,3]

冷却塔、流量计、温度传感器、压力传感器等组成。汽-液分离式中高温载热流体实验测试系统包括三个分系统：模拟地热生产井系统、载热流体多相流可视化实验系统、汽-液分离测试系统。

模拟地热生产井系统产出的载热流体测定流量、压力、温度后，流入载热流体多相流可视化实验系统，通过高速摄像机观察载热流体的流型变化特点；载热流体流入旋风分离器，在分离器内减压扩容，发生闪蒸，实现汽-液分离；分离出的蒸汽和气体通过分离器的气体出口管路流出，测定分离出的蒸汽和气体的温度、压力和流量后，流入凝汽器内。分离出的蒸汽和气体经过凝汽器冷凝，气体由凝汽器的气体出口管路排出，凝汽器的气体出口管路上的温度传感器、压力传感器和流量计分别检测气体的温度、压力和流量；分离出的蒸汽在凝汽器中被冷凝为液态冷凝水，冷凝水由凝汽器的液体出口管路流出；分离器的液体出口管路流出的热水测定流量、压力、温度后，流入冷却器冷凝，冷凝后的冷凝水与来自凝汽器的冷凝水混合，测定流量、压力、温度后，一同输送到循环泵内；冷凝水通过循环泵加压，测定压力、温度后，回送到蒸汽发生器和热水器内。冷却水循环泵将来自冷却塔的冷凝水加压，分别送入冷却器和凝汽器内，在凝汽器内冷凝后与来自冷却器的冷却水混合，测定温度后，一同输送到冷却塔内。

6.1.5 旁通型汽-液分离式井口产能现场测试方案

在实际工程中，当不凝气体的流量很小时，很难准确测量其流量。工程中一般测量总流量及液体侧的流量，以此推算气体流量。但如果不凝气体的流量很小，测量误差较大，得到的气体流量极有可能为负值。这种情况下，按不存在(忽略)不凝气体来计算。通常情况下，不凝气体对载热流体焓值的影响可以忽略。三种载热流体测试系统流程图仅为理论分析图，现场测量中并不知道井口的载热流体是何种形态，因此系统中汽-液分离器必不可少，载热流体经过分离器后，根据测得的汽、液流量便可知属于上述何种情况。实际现场测试时用图 6.1.20 所示系统即可。

1. 井口产能测试系统介绍

载热流体主要有三种存在方式：干蒸汽型载热流体、湿蒸汽型载热流体、热水型载热流体。由于干蒸汽型载热资源十分有限，川藏地区载热流体主要以湿蒸汽型和热水型存在，不考虑干蒸汽型。针对湿蒸汽型和热水型载热流体，井口产出的载热流体通常为含有一部分不凝气体的、多组分的气液两相流，不凝气体、蒸汽、地热水的热力参数及热力学性质差异较大。为了给干热岩载热流体发电提供可靠的基础数据，也为载热发电性能预测和电站技术经济性评价奠定基础，需要较为准确地测定井口处的载热流体参数。这里提出采用旁通型载热流体井口产能测试系统，如图 6.1.20 所示。旁通型载热流体井口产能测试系统主要包括汽-液分离器、冷凝器、冷却泵、温度计、压力计、流量计及阀门和管道，载热流体测试参数为每一个部件进口和出口处的压力、温度和流量。

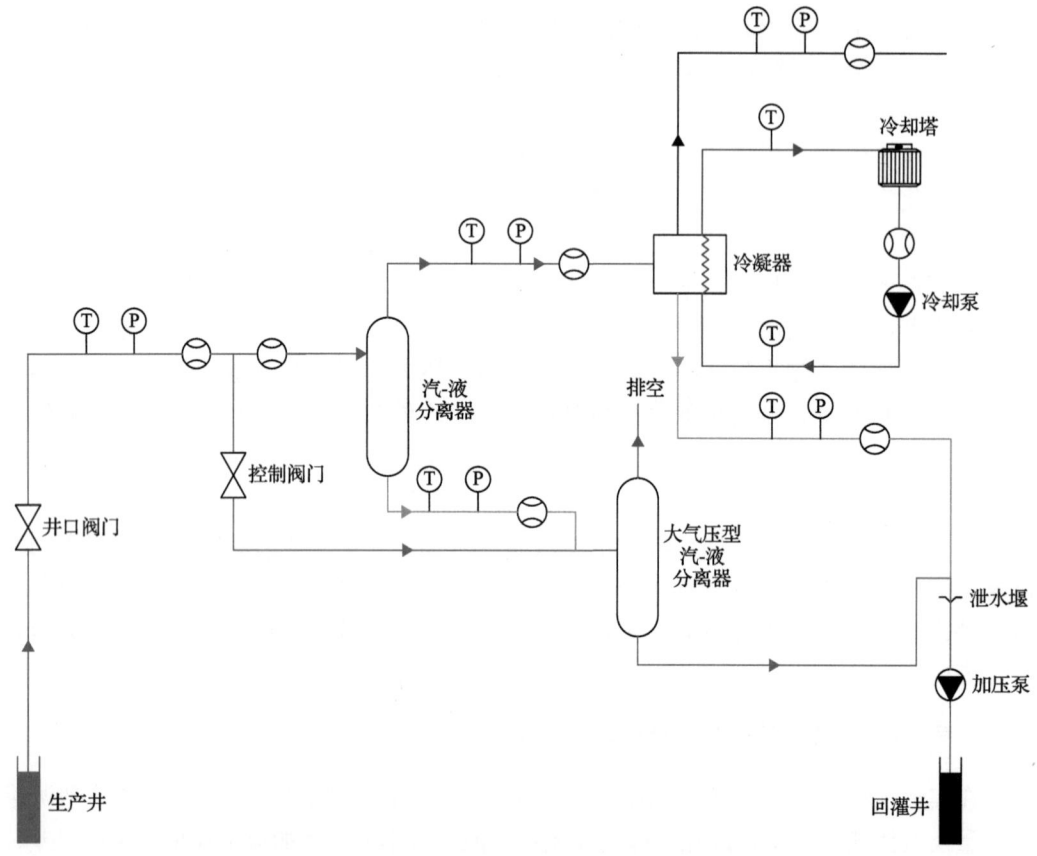

图 6.1.20　旁通型载热流体井口产能测试系统图[3,4]

为了得到井口处载热流体的总焓值和能流曲线，需要准确地确定井口处载热流体的质量流量、载热流体组成及汽液占比。因此，需要测试井口处载热流体温度、压力和流量，以及气液分离后地热水、蒸汽的温度、压力和流量，以及必要时测试载热流体中不凝气体总量。

2. 载热流体质量评价

载热流体质量评价是地热资源开发的基础和依据，其评价依据《地热资源地质勘查规范》(GB/T 11615—2010)中第 9 章中的具体要求进行。载热流体质量评价应在井(泉)试验现场和定期对代表性载热流体采样进行全分析及微生物检测的基础上进行，其评价指标包括载热流体的物理性质、化学成分、微生物含量等。

3. 井口产能测试系统测试步骤

最大流量工况：初始抽水试验所获得地热井的最大流量。具体操作：测试方法和时间请参考《地热资源地质勘查规范》(GB/T 11615—2010)中第 7.6.4 条要求执行，或根据现场测试情况进行调整。

其他流量工况：通过调控井口阀门部件，获得地热井口稳态流量参数。具体操作：

以最大流量工况稳定流量为基准,通过调整井口总控阀门,以每次降低总流量的 10%为测试条件,依次降低直至达到总量的 30%,完成变工况测试工作。每次具体的测试时间可适当参考《地热资源地质勘查规范》(GB/T 11615—2010)中第 7.6.4 条要求执行,或根据现场测试情况调整。

6.1.6 干热岩载热流体流动和汽-液分离特性研究

在分离式和非分离式干热岩载热流体井口多相流测试方法研究的基础上,对载热流体的流动特性和汽-液分离特性进行研究,构建出载热流体汽-液分离模型,揭示分离特性,且根据不同干度的载热流体优选出最优的分离器结构参数,为不同干度下载热流体分离器的选取提供可靠的依据[3]。

井口开采出的载热流体需要由长输管线传输到地热发电厂,经传输后载热流体的温度、压力、干度等参数变化都会对地热发电厂的发电效率产生影响,为了掌握载热流体在长输管线的变化趋势,可通过对载热流体沿长输管线流动的模拟,确定长输管线出口载热流体的温度、压力、干度变化趋势,能够为后续的热电转换提供准确的参数[4]。

图 6.1.21 为不同干度下载热流体沿管长压力变化曲线,从图中可以看出,随着管长不断增加,不同干度的载热流体压力都逐渐减小。随着干度不断增加,压力变化趋势逐渐减小。图 6.1.22 为不同干度下载热流体沿管长温度变化曲线,从图中可以看出,随着管长不断增加,管内流体温度逐渐减小,在同一管长下,随着干度不断增加,管内载热流体的温度减小得越多。总体看来,由于保温层的存在,管内载热流体的压力、温度变化并不大。载热流体在水平管内流动过程中存在由摩擦阻力引起的沿程阻力损失以及载热流体在管内散热,导致沿管长流动压力和温度不断降低。

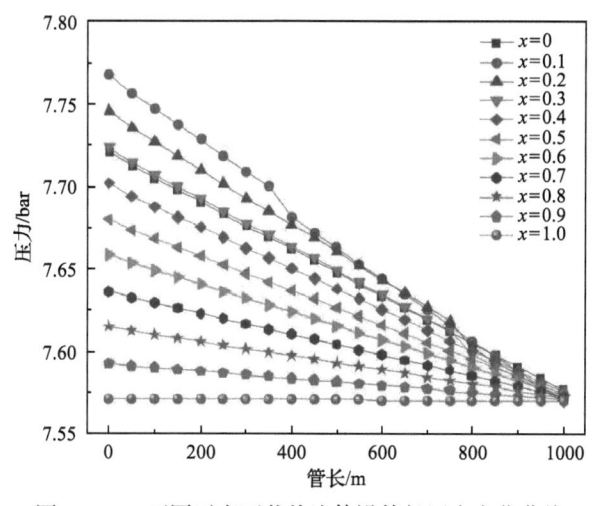

图 6.1.21 不同干度下载热流体沿管长压力变化曲线

1bar=10^5Pa

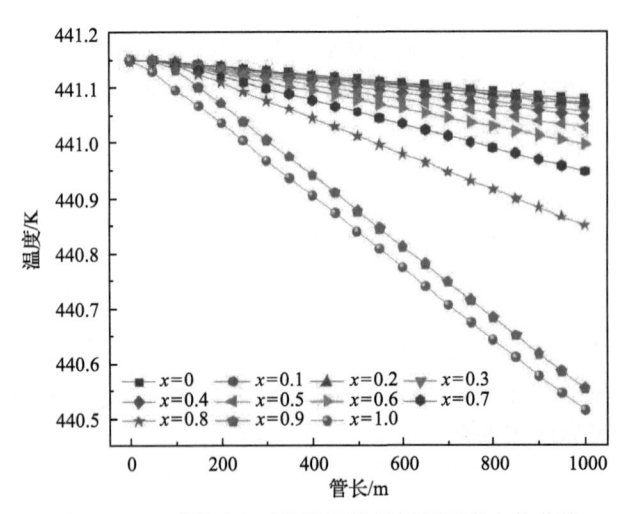

图 6.1.22　不同干度下载热流体沿管长温度变化曲线

结合以上分析可知，载热流体沿长输管线流动，管内参数变化并不大，对后期发电应用影响较小。

6.2　新型发电热力循环构建

6.2.1　多压有机兰金循环(MPORC)发电循环构建与研究

1. 研究内容

对所构建的热力循环进行理论分析，包括：研究发电系统中的能量传递与转换特性，基于热力过程影响因素的定量分析，确定实现热、功转换的热力过程。针对有机兰金循环(ORC)系统的应用，构建了三压有机兰金循环(TPORC)发电热力循环。对构建的系统进行了多参数全局优化，确定了发电系统最优运行模式及在不同地热流体条件下系统循环结构的适用范围。对八种用于 TPORC 系统工质(R245fa、R600、R601a、R134a、R1234yf、R152a、R600a、R143a)的热力性能进行了比较分析。以平准化电力成本(LEC)和投资回收期(PBP)为系统技术经济性指标，分析对比了单压有机兰金循环(SPORC)、双压有机兰金循环(DPORC)及三压有机兰金循环系统的技术经济性[5]。

2. 研究方法

现阶段研究方法主要采用数值计算和模拟，基于热力学、传热学、流体力学、运筹学及最优化理论与方法，依据干热岩发电循环各部件中的热、功传递与转换的实现方式和途径，根据干热岩井口及井内载热流体热力参数、发电系统负荷特性、系统环境参数等因素，对发电系统中各部件的工作过程进行热力学表征与分析，形成体现发电系统实际工作特征的热力过程。以净发电量最大为目标函数，对发电循环参数进行优化，综合考虑系统各部件功耗(地热水泵功耗、工质泵耗功、冷却水泵耗功、冷却塔风机耗功等)，确定发电系统最优运行模式及适应性条件；在蒸发压力的优化过程中，采用多参数协同优化方法，获得全局最优解[6,7]。对不同类型工质在循环系统各部件中的工作特性进行研究，探究工质物性对热力过程的影响规律，确定适应所构建循环工质的热物性参数分布范围。在不同热源温度情况下对 SPORC、DPORC、TPORC 系统的热力学性能、技术经济性及适用范围进行了对比分析。

3. 研究过程

图 6.2.1、图 6.2.2 分别为 TPORC 发电系统原理图和对应的温-熵(T-S)图。该系统具有三级蒸发过程。优化过程中，在给定的载热流体工况下，以净输出功最大为目标函数对 TPORC 系统的高、中、低三级压力以及过热度和窄点温差进行优化分析。综合考虑了发电系统的厂用功耗，包括工质泵功耗、地热水泵功耗、冷却水泵功耗、冷却风机功耗等。TPORC 系统的优化考虑了实际过程的不可逆性；在 TPORC 系统工质筛选时，分别对八种工质(R245fa、R600、R601a、R134a、R1234yf、R152a、R600a、R143a)的热力发电性能进行优化分析和比较。在运行参数优化及与 DPORC、SPORC 系统对比时，选取 R245fa 为工质。

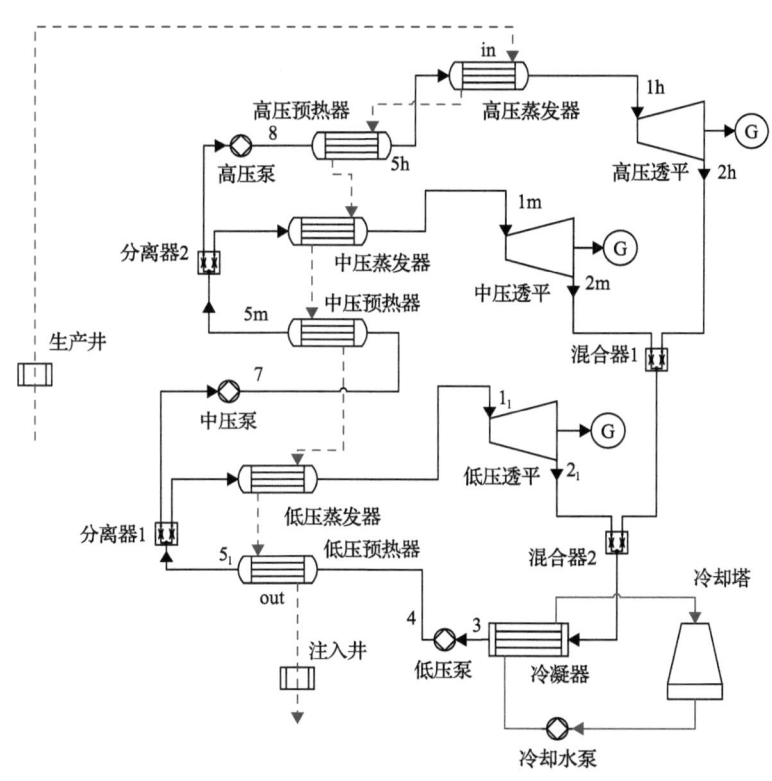

图 6.2.1 TPORC 发电循环原则性热力系统图

in-流入；out-流出；1_l、2_l、3、…-步骤状态编号

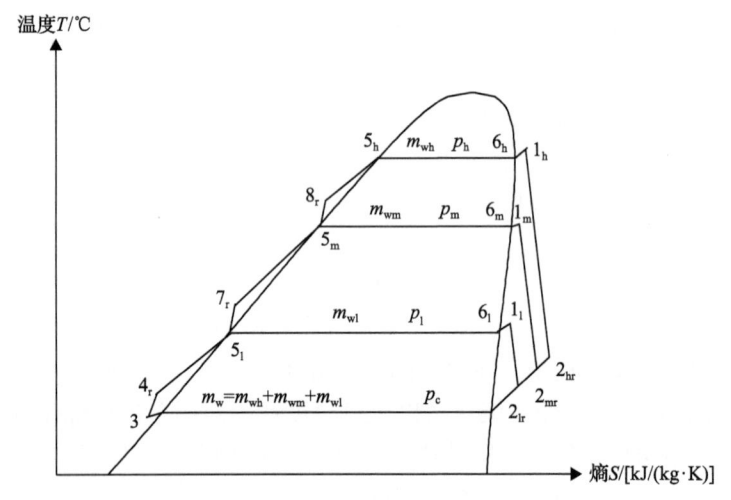

图 6.2.2 TPORC 系统发电循环温-熵图

m_{wh}-高压透平中流出的流体质量；m_{wm}-中压透平中流出的流体质量；m_{wl}-低压透平中流出的流体质量；m_w-循环内的流体总质量；p_h-高压；p_m-中压；p_l-低压；p_c-混合器内流体所受到的压力

4. 研究结果[8]

(1)过热度(d_t)和窄点温差(T_e)的分析结果表明：当 d_t 保持一定时，T_e 提高会降低净输出功($W_{g,net}$)；当 T_e 保持一定时，d_t 增加同样使得净输出功有所减小。因此，减小工质在蒸发器出口的 d_t 以及换热器内的 T_e 可以有效增加 TPORC 系统的净输出功。

(2)TPORC 系统的蒸发压力优化结果如图 6.2.3 所示，当载热流体温度($t_{g,in}$)为 125℃时，净输出功最大值为 231.2kW，高、中、低三级最佳压力分别为 11.43bar、6.92bar、3.64bar；当载热流体温度为 150℃时，净输出功最大值为 388.0kW，高、中、低三级最佳压力分别为 17.74bar、9.82bar、4.73bar；当载热流体温度为 175℃时，净输出功最大值为 589.5kW，高、中、低三级最佳压力分别为 29.08bar、14.42bar、5.92bar；当载热流体

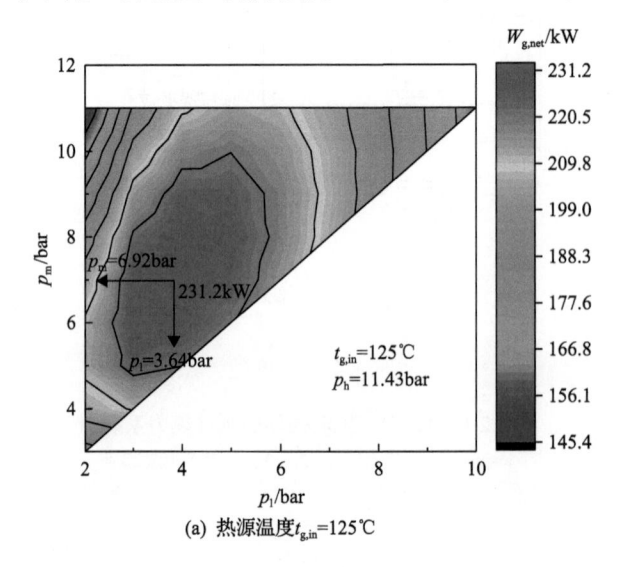

(a) 热源温度 $t_{g,in}$=125℃

(b) 热源温度 $t_{g,in}$=150℃

(c) 热源温度 $t_{g,in}$=175℃

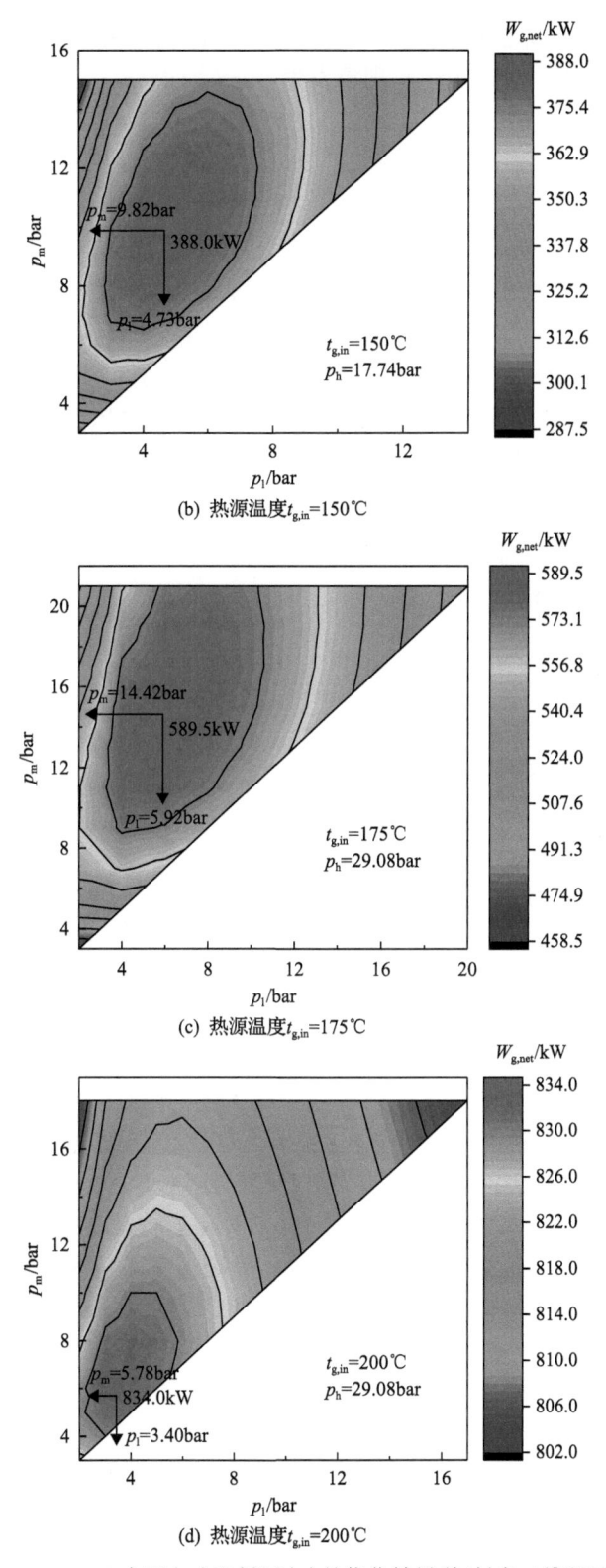

(d) 热源温度 $t_{g,in}$=200℃

图 6.2.3　TPORC 中压(p_m)和低压(p_l)的优化结果(扫封底二维码见彩图)

温度为200℃时，高压p_h最佳压力依旧取29.08bar以确保高压级蒸发温度比R245fa临界温度(154℃)低12℃，以避免热解现象发生。

(3) 在四种不同载热流体温度(125℃、150℃、175℃、200℃)下沿恒定中压(p_m)值方向的梯度大于恒定低压(p_l)值方向，所以TPORC系统中低压(p_l)变化对系统净输出功的影响大于中压(p_m)。

(4) 不同载热流体温度下($t_{g,in}$=100~200℃)SPORC、DPORC、TPORC三个系统净输出功的变化情况与相对大小如图6.2.4所示。此时地热水流量G=10kg/s，每个温度点下的输出功均为三个循环在此温度时的最佳值。不同载热流体温度下(100~200℃)SPORC、DPORC、TPORC三个系统净输出功的变化趋势与相对大小表明：更多一级蒸发过程可提高发电系统的净输出功，其热力发电性能排序依次为TPORC>DPORC>SPORC；但在低温段(120℃以下)和高温段(180℃以上)多压系统的优势变小，中温段(120~180℃)多压系统相较于单压系统的优势更明显。

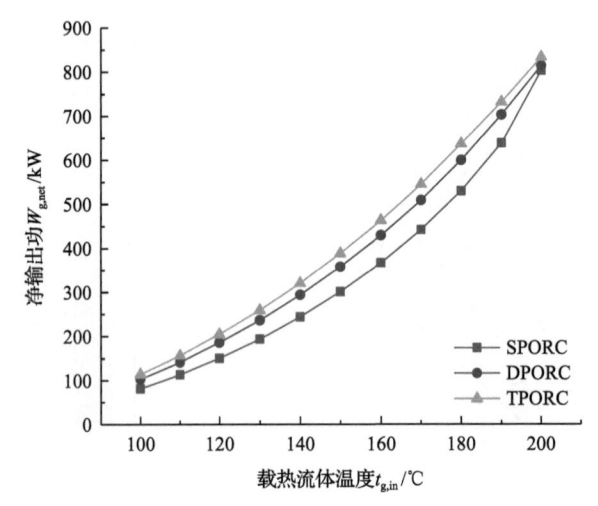

图6.2.4 SPORC、DPORC、TPORC系统净输出功$W_{g,net}$随载热流体温度$t_{g,in}$的变化

(5) TPORC系统工质筛选优化结果显示(图6.2.5)：当载热流体温度在100~145℃时，工质R601a异戊烷(isopentane)的净输出功最大；当载热流体温度在145~185℃时，工质R245fa的净输出功最大；当载热流体温度大于185℃时，R600a异丁烷(isobutane)的净输出功最大。工质R134a的净输出功在160℃时与工质R1234yf相等，其他温度条件下R134a的性能更好。工质R143a的净输出功在整个温度区间内都是最小值，所以R143a不宜作为TPORC系统的循环工质。当载热流体温度较低时，工质对TPORC系统净输出功的影响较小，100℃时，最大净输出功是最小净输出功的1.24倍；随载热流体温度上升，工质对系统的影响增加，150℃时，最大净输出功是最小净输出功的1.67倍；200℃时，最大净输出功是最小净输出功的2.27倍。

(6) 选用平准化电力成本和投资回收期分别对三个系统(SPORC、DPORC、TPORC)的技术经济性进行了分析对比：在整个温度区间内(100~200℃)，SPORC系统的平准化电力成本(LEC$_{SPORC}$)为三个系统中最大值，TPORC系统的平准化电力成本(LEC$_{TPORC}$)最小。随着载热流体温度升高,三个系统的成本都降低且 SPORC 系统下降幅度更大。在 200℃ 时,SPORC 和 DPORC 系统平准化电力成本相等,说明当载热流体温度低时双压系统比单压系统更具优势。

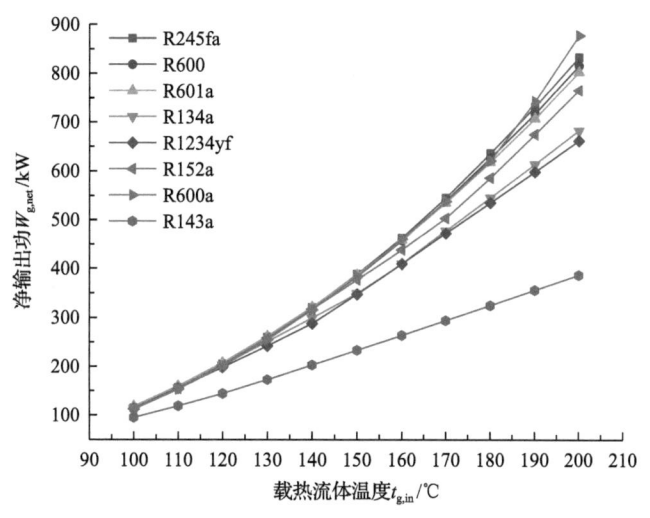

图 6.2.5　TPORC 系统工质筛选结果

(7) 投资回收期分析结果见图 6.2.6:载热流体温度越高经济性越好,回收期越短。当载热流体温度高于 130℃ 时,双压系统投资回收期 PBP$_{DPORC}$ 小于 20 年。当载热流体温度高于 145℃ 时,单压系统投资回收期 PBP$_{SPORC}$ 小于 20 年。当载热流体温度为 200℃ 时,SPORC 和 DPORC 系统的回收周期约为 8 年,接近相等。当载热流体温度高于 170℃ 时,TPORC 系统投资回收期 PBP$_{TPORC}$ 小于 20 年。在 20 年运行期内,DPORC 系统的运行温度范围更广,SPORC 系统次之,TPORC 系统运行温度区间最小。

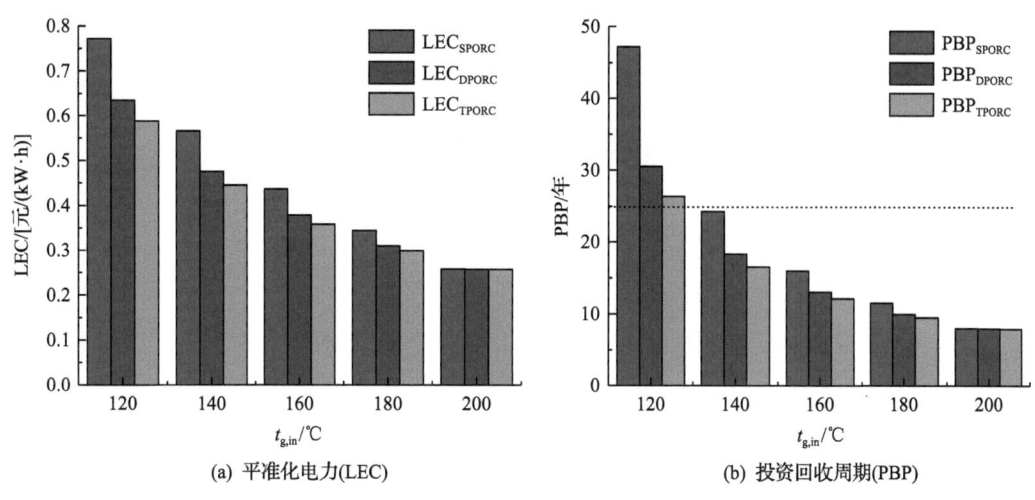

(a) 平准化电力(LEC)

(b) 投资回收周期(PBP)

图 6.2.6　SPORC、DPORC、TPORC 系统经济性对比与分析

6.2.2 新型地热发电循环

1. 新型地热发电循环的特点

构建了适用于干热岩发电的新型循环,即增压吸热跨临界混合工质地热发电循环,见图 6.2.7。此新型发电循环的特点可归纳如下:

(1) 循环利用重力场实现增压吸热过程,使循环吸热量增加,提高了循环发电量。循环工质在井下同轴套管换热器中可接触到深处更高温度的地热水,从而提高了换热器工质的出口温度。此外,下降管与上升管的重力差可产生浮力驱动的热虹吸效应,导致换热器出口工质压力比其入口压力不减反增,可以有效提高汽轮机入口参数[9]。

(2) 采用基于 CO_2 的二元混合工质,有利于减少冷却系统的投资。所采用混合工质的临界点高于纯 CO_2 的临界点,可实现有相变的降温冷凝过程,因此系统仍可采用传统的冷凝器,不必像 CO_2 布雷顿(Brayton)循环受制于采用紧凑型大面积换热器,可节省相应投资[10]。

(3) 循环为跨临界、增压、增温吸热过程,与热源(地热水)放热温度有更好的匹配,可以减少与热源的换热温差。另外,有温度降的冷凝过程与冷源(冷却水)吸热温度也可以很好地匹配,可以减少与冷源的换热温差。冷、热源换热不可逆性的减少有利于循环效率的提高[11]。

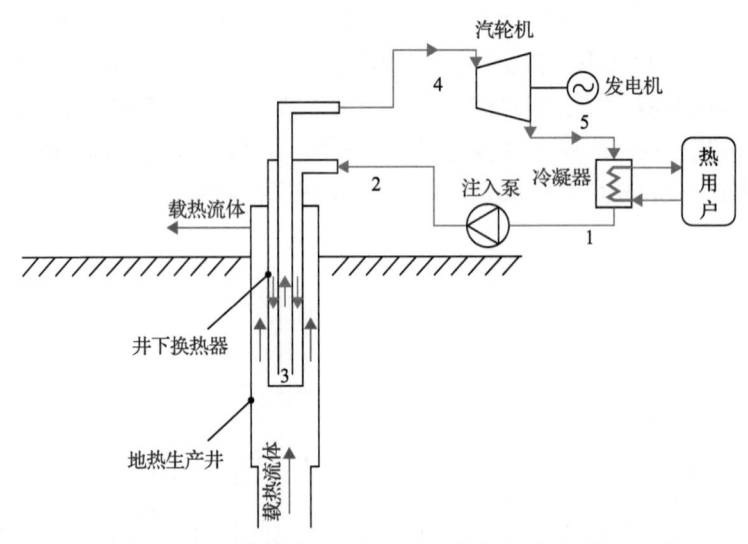

图 6.2.7 增压吸热跨临界混合工质地热发电循环系统示意图

2. 超临界混合工质热源换热过程模拟

超临界混合工质热源换热器结构及换热流体流程如图 6.2.8 所示。研究了基于 CO_2 的混合工质在井下同轴套管换热器实现增压吸热及减温放热的过程。混合工质采用 CO_2 和有机工质组成的 7 种二元混合物;混合工质的混合比例范围为 0.1~0.9,注入压力为 10~

18MPa，工质质量流量范围为 1~10kg/s。

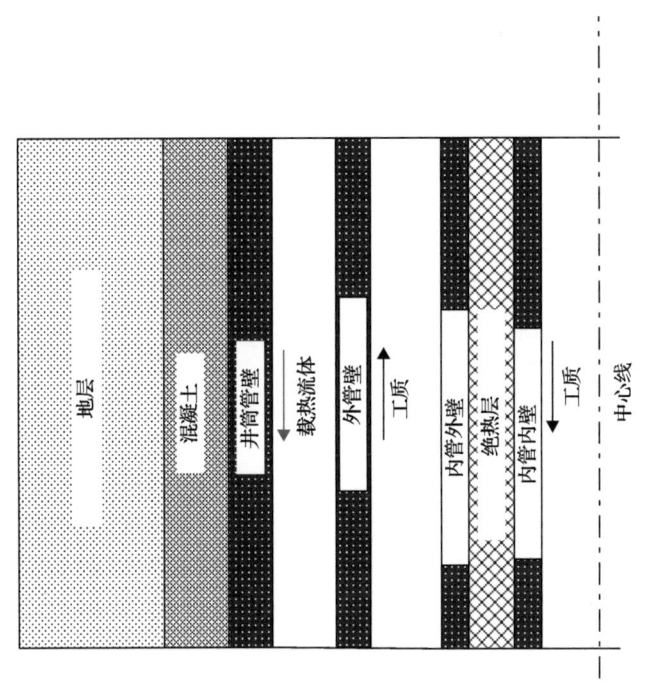

图 6.2.8 超临界混合工质热源换热器结构及换热流体流程示意图

分别对内管与外管的换热、外管与地热水的换热以及地热水与地层的换热进行了建模及数值模拟，考虑了温度场和速度场之间的相互影响，对质量守恒、动量守恒和能量守恒进行了耦合求解。由于 CO_2 混合工质的密度随温度变化较大，而密度的变化又影响速度场和压力场，并且通过摩擦损失和焦耳-汤姆孙效应（简称焦-汤效应）反映在温度上[12]。

3. 混合工质不同组分比例对比输出功的影响

筛选后的最佳混合工质（Y/CO_2）在不同混合比例情况下系统的比输出功（单位质量流量载热流体输出功）随工质质量流量的变化见图 6.2.9。研究对两种载热流体温度（120℃和 180℃）和 5 种不同混合比例（0.1、0.3、0.5、0.7、0.9）的混合工质进行了模拟。

图 6.2.9 中的模拟结果表明：当载热流体温度较低（120℃）时，采用较高比例 CO_2 的混合工质，比输出功较大；当载热流体温度较高（180℃）时，采用较低比例 CO_2 的混合工质，比输出功较大。

4. 混合工质质量流量及注入压力对比输出功的影响

混合工质质量流量及注入压力对比输出功及换热器工质出口温度的影响见图 6.2.10。

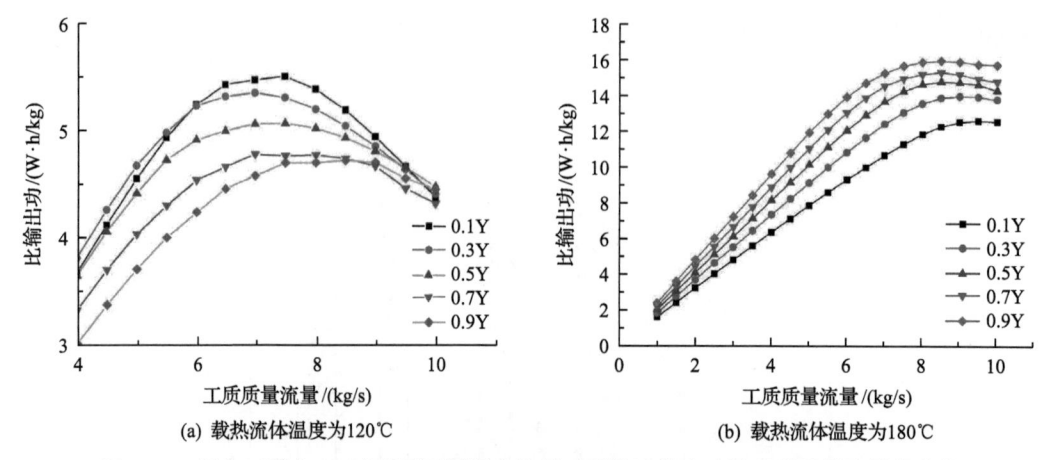

图 6.2.9 混合工质(Y/CO_2)采用不同混合比例时系统比输出功随工质质量流量的变化

载热流体流量=5kg/s；工质注入压力=14MPa；换热器长度=300m

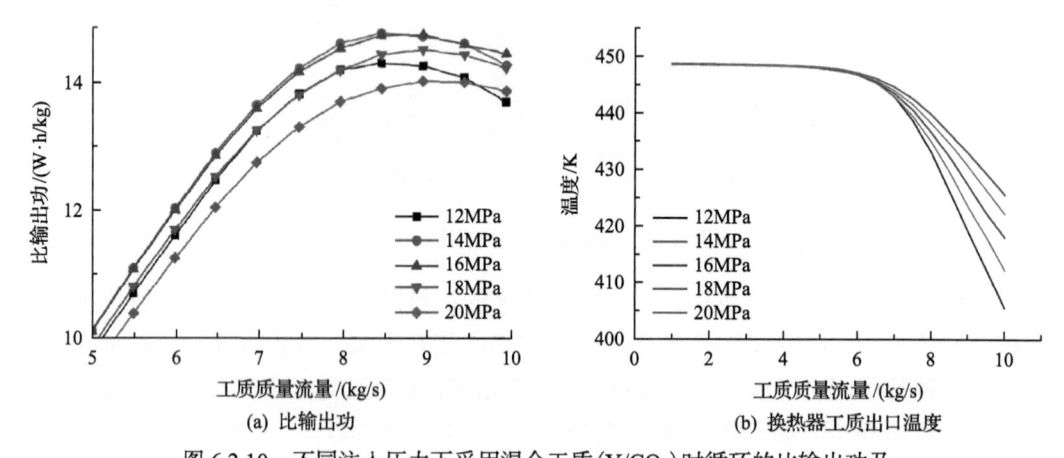

图 6.2.10 不同注入压力下采用混合工质(Y/CO_2)时循环的比输出功及换热器工质出口温度随工质质量流量的变化

工质混合比例=0.5/0.5；载热流体流量=5kg/s；工质注入压力=14MPa；换热器长度=300m

研究表明：最佳注入压力在 14MPa 和 16MPa 之间。注入压力太高和太低都会导致比输出功降低。工质质量流量小于 6kg/s 时，5 种注入压力下换热器工质出口温度非常接近；工质质量流量超过 6kg/s 时，5 种注入压力工况下的换热器工质出口温度都开始下降。注入压力越大，下降趋势越平缓，出口温度越高。

5. 载热流体流量与比输出功的关系

图 6.2.11 显示的是载热流体流量变化对比输出功和换热器工质出口温度影响的模拟结果：载热流体流量越大，与之对应的最佳工质质量流量也越大，导致泵功及换热器中的摩损增加，进而导致比输出功减少。但较高载热流体流量的曲线在最大值附近更加平缓，其变工况运行的适应性较好。载热流体流量较大时（9kg/s），换热器工质出口温度几乎不随工质质量流量而变；载热流体流量较小时（2kg/s），工质质量流量对换热器工质出口温度影响明显。

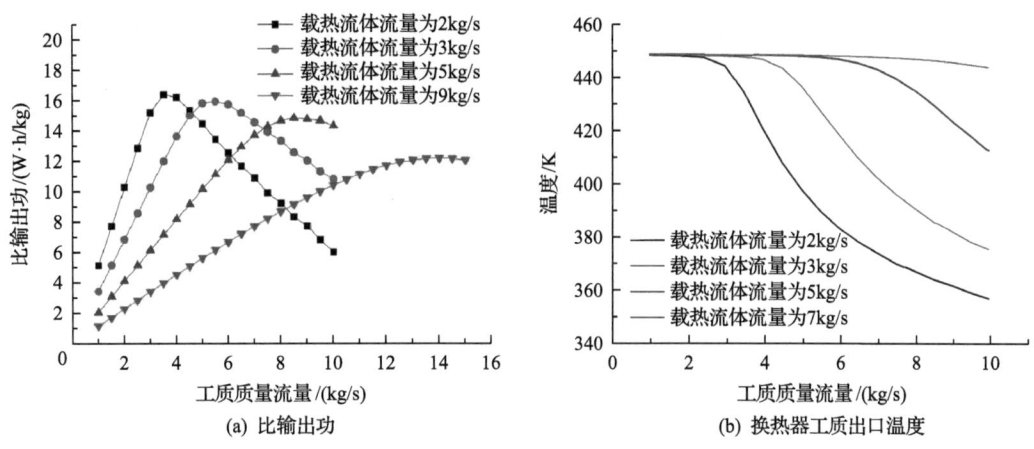

图 6.2.11 载热流体流量变化对比输出功和换热器工质出口温度的影响

工质 Y/CO₂ 混合比例=0.5/0.5；工质注入压力=14MPa；换热器长度=300m

6.2.3 新型发电循环与常规有机兰金循环发电性能比较

新型发电循环与常规有机兰金循环发电性能的比较在以下基础上进行：常规有机兰金循环采用 Lu 等[5]的 ORC 模型。蒸发器夹点温差为 7℃，冷凝器夹点温差、冷却水温度、透平效率以及泵效率等与所构建的新型系统取值一致，但有机兰金循环的热源进口温度比构建的新型发电循环的热源进口温度(井下 300m 的地热水温度)低。

进行有机兰金循环计算时，其蒸发器蒸发压力(即汽轮机进口压力)会影响其系统输出功和热效率，需要对其进行优化才能得到给定热源温度下的最佳输出功。

图 6.2.12 是不同地热水温度下以 R32/CO₂ 为工质的新循环与以 R245fa 及 R601 为工质的有机兰金循环的净输出功比较。每个循环的净输出功都对应其最优工况。

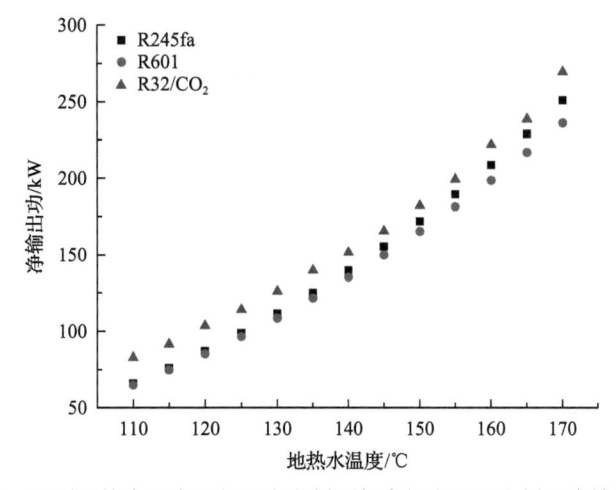

图 6.2.12 不同地热水温度下新型发电循环与常规有机兰金循环净输出功比较

地热水流量=5kg/s

可以看到，在地热水温度为 110～170℃内，以 R32/CO₂ 为工质的带有井下换热器的新型发电循环的净输出功始终高于以 R601 和 R245fa 为工质的常规有机兰金循环。在地热水温度为 110℃时，新型发电循环的净输出功比有机兰金循环高约 50kW。随着地热水温度提高，采用 R245fa 为工质的有机兰金循环净输出功与新型发电循环净输出功之间的差距有所减小，在地热水温度为 170℃时，两者的差距为 25kW；但采用 R601 为工质的有机兰金循环的净输出功与新型发电循环净输出功之间的差距反而略有增大，约为 70kW。

新型发电循环比常规有机兰金循环具有更好的发电性能主要有以下原因：井下换热器的使用使得发电循环工质可以与更高温度的地热水换热，借助重力场的作用和汤姆孙效应完成了增压吸热过程，加之跨临界循环与地热水温度曲线有更好的匹配，而且混合工质的使用导致工质冷凝时出现温度滑移，使得冷凝过程与冷却水温度曲线也有了更好的匹配，从而减少了冷热源温差传热的不可逆性。新型发电循环在热源温度小于 170℃时更具有优势，多压有机兰金循环在热源温度大于 170℃时更具有优势[13]。

6.3 干热岩发电及综合利用系统耦合技术方案

6.3.1 多压 ORC 系统耦合研究

针对新型循环发电综合利用系统，以满足热用户需求统一度为目标，对系统的运行参数进行了耦合，确定了系统运行策略。

1. 多压 ORC 系统耦合

相比于常规 ORC，新型发电循环在热源温度小于 170℃时更具有优势，热源温度大于 170℃时多压 ORC 更具有优势。因此，构建了多压 ORC。构建的双压 ORC 系统图如图 6.3.1 所示，其蒸发器中的传热过程和双压 ORC 的 T-S 图如图 6.3.2 所示。它主要由干热岩和双压 ORC 系统组成，每个 ORC 系统包含一个蒸发器、透平、发电机、冷凝器和工质泵。ORC 系统过热可以略微提高系统的热效率，但降低了㶲效率。假定透平和工质泵的等熵效率分别为 0.8 和 0.7。忽略蒸发器、冷凝器和所有管道系统中的压降。假设所有的组件都是绝热的，系统处于稳定状态。

2. 热力学计算

在图 6.3.2 的 T-S 图中过程 5-1 和 11-7 为等压吸热过程，总的吸热量 Q_h 为

$$Q_h = m_h \left(h_{h,in} - h_{h,out} \right) = Q_{e,HP} + Q_{e,LP} \tag{6.3.1}$$

其中，m_h 为热源流量，kg/s；$h_{h,in}$、$h_{h,out}$ 分别为热源在进口和出口的焓值，J/kg；$Q_{e,HP}$、$Q_{e,LP}$ 分别为高压循环和低压循环中工作流体吸收的热量，J/s。

高压循环和低压循环是相互独立的。高压循环和低压循环蒸发器的有机工质流量分别为

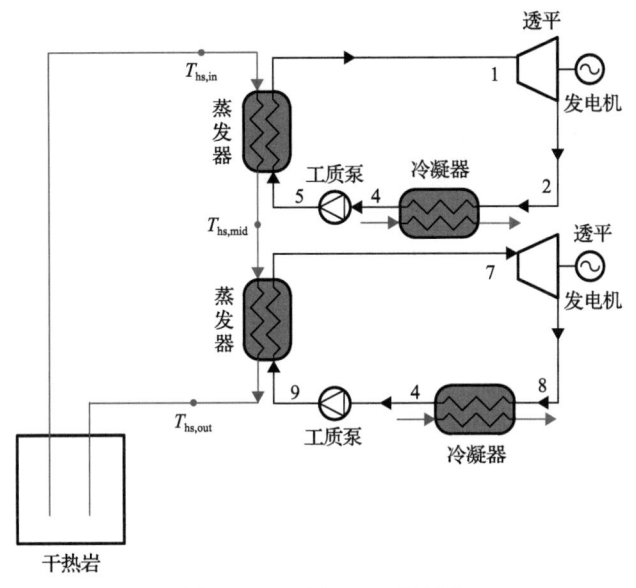

第 6 章　干热岩发电及综合利用技术方案与经济性评价

图 6.3.1　双压 ORC 系统图

$T_{hs,in}$、$T_{hs,out}$-热源在进口和出口处的温度；$T_{hs,mid}$-热源在低压循环蒸发器入口处的温度

(a) 传热过程

(b) 双压ORC的 T-S 图

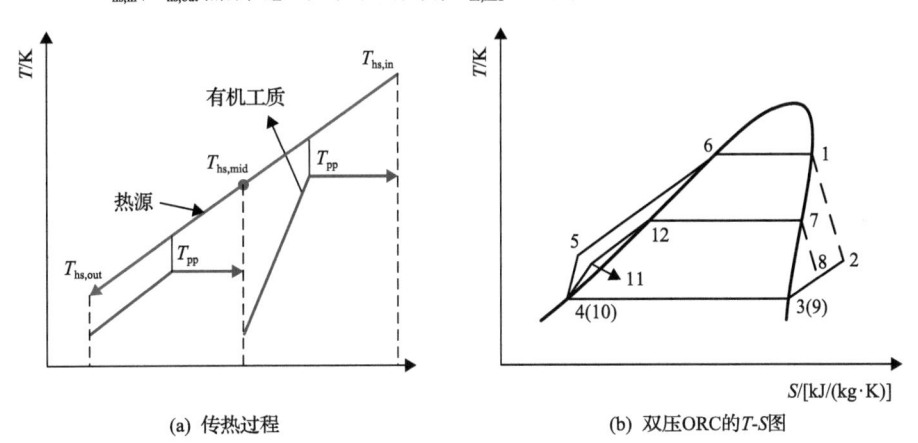

图 6.3.2　传热过程(a)和双压 ORC(b) 的 T-S 图

T_{pp}-有机工质的温度

$$m_{f,HP} = \frac{Q_{e,HP}}{h_1 - h_5} = \frac{m_h(h_{h,in} - h_{h,mid})}{h_1 - h_5} \tag{6.3.2}$$

$$m_{f,LP} = \frac{Q_{e,LP}}{h_7 - h_{11}} = \frac{m_h(h_{h,mid} - h_{h,out})}{h_7 - h_{11}} \tag{6.3.3}$$

其中，$h_{h,mid}$ 为热源在低压循环蒸发器入口处的焓值；h_1、h_5、h_7、h_{11} 为 T-S 图中相应状态点的焓值，J/kg。

高压循环和低压循环的泵耗功分别为

$$W_{p,HP} = m_{f,HP}(h_5 - h_4) \tag{6.3.4}$$

$$W_{p,LP} = m_{f,LP}(h_{11} - h_4) \tag{6.3.5}$$

其中，h_4 为 T-S 图中相应状态点的焓值，J/kg。

系统输出功率为高压循环和低压循环中透平输出功率之和，系统耗功为高压循环和低压循环中工质泵的耗功之和，系统的净输出功 W_{net} 为

$$W_{net} = W_{tur,HP} + W_{tur,LP} - W_{p,HP} - W_{p,LP} \tag{6.3.6}$$

其中，$W_{tur,HP}$ 为高压透平功耗；$W_{tur,LP}$ 为低压透平功耗。

系统热效率为

$$\eta_{ORC} = W_{net}/Q_h \tag{6.3.7}$$

有机工质的冷凝器供给热用户的热量

$$Q_c = m_{f,HP}(h_2 - h_4) + m_{f,LP}(h_8 - h_4) \tag{6.3.8}$$

其中，h_8 为 T-S 图中相应状态点的焓值，J/kg。

高压循环和低压循环中蒸发器的㶲损失分别为

$$I_{e,HP} = m_h[(h_{h,in} - h_{h,mid}) - T_0(s_{h,in} - s_{h,mid})] - m_{f,HP}[(h_1 - h_5) - T_0(s_1 - s_5)] \tag{6.3.9}$$

$$I_{e,LP} = m_h[(h_{h,mid} - h_{h,out}) - T_0(s_{h,mid} - s_{h,out})] - m_{f,LP}[(h_7 - h_{11}) - T_0(s_7 - s_{11})] \tag{6.3.10}$$

其中，T_0 为环境温度，K；$s_{h,in}$、$s_{h,mid}$ 和 $s_{h,out}$ 分别为热源在高压循环蒸发器入口、出口（低压循环的入口）和低压循环蒸发器出口处的熵值，J/(kg·K)；s_1、s_5、s_7 和 s_{11} 分别为 T-S 图中对应点的熵值，J/(kg·K)。

高压循环和低压循环中透平的㶲损失分别为

$$I_{tur,HP} = m_{f,HP}T_0(s_2 - s_1) \tag{6.3.11}$$

$$I_{tur,LP} = m_{f,LP}T_0(s_8 - s_7) \tag{6.3.12}$$

其中，s_2 和 s_8 分别为 T-S 图中对应点的熵值，J/(kg·K)。

高压循环和低压循环中工质泵的㶲损失分别为

$$I_{p,HP} = m_{f,HP}T_0(s_5 - s_4) \tag{6.3.13}$$

$$I_{p,LP} = m_{f,LP}T_0(s_{11} - s_4) \tag{6.3.14}$$

冷凝器中的㶲损失为

$$I_c = m_{f,HP}[(h_2 - h_4) - T_0(s_2 - s_4)] + m_{f,LP}[(h_8 - h_4) - T_0(s_8 - s_4)] \tag{6.3.15}$$

其中，h_2 为 T-S 图中对应点的焓值，J/kg；s_4 为温熵图中对应点的熵值，J/(kg·K)。

系统的总㶲损失：

$$I_{\text{total}} = I_{e,\text{HP}} + I_{e,\text{LP}} + I_{\text{tur,HP}} + I_{\text{tur,LP}} + I_c + I_{p,\text{HP}} + I_{p,\text{LP}} \tag{6.3.16}$$

热源进入系统的㶲：

$$E_{\text{in}} = m_h[(h_{h,\text{in}} - h_{h,\text{out}}) - T_0(s_{h,\text{in}} - s_{h,\text{out}})] \tag{6.3.17}$$

系统㶲效率为

$$\eta_{\text{exe}} = (E_{\text{in}} - I_{\text{total}})/E_{\text{in}} = W_{\text{net}}/E_{\text{in}} \tag{6.3.18}$$

单位质量流量的净输出功为

$$W_{\text{sw}} = W_{\text{net}}/(m_{f,\text{HP}} + m_{f,\text{LP}}) \tag{6.3.19}$$

1）工作条件与模型验证

水和干热岩换热获取的能量被用作热源。在分析过程中，忽略了ORC系统的压力损失和热损失。有机工质在透平进口处为饱和蒸汽，在冷凝器出口处为饱和液体。

有机工质的性质对系统性能有很大影响。一般情况下，干热岩发电选用低沸点的有机工质。此外，还要考虑临界温度和有机工质的环境保护等因素。在实际中，很难满足所有的要求。国内外研究表明，在干热岩发电系统中使用的有机工质通常是氟利昂和烷烃。在此基础上，选择了6种有机工质。这些有机工质的主要性能见表6.3.1。

表 6.3.1 有机工质的性质[14]

有机工质	T_{cr}/℃	P_{cr}/MPa	ODP	GWP/100 年
R123	183.68	3.662	0.02	79
R245fa	154.05	3.651	0	858
R601	196.55	3.37	0	0.1
R601a	187.20	3.378	0	0.1
R365mfc	186.85	3.266	0	794
R600	152.00	3.796	0	4

注：ODP-臭氧消耗潜能值；GWP-全球增温潜能值。

为了证明所采用模型的准确性和可靠性，选择 R123 对 ORC 系统的热效率进行验证。验证中使用的参数与文献 Borsukiewicz-Gozdur 和 Nowak[15]中的一致。如图 6.3.3 所示，本研究结果与 Borsukiewicz-Gozdur 的最大偏差为 3%，说明本研究结果是准确可靠的。

2）单压 ORC 系统的热力计算

如图 6.3.4 所示，有机工质流量随蒸发温度的增大而减小。随着蒸发温度升高，蒸发器出口热源温度升高，蒸发器内热源提供的热量减少。

如图 6.3.5 所示，随着蒸发温度增大，透平进出口焓差增大，有机工质流量减小。因此，随着蒸发温度升高，W_{net} 先增大后减小。对于单压 ORC 系统，有一个最佳蒸发温度使 W_{net} 最大。

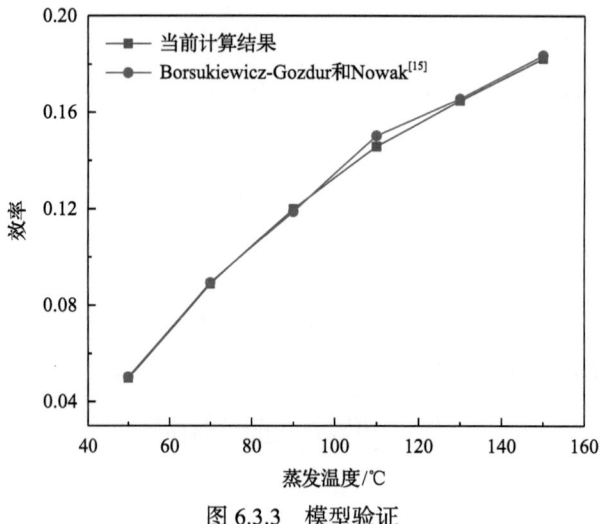

图 6.3.3　模型验证

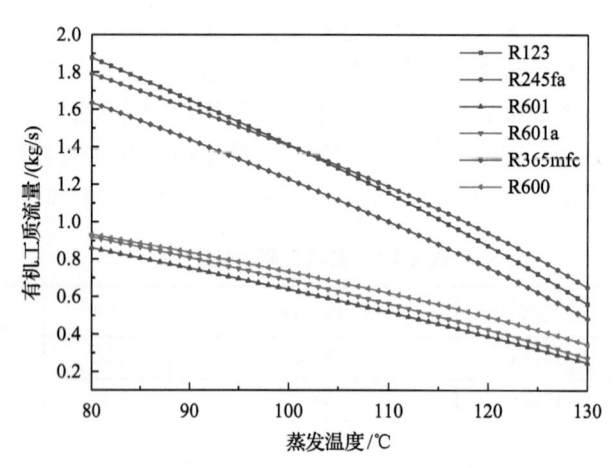

图 6.3.4　单压 ORC 的有机工质流量随蒸发温度的变化

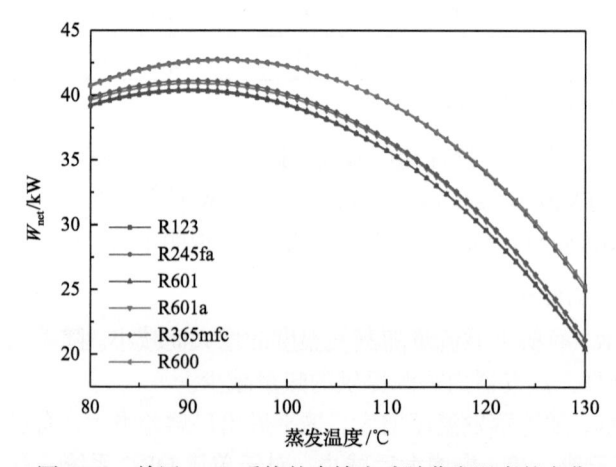

图 6.3.5　单压 ORC 系统的净输出功随蒸发温度的变化

如图 6.3.6 所示。随着单压 ORC 蒸发温度升高，η_{ORC} 值逐渐升高。当单压 ORC 系统蒸发温度低于其最优蒸发温度时，随着蒸发温度升高，系统出口处热源温度逐渐升高，W_{net} 也升高。随着系统出口热源温度升高，有机工质吸热量逐渐降低，η_{ORC} 增大。当单压 ORC 系统蒸发温度高于其最优蒸发温度时，随着蒸发温度升高，系统出口热源温度逐渐升高，W_{net} 开始逐渐下降。但是，有机工质吸热量的下降速率大于 W_{net} 的下降速率，因此系统热效率仍呈上升趋势。

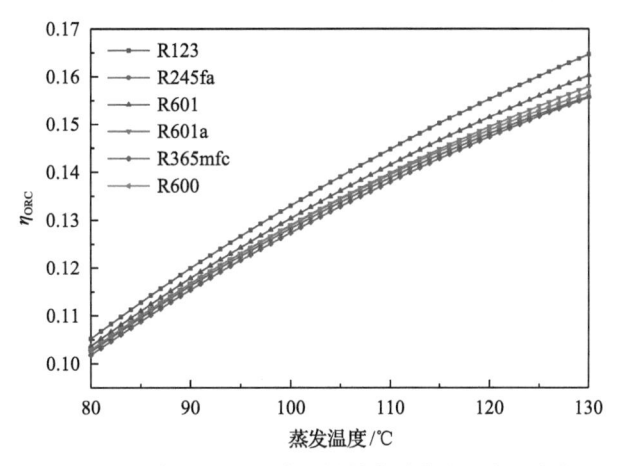

图 6.3.6 单压 ORC 系统的热效率随蒸发温度的变化

如图 6.3.7 所示。当单压 ORC 系统蒸发温度低于其最优蒸发温度时，虽然 W_{net} 随着蒸发温度的增加而增加，但进入系统的㶲减少，从而导致㶲效率提高。当单压 ORC 系统蒸发温度高于其最优蒸发温度时，进入系统的 W_{net} 和㶲值随蒸发温度增大而减小。然而，当㶲值以较高的速率下降时，㶲效率也随之增加。当 W_{net} 下降速率快于㶲值下降速率时，η_{exe} 有下降的趋势。随着蒸发温度升高，进入系统的㶲损失与进入系统的㶲比值先减小后增大。

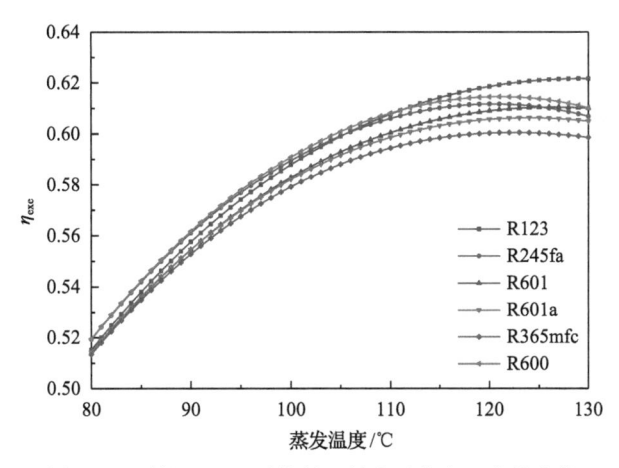

图 6.3.7 单压 ORC 系统的㶲效率随蒸发温度的变化

如图 6.3.8 所示。当单压 ORC 系统蒸发温度低于其最佳蒸发温度时，随着蒸发温度升高，W_{net}增大，有机工质流量减小，导致比功增大。当单压 ORC 系统的蒸发温度高于其最佳蒸发温度时，随着蒸发温度增加，W_{net}和有机工质流量减少，但是 W_{net} 的降低速度小于有机工质流量的下降速度，从而导致比功增加。

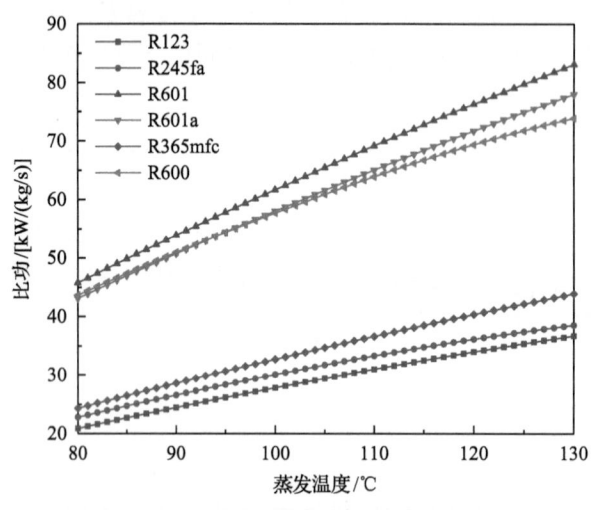

图 6.3.8　单压 ORC 系统的比功随蒸发温度的变化

3) 双压 ORC 系统的热力计算

对 6 种选定的有机工质在双压 ORC 系统中的工作性能进行了计算。由于 6 种有机工质的变化趋势相似，此处仅选择 R123 进行分析。

如图 6.3.9(a)所示，随着低温(LT)段蒸发温度升高，有机工质在双压 ORC 内流动的流量增大。随着低温段蒸发温度升高，ORC 双压系统有机工质质量流量减小。如图 6.3.9(b)所示，随着高温(HT)段蒸发温度升高，高温段有机工质质量流量减小，而低温段有机工质质量流量增大，且低温段的增加多于高温段的减少。此外，随着低温段蒸发温度升高，低温段有机工质质量流量减小。

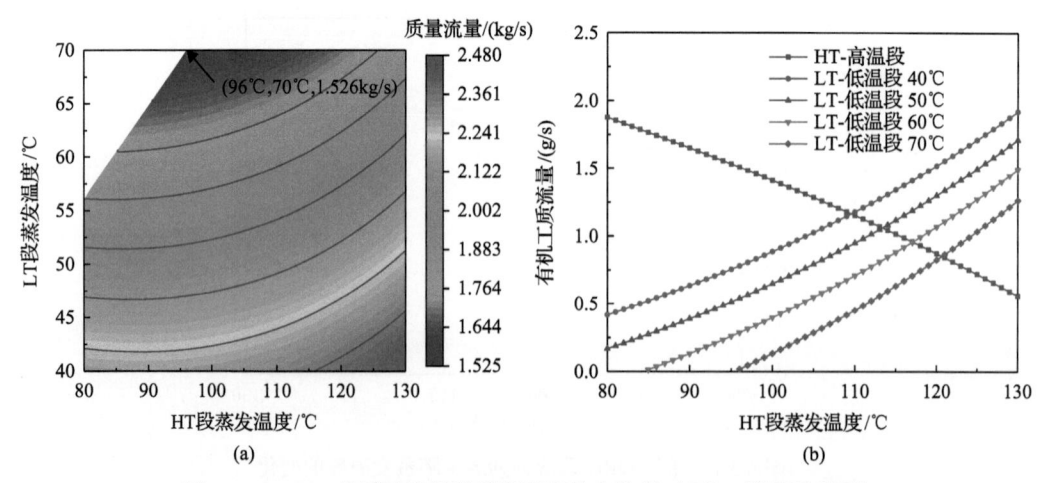

图 6.3.9　R123 的质量流量随蒸发温度的变化(扫封底二维码见彩图)

如图 6.3.10(a)所示。随着蒸发温度升高,双压 ORC 系统的 W_{net} 先升高后降低。如图 6.3.10(b)所示,随着高温段蒸发温度升高,高温段的 W_{net} 先增大后减小。低温段的 W_{net} 增加,但高温段 W_{net} 的减少幅度大于低温段的 W_{net} 增加幅度。此外,随低温段蒸发温度增大,低温段 W_{net} 先增大后减小。因此,两个蒸发温度之间的匹配关系决定了双压 ORC 系统的 W_{net}。

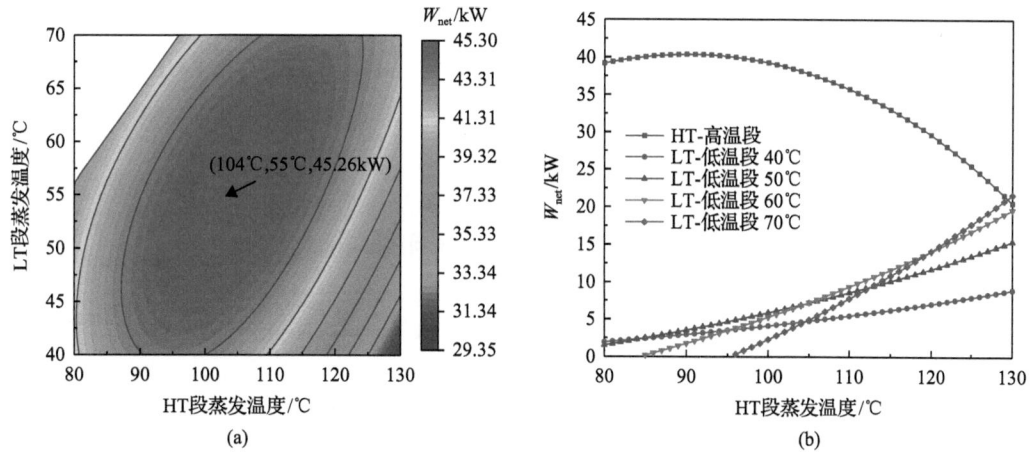

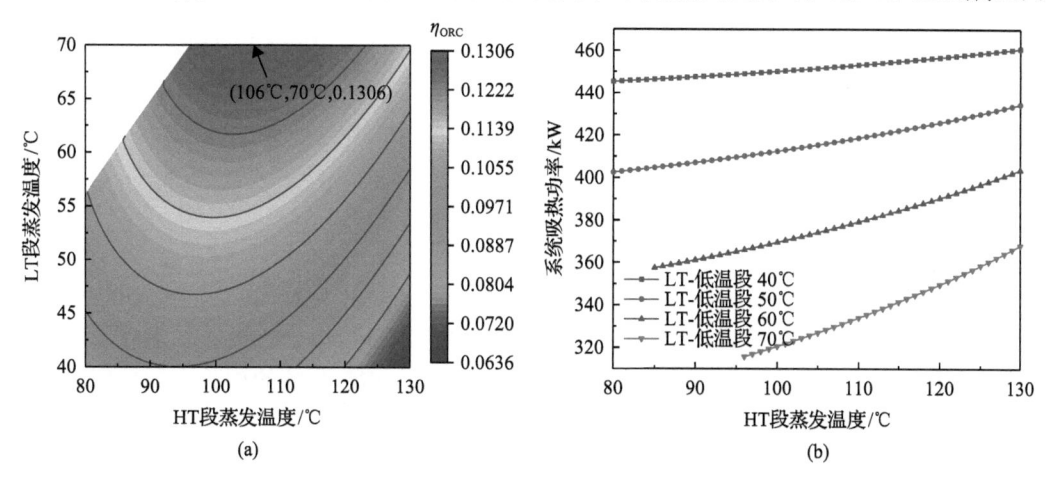

图 6.3.10 双压 ORC 系统的净输出功随蒸发温度的变化(扫封底二维码见彩图)

如图 6.3.11 所示,当高温段蒸发温度低于最优蒸发温度时,随着高温段蒸发温度升高,双压 ORC 系统的吸热量和 W_{net} 逐渐增加,但系统吸热量的增加速率小于 W_{net} 的增加速率,系统的热效率提高。当高温段蒸发温度高于最优蒸发温度时,随着高温段蒸发温度升高,双压 ORC 系统的吸热量逐渐增大,而 W_{net} 逐渐减小,系统热效率降低。随着低温段蒸发温度升高,系统吸热减小,W_{net} 先增大后减小,但 W_{net} 的降低速率小于系统吸热量下降速率,因此 η_{ORC} 增大。

如图 6.3.12 所示,当高温段蒸发温度低于最优蒸发温度时,随着高温段蒸发温度升高,进入系统的㶲逐渐增加,系统的 W_{net} 增大,但进入系统的㶲增加速率小于 W_{net} 的增加速率,因此㶲效率增大。当高温段蒸发温度高于最优蒸发温度时,进入系统的㶲随高

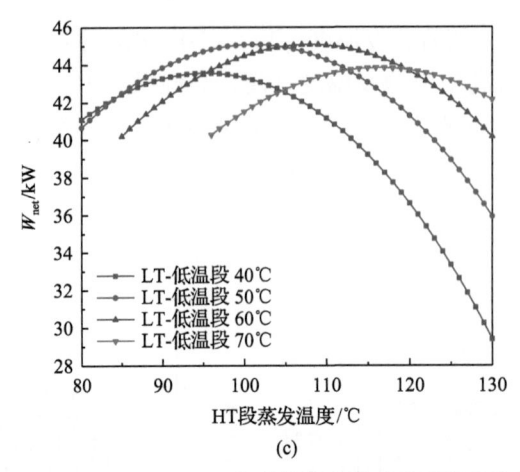

图 6.3.11 双压 ORC 系统的热效率随蒸发温度的变化

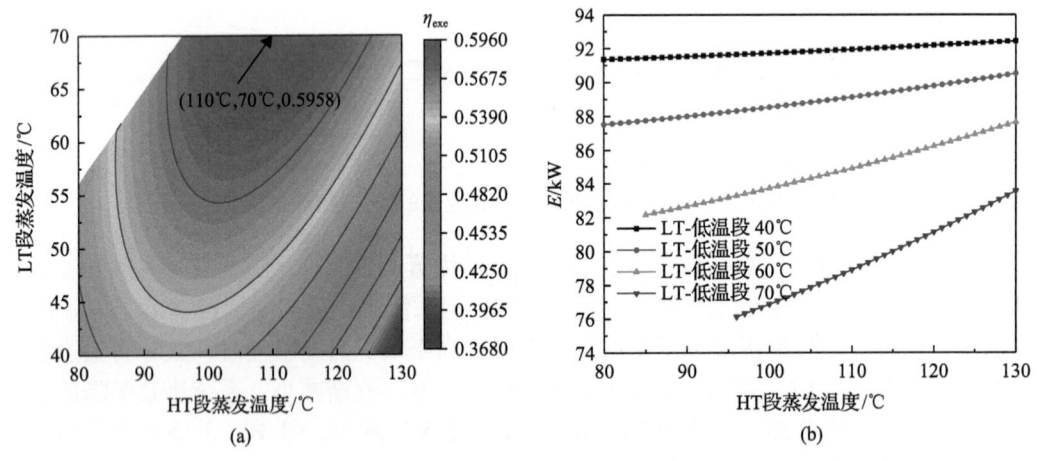

图 6.3.12 双压 ORC 系统的㶲效率随蒸发温度的变化（扫封底二维码见彩图）

温段蒸发温度升高而逐渐增加，而 W_{net} 降低，因此 η_{exe} 降低。

如图 6.3.13 所示，当高温段蒸发温度低于最佳蒸发温度时，随着高温段蒸发温度升高，W_{net} 和有机工质质量流量增大，但 W_{net} 的增加速率大于有机工质质量流量的增加速率，因此比功增大。当高温段蒸发温度高于最佳蒸发温度时，随着高温段蒸发温度升高，W_{net} 减小，但有机工质质量流量增大，比功减小。随着高温段蒸发温度升高，W_{net} 先增大后减小，有机工质质量流量减小。W_{net} 降低速率快于有机工质质量流量降低速率，因此比功增大。

3. 优化计算

将层次分析法与熵值法相结合，对现有工作进行了优化：首先，层次分析法将问题分为多个因素；其次，根据不同的层次关系对多个因素进行组合；最后，建立了多层分析结构模型，使复杂问题变得简单。综合考虑目前双压 ORC 系统的相关因素构建的综合评价模型如图 6.3.14 所示。

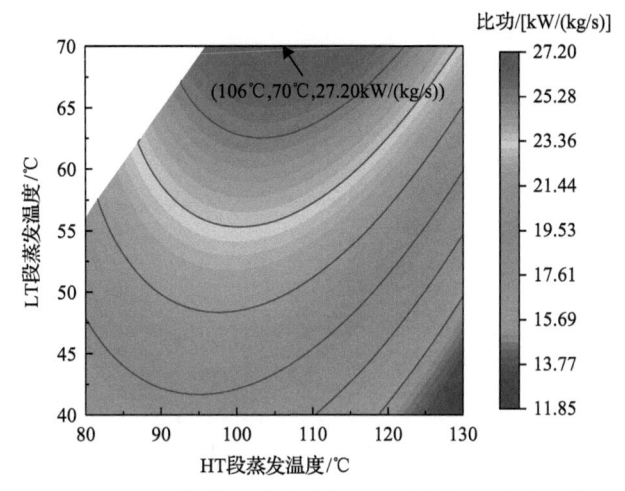

图 6.3.13 双压 ORC 系统的比功随蒸发温度的变化（扫封底二维码见彩图）

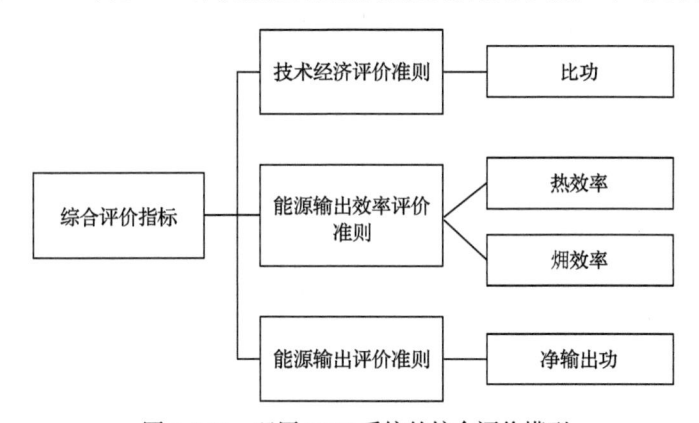

图 6.3.14 双压 ORC 系统的综合评价模型

计算得到的初始数据矩阵 $\boldsymbol{X}$ 构成综合评价模型的指标层。定义 i 工况下 j 评价指标值为 $\boldsymbol{X}_{ij}$，$\boldsymbol{X}_{ij}>0$。

首先，指标层的 W_{net}、η_{ORC}、η_{exe} 和比功（W_{sw}）越大，热力学性能越好。

由于本次研究的评价指标均为阳性（数值越大，指标越好），不需要进行非阴性处理。针对各评价指标的不同维度和数量级，对数据进行规范化处理，确保评价结果的可比性和真实性。无量纲评价指标定义如下：

$$d_{ij} = \boldsymbol{X}_{ij}^{*} \Big/ \sum_{i=1}^{m} \boldsymbol{X}_{ij}^{*} \quad i=1,2,3,\cdots \tag{6.3.20}$$

其中，d_{ij} 为 j 指标中 i 条件对 j 指标的贡献；$\boldsymbol{X}_{ij}^{*}$ 为伴随矩阵。

评价指标 j 的熵值为

$$e_j = -\sum_{i=1}^{m} d_{ij} \ln d_{ij} \tag{6.3.21}$$

X_j 评价指标的差值系数定义如下：

$$g_j = 1 - e_j \tag{6.3.22}$$

X_j 的权重因子由其自身的差值系数确定，表示为

$$w_j = g_j \bigg/ \sum_{j=1}^{n} g_j \quad j = 1, 2, 3, 4 \tag{6.3.23}$$

最后得到各方案的综合评价指标如下：

$$\xi_i = -\sum_{j=1}^{3}(X_j \times w_j) \quad i = 1, 2, 3, 4 \tag{6.3.24}$$

其中，w_j 为权重因子；X_j 为 i 工况下 j 评价指标值。

熵的概念来源于热力学，它是对系统状态不确定性的度量。基于这一性质，可以使用评价指标中固有的信息。利用熵值法得到各指标的信息熵。信息的信息熵越小，无序度越低。信息的效用值越大，指标的权重越大。根据指标层的指标选择，计算出 6 种有机工质的综合评价指标，结果如表 6.3.2、表 6.3.3 所示。

表 6.3.2　单压 ORC 系统中 6 种有机工质的性能参数

工质	W_{net}/kW	η_{ORC}	η_{exe}	比功/[kW/(kg/s)]
R600	42.6768	0.1217	0.5749	53.6904
R601	40.4452	0.1178	0.5546	53.8619
R601a	40.9177	0.1180	0.5579	51.4565
R123	40.3355	0.1199	0.5576	24.4411
R365mfc	41.1258	0.1167	0.5560	29.0085
R245fa	42.7651	0.1200	0.5709	27.6466

表 6.3.3　双压 ORC 系统中 6 种有机工质的性能参数

工质	W_{net}/kW	η_{ORC}	η_{exe}	比功/[kW/(kg/s)]
R600	46.4396	0.1136	0.5690	49.2999
R601	44.8954	0.1126	0.5649	51.0051
R601a	45.0251	0.1109	0.5621	47.6911
R123	45.2550	0.1147	0.5688	23.1936
R365mfc	44.9092	0.1107	0.5619	27.1770
R245fa	46.3735	0.1134	0.5706	25.8058

单压和双压 ORC 系统有机工质综合评价值如表 6.3.4 所示。

表 6.3.4 不同有机工质综合评价指标

ORC 系统类型	ξ_{R600}	ξ_{R601}	ξ_{R601a}	ξ_{R123}	$\xi_{R365mfc}$	ξ_{R245fa}
双压	31.6505	31.6674	30.6542	22.9236	24.0740	24.1375
单压	31.7599	31.0501	30.4455	21.6427	23.3659	23.4938

注：ξ 表示综合评价指标。

在双压 ORC 系统中，R601 综合评价指标值最大，因此 R601 是所选有机工质中最合适的工质。在单压 ORC 系统中，R600 综合评价指标值最大，因此 R600 是所选有机工质中最合适的工质。

4. 单压与双压 ORC 系统的热力学性能比较

如图 6.3.15 所示，通过比较不同有机工质的单压和双压 ORC 系统在最佳工作条件下的 W_{net}，发现双压 ORC 系统的 W_{net} 明显大于单压 ORC 系统。6 种有机工质中，R123 为工作流体时，W_{net} 增加得最多（12.20%），R245fa 为工作流体时，W_{net} 增加得最少（8.44%）。

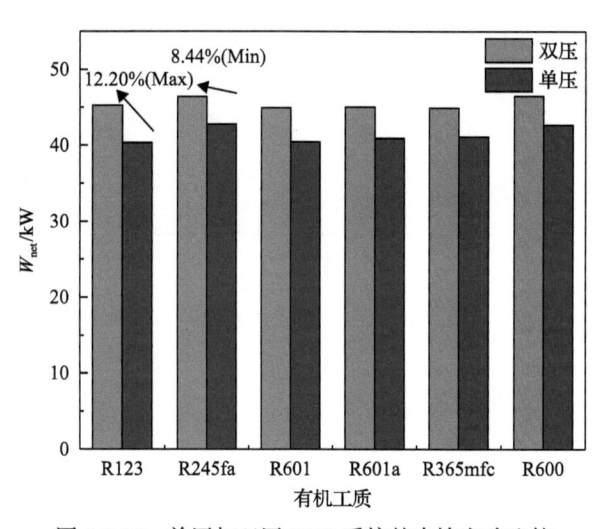

图 6.3.15 单压与双压 ORC 系统的净输出功比较

如图 6.3.16 所示，通过比较不同有机工质下单压和双压 ORC 系统在最佳工作条件下的热效率，发现双压 ORC 系统的热效率低于单压 ORC 系统。

如图 6.3.17 所示，通过比较不同有机工质下单压和双压 ORC 系统在最佳工作条件下的㶲效率，发现以 R600 为工作流体时，双压 ORC 系统的㶲效率低于单压 ORC 系统。

如图 6.3.18 所示，通过比较最佳工作条件下单压和双压 ORC 系统的有机工质质量流量，发现双压 ORC 系统有机工质质量流量大于单压 ORC 系统。当 R601、R601a、R600

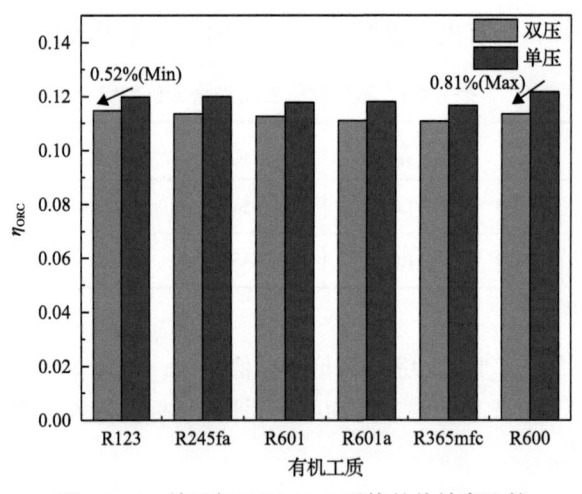

图 6.3.16 单压与双压 ORC 系统的热效率比较

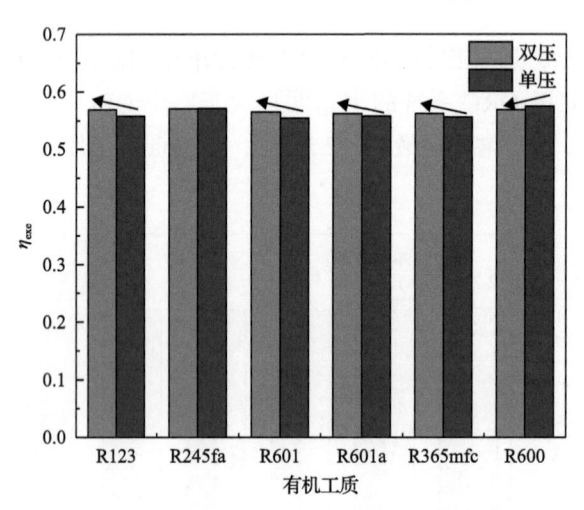

图 6.3.17 单压与双压 ORC 系统的㶲效率比较

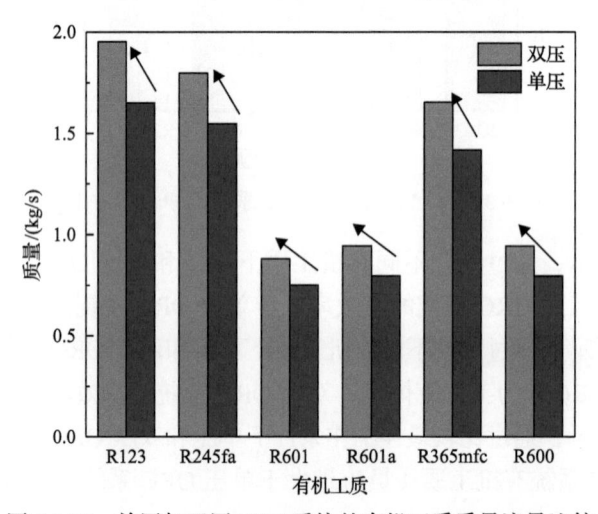

图 6.3.18 单压与双压 ORC 系统的有机工质质量流量比较

作为工作流体时,系统所需的流量小于热源所需的流量。

如图 6.3.19 所示,通过对比单压和双压 ORC 系统的热源出口温度,发现双压 ORC 系统的热源出口温度低于单压 ORC 系统。

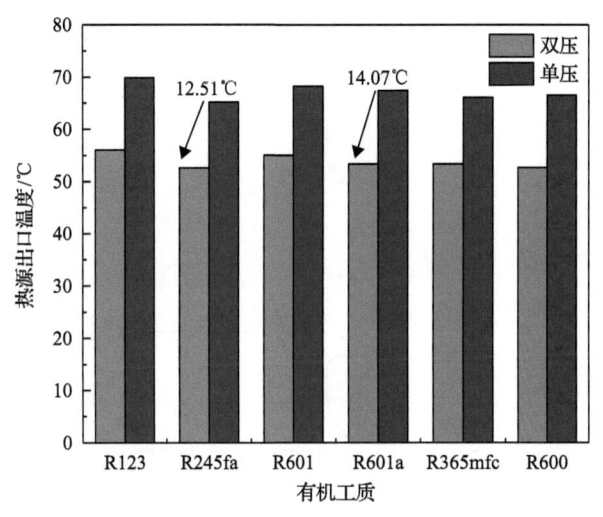

图 6.3.19　热源在单压与双压 ORC 系统出口处的温度比较

如图 6.3.20 所示,单压 ORC 系统比功大于双压 ORC 系统。由于低温 ORC 的比功小于高温 ORC,双压 ORC 系统的比功降低。

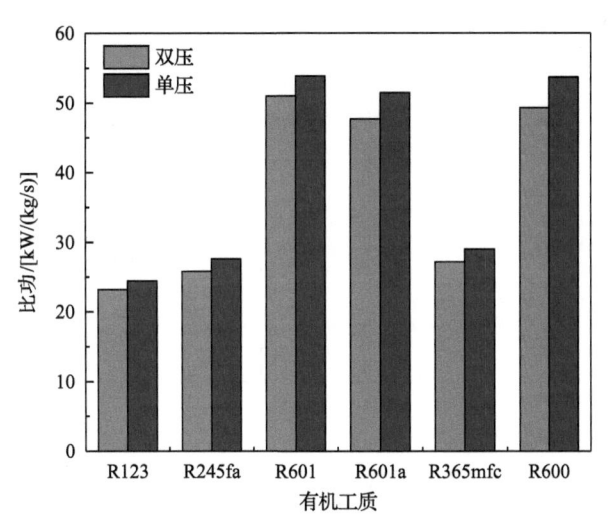

图 6.3.20　单压与双压 ORC 系统比功的比较

6.3.2　布置方式和热源温度对双压 ORC 系统的影响

1. 不同布置方式的双压 ORC 系统介绍

图 6.3.21 是 DPORC 的第一种布置方式,将其标记为 Case 1。图 6.3.22 为工质与热

源的传热过程及 Case 1 的 T-S 图。DPORC 包括高压（HP）ORC 和低压（LP）ORC。干热岩生产井抽运的热水依次流经 HP ORC 和 LP ORC，再通过回灌井返回地下与干热岩交换热量。

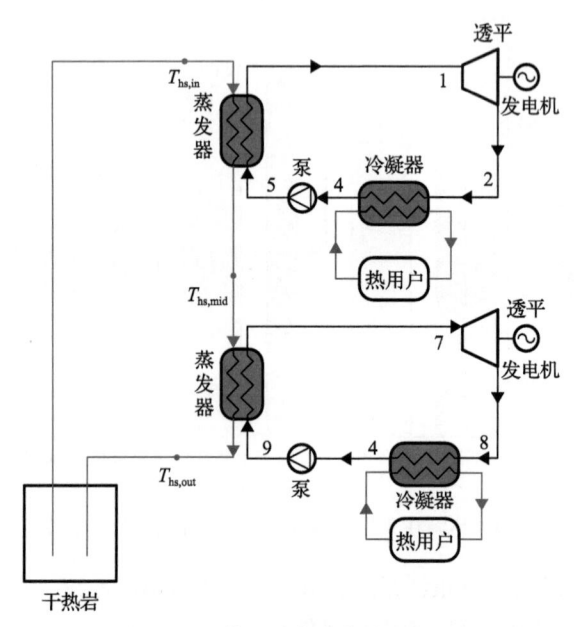

图 6.3.21　第一种布置方式（Case 1）

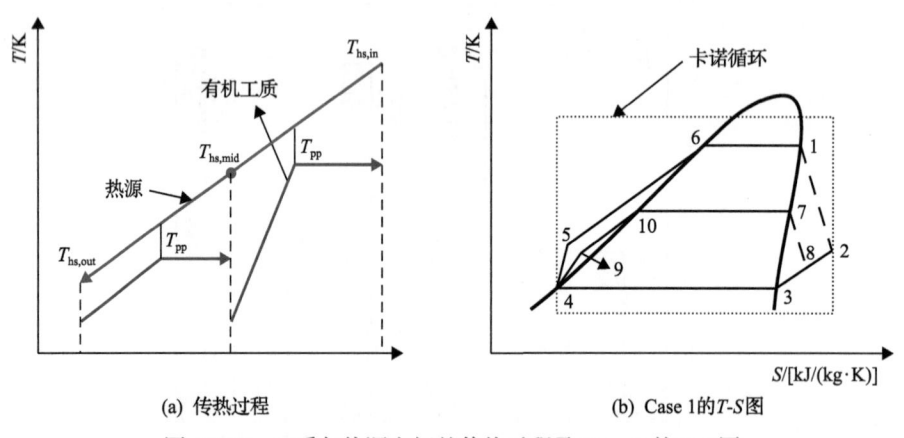

图 6.3.22　工质与热源之间的传热过程及 Case 1 的 T-S 图

图 6.3.23 是 DPORC 的第二种布置方式，将其标记为 Case 2。图 6.3.24 为工质与热源的传热过程及 Case 2 的 T-S 图。Case 2 和 Case 1 的区别在于透平的布置和冷凝器。Case 2 中，HP 透平出口压力与 LP 涡轮进口压力相同。

图 6.3.25 是 DPORC 的第三种布置方式，将其标记为 Case 3。图 6.3.26 为工质与热源的传热过程及 Case 3 的 T-S 图。热源分为三个部分为有机工质提供热量。

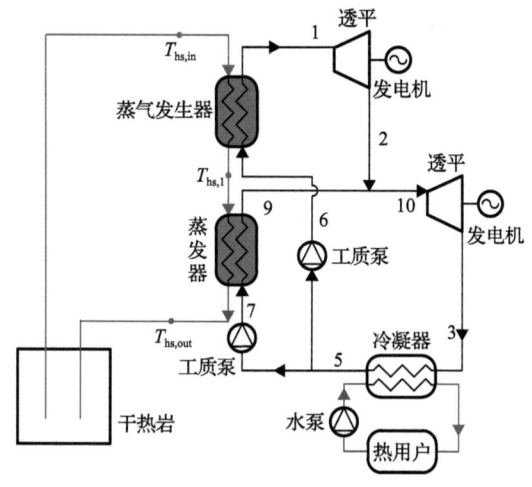

第 6 章　干热岩发电及综合利用技术方案与经济性评价

图 6.3.23　第二种布置方式（Case 2）

(a) 传热过程

(b) Case 2 的 T-S 图

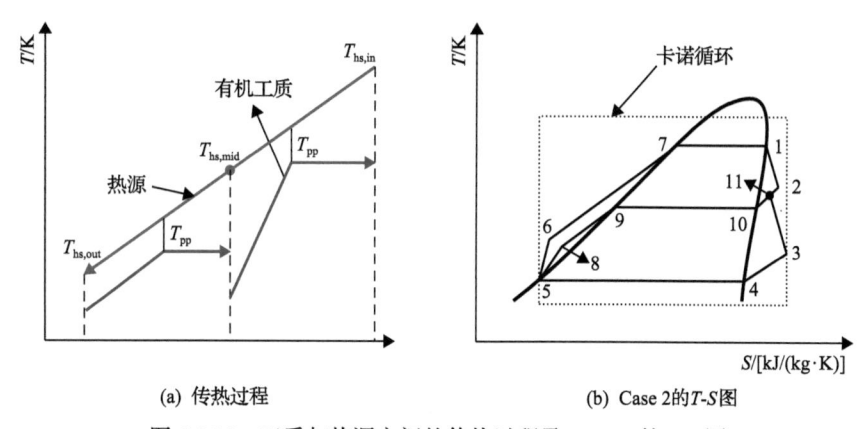

图 6.3.24　工质与热源之间的传热过程及 Case 2 的 T-S 图

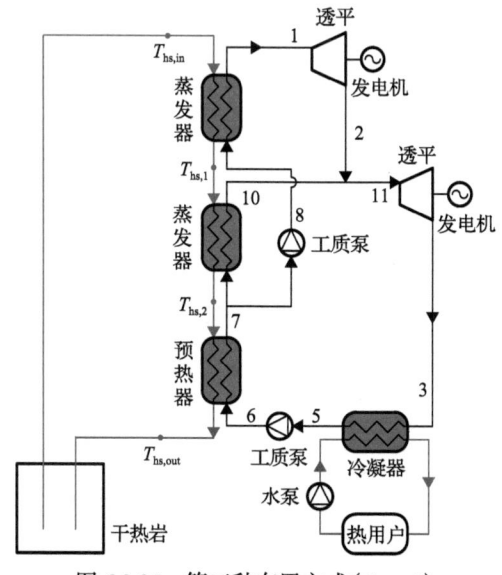

图 6.3.25　第三种布置方式（Case 3）

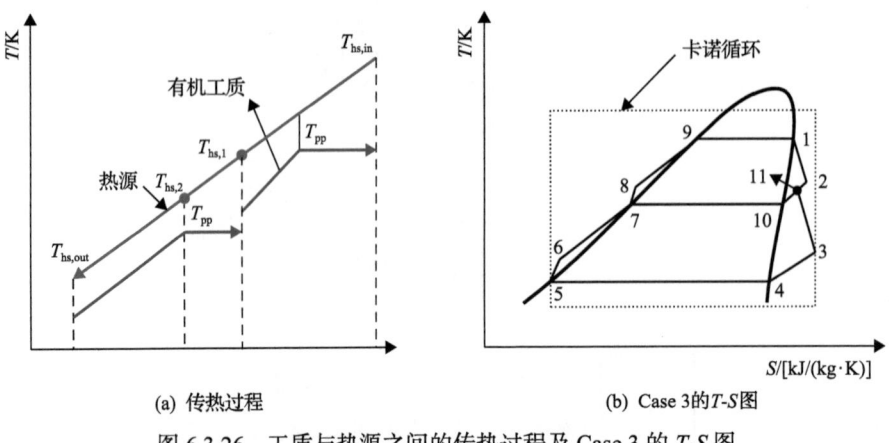

图 6.3.26 工质与热源之间的传热过程及 Case 3 的 T-S 图

2. 有机工质和系统参数

1) 有机工质

根据有机工质 T-S 图中曲线的斜率，工质可分为等熵工质、干工质和湿工质。在亚临界 ORC 中，等熵工质或干工质是首选的工作流体，详细的标准[16]如下所述。

(1) 臭氧消耗潜能值(ODP)表示一种物质破坏平流层臭氧的能力。因此，必须消除高 ODP(ODP＞0.5)的有机工作流体。

(2) 全球增温潜能值(GWP)是用来表示和比较臭氧消耗物质对全球变暖的贡献能力，应该加以考虑。

根据以上标准，选择 R601a 作为工作流体。本工作中使用的工质相关参数列于表 6.3.5。

表 6.3.5 R601a 的物理参数和环境影响[17]

工质	T_{cr}/℃	P_{cr}/MPa	ODP	GWP/100 年
R601a	187.2	3.378	0	0.1

2) 热源温度

随着运行时间的增加，生产井的温度会随着干热岩温度的降低而下降。此处采用 Zhang 等[18]获得的相关数据，如表 6.3.6 所示。

表 6.3.6 热源的相关参数[18]

注入温度/℃	质量流量/(kg/s)	运行时间/年	生产井温度/℃
60	50	40	$T_{h,in}$

对结果进行拟合，得出了生产井温度 $T_{h,in}$ 与运行时间 x_c 的关系。

第 6 章 干热岩发电及综合利用技术方案与经济性评价

$$T_{h,in} = y_0 + \frac{A}{w \cdot \sqrt{\pi/2}} \cdot e^{\left(-2 \cdot \left(\frac{x-x_c}{w}\right)^2\right)}$$

$$y_0 = 162.60236 \pm 0.21608$$
$$x_c = 0.68351 \pm 0.75213$$
$$w = 32.32025 \pm 1.52469$$
$$A = 437.21016 \pm 31.34147$$

拟合的 R^2 为 99.76%，上述函数能够准确表达生产井温度与运行时间的关系。生产井温度随运行时间的变化如图 6.3.27 所示。

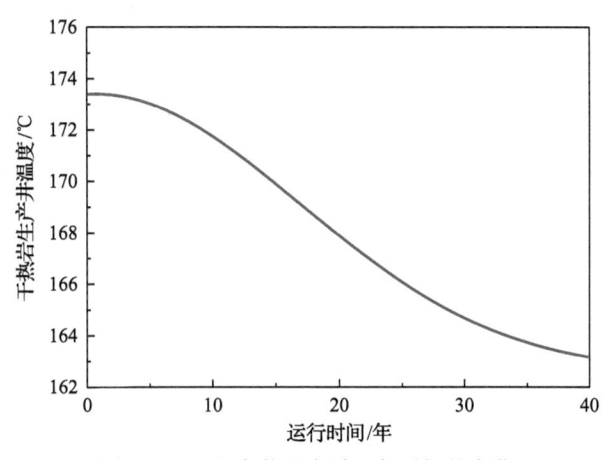

图 6.3.27 生产井温度随运行时间的变化

3) 系统参数

在现实中，DPORC 系统在管道中存在一定的压降和热损失，但由于其复杂性，在理论分析过程中通常忽略这些因素。参考现有文献，对系统的参数做了一些假设。具体参数如表 6.3.7 所示。

表 6.3.7 系统参数[19]

参数	符号	值	单位
环境温度	T_0	20	℃
冷却水温度	T_0	20	℃
冷凝温度	T_c	30	℃
窄点温差	T_{pp}	5	℃
透平的等熵效率	η_t	0.80	
泵的等熵效率	η_p	0.70	

3. 结果与讨论

1) HP ORC 与 LP ORC 的耦合

如图 6.3.28(a)所示，随着 k 增加，三种布置方式的 HP 级有机工质流量(m_f)均增加，三种布置方式的 LP 级有机工质流量均减少。Case 1 和 Case 2 的 HP 级和 LP 级有机工质流量相同。在 Case 3 中，HP 级有机工质流量低于 Case 1 和 Case 2。随着 k 增加，HP 级有机工质流量增大，而 LP 级有机工质流量减小。如图 6.3.28(b)所示，随着 k 增加，Case 1 和 Case 2 的有机工质流量先增大后减小，后又增大。当 k 在一定范围内时，Case 3 的有机工质流量保持不变。但随着 k 增加，总体趋势是先减小后增加。

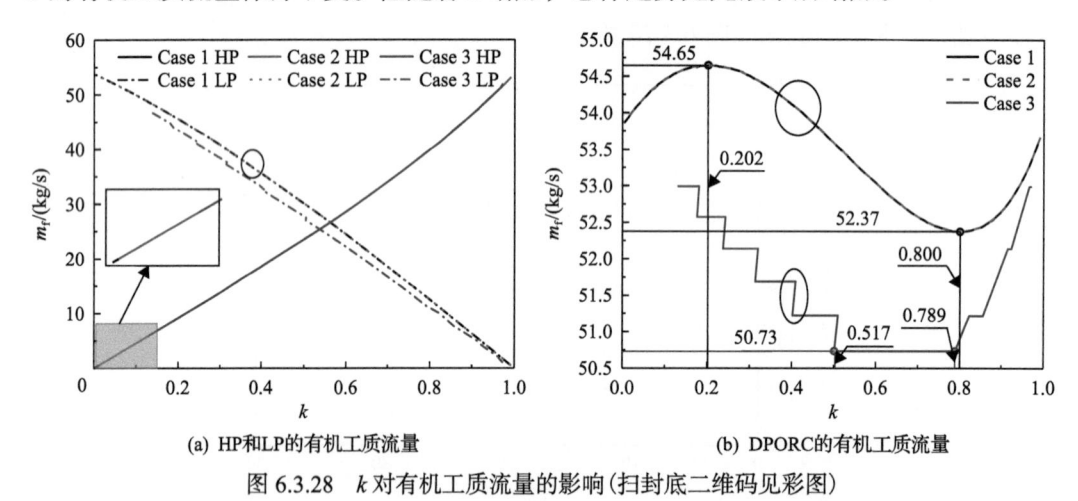

(a) HP和LP的有机工质流量

(b) DPORC的有机工质流量

图 6.3.28 k 对有机工质流量的影响(扫封底二维码见彩图)

如图 6.3.29 所示，Case 1 中，随着 k 增加，HP 和 LP 蒸发器的蒸发温度和蒸发压力逐渐降低。在冷凝压力一定的情况下，透平进出口焓差随着 k 增加而减小。在 Case 2 中，随着 k 增加，HP 和 LP 蒸发器的蒸发温度和蒸发压力逐渐减小。因此，LP 透平进出口焓

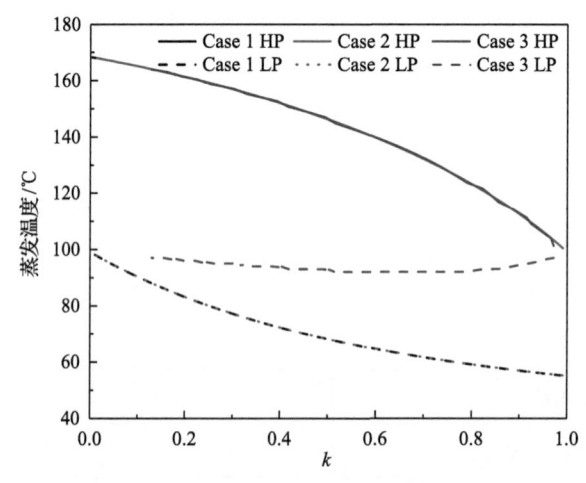

图 6.3.29 k 对高压、低压蒸发器蒸发温度的影响(扫封底二维码见彩图)

差随 k 增大而减小。在 Case 3 中，随着 k 增大，LP 透平进出口焓差先降低后升高，HP 透平进出口焓差逐渐降低。

如图 6.3.30(a)所示，Case 1 中，随着 k 增加 HP 透平的输出功（W_{turbine}）先增大后减小。随着 k 增大，LP 级有机工质流量减小，LP 透平进出口焓差减小，LP 透平输出功减小。Case 2 中，随着 k 增加 HP 透平的输出功先增大后减小。随着 k 增加，LP 级有机工质流量减小，LP 透平进出口焓差减小，LP 透平输出功减小。Case 3 中，随着 k 增加，HP 透平的输出功先增大后减小。随着 k 增大，LP 透平输出功先减小后增大。如图 6.3.30(b)所示。在 Case 1 和 Case 2 中，随着 k 增加，DPORC 的净输出功率先减小，再增大，最后减小。在 Case 3 中，DPORC 的净输出功率先增大后减小。

(a) HP和LP透平的净输出功

(b) DPORC的净输出功

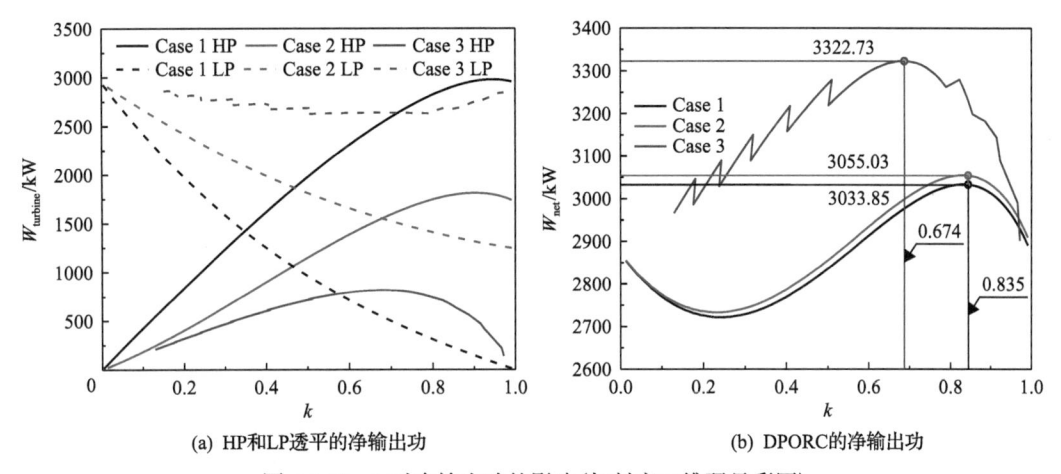

图 6.3.30　k 对净输出功的影响（扫封底二维码见彩图）

k 对热效率和㶲效率的影响如图 6.3.31 所示。由于 DPORC 出口热源温度一定，系统热效率和㶲效率随 k 的变化趋势与净输出功率一致。从图 6.3.31 可以看出，当 $k<0.973$ 时，Case 1 的热效率和㶲效率最低，Case 3 的热效率和㶲效率最高。当 $k>0.973$ 时，Case 3 的热效率和㶲效率低于 Case 1 和 Case 2。

(a) DPORC的热效率

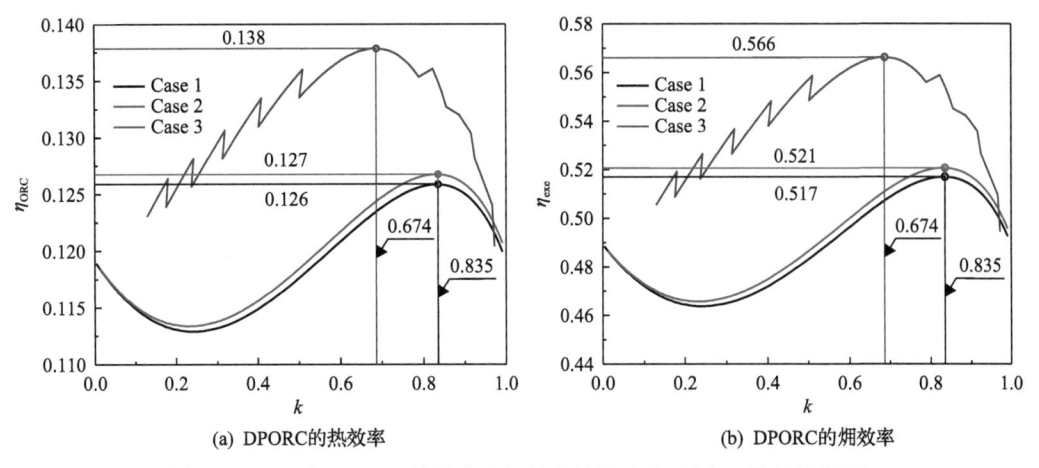

(b) DPORC的㶲效率

图 6.3.31　k 对 DPORC 热效率和㶲效率的影响（扫封底二维码见彩图）

2) 运行时间对热力学性能的影响

如图 6.3.32 所示,在 Case 1 和 Case 2 中,随着运行时间变长,HP 有机工质流量逐渐减小,LP 有机工质流量逐渐增大,系统总流量随着运行时间的增加逐渐减小。如图 6.3.32 所示,有机工质的流速随运行时间呈阶梯式下降。即有机工质流量在一定的运行时间内保持恒定。

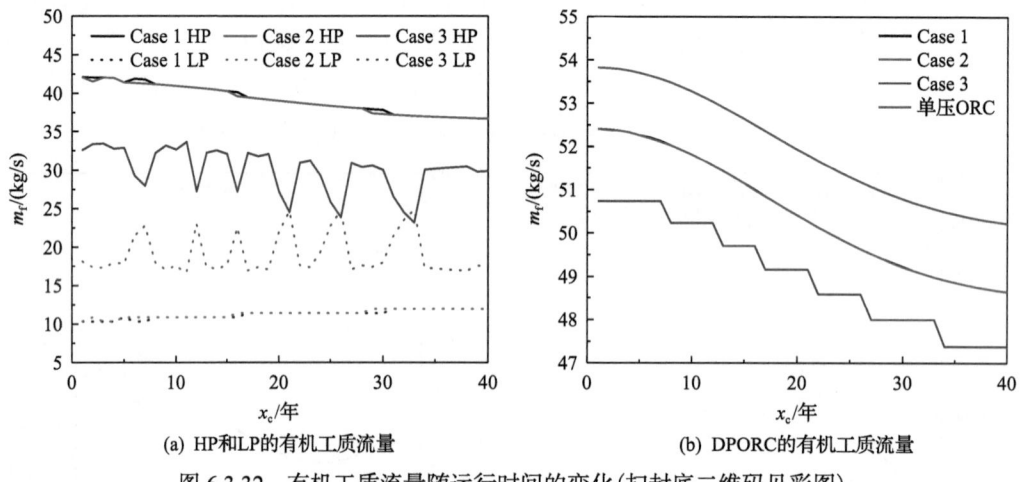

(a) HP和LP的有机工质流量

(b) DPORC的有机工质流量

图 6.3.32 有机工质流量随运行时间的变化(扫封底二维码见彩图)

如图 6.3.33(a) 所示,随着运行时间增加,系统的净输出功逐渐减小。三种布置方式的净输出功下降幅度都小于 SPORC,其中 Case 1 的净输出功下降幅度最小。如图 6.3.33(b) 所示,与 SPORC 相比,Case 1、Case 2 和 Case 3 分别能使系统的净输出功提高至少 5.68%、6.42%和 15.75%。

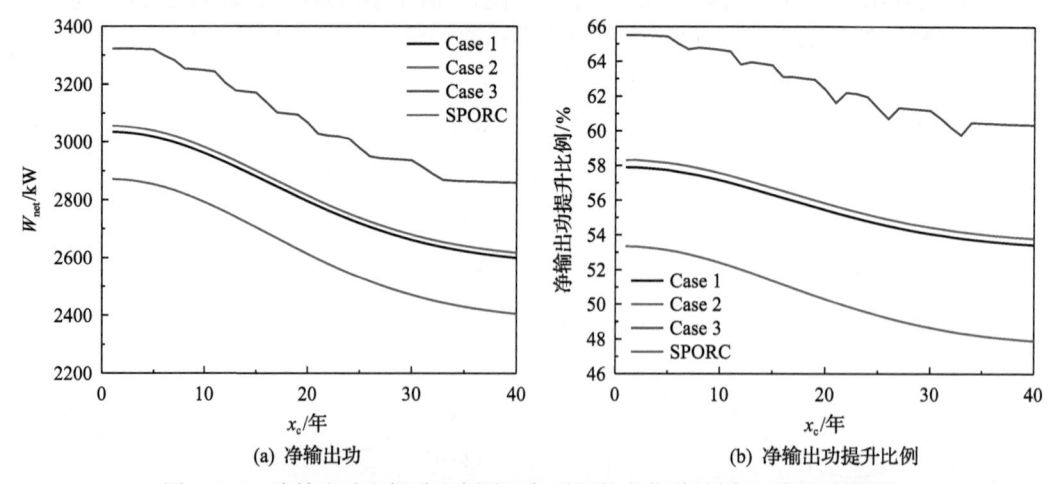

(a) 净输出功

(b) 净输出功提升比例

图 6.3.33 净输出功和提升比例随运行时间的变化(扫封底二维码见彩图)

三种布置方式的 DPORC 和 SPORC 的系统热效率随运行时间的变化如图 6.3.34 所示。随着运行时间变长,Case 1、Case 2 和 SPORC 的热效率逐渐降低。随着运行时间的变长,Case 3 的热效率呈波浪式下降。当净输出功迅速下降时,系统热效率逐渐下降。

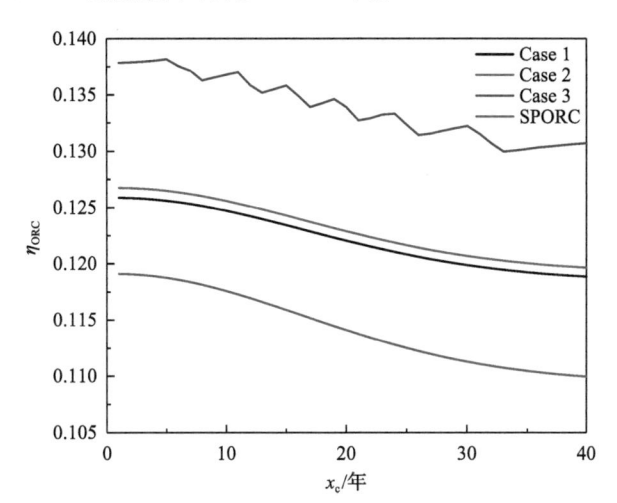

Case 1、Case 2 和 Case 3 的热效率都比 SPORC 高。

图 6.3.34　系统热效率随运行时间变化（扫封底二维码见彩图）

6.4　干热岩发电及综合利用系统经济性评价

地热发电方式的选择与地热资源的品位有很大的关系，世界范围地热发电方式与热储焓值的关系如图 6.4.1 所示，可以发现双工质发电对地热资源的品位要求最低，更能适用于低品位的热能利用系统。

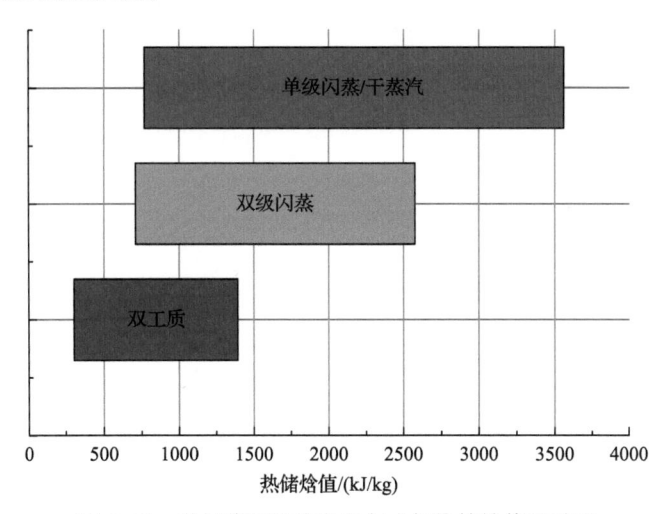

图 6.4.1　世界范围地热发电方式与热储焓值的关系

国内外干热岩及水热型发电系统调研表明有机兰金循环系统是现阶段主要的发电利用方式[20]；有机兰金循环系统技术成熟度较高，施工难度较小，更加适用于中低温地热系统；有机兰金循环系统与我国地热资源特性的高匹配度对我国地热资源开发具有一定的普适意义；有机兰金循环系统的低温运行及柔性串联运行特性，可以提升干热岩发电系统抵御风险的能力。

6.4.1 干热岩发电及综合利用系统分析及经济评价模型

国内外普遍采用干热岩有机兰金循环发电系统，系统流程图和 T-S 图如图 6.4.2 和图 6.4.3 所示。低沸点的有机工质在蒸发器中被生产井中出来的地热流体加热成过热状

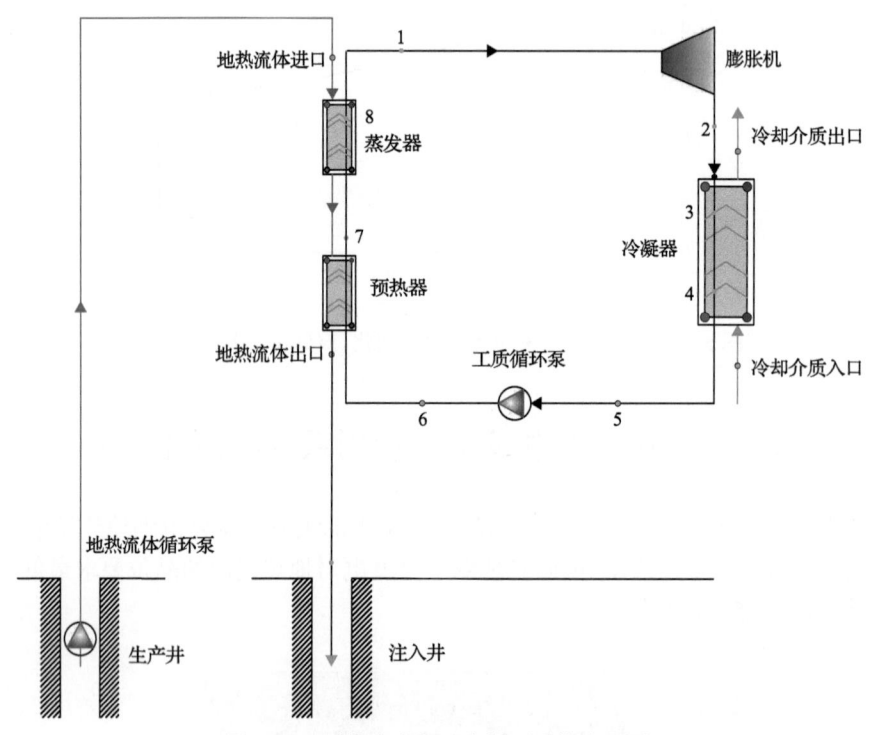

图 6.4.2 干热岩有机兰金循环系统流程图

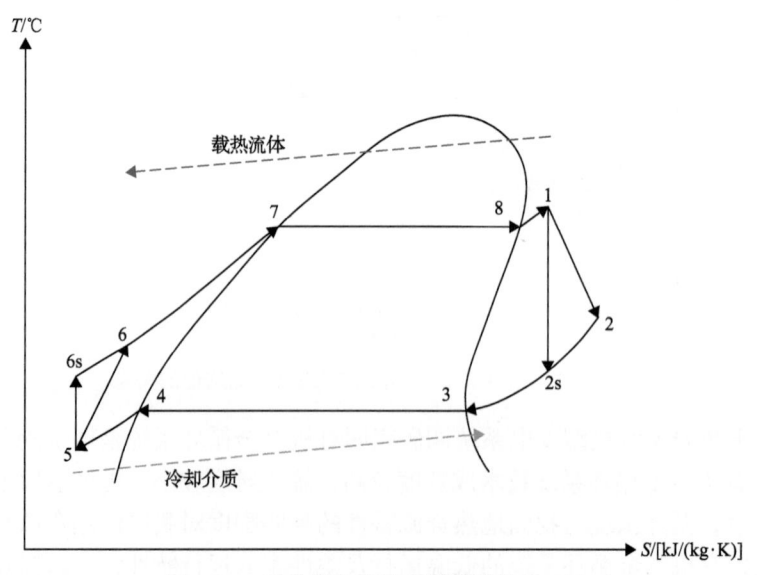

图 6.4.3 干热岩有机兰金循环系统 T-S 图

态的蒸汽,然后进入膨胀机中做功,膨胀机的有机工质乏汽在冷凝器中被冷却成过冷状态,经工质循环泵增压回到预热器中,在预热器中被从蒸发器中出来的地热流体加热到饱和状态,最后进入蒸发器,完成有机工质的循环过程,从预热器中出来的地热流体回注到注入井。

1. 热储模型

热储模型包括平行多裂隙模型[21]、一维线性热扫描模型、m/A 热衰减模型、百分比热衰减模型、通用用户提供的温度曲线[22]、TOUGH2 热储模拟器。热储模拟的输出是整个项目生命周期内的生产温度曲线。

1) 平行多裂隙模型

平行多裂隙模型是基于热储是平行的、等距的、垂直的、厚度均匀裂缝假设基础上的一维线性模型,通过地热水在裂隙内一维流动的对流换热和在均匀的、各向同性的、不可渗透的岩石内的热传导实现热量的输出。岩石和水的温度在时间和空间上的控制方程利用拉普拉斯域求解,并从数值上转换为时间域。

无因次水温为

$$T_{W,D} = \frac{T_{R,0} - T_W}{T_{R,0} - T_{W,in}} \tag{6.4.1}$$

其中,T_W 为地热水温,℃;$T_{R,0}$ 为初始热储温度,℃;$T_{W,in}$ 为热储入口地热水温,℃。该模型假设热储内部裂隙上部和底部温度相等,也就是说热储内地温梯度为零。通过拉普拉斯变换后地热水无因次温度为

$$\overline{T}_{W,D}(s) = \frac{1}{s} \exp\left(-s^{1/2} \tanh \frac{\rho_W c_W Q x_E}{2k_r H} s^{1/2}\right) \tag{6.4.2}$$

其中,s 为拉普拉斯变量,s^{-1};ρ_W 为地热水的温度,℃;c_W 为地热水的比热容,J/(kg·K);Q 为单位裂隙、单位裂隙深度的地热水体积流量,m^2/s;x_E 为裂隙间隔宽度的一半,m;k_r 为岩石的热导率,W/(m·K);H 为裂隙的高度,m。为了使用该模型,需要提供热储的全面几何描述。

2) 一维线性热扫描模型

一维线性热扫描模型假设热储可以表示为一种周围有流体的具有集总半径的多孔介质。在这个模型中,传热是通过地热水流过热储的一维线性实现的。地热水的无因次水温为

$$T_{W,D} = \frac{T_W - T_{W,in}}{T_{R,0} - T_{W,in}} \tag{6.4.3}$$

该模型假设热储入口指定流体温度保持恒定,生产井无因次温度为

$$\overline{T}_{\text{W,D}}(s) = \frac{1}{s}(1 - \exp(-Ks)) \quad (6.4.4)$$

其中：

$$K = 1 + \frac{\text{NTU}}{\gamma(s + \text{NTU})} \quad (6.4.5)$$

其中，NTU 为传热单位元数；γ 为储热率。

NTU 表示为

$$\text{NTU} = \frac{t_{\text{res}}}{\tau_{\text{ef,R}}} \quad (6.4.6)$$

其中，t_{res} 为地热水在热储中的停留时间，s；$\tau_{\text{ef,R}}$ 为岩石的有效时间常数，s。

γ 表示为

$$\gamma = \frac{\rho_{\text{W}} c_{\text{W}}}{\rho_{\text{R}} c_{\text{R}}} \frac{\varPhi}{1-\varPhi} \quad (6.4.7)$$

其中，$\varPhi$ 为岩石的孔隙度；ρ_{R} 为岩石的密度，kg/m³；c_{R} 为岩石的比热容，J/(kg·K)。

$\tau_{\text{ef,R}}$ 表示为

$$\tau_{\text{ef,R}} = \frac{r_{\text{ef,R}}^2}{3\alpha_{\text{R}}}\left(0.2 + \frac{1}{B_{\text{i}}}\right) \quad (6.4.8)$$

其中，$r_{\text{ef,R}}$ 为整个岩石块的有效岩石半径，m；α_{R} 为岩石的热扩散率，m²/s；B_{i} 为毕奥数；0.2 为传导路径长度与 $r_{\text{ef,R}}$ 的比值。

$r_{\text{ef,R}}$ 表示为

$$r_{\text{ef,R}} = 0.83\left(\frac{3V}{4\pi}\right)^{1/3} \quad (6.4.9)$$

其中，V 为岩石块的平均体积，m³；0.83 为热储中不规则形状岩块分布的典型平均球度。

B_{i} 表示为

$$B_{\text{i}} = \frac{hr_{\text{ef,R}}}{k_{\text{R}}} \quad (6.4.10)$$

其中，k_{R} 为岩石的热导率；h 为岩石的表面传热系数，W/(m²·K)。为了使用该模型，需要提供热储的尺寸参数，其与平行多裂隙模型类似。

3) m/A 热衰减模型

该模型将热储表示为单个矩形裂缝，在规定面积内，流体均匀流过断裂表面。质量

加载参数(m/A)定义为单位面积的单侧裂隙的质量流量,单位为 $kg/(s·m^2)$。无因次水温表示为

$$T_{W,D} = \frac{T_W - T_{W,in}}{T_{R,0} - T_{W,in}} = \text{erf}\left(\frac{1}{m/A}\frac{1}{c_W}\sqrt{\frac{k_R \rho_R c_R}{t}}\right) \quad (6.4.11)$$

其中,m 为流体质量;A 为面积;k_R 为岩石的热导率;ρ_R 为岩石的密度;c_R 为岩石的比热容;t 为累计生产时间年;c_W 为流体的比热容。

4) 百分比热衰减模型

该模型类似于 GETEM 热衰减模型,t 年后无因次地热水出水温度表示为

$$T_{W,D} = \frac{T_W - T_{W,in}}{T_{R,0} - T_{W,in}} = \left(1 - \frac{p}{100}\right)^t \quad (6.4.12)$$

其中,p 为每年温度下降的百分比。

5) 通用用户提供的温度曲线

用户提供外部模拟或者测试的热储温度曲线。

6) TOUGH2 热储模拟器

基于 TOUGH2 热储模拟器获得热储温度曲线,假设地热水在裂缝性多孔介质中处于非等温多相流动状态。热储模型的选择依赖于对热储信息的掌握情况,平行多裂隙模型和一维线性热扫描模型是最先进的模型,但是需要更多的裂隙和热储的几何参数,而这往往不容易获得。

2. 井筒模型

为了计算生产井筒的热损失,可以指定恒定地热水温度降,或者利用 Ramey 的井筒传热模型[23]。该模型假设地热水是不可压缩的、单相流动的,且具有固定的比热容。生产井中地热水的温度降为

$$\Delta T_{prod} = (T_{r,0} - T_w) - \omega(L - \Gamma) + (T_w - \omega\Gamma - T_{r,0})\exp\left(\frac{L}{\Gamma}\right) \quad (6.4.13)$$

其中,$T_{r,0}$ 为井底岩石的初始温度,℃;T_w 为井底地热水的温度,℃;ω 为平均地温梯度,℃;L 为热储的深度,等于垂直地热井的深度,m。

假设套管和水泥的热阻忽略不计,Γ 为时间函数,定义如下:

$$\Gamma = \frac{m_{prod} c_W f(t)}{2\pi k_R} \quad (6.4.14)$$

其中,m_{prod} 为生产井的流量,kg/s;$f(t)$ 为线性热源的时间常数。

$f(t)$ 表示为

$$f(t) = -\ln\left(\frac{d_{\text{cas}}}{4\sqrt{\alpha_R t}}\right) - 0.29 \tag{6.4.15}$$

其中，d_{cas} 为套管的外径，m；t 为生产井的累计生产时间。

注入井和生产井水泵功耗通过计算井内的摩擦压降、静水压降和储层压降来确定。利用达西-威斯巴哈(Darcy-Weisbach)方程计算摩擦压降[24]：

$$\Delta P_{\text{well,fr}} = f\rho_w \frac{v^2}{2} \frac{L}{d_{\text{well}}} \tag{6.4.16}$$

其中，f 为达西摩擦因子；ρ_w 为地热水平均密度，kg/m³；v 为地热水的平均流速，m/s；d_{well} 为井筒的直径，m。

对于湍流，达西摩擦因子表示为

$$\frac{1}{\sqrt{f}} = -2\lg\left(\frac{e}{3.7 d_{\text{well}}} + \frac{2.51}{Re\sqrt{f}}\right) \tag{6.4.17}$$

其中，e 为井筒管的表面粗糙度；Re 为雷诺数。

静水压力通过式(6.4.18)计算：

$$\Delta P_{\text{well,hydro}} = \rho_{w,\text{well}} g L \tag{6.4.18}$$

其中，g 为重力加速度，9.81m/s²；$\rho_{w,\text{well}}$ 为地势水平均宽度，kg/m³。在生产井和注入井之间地热水的密度差会产生一个重要的浮力效应，这样就会节省一部分水泵功耗。

干热岩发电系统的费用包括钻完井费用、热储刺激费用、地热水分配系统费用、干热岩勘探费用及运营维护费用等。

1) 钻完井费用

依据 Lukawski 的研究成果，地热井钻完井费用计算如下[25]：

$$C_{\text{well}} = NC_{\text{1well}} = N(1.72\times10^{-7}\text{MD}^2 + 2.3\times10^{-3}\text{MD} - 0.62) \tag{6.4.19}$$

其中，N 为地热井的个数(假定地热井是相同的)；C_{1well} 为一口地热井的费用，美元；MD 为地热井的深度，m。

2) 热储刺激费用

依据 Mines 和 Nathwani[26]的研究成果，每一个地热井的热储刺激费用统一按照2.5百万美元。

3) 地热水分配系统费用

$$C_{\text{dis}} = 50Q \tag{6.4.20}$$

其中，Q 为从地热水中提取的热量，kW。该费用只包括注入井和生产井之间管路的费用。

4）干热岩勘探费用

$$C_{\exp}=1.12(1M+0.6C_{1\text{well}}) \quad (6.4.21)$$

其中，假设小孔径钻探井钻探费用为正常地热井钻探费用的 60%；1M 为非钻探环节的费用 100 万美元，包括地球物理测量和野外作业；系数 1.12 为技术支持和办公支持费用。

5）干热岩有机兰金循环发电设备费用

基于现有文献调研，当地热流体温度小于 170℃时，拟合得到现有干热岩有机兰金循环发电设备的费用为

$$C_{\text{pp}}=W(K_3 T_{\text{p}}+K_2 T_{\text{p}}^2+K_1 T_{\text{p}}+K_0) \quad (6.4.22)$$

其中，$K_1=1.45833\times10^{-3}$；$K_2=0.76875$；$K_3=-134.792$；W 为额定发电功率，kWe。

则干热岩有机兰金发电系统的总投资为

$$C_{\text{tot}}=C_{\text{well}}+C_{\text{dis}}+C_{\exp}+C_{\text{pp}} \quad (6.4.23)$$

6）地面供暖设备费用

基于现有文献调研，地面供暖设备费用为

$$C_{\text{heating}}=150(Q_{\text{heating}}/\eta_{\text{heating}}) \quad (6.4.24)$$

其中，Q_{heating} 为供暖热负荷，kW；η_{heating} 为供暖设备的效率，取值 90%。

则干热岩有机兰金发电及供暖系统的总投资为

$$C_{\text{tot}}=C_{\text{well}}+C_{\text{dis}}+C_{\exp}+C_{\text{pp}}+C_{\text{heating}} \quad (6.4.25)$$

7）运营维护费用

年运营维护费用为地表发电设备、地热井、补充水设备运营维护费用的总和，其中地表发电设备的运营维护费用为

$$C_{\text{OM,pp}}=0.75C_{\text{labor}}+1.5\%C_{\text{pp}} \quad (6.4.26)$$

其中，C_{labor} 为年劳动力支出。

地热井运营维护费用为

$$C_{\text{OM,pp}}=0.75C_{\text{labor}}+1.5\%C_{\text{well}} \quad (6.4.27)$$

8）评价指标

平准化度电成本（LCOE）作为一个量化的经济指标，常被用于比较和评估可再生能源发电与传统发电方式的综合经济效益。

$$\text{LCOE} = \frac{C_{\text{tot}} + \sum_{t=1}^{N} \dfrac{C_{\text{OM}} - \text{Rev}}{(1+i)^N}}{\sum_{t=1}^{N} \dfrac{W_{\text{net}}}{(1+i)^N}} \tag{6.4.28}$$

其中，i 为利率，假设为 5%；Rev 为电力、供暖销售收入；W_{net} 为发电系统净输出功，kW；C_{OM} 为总运营维护费用。

基于上述干热岩有机兰金发电及供暖系统热经济模型，编制了计算程序。

6.4.2 干热岩发电系统性能分析

基于上述热经济模型，编制了计算程序，系统性能分析的输入参数如表 6.4.1 所示。

表 6.4.1 系统性能分析的输入参数

参数	典型值	范围
地热井深度/m	3700	—
注入井数量/口	1	—
生产井数量/口	2	—
单井载热流体流量/(kg/s)	30	10~50
载热流体井口温度/℃	150	130~170
载热流体损失率/%	0	0~40
利用效率/%	74.5	—
电站寿命/年	30	—
利率/%	5	—
电价/[美元/(kW·h)]	0.07	—
供暖价格/[美元/(kW·h)]	0.02	—
供暖利用率/%	90	—
载热流体循环泵效率/%	85	—
热储年衰减率/%	1	—

1. 单井载热流体流量对发电系统性能的影响

单井载热流体流量对系统发电功率与经济性能的影响如图 6.4.4 和图 6.4.5 所示，在本研究工况下，第 30 年发电功率与第 1 年发电功率的比例范围为 0.49~0.56。由图 6.4.5 可以发现，随着单井载热流体流量的增大，总投资成本基本呈现线性增大的趋势，而平准化度电成本先快速降低后缓慢降低。当单井载热流体流量大于 40kg/s 时，其对平准化度电成本的影响很小。当单井载热流体流量为 40kg/s 时，平准化度电成本为 20.9 美分/(kW·h)。

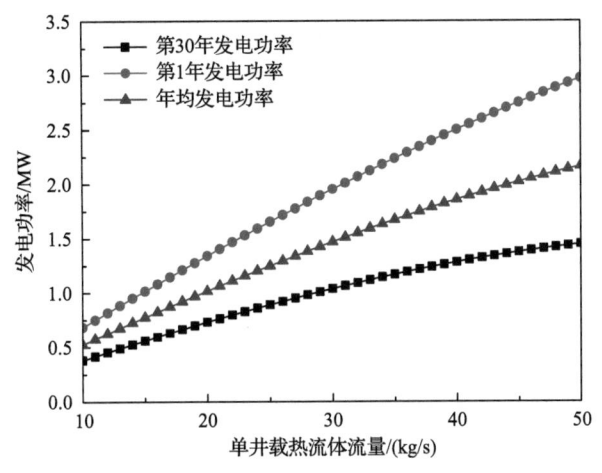

图 6.4.4 单井载热流体流量对发电功率的影响

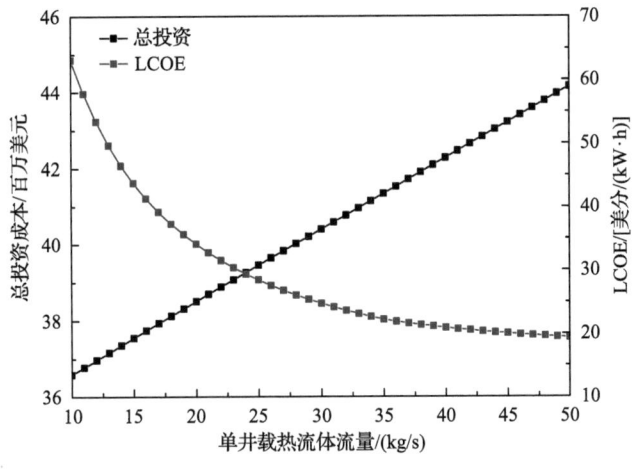

图 6.4.5 单井载热流体流量对系统经济性能的影响

2. 井口载热流体温度对系统性能的影响

井口载热流体温度对系统发电功率与经济性能的影响如图 6.4.6 和图 6.4.7 所示，从图 6.4.6 可以发现，随着井口载热流体温度增大，第 30 年发电功率、第 1 年发电功率与年均发电功率均基本呈现出线性增长的趋势，提高井口载热流体温度可以显著提升系统的发电功率。随着井口载热流体温度增大，载热流体循环泵泵功是降低的，这是因为提高井口载热流体温度有利于增强载热流体在生产井与注入井之间的浮升力效应。由图 6.4.7 可以发现，总投资随着井口载热流体温度的增大而增大，这是因为虽然井口载热流体温度增大不会造成勘探费用、钻完井费用、热储刺激费用提高，但是地面发电系统的装机容量会增大，会造成总投资费用增大。平准化度电成本随着井口载热流体温度的增大是减小的，减小速率也是减小的。当井口载热流体温度为 170℃时，平准化度电成本为 18.0 美分/(kW·h)。

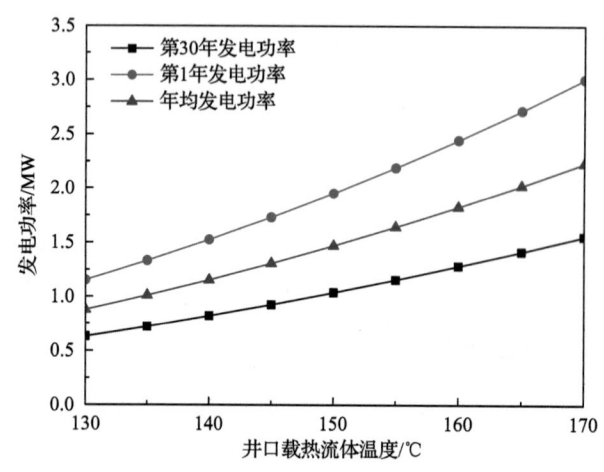

图 6.4.6 井口载热流体温度对发电功率的影响

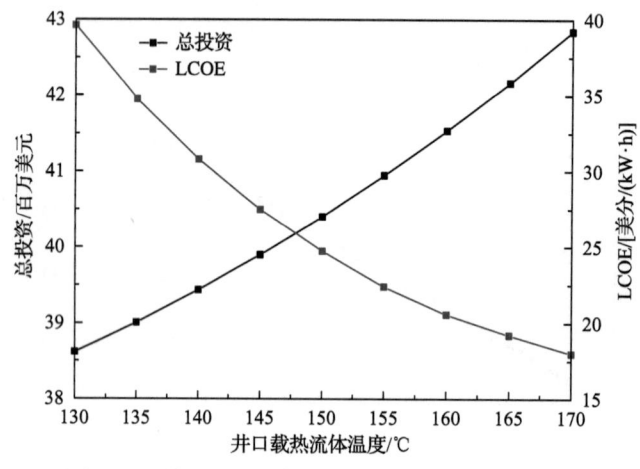

图 6.4.7 井口载热流体温度对系统经济性能的影响

3. 载热流体损失率对系统性能的影响

井口载热流体损失率对系统发电功率和经济性能的影响如图 6.4.8 和图 6.4.9 所示。在水作为循环工质的干热岩项目中，水损失是关键难题。短期干热岩电厂的试验报告称，在运行的几个月里，水损失率高达 30%。罗斯曼诺斯(Rosemanowes)干热岩发电站由于水损失率高达 70%，于 1991 年停止运行。Hijiori、菲耶尔巴卡(Fjällbacka)和 Ogachi 干热岩发电站也因为较大的水损失率相继停止运行。由图 6.4.8 可以发现，随着载热流体损失率增大，第 30 年发电功率、第 1 年发电功率与年均发电功率都是降低的。由图 6.4.9 可以发现，载热流体损失率对总投资影响较小，主要体现在增大补给水的费用，然而载热流体损失率对平准化度电成本有较大的影响，平准化度电成本随着载热流体损失率的增大而增大，载热流体损失率每增大 1%，平准化度电成本增大 0.24 美分/(kW·h)。

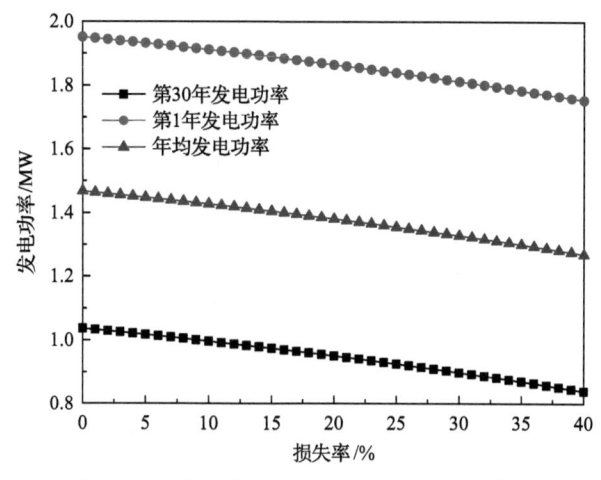

图 6.4.8 载热流体损失率对发电功率的影响

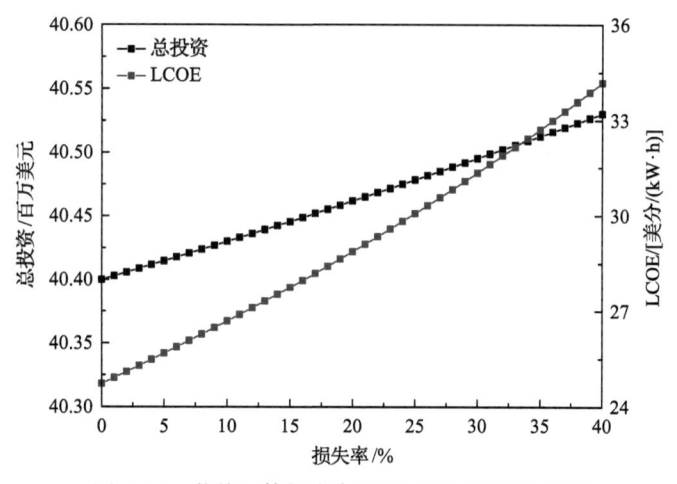

图 6.4.9 载热流体损失率对系统经济性能的影响

4. 干热岩发电系统成本分布

在本研究典型工况下，干热岩有机兰金循环发电系统的成本分布如图 6.4.10 所示，可以发现，钻完井费用最高，其次是勘探费用、地面供暖设备费用、热储刺激费用、流体分配系统费用和运营维护费用，钻完井费用和热储刺激费用占到总投资的 66.31%。有关研究表明，干热岩项目中地下工程费用占总投资的 60%～80%；地面供暖设备费用占总投资的 13.77%。另有相关研究表明，干热岩项目中地面设备费用占总投资的 15%。因此为了提高干热岩发电系统的经济性能，应重点关注钻完井和热储刺激技术。

5. 干热岩发电与干热岩热电联供系统性能对比

干热岩发电与干热岩热电联供系统的经济性能对比如图 6.4.11 所示，可见热电联供系统可以提高资源的利用率和系统的经济性能。在井口载热流体温度和单井载热流体流量分别为 150℃和 10kg/s 时，相对于干热岩发电系统，干热岩热电联供系统的平准化度

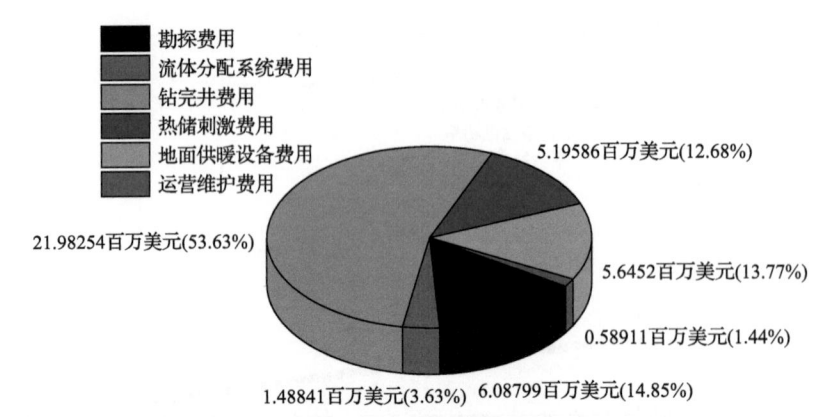

图 6.4.10 干热岩有机兰金循环发电系统成本分布图

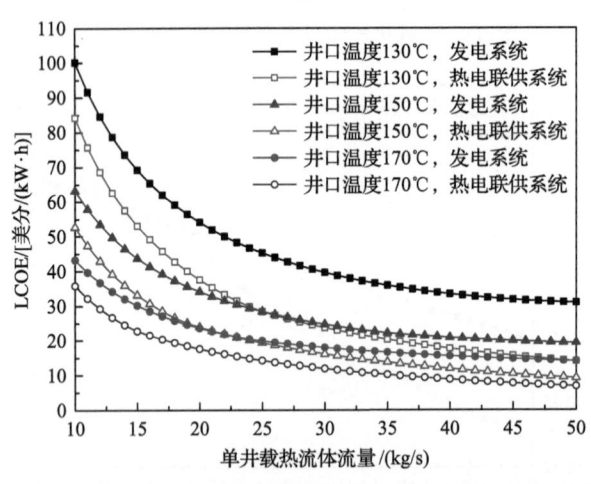

图 6.4.11 干热岩发电与干热岩热电联供系统的经济性能对比图

电成本降低 16.6%。在井口载热流体温度和单井载热流体流量分别为 150℃和 50kg/s 时，相对于干热岩发电系统，干热岩热电联供系统的平准化度电成本降低 52.8%。在相同的单井载热流体流量和较低的井口载热流体温度下，相对于干热岩发电系统，干热岩热电联供系统的经济性能优势更大。在本研究的典型工况下，干热岩发电与干热岩热电联供系统的平准化度电成本分别为 24.72 美分/(kW·h)和 16.1 美分/(kW·h)。

6. 碳减排交易价格对干热岩发电及干热岩热电联供系统的影响

2020 年 9 月，习近平在第七十五届联合国大会一般性辩论上阐明，应对气候变化《巴黎协定》代表了全球绿色低碳转型的大方向，同时宣布，中国将提高国家自主贡献力度，采取更加有力的政策和措施，二氧化碳排放力争于 2030 年前达到峰值，努力争取 2060 年前实现碳中和。我国干热岩型地热资源丰富，干热岩项目的实施将助力"双碳"目标的达成。研究表明，世界范围内在运行的地热电站每发 1kW·h 电会产生 112g 的二氧化碳，燃煤发电站每发 1kW·h 电会产生 1030g 的二氧化碳[27]。在本研究工况下，碳减排交易价格对干热岩发电及干热岩热电联供系统的影响如图 6.4.12 所示，可以发现，干热岩发电及干热岩热电联供系统的平准化度电成本均随着碳减排交易价格的提高而降低。当碳减排交易价格每提高 1 美元/t，干热岩发电和干热岩热电联供系统的平准化度电成本分别降低 0.64%和 0.66%。据统计，从 2019 年 7 月 1 日到 2019 年 9 月 30 日，北京环境交易所的平均碳减排交易价格为 12.76 美元/t，该价格远远低于美国环境保护局评估的 41 美元/t 的碳减排交易价格。当碳减排交易价格为 12.76 美元/t 时，相对于没有碳减排交易价格补贴，干热岩发电和干热岩热电联供系统的平准化度电成本分别降低 8.2%和 8.5%。

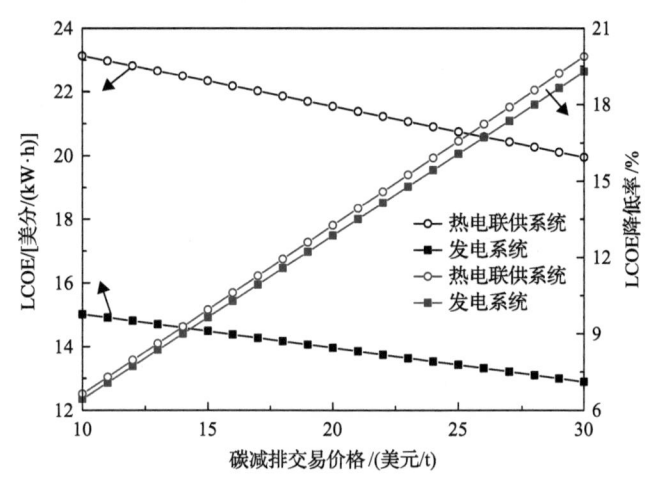

图 6.4.12　碳减排交易价格对干热岩发电及干热岩热电联供系统的影响

参 考 文 献

[1] 贾亚楠. 干热岩载热流体井口多相流测试及冷热电联产特性研究[D]. 天津: 河北工业大学, 2021.

[2] 李太禄, 刘青华, 高翔, 等. 一种汽液分离式中高温地热流体实验测试系统: CN113686391A[P]. 2021-11-23.

[3] 刘青华. 干热岩载热流体汽液分离与能量转换特性研究[D]. 天津: 河北工业大学, 2022.

[4] 李太禄, 刘青华, 孔祥飞, 等. 一种旁通型气液分离式地热产能测试系统: CN112031751A[P]. 2020-12-04.

[5] Lu X, Zhao Y, Zhu J, et al. Optimization and applicability of compound power cycles for enhanced geothermal systems[J]. Applied Energy, 2018, 229: 128-141.

[6] Shokati N, Ranjbar F, Yari M. Exergoeconomic analysis and optimization of basic, dual-pressure and dual-fluid ORCs and Kalina geothermal power plants: a comparative study[J]. Renewable Energy, 2015, 83: 527-542.

[7] Li T, Hu X, Wang J, et al. Performance improvement of two-stage serial organic Rankine cycle (TSORC) driven by dual-level heat sources of geothermal energy coupled with solar energy[J]. Geothermics, 2018, 76: 261-270.

[8] Yu H, Lu X, Zhang W, et al. Thermodynamic and techno-economic analysis of a triple-pressure organic Rankine cycle: comparison with dual-pressure and single-pressure ORCs[J]. Acta Geologica Sinica (English Edition), 2021, 95(6): 1857-1869.

[9] Matthews H B. Gravity Head Geothermal Energy Conversion System: U.S. Patent No. 4,077,220[P]. 1978-03-07.

[10] Yin H, Sabau A, Conklin J C, et al. Mixtures of SF_6–CO_2 as working fluids for geothermal power plants[J]. Applied Energy, 2013, 106: 243-253.

[11] Larjola J. Electricity from industrial waste heat using high-speed organic Rankine cycle (ORC)[J]. International Journal of Production Economics, 1995, 41: 227-235.

[12] Li X, Li G, Wang H, et al. A unified model for wellbore flow and heat transfer in pure CO_2 injection for geological sequestration, EOR and fracturing operations[J]. International Journal of Greenhouse Gas Control, 2017, 57: 102-115.

[13] Geng C, Lu X, Yu H, et al. Theoretical study of a novel power cycle for enhanced geothermal systems[J]. Processes, 2022, 10: 516.

[14] Liu X, Niu J, Wang J, et al. Thermodynamic performance of subcritical double-pressure organic Rankine cycles driven by geothermal energy[J]. Applied Thermal Engineering: Design, Processes, Equipment, Economics, 2021(195): 117162.

[15] Borsukiewicz-Gozdur A, Nowak W. Comparative analysis of natural and synthetic refrigerants in application to low temperature Clausius-Rankine cycle[J]. Energy, 2007, 32(4): 344-352.

[16] Wang J, Diao M, Yue K.Optimization on pinch point temperature difference of ORC system based on AHP-Entropy method[J]. Energy, 2017(141): 97-107.

[17] Li D T, He Z L, Wang Q, et al. Thermodynamic analysis and optimization of a partial evaporating dual-pressure organic rankine cycle system for low-grade heat recovery[J]. Applied Thermal Engineering: Design, Processes, Equipment, Economics, 2021(185): 185.

[18] Zhang C, Jiang G, Jia X, et al. Parametric study of the production performance of an enhanced geothermal system: a case study at the Qiabuqia geothermal area, northeast Tibetan plateau[J]. Renewable Energy, 2018, 132(MAR.): 959-978.

[19] Hu S, Li J, Yang F, et al. Thermodynamic analysis of serial dual-pressure organic Rankine cycle under off-design conditions[J]. Energy Conversion and Management, 2020, 213: 112837.

[20] Olasolo P, Juárez M C, Morales M P, et al. Enhanced geothermal systems(EGS): a review[J]. Renewable and Sustainable Energy Reviews, 2016, 56: 133-144.

[21] Huang W, Cao W, Jiang F. Heat extraction performance of EGS with heterogeneous reservoir: a numerical evaluation[J]. International Journal of Heat and Mass Transfer, 2017, 108: 645-657.

[22] Snyder D M, Beckers K F, Young K R, et al. Analysis of geothermal reservoir and well operational conditions using monthly production reports from Nevada and California[J]. National Renewable Energy Laboratory, 2017, 41: 2844-2856.

[23] Ramey H J . Wellbore heat transmission[J]. Journal of Petroleum Technology, 1962, 14(4): 427-435.

[24] Marušić-Paloka E, Pažanin I. Effects of boundary roughness and inertia on the fluid flow through a corrugated pipe and the formula for the Darcy–Weisbach friction coefficient[J]. International Journal of Engineering Science, 2020, 152: 103293.

[25] DiPippo R. Geothermal Power Plants: Principles, Applications, Case Studies and Environmental Impact[M]. 3rd ed. Oxford: Butterworth-Heinemann, 2012.

[26] Mines G, Nathwani J. Estimated power generation costs for EGS[C]. Proceedings Thirty-EighthWorkshop on Geothermal Reservoir Engineering, Stanford University, Stanford, 2013.

[27] Bertani R, Thain I. Geothermal power generating plant CO_2 emission survey[J]. IGA News, 2002, 49: 1-3.

第7章　干热岩地热能开发技术瓶颈与未来发展展望

如前所述，随着科学技术的进步，干热岩资源开发将对新一轮能源结构调整和我国"双碳"目标的实现做出巨大的贡献。但是受限于目前科学技术水平与开发的经济成本，干热岩地热能的开发还面临着不少瓶颈与挑战。

7.1　技术瓶颈

经过近50年的研究与开发，随着干热岩地热资源商业化开发前景进一步明朗，越来越多的国家加入了全球干热岩勘查开发行列。目前全球在建与投入运行发电的EGS工程达到30多个，实现运行发电的EGS工程有16个，其中还有5处发电工程示范正在运行。更多的EGS工程尚在前期论证中。

欧美等发达国家和地区通过政府引导开展了关键技术研发和大量工程实践，推动干热岩地热资源的商业化开发，已形成接近完备的干热岩开发技术体系。美国FORGE计划的实施，旨在填补EGS现今面临的重要科学认识空白，突破限制EGS产业化开发的挑战性技术，最终形成可复制、具有商业化推广潜力的干热岩地热工程开发模式。

我国干热岩开发研究起步较晚，在技术水平、工程实践和研发资金投入等方面均较为滞后，前沿技术、知识产权方面受到一定制约，迫切需要紧跟国际前沿开展相关研究和更多的工程示范。2012年以来，我国首个国家863计划干热岩项目和"十三五"国家重点研发项目的实施，从理论上和实验室角度论证了干热岩体积压裂的工艺流程及资源开发的可行性，也增强了国内科研机构与企事业单位对干热岩资源开发的信心。2019年至今，青海共和盆地、河北马头营和江苏兴化进行的干热岩开发现场示范研究，更是奠定了我国干热岩研究的国际地位。

为更好推动我国干热岩地热开发取得新突破，形成一批干热岩开发示范区域，支撑国家能源结构调整和"双碳"目标实现，本节总结归纳了推进干热岩商业化的底层技术、关键核心技术以及前沿和颠覆性技术。

7.1.1　底层技术

1) 干热岩地热资源评价与选址

对不同类型如火山型(如吉林长白山、云南腾冲、黑龙江五大连池)、花岗岩型(如福建、广东、江西)、盆地型(如东北、华北、苏中)等干热岩资源，结合地质、地球物理和地球化学等多种方法，对具干热岩地热开发潜力的远景区开展地热地质调查和资源评价工作(如计算地温梯度，预测某深度处温度，测量地应力场，确定地质特征、岩性、构造、断裂和地震活动等)，探测裂缝中的流体，圈定有利区和靶区。目前，干热岩地热资源靶区优选、资源量精确评价等技术相对薄弱，缺少指标体系和评价方法，需进一步研究我国干热岩资源靶区定位技术、资源量精准评价。

2）干热岩高效低成本钻井技术

干热岩埋藏深，岩体坚硬且温度高，钻进过程面临速度低、工具寿命短、井壁不稳定等难题，钻进过程中充满不确定性，严重影响钻完井作业进度与成本。此外，需要克服硬质岩层与耐磨性地层的钻进、套管柱的热膨胀、泥浆漏失和高温等问题。青海共和干热岩科技攻坚战通过现场实践，研制耐高温钻具，采用井下动力复合钻进工艺、耐240℃高温环保型清水聚合物泥浆体系和泥浆强制冷系统，初步形成了"转盘+涡轮钻具+孕镶金刚石钻头""转盘+旋冲钻具+强保径牙轮钻头""转盘+液动冲击器+强保径牙轮钻头""转盘+螺杆+强保径牙轮钻头"的干热岩冲击回转复合钻进工艺体系，有效降低了干热岩高温硬岩钻探风险。高温条件下干热岩井眼轨迹控制技术（大斜度水平钻井）需要进一步研究完善，耐高温长寿命钻头、高效破岩工艺和工具需要继续攻关，高效低成本钻探技术装备需要进一步完善，进而提高钻速，缩短周期，降低成本。

3）干热岩地热利用技术

根据工程需求对系统热力参数进行优化，确定蒸发器最佳出口温度，按照对热能"品位"使用原则，确定冷凝器出水温度，在实现最大发电效率的同时开展梯级利用。目前，干热岩地热利用多采用有机兰金循环发电，利用低沸点的流体（如正丁烷、异丁烷、氯乙烷、氨和二氧化碳等）等作为循环工质进行发电。有机兰金循环发电设备相对成熟，国际上较知名的制造厂商包括美国奥玛特（Ormat）、意大利 Turboden 等。此外，现有模式换热能力有限，"直井井群""水平井""丛式井组"等不同干热岩开发模式产能效果及影响因素尚不清楚，无法有效增加过流面积、换热面积和改造体积利用率，这些潜在的干热岩高效开发利用技术需要进一步研究完善。

7.1.2 关键核心技术

1）干热岩场地精细勘查与刻画

地球物理勘查是开展深部地热探测的主要手段，透明化、三维可视化、定量化勘探目标是地球物理探测技术的发展趋势。地球物理方法适宜查明各种断裂的方向和性质，圈定地下深部热储的位置，确定与地下热水有关的地质构造，调查火成岩体的分布、规模和性质，监测地下水和热储的水文地质变化特征，以及判断地下热水的分布与埋藏状况等。对于深部地热资源和相对复杂的地热系统，源、储、盖和通处于"黑箱"之中，拓展探究重、磁、电、震、测等多场源综合深部地热探测技术方法仍是国内外地热资源勘查技术领域的研究前沿，构建深部地热地质结构"透明化"有效探测的地球物理勘查技术体系，以及深部热储温度预测与地质地球物理建模等关键技术需求十分迫切。

2）高效复杂裂隙网络储层建造技术

深部干热岩热储渗透率极低，使用适当的渗透率增强技术对在注入井和生产井之间实现有效的流体循环至关重要。目前，常用的是水力压裂、热开裂和化学刺激技术，其中水力压裂因快速、可控性良好而被广泛采用,即通过注入高压流体,破坏高温岩体原有的地应力场,从而激活已有裂隙并产生新的裂隙,增加岩体导流和热交换能力,改善注入井和生产井的连通性。此外,化学激发技术也受到了广泛关注。该技术主要包括以一定的破裂压力把酸或碱溶液注入地层,以利用化学溶蚀作用达到溶解裂隙表面可溶性矿物(如方解石等)或井筒附近沉积物的效果。美国 FORGE 场地开展了水平井分段压裂技术研发并且正准备现场测试,期待有较好的干热岩储层缝网建造效果,并获得井筒和储层间较好的连通性。该项技术的进一步突破很可能是未来实现干热岩规模化开发的关键。此外,基于实验室和模型研究的新型变频压裂技术、无水压裂技术等也被不断提出,并取得很好的实验室测试效果。

3)高效微地震控制技术

水力压裂和注采循环存在诱发地震的风险,严重制约干热岩地热开发的规模化和产业化。在深入分析干热岩水力裂缝起裂与扩展机理的基础上,通过三维地震、成像测井等高精度勘查手段精细刻画场地深部地质结构,建立多场耦合三维地质模型,实时评价诱发地震风险;建立高精度实时监测系统,实时获取诱发地震信息,指导水力压裂参数调整,采取压裂车缓停泵、扩大单元泵注规模、连续泵注、精准控制排量等工程措施,避免诱发地震。

4)裂缝网络连通与储层表征技术

压裂过程中和结束后对裂隙发育/发展情况、空间分布、连通状况、裂隙密度、裂隙走向等要素进行识别、描述,估算储层激发体积和流体分布,是评价人工流体通道连通与热量交换空间大小的重要工作。基于测井、微地震监测、地应力观测结果,通过物理模拟和数值模拟计算,建立储层孔隙度和渗透率模型,实现高精度干热岩缝网成像,开发多数据融合裂隙网络精细刻画与表征方法,以及裂隙介质多尺度流动-换热-化学-力学(THCM)多场耦合模拟方法与技术。通过交替注采、注酸溶蚀、成像定靶、精准射孔等工艺措施,攻克平面裂缝展布方向差异大、层段连通不均匀、压差高、流量低、温度扰动大的技术难题,强化储层导流与换热效果。

7.1.3 前沿和颠覆性技术

1)井下液体爆炸造缝技术

液体炸药挤入水力压裂主裂缝中并实施爆破,利用爆炸所产生的应力波冲击地层,以及高温高压的爆生气体快速膨胀载荷作用使地层产生微裂缝,沿地层主裂缝两壁周围产生和形成新的微裂缝网络,并沟通更多的天然裂缝,改变地层裂缝周围的岩石基质空隙,实现更大范围的微裂缝网络区,达到改善地层渗透性的目的。

2)井下原位高效换热发电技术

目前原位高效换热发电技术包括同轴单井换热、重力热管和水平井换热等,其中提高热电转换效率是目前原位换热技术的主要瓶颈。通过研究不同压力、地层条件下裂缝水循环流动动力学过程与储层破碎带内的对流换热机理,突破干热岩井筒内循环换热介质流动方式的强制循环换热取热关键技术；研制兆瓦级热伏发电颠覆性技术与样机装备，实现最佳热电转换功率，构建可复制的干热岩原位高效采热与发电技术体系，解决干热岩水力压裂及规模化开发诱发的微地震问题。

3) CO_2 等不同工质换热发电技术

CO_2 比水容易实现超临界状态，具有良好的流动性和热交换性，在透平中比水具有更高的热效率。根据室内实验数据，超临界 CO_2 会改变岩石-流体反应的系统，作为发电循环介质，持续改善储层渗透性的同时可实现部分地质封存，另外，CO_2 循环发电机组具有设备少、机组热惯性小等特点，可实现快速升降负荷，对于调节电网负荷波动、平衡供给侧和需求侧、实现多能源互补具有重要意义。

7.2 技术发展展望

欧美等发达国家和地区通过政府引导开展了关键技术研发和大量工程实践，旨在推动干热岩地热资源的商业化开发，目前已形成较完备的干热岩开发技术体系。美国 FORGE 计划的实施，有望填补 EGS 现今面临的重要科学认识空白，突破限制 EGS 产业化开发的挑战性技术，最终形成可复制、具有商业化推广潜力的干热岩地热工程开发模式。然而，我国干热岩开发起步较晚，技术水平、工程实践和研发资金投入等方面均较为滞后，前沿技术、知识产权方面受到一定制约，特别是大体积水力压裂(如水平井分段压裂)等储层建造与控制技术尚不成熟，干热岩开发示范工程建设相对落后，迫切需要紧跟国际前沿开展相关研究和更多的工程示范。对于我国干热岩开发关键技术的展望主要包括以下几个方面。

1) 高温高压钻完井技术

针对干热岩温度高、硬度大、可钻性差的特点，必须要重点开展高温破岩基础理论研究，包括热-流-固-化耦合作用下的干热岩破岩机理、多场耦合作用下的井壁围岩稳定性机制。同时，须大力研发高温破岩工具，包括抗高温、高性能的 PDC 钻头、抗高温螺杆钻具和抗高温涡轮钻具等井下提速工具，以提高钻探效率和钻井质量。此外，须大力开展高温钻井液和水泥浆技术的研究，包括高温钻井液流型调节剂、高温稳定剂、高温封堵剂等关键处理剂的研发，高温降失水剂、高温缓凝剂和高温韧性材料等水泥浆外加剂的研发，固井水泥石强度衰退机理及稳定性控制方法的研究，抗高温钻完井液体系构建，以及高温室内评价仪器研制等。

2) 干热岩储层人工压裂技术

干热岩储层较为致密，渗透率极低，一般需要通过人工压裂的手段为流体创造流动换热通道，但不合理的压裂缝网易引发流体短路，造成过早的热突破，制约地热系统的可持续开发利用。应用暂堵转向压裂、液氮压裂等技术可帮助形成复杂的人工缝网，但仍需明晰缝网的形成机制，开发精确的裂缝扩展预测模型来指导压裂工作。对于干热岩水力压裂模型方向，将向能考虑干热岩热弹塑性变形与破坏、压裂液与干热岩相互作用、应力腐蚀引起的亚临界裂纹扩展等现象的全三维压裂模型发展；同时对于干热岩水力压裂算法，由于全三维压裂模型计算成本较高，水力压裂算法向最佳正交分解(POD)、广义最佳分解(PGD)、减基(reduced basis)等降阶算法发展，从而提高水力压裂数值模拟的运算效率。总体来看，随着干热岩储层激发技术发展，低成本、高安全性的压裂液体技术将满足不同储层对各种压裂工艺的要求；注重热储改造前的资料录取和多学科结合，为储层改造优化设计提供基础；创建更大储层体积，增加储层有效换热面积；扩大储层裂隙网络半径，尽可能延长地热储层利用寿命；研究地热储层建造新技术，减少用水和土地占用，实现绿色地热储层建造和开发。

3) 干热岩地热发电技术

地热发电的主要方式包括直接发电模式和间接发电模式，以适配高温和中低温的地热资源条件。近年来，地热发电技术以其清洁可持续的特点在全球范围内得到广泛应用。然而，目前地热发电技术的选择存在较大的局限性，地热压力、流体成分、地质条件等也应作为技术选择的重要参考。要推动干热岩地热发电取得跨越性进展，今后需突破以下技术：①中低温地热发电技术。目前我国地热水温度较难达到发电要求，若用来发电，其成本较高，且不能满足经济发电的要求。②中高温地热发电关键技术。提高对高温干热岩地热储层的利用率。针对地热资源利用效率低的问题，多能互补和能量梯级利用的分布式能源利用将是提高能源利用率的有效途径。此外，对于地热发电的评估不应仅限于电厂的投建运行，从全生命周期的角度将地热勘探、开采、利用等环节的投入与电力输出目标效益结合，明晰系统运行周期内的经济收益、"碳"收益，为地热发电的产业化发展提供指导。

4) 干热岩开采数值模拟技术

干热岩储层具有多尺度、强非均质特征，开采过程受到THCM多场耦合作用的影响，属于典型的多尺度多场耦合问题，但相关耦合作用机理尚不明确。对于干热岩岩心尺度多场耦合模型，将向更精细刻画孔隙结构、更精确计算孔隙内部流动换热、更精确计算固体骨架局部变形及断裂扩展方向发展，离散力学模型与新型流体力学求解方法如格子玻尔兹曼方法(lattice Boltzmann method, LBM)、光滑粒子流体力学(smoothed particle hydrodynamics, SPH)将更深入地结合和应用，此外需要进一步开发岩心尺度THMC耦合数值模型。对于储层尺度多场耦合模型，精确描述裂缝分布和走向的离散裂缝类模型是开发热点，各场控制方程之间会引入更全面的关联项和耦合方程进而符合实际物理过程，对于方程求解将大力应用扩展有限元方法(extended finite element method, XFEM)和扩展有限体积法(extended finite volume method, XFVM)等先进方法以实现高效模拟。另外，尺度升级方法可以综合考虑储层中裂缝和孔隙多尺度特征，将与多场耦合模型结合，实现宏观和微观尺度耦合。

7.3 发展战略与政策展望

国家能源局等部门发布的《中国地热能发展报告(2018)》特别指出：干热岩型地热能是未来地热能发展的重要领域，急需建设青海共和干热岩型地热能勘查和试验性开发工程。2021年中国国家发展和改革委员会、国家能源局、财政部等八部委联合发布《关于促进地热能开发利用若干意见》（简称《意见》）。《意见》指出：在坚持统一规划、因地制宜、有序开发、清洁高效、节水环保、鼓励创新原则下，到2025年，各地基本建立起完善规范的地热能开发利用管理流程，全国地热能开发利用信息统计和监测体系基本完善。根据资源情况和市场需求，在京津冀、山西、山东、陕西、河南、青海、黑龙江、吉林、辽宁等区域稳妥推进中深层地热能供暖；在西藏、川西、滇西等高温地热资源丰富地区组织建设中高温地热能发电工程，鼓励有条件的地方建设中低温和干热岩地热能发电工程。

美国能源部计划通过技术革新，2030年使增强型地热系统平准化能源成本降低至6美分/(kW·h)。2021年美国能源部发布的地热能市场分析报告中明确指出：在现行地热能勘探和开发技术支撑下，美国地热发电量年增长率将维持在2%以下，到2050年地热发电量约为6GWe；若能形成持续、稳定、经济的增强型地热系统技术体系，2050年有望将地热发电量提升至60GWe。欧盟战略能源计划署（SET-Plan2016）声明：通过勘探技术、钻井技术、储层改造技术、地热能高效利用技术变革，到2025年，地热发电成本降至10欧分/(kW·h)、供热成本降至5欧分/(kW·h)；到2050年，勘探和钻井成本降低至2015年水平的50%，地热利用效率提升20%。

对比国内外干热岩发展策略可以看出，中国在地热能发展战略和规划方面以社会需求为导向，通过政治和财政支持、全民参与等方式，促进地热能开发利用量的提升；欧美等国家和地区以降低地热开发成本为导向，通过企业与科研院校合作，促进技术革新，提升地热利用效率。此外，对比中国与欧美等国家和地区近5年干热岩地热相关科技研发计划项目可以看出（表7.3.1），我国在干热岩地热方向的科技计划与研发布局明显不足。

表7.3.1 中国与欧美等国家和地区近5年干热岩地热相关科技研发计划项目对比表

科技计划	研发项目名称	资金投入	目标
欧盟 Horizon 2020	"DEEPEGS-Deployment of DEEP Enhanced Geothermal Systems for sustainable energy business"	4400万欧元	研发与示范不同地质条件下地热储层建造技术体系，提升增强型地热系统在欧洲全区可再生能源贡献度
	"DESCRAMBLE-Drilling in dEep, Super-CRiTical AMBient of continentaL Europe"	1560万欧元	研发高温高压（超临界）环境下新型钻井技术
	"DESTRESS-DEmonstration of Soft stimulation TReatments of geothermal reservoirs"	2500万欧元	研发经济可行、环境友好的深部地热能开发技术，提升增强型地热系统的商业价值和社会价值
美国能源部 FORGE	"FORGE-Frontier Observatory for Research in Geothermal Energy"	>2亿美元	形成可复制的增强型地热系统构建技术，包括钻井、储层改造、储层成像等，实现可持续干热岩型地热资源开发
科技部国家重点研发计划项目	"干热岩能量获取及利用关键科学问题研究"	1961万元	全面提升干热岩勘查、储层改造、压裂监测、地热综合利用理论与技术

续表

科技计划	研发项目名称	资金投入	目标
中国地质调查局	"干热岩资源调查与勘查试采示范工程"	>1亿元	建设中国首个干热岩开发示范基地，实现1MW级发电量
国家自然科学基金重大项目	"干热岩地热资源开采机理与方法"	1500万元	创新轴-扭冲击振动破碎高温干热岩方法，探索干热岩柔性压裂造储和高效开采综合调控方法，为我国干热岩地热高效开采提供理论和方法支撑

从世界范围内来看，干热岩开发的EGS仍处于初级阶段，工程研发周期长、投资风险大，政府支持关键技术开发及集成示范研究，是最终实现干热岩资源可持续商业化开发的必经之路。在吸取国外干热岩示范场地建设经验的基础上，结合我国实际场地和技术条件，设立更多国家级研发项目，尽快建设更多干热岩开发利用工程示范基地，如西部高温干热花岗岩和三北（华北、东北和西北）中低温沉积盆地底部碳酸盐岩与火山岩地热供暖示范基地等。此外，在财政税收政策方面，地热能与太阳能、风能等一样同属清洁可再生能源，建议国家尽快针对地热能开发利用制定相应的财政税收补贴和优惠政策，以鼓励中深层地热能的规模化开发利用，为实现"双碳"远景目标做出最大贡献。

7.4 其他相关建议

除以上干热岩开发关键技术突破外，未来我国在发展中深层地热时，有以下几方面建议。

1) 电热并举：西部发电，三北供暖

中国西部因青藏高原特殊的地质条件，地热温度高，很多地方4000m深度以浅可获得温度达200℃的干热岩体。例如，青海共和盆地，距西宁2h车程交通便利，电网条件也非常好，是清洁能源走廊，有黄河龙羊峡水电站，以及风电、有太阳能光伏和光热发电。如果共和盆地的规模化干热岩开发成功，将对水-风-光发电形成良性互补。风能和太阳能受气候条件和昼夜交替影响，水力发电也受季节的影响。干热岩地热能发电灵活，随时可启用，可以对电网起到调峰作用，所以在经济计算上干热岩的发电价格要高，可以按调峰电价考虑。

华北平原如河北马头营，180℃的干热岩体要到5000多米的深度才可以获得，钻探和压裂成本高，发电是没有效益的。开发干热岩可为居民区供暖、工厂或生态农业所用，可减少化石燃料的使用，有效解决大气污染和雾霾问题。我国东北和西北地区也是一样，中低温沉积盆地底部干热岩经过储层改造进行供暖是一个很好的化石燃料替代选项。我国三北地区的冬季供暖是一个几万亿元的产业，中低温干热岩供暖具有巨大的经济和环境效益。

2) 产-学-研结合发展模式

中深层地热开发是一个技术密集型系统，对其工程开发需先从机理分析和可行性上着手。然而，由于地下储层工况的复杂性和地面设备的不稳定性，机理研究往往与实际脱节，需与先导试验项目密切结合、互相指导，开展产-学-研结合的发展模式，在不断往复中提高认知、突破关键点，提升中深层地热的经济开发和应用价值，为我国实现"双碳"目标助力。

3) 人才培养与国际合作

干热岩地热工程研发周期长、投资风险大，国家须支持并制定长远的发展规划，同时加强人才培养，推进多学科交叉和干热岩开发前沿理论与技术的跨界融合研究，同时加强与国外技术机构的交流合作，最终实现我国干热岩开发质的飞跃。

干热岩地热能开发利用并不是轻而易举就可以实现的，要稳扎稳打。地热能与水力能、太阳能、风能、核能一样是非碳基能源，对我国实现"双碳"目标具有重要意义。因此，在干热岩资源开发利用研究过程中不可急于求成，要踏踏实实做好关键科学问题与技术问题的攻关。一旦瓶颈问题得以解决，可以预见，干热岩地热资源的开发将为我国节能减排和新一轮能源结构调整做出重大贡献。